U0221099

现代物理基础丛书　94

量子光学中纠缠态表象的应用

孟祥国　王继锁　梁宝龙　著

科学出版社

北　京

内 容 简 介

本书是作者对十几年来学研成果的总结和凝练. 书中首先简要介绍玻色算符在正规乘积、反正规乘积、外尔编序内的性质以及由此建立的有序算符内积分法; 然后介绍用有序算符内积分理论给出的若干连续变量纠缠态表象, 重点讨论它们在两体哈密顿系统的动力学、介观电路的量子理论、推广二项式定理与多变量特殊多项式、密度算符主方程的求解和双模纠缠态的非经典性质及其退相干演化等量子光学问题中的重要应用.

本书适合于对量子力学、量子光学以及量子信息学感兴趣的广大师生阅读, 也可供量子理论及相关专业的研究人员参考.

图书在版编目(CIP)数据

量子光学中纠缠态表象的应用/孟祥国, 王继锁, 梁宝龙著. —北京: 科学出版社, 2020.12

ISBN 978-7-03-067074-8

Ⅰ. ①量… Ⅱ. ①孟… ②王… ③梁… Ⅲ. ①量子论 Ⅳ. ①O413

中国版本图书馆 CIP 数据核字 (2020) 第 240881 号

责任编辑: 周　涵　孔晓慧 / 责任校对: 王　瑞
责任印制: 吴兆东 / 封面设计: 陈　敬

科学出版社 出版
北京东黄城根北街 16 号
邮政编码: 100717
http://www.sciencep.com

固安县铭成印刷有限公司印刷
科学出版社发行　各地新华书店经销

*

2020 年 12 月第 一 版　开本: 720×1000　B5
2025 年 2 月第三次印刷　印张: 16 1/2
字数: 332 000
定价: 98.00 元
(如有印装质量问题, 我社负责调换)

序

自从普朗克在 1900 年分析黑体辐射谱在理论上发现存在一个物理常数 h 以后, 量子论逐渐为大众所接受, 并有了广泛的应用. 但量子论也一直受到爱因斯坦的质疑, 这位特立独行的先哲, 一方面支持能量的量子化和光子说, 另一方面却不赞同量子力学的概率假定. 到了 1935 年, 他更是与另两个人写了一篇文章, 认为当时的量子论是不完备的. 其言外之意是量子纠缠与海森伯不确定性不自洽. 不久, 爱因斯坦的好友薛定谔也加入进来, 臆想出一个 "猫死猫活" 的实验装置来说明量子纠缠. 量子纠缠一度使玻尔神不守舍, 贝尔也因此想出了一个不等式来判断爱因斯坦说的正确与否. 更有些人的想法是利用量子纠缠来为量子通信服务.

说起纠缠, 怎么形容它呢? 历史上南唐李煜曾写过 "剪不断, 理还乱", 我觉得用它来表述量子纠缠是很恰当的. 量子纠缠说是一个涉及量子观察与测量的理论, 就认识论而言, 也关系到物理实在与观测者的相互制约与牵扯, 如庄子和惠子关于鱼儿是否快乐的辩论, 鱼儿的快乐是人所能观察到的吗? 人的观察会影响到鱼儿的情绪吗? 这个见解在宋代欧阳修写的《醉翁亭记》也有体现, 他写道: "已而夕阳在山, 人影散乱, 太守归而宾客从也. 树林阴翳, 鸣声上下, 游人去而禽鸟乐也. 然而禽鸟知山林之乐, 而不知人之乐." 欧阳修凭什么知道 "禽鸟知山林之乐, 而不知人之乐" 的呢? 所以我曾写下重读《醉翁亭记》诗一首:

> 琅琊享名仰欧公, 太守之乐与民同.
> 禽鸟羞见真游客, 从人怎知假醉翁.
> 花抖精神因观赏, 月行天际随万众.
> 如今时髦量子论, 应在物我混沌中.

尽管量子纠缠难以理解, 聊城大学孟祥国教授还是从一般认为很难理解清楚的地方用纠缠态表象阐明精要. 他将多年之研究成果整理成一本独具风格的书, 阐述了纠缠态表象的理论及其应用, 实为难得. 此书中所述内容皆是别出心裁, 解析优美, 物性彰然, 所以来日望成为经典之著作. 他的写作有如君子立言, 我感慨系之, 云:

立德稍易立言难, 何识能使身后传.
惠能文盲说坛经, 柳毅传书只信件.
澄潭月影恍写作, 静夜钟声启智源.
夏云束妆轻行笔, 著书重语如负山.

而我有幸为此书作序, 幸甚.

范洪义

写于聊城大学东湖宾馆

2020 年 8 月

前　　言

在量子力学里, 当几个粒子相互作用后, 由于各个粒子的特性已综合成系统的整体性质, 故此时已无法单独描述各个粒子的性质, 而只能描述整体系统的性质, 这种现象称为量子纠缠. 在历史上, 爱因斯坦、波多尔斯基和罗森首先提出了量子纠缠的思想, 而薛定谔进一步给出了 "量子纠缠" 术语的定义, 并指出它是量子力学的特征性质.

量子纠缠态指多粒子 (或多自由度) 系统的一种不能表示为直积形式的叠加态. 当对相互纠缠着的两粒子系统中的一个粒子进行测量时, 另一个粒子自动塌缩到特定的状态上, 故利用纠缠性可以制备新的光场量子态. 若能制备出多体纠缠态 (如图形态和簇态), 并借助一系列的测量来操纵它, 可使单路量子计算机的制造成为可能. 因此, 在量子计算机现有的体系结构里, 量子纠缠态扮演着非常重要的角色. 此外, 纠缠态所反映出来的量子非局域性成了量子信息学的理论基础, 也使得量子远程通信成为可能. 但在量子通信通道中存在不可避免的环境噪声, 这使得量子纠缠态的品质随传送距离的增加而不断降低, 从而导致量子通信手段只能停留在短距离应用上.

总之, 量子态的纠缠特性在理解量子物理的根本问题上起着重要作用, 也是完成量子信息处理任务 (如量子密钥分发、密集编码和量子隐形传送) 的关键性物理资源. 因此, 制备、探究并最终操纵量子纠缠态就成了量子光学领域的重要研究任务之一.

本书主要介绍用有序算符内积分法给出的若干连续变量纠缠态表象, 并深入探讨它们在量子光学中的一些重要应用. 全书内容共 8 章. 第 1 章介绍玻色算符的排序、有序算符内积分法, 以及连续变量纠缠态表象的基本理论. 第 2 章解析探讨几类两体哈密顿系统的动力学问题, 包括带有弹性 (或库仑) 耦合的运动带电两粒子系统哈密顿量的波函数和能级分布, 以及两体哈密顿系统的路径积分理论等. 第 3 章介绍多种介观电路系统的数–相量子化、能级间隔、量子涨落以及修正的约瑟夫森算符方程等. 第 4 章推导出涉及埃尔米特多项式的推广二项式定理, 引入多变量特殊多项式及其生成函数, 并详细讨论它们在处理量子态的归一化、光子计数分布和维格纳函数等问题中的具体应用. 第 5 章求解几种玻色或费米系统密度算符的主方程, 给出含时密度算符的克劳斯算符和表示, 同时也讨论平移热态的产生机制和统计特性. 第 6 章探讨多种双模纠缠态的 Husimi 函数、维格纳函数、光子数分布和层析图函数等, 分析它们的非经典性质及其在退相干通道中的演化情况. 第 7 章构建几种新的连续变量两体纠缠态, 并讨论它们的性质、物理实现以及在构造新的量子态、压缩变换和拉东变换等方面的应用. 第 8 章引入新的 s-参量化维格纳算符, 建立 s-参量化外尔量子化方案及其编序公式.

　　本书的完成得到了国家自然科学基金项目 (10574060, 11147009, 11244005, 11347026) 和山东省自然科学基金项目 (ZR2010AQ027, ZR2012AM004, ZR2013-AM012, ZR2016AM03, ZR2017MA011, ZR2020MA085, ZR2020MF113) 的长期支持. 感谢我的硕士生导师曲阜师范大学王继锁教授, 他是我开展量子理论研究的领路人. 感谢我的博士生导师中国科学技术大学范洪义教授从千里之外来到聊城亲自审阅本书并作序. 同时, 还要对聊城大学杨震山教授和张振涛副教授, 江西师范大学胡利云教授和徐学翔副教授, 常州工学院袁洪春教授, 以及菏泽学院徐兴磊教授和徐世民教授的鼓励、支持与帮助表示感谢. 最后, 感谢我的硕士研究生刘钧毅、王安鹏和吴孟艳对本书初稿的校对.

孟祥国

2020 年 8 月于聊城大学

目　　录

第 1 章　连续变量两体纠缠态表象理论

本章首先介绍玻色算符在正规乘积、反正规乘积和外尔编序内的基本性质以及基于此引入的有序算符内积分法, 然后着重介绍连续变量两体纠缠态表象的基本理论及其在量子理论中的一些重要应用.

1.1　有序算符内积分法

在量子光学理论中, 有序算符内积分法主要包括以下几种: 正规乘积算符内积分法、反正规乘积算符内积分法以及外尔编序算符内积分法.

1.1.1　正规乘积算符内积分法

这里首先回顾玻色算符在正规乘积内的主要性质. 对于有关玻色算符 a 和 $a^\dagger$ 的任何算符函数

$$\mathbb{F}(a, a^\dagger) = \sum_i \cdots \sum_n a^{\dagger i} a^j a^{\dagger k} \cdots a^n \mathcal{F}(i, j, k, \cdots, n), \tag{1-1}$$

式中, $i, j, k, \cdots, n$ 为零或正整数, 利用对易关系 $[a, a^\dagger] = 1$ 总可以将所有的产生算符 $a^\dagger$ 移到所有湮灭算符 a 的左边, 这时 $\mathbb{F}(a, a^\dagger)$ 就被排列成正规乘积形式. 关于正规乘积的主要性质有 [1-4]:

(I) 正规乘积符号 : : 内部的玻色算符相互对易.

(II) c 数可以自由地出入正规乘积符号 : : .

(III) 在正规乘积内的正规乘积符号 : : 可以取消, 如

$$: \mathbb{H}(a, a^\dagger) \left[: \mathbb{F}(a, a^\dagger) : \right] : =: \mathbb{H}(a, a^\dagger) \mathbb{F}(a, a^\dagger) :,$$
$$a^{\dagger m} : \mathbb{F}(a, a^\dagger) : a^n =: a^{\dagger m} \mathbb{F}(a, a^\dagger) a^n : . \tag{1-2}$$

(IV) 厄米共轭操作可以自由出入正规乘积符号 : : , 即

$$: (\mathcal{V} \cdots \mathcal{W}) :^\dagger =: (\mathcal{V} \cdots \mathcal{W})^\dagger : . \tag{1-3}$$

(V) 正规乘积内部算符函数的和差可拆分, 即

$$: \mathbb{H}(a, a^\dagger) \pm \mathbb{F}(a, a^\dagger) : =: \mathbb{H}(a, a^\dagger) : \pm : \mathbb{F}(a, a^\dagger) : . \tag{1-4}$$

然而, 正规乘积算符的乘积一般不再是正规乘积形式.

(VI) 在正规乘积内部, 玻色算符函数 $\mathbb{F}(a, a^\dagger)$ 满足

$$\left[a, : \mathbb{F}(a, a^\dagger) : \right] = : \frac{\partial}{\partial a^\dagger} \mathbb{F}(a, a^\dagger) : ,$$

$$\left[: \mathbb{F}(a, a^\dagger) : , a^\dagger \right] = : \frac{\partial}{\partial a} \mathbb{F}(a, a^\dagger) : . \tag{1-5}$$

上式关系同样适用于多模的情况, 即

$$: \frac{\partial}{\partial a_i} \frac{\partial}{\partial a_j} \mathbb{F}(a_i, a_j, a_i^\dagger, a_j^\dagger) : = \left[\left[: \mathbb{F}(a_i, a_j, a_i^\dagger, a_j^\dagger) : , a_j^\dagger \right], a_i^\dagger \right]. \tag{1-6}$$

(VII) 真空态投影算符 $|0\rangle \langle 0|$ 的正规乘积为

$$|0\rangle \langle 0| = : \exp\left(-a^\dagger a\right) : . \tag{1-7}$$

下面给出式 (1-7) 的严格证明. 令

$$|0\rangle \langle 0| = : f(a^\dagger, a) : , \tag{1-8}$$

将相干态 $|z\rangle$ 分别作用到式 (1-8) 的两端, 则有

$$f(z^*, z) = |\langle 0\, |z\rangle|^2 = \exp\left(-zz^*\right). \tag{1-9}$$

通过比较式 (1-8) 和 (1-9), 即可导出式 (1-7). 此外, 根据粒子数态的完备性关系, 可有

$$\begin{aligned}
1 &= \sum_{n=0}^{\infty} |n\rangle \langle n| \\
&= \sum_{n,n'=0}^{\infty} |n\rangle \langle n'| \frac{1}{\sqrt{n!n'!}} \left(\frac{\mathrm{d}}{\mathrm{d}z^*}\right)^n (z^*)^{n'} \Big|_{z^*=0} \\
&= \exp\left(a^\dagger \frac{\partial}{\partial z^*}\right) |0\rangle \langle 0| \exp(z^* a)|_{z^*=0} .
\end{aligned} \tag{1-10}$$

假设 $|0\rangle \langle 0|$ 的正规乘积形式为 $: G :$, 由式 (1-10) 可得到

$$1 = \exp\left(a^\dagger \frac{\partial}{\partial z^*}\right) : G : \exp(z^* a)|_{z^*=0} . \tag{1-11}$$

由于 $: G :$ 的左边全部为产生算符 $a^\dagger$, 而右边全部为湮灭算符 a, 故可将 $: G :$ 左右边部分全部挪到正规乘积符号 $: :$ 内部, 再利用性质 (I) 和 (III), 可有

$$\begin{aligned}
1 &= : \exp\left(a^\dagger \frac{\partial}{\partial z^*}\right) G \exp(z^* a) : \big|_{z^*=0} \\
&= : \exp(a^\dagger a) G : = : \exp(a^\dagger a) : G : : ,
\end{aligned} \tag{1-12}$$

这样, 也可导出

$$: G: =: \exp\left(-a^\dagger a\right): = |0\rangle\langle 0| \tag{1-13}$$

成立.

(VIII) 在积分收敛时, 可以对正规乘积算符内的 c 数进行积分或微分运算.

由性质 (VII) 与性质 (VIII) 可知, 若能把非对称 ket-bra 型算符积分 (形如 $\int dx |f(x)\rangle\langle x|$) 化成正规乘积形式, 并考虑到符号 : : 内的玻色算符互相对易, 则可对真实积分参数进行积分. 当然, 在积分中和在积分后的结果中都存在符号 : :, 若想最后去掉算符中的符号 : :, 则事先把它排列成正规乘积形式. 这就是正规乘积算符内积分法.

众所周知, 狄拉克利用狄拉克符号和 δ 函数推导出了坐标算符 Q 本征态 $|q\rangle$ 的完备性 $\int dq |q\rangle\langle q| = 1$, 而中国科学技术大学范洪义教授利用福克空间中态 $|q\rangle$ 的展开式

$$|q\rangle = \pi^{-1/4} \exp\left(-\frac{q^2}{2} + \sqrt{2}qa^\dagger - \frac{a^{\dagger 2}}{2}\right)|0\rangle, \tag{1-14}$$

给出了算符 $|q\rangle\langle q|$ 的正规乘积表示, 这时坐标表象的完备性关系变成了纯高斯积分形式

$$\int_{-\infty}^{\infty} \frac{dq}{\sqrt{\pi}}: \exp\left[-(q-Q)^2\right]: = 1. \tag{1-15}$$

考虑到玻色算符在正规乘积符号 : : 内是相互对易的, 可被作为积分参数那样对待, 从而在正规乘积符号内完成此积分. 进一步, 范洪义教授完成了如下非对称 ket-bra 型算符积分

$$\int_{-\infty}^{\infty} \frac{dq}{\sqrt{\mu}} \left|\frac{q}{\mu}\right\rangle \langle q|, \tag{1-16}$$

这里 $\mu > 0$. 详细推导过程如下: 利用坐标本征态 $|q\rangle$ 在福克空间的表示 (1-14) 以及真空态投影算符的正规乘积 (1-7), 则式 (1-16) 变为

$$\int_{-\infty}^{\infty} \frac{dq}{\sqrt{\mu}} \left|\frac{q}{\mu}\right\rangle \langle q| = \int_{-\infty}^{\infty} \frac{dq}{\sqrt{\pi\mu}} \exp\left(-\frac{q^2}{2\mu^2} + \frac{\sqrt{2}q}{\mu}a^\dagger - \frac{a^{\dagger 2}}{2}\right)$$

$$\times : \exp\left(-a^\dagger a\right): \exp\left(-\frac{q^2}{2} + \sqrt{2}qa - \frac{a^2}{2}\right), \tag{1-17}$$

注意到 : $\exp\left(-a^\dagger a\right)$: 的左边全部为产生算符 $a^\dagger$, 而右边全部为湮灭算符 a, 因此只要把左边的符号 : 移到第一个指数左边, 并把右边的符号 : 移到第三个指数右边, 即可把整个被积分的算符函数排成正规乘积形式. 由于玻色算符在符

号 : : 内是对易的, 则可将三个 exp 指数函数改写为一个 exp 指数函数, 即

$$\int_{-\infty}^{\infty} \frac{\mathrm{d}q}{\sqrt{\mu}} \left| \frac{q}{\mu} \right\rangle \langle q| = \int_{-\infty}^{\infty} \frac{\mathrm{d}q}{\sqrt{\pi\mu}} : \exp\left[-\frac{q^2}{2}\left(1 + \frac{1}{\mu^2}\right) \right.$$
$$\left. +\sqrt{2}q\left(\frac{a^\dagger}{\mu} + a\right) - \frac{1}{2}(a + a^\dagger)^2 \right] : . \tag{1-18}$$

进一步, 在正规乘积内把玻色算符 $a^\dagger, a$ 视为参数, 利用性质 (VIII) 对式 (1-18) 积分, 可有

$$\int_{-\infty}^{\infty} \frac{\mathrm{d}q}{\sqrt{\mu}} \left| \frac{q}{\mu} \right\rangle \langle q|$$
$$=\sqrt{\mathrm{sech}\, r}: \exp\left[-\frac{a^{\dagger 2}}{2}\tanh r + (\mathrm{sech}\, r - 1)a^\dagger a + \frac{a^2}{2}\tanh r \right] :, \tag{1-19}$$

式中

$$\mathrm{e}^r = \mu, \quad \mathrm{sech}\, r = \frac{2\mu}{\mu^2 + 1}, \quad \tanh r = \frac{\mu^2 - 1}{\mu^2 + 1}. \tag{1-20}$$

为了把式 (1-19) 中的正规乘积符号 : : 去掉, 首先利用性质 (I)、(V) 和 (VIII) 导出算符恒等式

$$\exp(\lambda a^\dagger a) = \sum_{n=0}^{\infty} \exp(\lambda n) |n\rangle \langle n| = \sum_{n=0}^{\infty} \exp(\lambda n) \frac{a^{\dagger n}}{\sqrt{n!}} |0\rangle \langle 0| \frac{a^n}{\sqrt{n!}}$$
$$=\sum_{n=0}^{\infty} \frac{1}{n!}(\mathrm{e}^\lambda a^\dagger a)^n \exp(-a^\dagger a): =: \exp[(\mathrm{e}^\lambda - 1)a^\dagger a]: . \tag{1-21}$$

这样, 根据式 (1-21), 可将式 (1-19) 改写为

$$\int_{-\infty}^{\infty} \frac{\mathrm{d}q}{\sqrt{\mu}} \left| \frac{q}{\mu} \right\rangle \langle q|$$
$$=\exp\left(-\frac{a^{\dagger 2}}{2}\tanh r\right) \exp\left[\left(a^\dagger a + \frac{1}{2}\right)\ln \mathrm{sech}\, r\right] \exp\left(\frac{a^2}{2}\tanh r\right), \tag{1-22}$$

这就是单模压缩算符, 记作 $S_1(r)$. 利用内积 $\langle q|q'\rangle = \delta(q - q')$ 中 δ 函数的筛选性, 容易证明 $S_1(r)$ 为幺正算符, 即

$$S_1(r)S_1^\dagger(r) = \iint_{-\infty}^{\infty} \frac{\mathrm{d}q\mathrm{d}q'}{\mu} \left| \frac{q}{\mu} \right\rangle \left\langle \frac{q'}{\mu} \right| \delta(q - q')$$
$$=\int_{-\infty}^{\infty} \mathrm{d}q |q\rangle \langle q| = 1 = S_1^\dagger(r)S_1(r). \tag{1-23}$$

进一步, 利用 Baker-Hausdorff 算符公式

$$e^A B e^{-A} = B + [A, B] + \frac{1}{2!}[A, [A, B]] + \frac{1}{3!}[A, [A, [A, B]]] + \cdots, \tag{1-24}$$

也可导出著名的博戈留波夫变换 (也称为压缩变换)

$$S_1(r) a S_1^\dagger(r) = a \cosh r + a^\dagger \sinh r,$$
$$S_1(r) a^\dagger S_1^\dagger(r) = a^\dagger \cosh r + a \sinh r. \tag{1-25}$$

上述表明, 从狄拉克的坐标本征态构造的非对称 ket-bra 型算符出发, 利用有序算符内积分法积分后, 就给出了能诱导出博戈留波夫变换的幺正算符 (即压缩算符), 并且是此算符的正规乘积表示. 另外, 结合式 (1-16) 和 (1-25) 可知, 利用坐标表象和有序算符内积分法, 可用相空间中的经典尺度变换 $q \to q/\mu$ 映射出量子幺正变换 $S_1(r) Q S_1^\dagger(r) = \mu Q$, $S_1(r) P S_1^\dagger(r) = P/\mu$. 可见, 利用有序算符内积分法, 找到了一条由经典正则变换直接过渡为量子幺正变换的新途径, 即从狄拉克的基本表象出发揭示出有用的量子力学变换.

此外, 综上还可见, 有序算符内积分法的实质是把牛顿-莱布尼茨对普通函数的积分进行了推广, 实现了对非对称 ket-bra 型算符的积分. 它不仅揭示了量子力学数理结构的内在美, 也发展了量子力学的表象与变换论. 更重要的是, 利用有序算符内积分法能在福克空间内建立连续变量纠缠态表象, 从而能更清晰地揭示系统展现的量子纠缠现象, 其相关理论以及具体应用是本书介绍的主要内容.

1.1.2 反正规乘积算符内积分法

与正规乘积的排序规则不同, 反正规乘积排序要求所有的湮灭算符 a 都在所有产生算符 $a^\dagger$ 的左边, 用符号 $\vdots \vdots$ 标记. 然而, 玻色算符在符号 $\vdots \vdots$ 内遵循的基本性质与在正规乘积符号 $: :$ 内非常相似, 即

(I) 在反正规乘积符号 $\vdots \vdots$ 内的玻色算符对易;

(II) c 数可以自由出入反正规乘积符号 $\vdots \vdots$;

(III) 在反正规乘积符号 $\vdots \vdots$ 内的符号 $\vdots \vdots$ 可以取消;

(IV) 只要积分收敛, 就可对符号 $\vdots \vdots$ 内部的 c 数进行积分;

(V) 真空态投影算符 $|0\rangle\langle 0|$ 的反正规乘积形式为

$$|0\rangle\langle 0| = \pi \delta(a) \delta(a^\dagger) = \int \frac{\mathrm{d}^2 \xi}{\pi} e^{i\xi a} e^{i\xi^* a^\dagger}. \tag{1-26}$$

式 (1-26) 详细的证明过程如下. 通过利用真空态投影算符 (1-7) 以及数学积分公式[5]

$$\int \frac{\mathrm{d}^2 z}{\pi} \exp\left(\zeta |z|^2 + \xi z + \eta z^*\right) = -\frac{1}{\zeta} \exp\left(-\frac{\xi\eta}{\zeta}\right), \tag{1-27}$$

上式成立要求 $\text{Re}\,\zeta < 0$, 可有

$$
\begin{aligned}
&\pi\delta(z-a)\delta(z^*-a^\dagger)\\
&=\int\frac{\mathrm{d}^2\xi}{\pi}\mathrm{e}^{-\mathrm{i}\xi(z-a)}\mathrm{e}^{-\mathrm{i}\xi^*(z^*-a^\dagger)}\\
&=\int\frac{\mathrm{d}^2\xi}{\pi}:\exp\left[-|\xi|^2-\mathrm{i}\xi(z-a)-\mathrm{i}\xi^*(z^*-a^\dagger)\right]:\\
&=:\exp\left(-|z|^2+z^*a+za^\dagger-aa^\dagger\right):\\
&=|z\rangle\langle z|,
\end{aligned}
\tag{1-28}
$$

式中, $|z\rangle$ 为相干态. 当 $z=0$ 时, 式 (1-28) 简化为式 (1-26).

对于给定的密度算符 ρ, 其对角相干态表示 (Glauber-Sudarshan P 表示)[6] 为

$$
\rho=\int\frac{\mathrm{d}^2z}{\pi}P(z)|z\rangle\langle z|.
\tag{1-29}
$$

考虑到相干态 $|z\rangle$ 的本征方程 $a|z\rangle=z|z\rangle$ 和 $\langle z|a^\dagger=\langle z|z^*$, 若把相干态的完备性关系插入算符 ρ 的反正规乘积形式, 就得到它的 P 表示. 若把式 (1-28) 代入式 (1-29), 可导出密度算符 ρ 的 P 表示具有如下正规乘积形式

$$
\rho=\int\frac{\mathrm{d}^2z}{\pi}P(z):\exp\left[-\left(z^*-a^\dagger\right)\left(z-a\right)\right]:.
\tag{1-30}
$$

此外, Mehta 曾经给出了一个由密度算符 ρ 导出其 P 表示的公式 [7]

$$
P(z)=\mathrm{e}^{|z|^2}\int\frac{\mathrm{d}^2\alpha}{\pi}\langle-\alpha|\rho|\alpha\rangle\exp\left(|\alpha|^2+\alpha^*z-\alpha z^*\right),
\tag{1-31}
$$

式中, $|\alpha\rangle$ 为相干态. 由于 $(\alpha^*z-\alpha z^*)$ 为纯虚数, 故式 (1-31) 可视为傅里叶变换. 这样, 根据式 (1-31), 可将式 (1-30) 改写为

$$
\begin{aligned}
\rho=&\int\frac{\mathrm{d}^2\alpha}{\pi}\langle-\alpha|\rho|\alpha\rangle\mathrm{e}^{|\alpha|^2}:\int\frac{\mathrm{d}^2\xi}{\pi}\exp\left(\mathrm{i}\xi a+\mathrm{i}\xi^*a^\dagger\right)\\
&\times\int\frac{\mathrm{d}^2z}{\pi}\exp\left[-|z|^2+z\left(a^\dagger-\mathrm{i}\xi+\alpha^*\right)\right]\\
&\times\exp\left[z^*\left(a-\mathrm{i}\xi^*-\alpha\right)\right]:,
\end{aligned}
\tag{1-32}
$$

然后, 利用反正规乘积算符内积分法分别对变量 z 和 ξ 作积分, 可推导出计算密度算符 ρ 的反正规乘积的新公式

$$
\rho=\int\frac{\mathrm{d}^2\alpha}{\pi}\langle-\alpha|\rho|\alpha\rangle:\exp\left(|\alpha|^2+\alpha^*a-\alpha a^\dagger+a^\dagger a\right):.
\tag{1-33}
$$

上式表明, 若已知密度算符 ρ 的正规乘积表示, 就可给出其相干态矩阵元 $\langle -\alpha | \rho | \alpha \rangle$, 并能在符号 $:\ :$ 内执行积分运算, 从而导出 ρ 的反正规乘积形式. 这就给出了把算符的正规乘积转化为反正规乘积的新途径. 例如, 若把指数算符 $e^{\lambda a^\dagger a}$ 的正规乘积代入式 (1-33), 并利用反正规乘积算符内积分法, 可导出 $e^{\lambda a^\dagger a}$ 的反正规乘积表示

$$
\begin{aligned}
e^{\lambda a^\dagger a} &= \int \frac{d^2\alpha}{\pi} \langle -\alpha | : \exp[(e^\lambda - 1)a^\dagger a] : | \alpha \rangle \\
&\quad \times \dot{:} \exp\left(|\alpha|^2 + \alpha^* a - \alpha a^\dagger + a^\dagger a \right) \dot{:} \\
&= \int \frac{d^2\alpha}{\pi} \dot{:} \exp\left(-e^\lambda |\alpha|^2 + \alpha^* a - \alpha a^\dagger + a^\dagger a \right) \dot{:} \\
&= e^{-\lambda} \dot{:} \exp\left[(1 - e^{-\lambda})a^\dagger a \right] \dot{:}.
\end{aligned}
\tag{1-34}
$$

特别地, 当 $\rho = 1$ 时, 式 (1-33) 变为

$$
1 = \int \frac{d^2\alpha}{\pi} \dot{:} \exp\left(-|\alpha|^2 + \alpha^* a - \alpha a^\dagger + a^\dagger a \right) \dot{:}.
\tag{1-35}
$$

1.1.3 外尔编序算符内积分法

由于坐标算符 Q 和动量算符 P 不对易, 故经典函数 $h(p,q)$ 过渡到量子力学算符的对应是不确定的. 为此, 人们必须给出一个对应规则, 而这个规则的正确性需要接受实验的验证. 本小节介绍外尔在路径积分中广泛应用的一种对应规则及其主要性质. 由于外尔对应规则也可以说是一种外尔编序, 所以还要推导出计算密度算符 ρ 的外尔编序公式.

由于

$$
\langle q | P | q' \rangle = -i\frac{\partial}{\partial q}\delta(q - q') = \int_{-\infty}^{\infty} \frac{dp}{2\pi} p e^{ip(q-q')},
\tag{1-36}
$$

$$
\langle q | Q | q' \rangle = \frac{q + q'}{2}\delta(q - q') = \frac{q + q'}{2}\int_{-\infty}^{\infty} \frac{dp}{2\pi} e^{ip(q-q')}.
\tag{1-37}
$$

于是外尔给出了一种对应规则, 即

$$
\langle q | \mathcal{H}(P, Q) | q' \rangle = \int_{-\infty}^{\infty} \frac{dp}{2\pi} h\left(p, \frac{q + q'}{2} \right) e^{ip(q-q')}.
\tag{1-38}
$$

下面推导出算符函数 $\mathcal{H}(P, Q)$ 和经典函数 $h(p, (q + q')/2)$ 之间的具体对应关系. 为此, 把坐标表象的完备性插入式 (1-38), 并令 $q - q' = t$, 可有

$$
\begin{aligned}
\mathcal{H}(P, Q) &= \int_{-\infty}^{\infty} dq' \int_{-\infty}^{\infty} dq |q\rangle \langle q'| \int_{-\infty}^{\infty} \frac{dp}{2\pi} h\left(p, \frac{q + q'}{2} \right) e^{ip(q-q')} \\
&= \frac{1}{2\pi} \iiint_{-\infty}^{\infty} dt dp dq h(p, q) e^{ipt} \left| q + \frac{t}{2} \right\rangle \left\langle q - \frac{t}{2} \right|,
\end{aligned}
\tag{1-39}
$$

式中, 态 $|q \pm t/2\rangle$ 为坐标算符本征态. 进一步, 把坐标表象下单模维格纳算符

$$\int_{-\infty}^{\infty} \frac{\mathrm{d}t}{2\pi} \left| q + \frac{t}{2} \right\rangle \left\langle q - \frac{t}{2} \right| \mathrm{e}^{\mathrm{i}tp} = \Delta(p,q) = \Delta^{\dagger}(p,q) \tag{1-40}$$

代入式 (1-39), 则外尔对应规则可表示为

$$\mathcal{H}(P,Q) = \frac{1}{2\pi} \iint_{-\infty}^{\infty} \mathrm{d}p \mathrm{d}q \, h(p,q) \, \Delta(p,q). \tag{1-41}$$

上式表明, 算符函数 $\mathcal{H}(P,Q)$ 与其对应的经典函数 $h(p,q)$ 通过单模维格纳算符 $\Delta(p,q)$ 相联系. 因此, 对于给定的算符 $\mathcal{H}(P,Q)$, 它的经典对应函数为

$$h(p,q) = 2\pi \mathrm{tr}[\mathcal{H}(P,Q)\Delta(p,q)]. \tag{1-42}$$

外尔对应规则可以说是暗示了算符的一种编序, 称之为外尔编序. 经典函数 $q^m p^n$ 的外尔对应算符是

$$q^m p^n \mapsto \frac{1}{2^m} \sum_{l=0}^{m} \binom{m}{l} Q^{m-l} P^n Q^l, \tag{1-43}$$

右边即为外尔编序, 它与其他编序有所不同, 如坐标 Q-动量 P 编序 $q^m p^n \mapsto Q^m P^n$, 动量 P-坐标 Q 编序 $q^m p^n \mapsto P^n Q^m$. 于是, 自然产生这样一个问题: 密度算符 ρ 的外尔编序展开式是什么? 若用符号 $\begin{smallmatrix} \vdots \\ \vdots \end{smallmatrix}$ 对算符的外尔编序进行标记, 则式 (1-41) 可重写为

$$\vdots h(P,Q) \vdots = \iint_{-\infty}^{\infty} \mathrm{d}p \mathrm{d}q \, h(p,q) \, \Delta(p,q), \tag{1-44}$$

即一个外尔编序算符 $\vdots h(P,Q) \vdots$ 的经典对应 $h(p,q)$ 可在算符 $\vdots h(P,Q) \vdots$ 中通过代换 $Q \mapsto q, P \mapsto p$ 直接得到. 例如, 式 (1-43) 代表如下外尔经典对应

$$\frac{1}{2^m} \sum_{l=0}^{m} \binom{m}{l} Q^{m-l} P^n Q^l$$

$$= \vdots \frac{1}{2^m} \sum_{l=0}^{m} \binom{m}{l} Q^{m-l} P^n Q^l \vdots$$

$$= \iint_{-\infty}^{\infty} \mathrm{d}p \mathrm{d}q \frac{1}{2^m} \sum_{l=0}^{m} \binom{m}{l} q^m p^n \Delta(p,q)$$

$$= \iint_{-\infty}^{\infty} \mathrm{d}p \mathrm{d}q \, q^m p^n \Delta(p,q). \tag{1-45}$$

另外, 利用坐标算符 Q 和动量算符 P 与玻色算符 $a, a^\dagger$ 的关系 $Q = (a + a^\dagger) / \sqrt{2}$, $P = (a - a^\dagger) / (\mathrm{i}\sqrt{2})$, 以及 $\alpha = (q + \mathrm{i}p) / \sqrt{2}$, 可将式 (1-41) 和 (1-44) 改写为

$$\vdots\, f(a, a^\dagger) \,\vdots = 2 \int \mathrm{d}^2\alpha f(\alpha, \alpha^*) \Delta(\alpha, \alpha^*) = \mathcal{F}(a, a^\dagger), \tag{1-46}$$

其中, 算符 $\mathcal{F}(a, a^\dagger)$ 的经典对应函数为

$$f(\alpha, \alpha^*) = 2\pi\mathrm{tr}[\mathcal{F}(a, a^\dagger)\Delta(\alpha, \alpha^*)], \tag{1-47}$$

式中, $\Delta(\alpha, \alpha^*)$ 为维格纳算符的相干态表示, 其正规乘积形式为

$$\Delta(\alpha, \alpha^*) = \frac{1}{\pi} : \exp\left[-2\left(a^\dagger - \alpha^*\right)(a - \alpha)\right] : . \tag{1-48}$$

下面列出玻色算符在外尔编序内的主要性质:

(I) 玻色算符在符号 $\vdots\ \vdots$ 内是对易的;

(II) 在符号 $\vdots\ \vdots$ 内的 $\vdots\ \vdots$ 可以去掉;

(III) 若积分收敛, 可以对符号 $\vdots\ \vdots$ 内部的 c 数进行积分;

(IV) c 数可以自由地出入符号 $\vdots\ \vdots$;

(V) 真空态投影算符 $|0\rangle\langle 0|$ 的外尔编序形式为

$$|0\rangle\langle 0| = \vdots\, 2\mathrm{e}^{-2a^\dagger a} \,\vdots . \tag{1-49}$$

由性质 (I)$\sim$(V), 可概括出维格纳算符 $\Delta(p, q)$ 的外尔编序形式为

$$\Delta(p, q) = \vdots\, \delta(p - P)\delta(q - Q) \,\vdots \tag{1-50}$$

或

$$\Delta(\alpha, \alpha^*) = \frac{1}{2} \vdots\, \delta(\alpha - a)\delta(\alpha^* - a^\dagger) \,\vdots . \tag{1-51}$$

于是, 把式 (1-50) 和 (1-51) 分别代入式 (1-44) 和 (1-46), 得到

$$\vdots\, h(P, Q) \,\vdots = \iint_{-\infty}^{\infty} \mathrm{d}p\mathrm{d}q h(p, q) \vdots\, \delta(p - P)\delta(q - Q) \,\vdots, \tag{1-52}$$

或

$$\vdots\, f(a, a^\dagger) \,\vdots = \int \mathrm{d}^2\alpha f(\alpha, \alpha^*) \vdots\, \delta(\alpha - a)\delta(\alpha^* - a^\dagger) \,\vdots . \tag{1-53}$$

例如, 经典函数 $q^m p^n$ 对应算符的外尔编序形式为

$$\iint_{-\infty}^{\infty} \mathrm{d}p\mathrm{d}q q^m p^n \vdots\, \delta(p - P)\delta(q - Q) \,\vdots = \vdots\, Q^m P^n \,\vdots . \tag{1-54}$$

若想把 $\vdots Q^m P^n \vdots$ 中的符号 $\vdots\ \vdots$ 去掉, 必须先重排它为如下形式

$$\vdots \frac{1}{2^m} \sum_{l=0}^{m} \binom{m}{l} Q^{m-l} P^n Q^l \vdots . \tag{1-55}$$

根据式 (1-47) 和 (1-48), 可得到相干态投影算符 $|z\rangle\langle z|$ 的经典对应

$$2\pi\mathrm{tr}[|z\rangle\langle z| \Delta(\alpha,\alpha^*)] = 2\langle z| : \exp\left[-2\left(a^\dagger - \alpha^*\right)\left(a-\alpha\right)\right] : |z\rangle$$
$$= 2\exp\left[-2\left(z^* - \alpha^*\right)\left(z-\alpha\right)\right]. \tag{1-56}$$

将式 (1-56) 代入式 (1-53), 可求出 $|z\rangle\langle z|$ 的外尔编序形式

$$|z\rangle\langle z| = 2\int \mathrm{d}^2\alpha \exp\left[-2\left(z^* - \alpha^*\right)\left(z-\alpha\right)\right] \vdots \delta(\alpha - a)\delta(\alpha^* - a^\dagger) \vdots$$
$$= 2 \vdots \exp\left[-2\left(z^* - a^\dagger\right)\left(z-a\right)\right] \vdots . \tag{1-57}$$

当 $z = 0$ 时, 上式就退化为真空态投影算符 $|0\rangle\langle 0|$ 的外尔编序. 这样, 利用式 (1-57) 以及外尔编序算符内积分法, 可给出相干态的超完备性, 即

$$\int \frac{\mathrm{d}^2 z}{\pi} |z\rangle\langle z| = 2\int \frac{\mathrm{d}^2 z}{\pi} \vdots \exp\left[-2\left(z^* - a^\dagger\right)\left(z-a\right)\right] \vdots = 1. \tag{1-58}$$

另外, 利用式 (1-57), 密度算符 ρ 的 P 表示也可纳入外尔编序

$$\rho = \int \frac{\mathrm{d}^2 z}{\pi} P(z) |z\rangle\langle z|$$
$$= 2\int \frac{\mathrm{d}^2 z}{\pi} P(z) \vdots \exp\left[-2\left(z^* - a^\dagger\right)\left(z-a\right)\right] \vdots . \tag{1-59}$$

可见, 若已知密度算符 ρ 的 P 表示, 就可利用式 (1-59) 以及外尔编序算符内积分法导出该算符的外尔编序. 例如, 把指数算符 $\mathrm{e}^{\lambda a^\dagger a}$ 的反正规乘积导出的 P 表示代入式 (1-59), 即可得到它的外尔编序形式

$$\mathrm{e}^{\lambda a^\dagger a} = \mathrm{e}^{-\lambda} \int \frac{\mathrm{d}^2 z}{\pi} \exp\left[\left(1 - \mathrm{e}^{-\lambda}\right)|z|^2\right] |z\rangle\langle z|$$
$$= 2\mathrm{e}^{-\lambda} \int \frac{\mathrm{d}^2 z}{\pi} \vdots \exp\left[-\left(1 + \mathrm{e}^{-\lambda}\right)|z|^2 + 2z^* a + 2z a^\dagger - 2a^\dagger a\right] \vdots$$
$$= \frac{2}{\mathrm{e}^\lambda + 1} \vdots \exp\left[\frac{2(\mathrm{e}^\lambda - 1)}{\mathrm{e}^\lambda + 1} a^\dagger a\right] \vdots . \tag{1-60}$$

这样, 把式 (1-31) 代入式 (1-59), 可导出计算密度算符 ρ 的外尔编序公式

$$
\begin{aligned}
\rho &= 2 \int \frac{\mathrm{d}^2 z}{\pi} \mathrm{e}^{|z|^2} \vdots \int \frac{\mathrm{d}^2 \alpha}{\pi} \langle -\alpha | \rho | \alpha \rangle \exp \Big[|\alpha|^2 \\
&\quad + \alpha^* z - \alpha z^* - 2 \left(z^* - a^\dagger \right) \left(z - a \right) \Big] \vdots \\
&= \vdots 2 \int \frac{\mathrm{d}^2 \alpha}{\pi} \langle -\alpha | \rho | \alpha \rangle \exp[2(\alpha^* a - \alpha a^\dagger + a^\dagger a)] \vdots .
\end{aligned}
\tag{1-61}
$$

由上式可见, 若已知密度算符 ρ 的正规乘积表示, 即可知道相干态矩阵元 $\langle -\alpha | \rho | \alpha \rangle$, 这样就能在符号 $\vdots \ \vdots$ 内执行积分运算, 从而导出 ρ 的外尔编序形式.

下面介绍相似变换下外尔编序算符具有的不变性. 引入一个相似变换算符 S, 其诱导出的相似变换为

$$
SaS^{-1} = \mu a + \nu a^\dagger, \quad Sa^\dagger S^{-1} = \sigma a + \tau a^\dagger,
\tag{1-62}
$$

式中参数满足 $\mu\tau - \sigma\nu = 1$, 则对易关系 $[\mu a + \nu a^\dagger, \sigma a + \tau a^\dagger] = 1$ 成立. 对于维格纳算符的相干态表示

$$
\begin{aligned}
\Delta \left(\alpha, \alpha^* \right) &= \frac{1}{\pi} : \exp[-2 \left(a^\dagger - \alpha^* \right) \left(a - \alpha \right)] : \\
&= \frac{1}{2\pi^2} \int \mathrm{d}^2 z \exp[z(a^\dagger - \alpha^*) - z^*(a - \alpha)],
\end{aligned}
\tag{1-63}
$$

在相似变换 S 的作用下, 其表达式变为

$$
\begin{aligned}
&S\Delta \left(\alpha, \alpha^* \right) S^{-1} \\
&= \frac{1}{2\pi^2} \int \mathrm{d}^2 z : \exp \Big[-\left(\sigma\nu + \frac{1}{2} \right) |z|^2 + z \left(\sigma a + \tau a^\dagger - \alpha^* \right) \\
&\quad - z^* \left(\mu a + \nu a^\dagger - \alpha \right) + \frac{1}{2} \left(\sigma\tau z^2 + \mu\nu z^{*2} \right) \Big] : \\
&= \frac{1}{\pi} : \exp[-2 \left(a^\dagger - \mu\alpha^* + \sigma\alpha \right) \left(a - \tau\alpha + \nu\alpha^* \right)] : \\
&= \Delta \left(\tau\alpha - \nu\alpha^*, \mu\alpha^* - \sigma\alpha \right).
\end{aligned}
\tag{1-64}
$$

进一步, 对式 (1-46) 作相似变换 S, 并利用式 (1-51) 和 (1-64), 可得到

$$
\begin{aligned}
&S\mathcal{F} \left(a, a^\dagger \right) S^{-1} \\
&= 2 \int \mathrm{d}^2 \alpha f \left(\alpha, \alpha^* \right) S\Delta \left(\alpha, \alpha^* \right) S^{-1} \\
&= \frac{2}{\pi} \int \mathrm{d}^2 \alpha f \left(\alpha, \alpha^* \right) : \exp[-2 \left(a^\dagger - \mu\alpha^* + \sigma\alpha \right) \left(a - \tau\alpha + \nu\alpha^* \right)] :
\end{aligned}
$$

$$= \frac{2}{\pi} \int \mathrm{d}^2 \alpha' f\left(\mu\alpha' + \nu\alpha'^*, \sigma\alpha' + \tau\alpha'^*\right) : \exp\left[-2\left(a^\dagger - \alpha'^*\right)\left(a - \alpha'\right)\right]:$$

$$= \int \mathrm{d}^2 \alpha' f\left(\mu\alpha' + \nu\alpha'^*, \sigma\alpha' + \tau\alpha'^*\right) \, \vdots \, \delta(\alpha' - a)\delta(\alpha'^* - a^\dagger) \, \vdots$$

$$= \vdots \, f\left(\mu a + \nu a^\dagger, \sigma a + \tau a^\dagger\right) \, \vdots . \tag{1-65}$$

对式 (1-46) 和 (1-65) 进行比较, 可知

$$S \, \vdots \, f\left(a, a^\dagger\right) \, \vdots \, S^{-1} = \, \vdots \, f\left(SaS^{-1}, Sa^\dagger S^{-1}\right) \, \vdots . \tag{1-66}$$

上式表明, 相似变换算符 S 可以自由地出入外尔编序符号 $\vdots \ \vdots$, 这就是外尔编序算符在相似变换下具有的不变性.

1.2　两粒子纠缠态表象

在历史上, 爱因斯坦、波多尔斯基和罗森 (EPR) 首先提出了量子纠缠概念, 它是量子力学特有的现象, 反映了两体或多体各部分之间的量子关联性 [8]. 对于两粒子关联系统, 由于其相对坐标 $Q_a - Q_b$(质心坐标为 q_0) 和总动量 $P_a + P_b$(本征值为 p_0) 对易, 故它们具有共同本征态

$$\phi(q_a, p_a; q_b, p_b) = \delta(q_a - q_b + q_0)\delta(p_a + p_b). \tag{1-67}$$

后来, 范洪义教授等在双模福克空间中找到了 $Q_a - Q_b$ 和 $P_a + P_b$ 的共同本征态 [9-13], 即连续变量纠缠态 $|\eta\rangle$

$$|\eta\rangle = \exp\left(-\frac{1}{2}\left|\eta\right|^2 + \eta a^\dagger - \eta^* b^\dagger + a^\dagger b^\dagger\right)|00\rangle, \tag{1-68}$$

并利用有序算符内积分法验证了其正确性, 式中 $\eta = \eta_1 + \mathrm{i}\eta_2$, 且 $a^\dagger$ 和 $b^\dagger$ 分别为两粒子的玻色产生算符. 首先假设态矢量 $|\eta\rangle$ 满足本征方程

$$(Q_a - Q_b)|\eta\rangle = \sqrt{2}\eta_1 |\eta\rangle, \quad (P_a + P_b)|\eta\rangle = \sqrt{2}\eta_2 |\eta\rangle. \tag{1-69}$$

受以上本征方程和有序算符内积分法的启发, 构造如下正规乘积算符的纯高斯积分

$$1 = \int \frac{\mathrm{d}^2 \eta}{\pi} : \exp\left[-\left(\eta_1 - \frac{Q_a - Q_b}{\sqrt{2}}\right)^2 - \left(\eta_2 - \frac{P_a + P_b}{\sqrt{2}}\right)^2\right] : . \tag{1-70}$$

再考虑到 $Q_i = \left(i + i^\dagger\right)/\sqrt{2}, P_i = \left(i - i^\dagger\right)/(\mathrm{i}\sqrt{2})\ (i = a, b)$, 则将式 (1-70) 进一步分解为

$$1 = \int \frac{\mathrm{d}^2\eta}{\pi} \exp\left(-\frac{1}{2}|\eta|^2 + \eta a^\dagger - \eta^* b^\dagger + a^\dagger b^\dagger\right)$$
$$\times : \exp\left(-a^\dagger a - b^\dagger b\right) : \exp\left(-\frac{1}{2}|\eta|^2 + \eta^* a - \eta b + ab\right). \tag{1-71}$$

再利用双模真空态投影算符 $|00\rangle\langle00|$ 的正规乘积表示

$$|00\rangle\langle00| =: \exp\left(-a^\dagger a - b^\dagger b\right):, \tag{1-72}$$

可将式 (1-71) 表示成态矢量 $|\eta\rangle$ 的完备性关系

$$1 = \int \frac{\mathrm{d}^2\eta}{\pi} |\eta\rangle\langle\eta|. \tag{1-73}$$

可见, 态 $|\eta\rangle$ 的完备集合构成一种描述连续纠缠系统的有用表象. 当把湮灭算符 a 和 b 分别作用到态 $|\eta\rangle$ 上时, 得到

$$a|\eta\rangle = \left(\eta + b^\dagger\right)|\eta\rangle, \quad b|\eta\rangle = \left(-\eta^* + a^\dagger\right)|\eta\rangle, \tag{1-74}$$

进而导出

$$\frac{1}{\sqrt{2}}\left[\left(a + a^\dagger\right) - \left(b + b^\dagger\right)\right]|\eta\rangle = \sqrt{2}\eta_1|\eta\rangle = \left(Q_a - Q_b\right)|\eta\rangle,$$
$$\frac{1}{\mathrm{i}\sqrt{2}}\left[\left(a - a^\dagger\right) + \left(b - b^\dagger\right)\right]|\eta\rangle = \sqrt{2}\eta_2|\eta\rangle = \left(P_a + P_b\right)|\eta\rangle. \tag{1-75}$$

可见, 态矢量 $|\eta\rangle$ 确实为 $Q_a - Q_b$ 和 $P_a + P_b$ 的共同本征态, 且复数 $\sqrt{2}\eta$ 的实部 $\sqrt{2}\eta_1$ 和虚部 $\sqrt{2}\eta_2$ 分别为算符 $Q_a - Q_b$ 和 $P_a + P_b$ 的本征值. 利用式 (1-74) 可得

$$\langle\eta|\left(a^\dagger - b\right) = \eta^*\langle\eta|, \quad \langle\eta|\left(b^\dagger - a\right) = -\eta\langle\eta|. \tag{1-76}$$

这样有

$$\langle\eta'|\left(a - b^\dagger\right)|\eta\rangle = \eta\langle\eta'|\eta\rangle = \eta'\langle\eta'|\eta\rangle,$$
$$\langle\eta'|\left(b - a^\dagger\right)|\eta\rangle = -\eta'^*\langle\eta'|\eta\rangle = -\eta^*\langle\eta'|\eta\rangle. \tag{1-77}$$

故不难证明态 $|\eta\rangle$ 的正交性

$$\langle\eta'|\eta\rangle = \pi\delta(\eta - \eta')\delta(\eta^* - \eta'^*) \equiv \pi\delta^{(2)}(\eta' - \eta). \tag{1-78}$$

态矢量 $|\eta\rangle$ 的纠缠特性可通过它在坐标表象或动量表象中的施密特分解给予进一步说明, 即

$$|\eta\rangle = \mathrm{e}^{-\mathrm{i}\eta_1\eta_2/2} \int_{-\infty}^{\infty} \mathrm{d}q \, |q\rangle_a \otimes |q - \eta_1\rangle_b \, \mathrm{e}^{-\mathrm{i}q\eta_2}, \tag{1-79}$$

或

$$|\eta\rangle = \mathrm{e}^{-\mathrm{i}\eta_1\eta_2/2} \int_{-\infty}^{\infty} \mathrm{d}p \, |p+\eta_2\rangle_a \otimes |-p\rangle_b \, \mathrm{e}^{-\mathrm{i}p\eta_1}. \tag{1-80}$$

由以上两式可见, 当测量粒子 a 发现它处在坐标本征态 $|q\rangle_a$(或动量本征态 $|p+\eta_2\rangle_a$) 时, 则粒子 b 自动塌缩到坐标本征态 $|q-\eta_1\rangle_b$(或动量本征态 $|-p\rangle_b$) 上, 这就是两粒子的纠缠性质. 根据双变量埃尔米特多项式 $\mathrm{H}_{m,n}(x,y)$ 的生成函数定义:

$$\sum_{m,n=0}^{\infty} \frac{t^m t'^n}{m!n!} \mathrm{H}_{m,n}(x,y) = \exp\left(-tt'+tx+t'y\right), \tag{1-81}$$

可把态矢量 $|\eta\rangle$ 展开为

$$|\eta\rangle = \mathrm{e}^{-|\eta|^2/2} \sum_{m,n=0}^{\infty} \frac{(-)^n \mathrm{H}_{m,n}(\eta,\eta^*)}{\sqrt{m!n!}} \, |m,n\rangle, \tag{1-82}$$

式中, $|m,n\rangle = a^{\dagger m} b^{\dagger n}/\sqrt{m!n!}\,|0,0\rangle$ 为双模福克态, 且 $\mathrm{H}_{m,n}(\eta,\eta^*)$ 满足关系式

$$\mathrm{H}_{m,n}^*(\eta,\eta^*) = \mathrm{H}_{n,m}(\eta,\eta^*). \tag{1-83}$$

此外, 基于纠缠态 $|\eta\rangle$ 构造非对称 ket-bra 型算符积分 $\int \frac{\mathrm{d}^2\eta}{\mu\pi} |\eta/\mu\rangle \langle\eta|$, 再利用有序算符内积分法对 $\mathrm{d}^2\eta$ 执行积分, 可有

$$\int \frac{\mathrm{d}^2\eta}{\mu\pi} \left|\frac{\eta}{\mu}\right\rangle \langle\eta|$$

$$= \int \frac{\mathrm{d}^2\eta}{\mu\pi} : \exp\left[-\frac{|\eta|^2}{2}\left(1+\frac{1}{\mu^2}\right) + \eta\left(\frac{a^\dagger}{\mu}-b\right) + \eta^*\left(a-\frac{b^\dagger}{\mu}\right) \right.$$

$$\left. + a^\dagger b^\dagger + ab - a^\dagger a - b^\dagger b \right]:$$

$$= \frac{2\mu}{\mu^2+1} : \exp\left[\frac{\mu^2}{\mu^2+1}\left(\frac{a^\dagger}{\mu}-b\right)\left(a-\frac{b^\dagger}{\mu}\right) - (a-b^\dagger)(a^\dagger-b) \right]:$$

$$= \operatorname{sech} r \exp(a^\dagger b^\dagger \tanh r) : \exp[(a^\dagger a + b^\dagger b)(\operatorname{sech} r - 1)] : \exp(-ab\tanh r)$$

$$= \exp(a^\dagger b^\dagger \tanh r) \exp[(a^\dagger a + b^\dagger b - 1)\ln\operatorname{sech} r] \exp(-ab\tanh r). \tag{1-84}$$

式中, 参数 μ 和 r 的关系见式 (1-20), 它恰好是双模压缩算符, 记作 $S_2(r)$. 实际上, 它也可以写成如下紧凑形式

$$S_2(r) = \int \frac{\mathrm{d}^2\eta}{\mu\pi} \left|\frac{\eta}{\mu}\right\rangle \langle\eta| = \exp[r(a^\dagger b^\dagger - ab)]. \tag{1-85}$$

上式表明, $\int \dfrac{\mathrm{d}^2\eta}{\mu\pi} |\eta/\mu\rangle \langle\eta|$ 即为双模压缩算符 $S_2(r)$ 在纠缠态 $|\eta\rangle$ 表象中的自然表示, 这也从理论上说明了双模压缩态本身就是一个纠缠态的事实. 因此, 双模压缩算符 $S_2(r)$ 能把纠缠态 $|\eta\rangle$ 很自然地压缩为

$$
\begin{aligned}
S_2\left(r\right)|\eta\rangle &= \int \frac{\mathrm{d}^2\eta'}{\mu\pi} \left|\frac{\eta'}{\mu}\right\rangle \langle\eta'|\,\eta\rangle \\
&= \int \frac{\mathrm{d}^2\eta'}{\mu} \left|\frac{\eta'}{\mu}\right\rangle \delta^{(2)}(\eta' - \eta) \\
&= \frac{1}{\mu} \left|\frac{\eta}{\mu}\right\rangle.
\end{aligned}
\tag{1-86}
$$

作为纠缠态 $|\eta\rangle$ 的共轭态, 两粒子的质心坐标 $Q_a + Q_b$ 和相对动量 $P_a - P_b$ 的共同本征态 $|\zeta\rangle$ 在双模福克空间中具有如下形式 [10]

$$
|\zeta\rangle = \exp\left(-\frac{1}{2}|\zeta|^2 + \zeta a^\dagger + \zeta^* b^\dagger - a^\dagger b^\dagger\right)|00\rangle.
\tag{1-87}
$$

它满足本征方程

$$
(Q_a + Q_b)|\zeta\rangle = \sqrt{2}\zeta_1|\zeta\rangle, \quad (P_a - P_b)|\zeta\rangle = \sqrt{2}\zeta_2|\zeta\rangle
\tag{1-88}
$$

和完备正交关系

$$
\int \frac{\mathrm{d}^2\zeta}{\pi}|\zeta\rangle\langle\zeta| = 1, \quad \langle\zeta'|\zeta\rangle = \pi\delta^{(2)}(\zeta' - \zeta).
\tag{1-89}
$$

式中, ζ 为复数, $\zeta = \zeta_1 + \mathrm{i}\zeta_2$. 同时发现, 共轭纠缠态 $\langle\eta|$ 和 $|\zeta\rangle$ 的内积

$$
\langle\eta|\zeta\rangle = \frac{1}{2}\exp\left[\frac{1}{2}(\zeta\eta^* - \zeta^*\eta)\right]
\tag{1-90}
$$

和傅里叶变换关系

$$
|\zeta\rangle = \int \frac{\mathrm{d}^2\eta}{\pi}|\eta\rangle\, \mathrm{e}^{\zeta\eta^* - \zeta^*\eta}.
\tag{1-91}
$$

这两种连续变量两粒子纠缠态表象的引入, 不仅丰富了量子力学的数理基础理论, 而且促进了量子光学、信息光学、傅里叶光学以及凝聚态物理等学科的发展.

下面利用式 (1-68) 和式 (1-87) 中的连续变量纠缠态表象去建立双模纠缠态的维格纳算符理论. 利用完备性关系 (1-73) 和 (1-89) 以及内积 (1-90), 则任一双模算符 $\mathcal{H}$ 都可表示为 [10]

$$\mathcal{H} = \iint \frac{\mathrm{d}^2\eta'\mathrm{d}^2\zeta'}{\pi^2} \iint \frac{\mathrm{d}^2\eta''\mathrm{d}^2\zeta''}{\pi^2} |\eta'\rangle \langle \eta' |\zeta'\rangle \langle \zeta'| \mathcal{H} |\zeta''\rangle \langle \zeta'' |\eta''\rangle \langle \eta''|$$

$$= \frac{1}{4} \iint \frac{\mathrm{d}^2\eta'\mathrm{d}^2\zeta'}{\pi^2} \iint \frac{\mathrm{d}^2\eta''\mathrm{d}^2\zeta''}{\pi^2} |\eta'\rangle \langle \eta'|$$

$$\times \langle \zeta'| \mathcal{H} |\zeta''\rangle \, \mathrm{e}^{\frac{1}{2}(\zeta''^*\eta'' - \zeta''\eta''^* + \zeta'\eta'^* - \zeta'^*\eta')}. \tag{1-92}$$

作如下变量代换

$$\eta' = \sigma - \eta, \qquad \eta'' = \sigma + \eta, \qquad \sigma = \sigma_1 + \mathrm{i}\sigma_2,$$
$$\zeta' = \gamma - \zeta, \qquad \zeta'' = \gamma + \zeta, \qquad \gamma = \gamma_1 + \mathrm{i}\gamma_2,$$
$$\mathrm{d}^2\eta'\mathrm{d}^2\eta'' = 4\mathrm{d}^2\sigma\mathrm{d}^2\eta, \qquad \mathrm{d}^2\zeta'\mathrm{d}^2\zeta'' = 4\mathrm{d}^2\gamma\mathrm{d}^2\zeta, \tag{1-93}$$

则式 (1-92) 简化为

$$\mathcal{H} = 4 \iiiint \frac{\mathrm{d}^2\eta\mathrm{d}^2\zeta\mathrm{d}^2\sigma\mathrm{d}^2\gamma}{\pi^4} |\sigma - \eta\rangle \langle \sigma + \eta|$$

$$\times \langle \gamma - \zeta| \mathcal{H} |\gamma + \zeta\rangle \, \mathrm{e}^{(\eta\gamma^* - \eta^*\gamma) + (\zeta^*\sigma - \zeta\sigma^*)}. \tag{1-94}$$

若定义如下对应

$$\int \frac{\mathrm{d}^2\eta}{\pi^3} |\sigma - \eta\rangle \langle \sigma + \eta| \mathrm{e}^{\eta\gamma^* - \eta^*\gamma} = \Delta(\sigma, \gamma) \tag{1-95}$$

和

$$4\int \frac{\mathrm{d}^2\zeta}{\pi} \langle \gamma - \zeta| \mathcal{H} |\gamma + \zeta\rangle \, \mathrm{e}^{\zeta^*\sigma - \zeta\sigma^*} = h(\sigma, \gamma), \tag{1-96}$$

则可得到纠缠态表象中算符函数 $\mathcal{H}$ 与其经典函数 $h(\sigma, \gamma)$ 之间的对应关系

$$\mathcal{H} = \iint \mathrm{d}^2\sigma\mathrm{d}^2\gamma\Delta(\sigma, \gamma)h(\sigma, \gamma), \tag{1-97}$$

式中

$$h(\sigma, \gamma) = 4\pi^2\mathrm{tr}[\mathcal{H}\Delta(\sigma, \gamma)]. \tag{1-98}$$

其中, $\Delta(\sigma, \gamma)$ 被称为双模维格纳算符的纠缠态表示. 利用有序算符内积分法以及式 (1-95), 并作变量代换 $\gamma = \alpha + \beta^*$ 和 $\sigma = \alpha - \beta^*$, 可将双模纠缠维格纳算符 $\Delta(\sigma, \gamma)$ 改写为两个单模维格纳算符 $\Delta_a(\alpha, \alpha^*)$ 和 $\Delta_b(\beta, \beta^*)$ 的乘积, 即

$$\Delta(\sigma, \gamma) = \frac{1}{\pi^2} : \exp[-2(\alpha^* - a^\dagger)(\alpha - a) - 2(\beta^* - b^\dagger)(\beta - b)] :$$

$$= \Delta_a(\alpha, \alpha^*)\Delta_b(\beta, \beta^*). \tag{1-99}$$

可见, 算符 $\Delta(\sigma,\gamma)$ 就是双模维格纳算符在纠缠态 $|\eta\rangle$ 表象中的自然表示. 双模纠缠维格纳算符 $\Delta(\sigma,\gamma)$ 具有维格纳算符的一般性质, 如它的边缘积分给出了纠缠态表象中的概率密度分布. 由式 (1-70) 可知, 投影算符 $|\eta\rangle\langle\eta|$ 的正规乘积表示为

$$|\eta\rangle\langle\eta| =: \exp\left[-\left(\eta_1 - \frac{Q_a - Q_b}{\sqrt{2}}\right)^2 - \left(\eta_2 - \frac{P_a + P_b}{\sqrt{2}}\right)^2\right]: . \qquad (1\text{-}100)$$

同样, 根据式 (1-87) 得到与纠缠态 $|\eta\rangle$ 正则共轭的纠缠态 $|\zeta\rangle$ 投影算符的正规乘积为

$$|\zeta\rangle\langle\zeta| =: \exp\left[-\left(\zeta_1 - \frac{Q_a + Q_b}{\sqrt{2}}\right)^2 - \left(\zeta_2 - \frac{P_a - P_b}{\sqrt{2}}\right)^2\right]: . \qquad (1\text{-}101)$$

这样, 由式 (1-99)~(1-101), 可构造出两粒子纠缠系统的维格纳算符 $\Delta(\sigma,\gamma)$ 的正规乘积形式为

$$\Delta(\sigma,\gamma) = \frac{1}{\pi^2} : \exp\left[-\left(\sigma_1 - \frac{Q_a - Q_b}{\sqrt{2}}\right)^2 - \left(\sigma_2 - \frac{P_a + P_b}{\sqrt{2}}\right)^2 \right.$$
$$\left. - \left(\gamma_1 - \frac{Q_a + Q_b}{\sqrt{2}}\right)^2 - \left(\gamma_2 - \frac{P_a - P_b}{\sqrt{2}}\right)^2\right] : . \qquad (1\text{-}102)$$

若对维格纳算符 $\Delta(\sigma,\gamma)$ 中的变量 γ 作积分, 则有

$$\int \mathrm{d}^2\gamma \Delta(\sigma,\gamma) = \frac{1}{\pi}|\eta\rangle\langle\eta|_{\eta=\sigma} . \qquad (1\text{-}103)$$

同样, 利用算符 $\Delta(\sigma,\gamma)$ 并对 $\mathrm{d}^2\sigma$ 执行积分, 可获得另一个投影算符

$$\int \mathrm{d}^2\sigma \Delta(\sigma,\gamma) = \frac{1}{\pi}|\zeta\rangle\langle\zeta|_{\zeta=\gamma} . \qquad (1\text{-}104)$$

对于任何的双模关联态 $|\phi\rangle$ (或 $\rho = |\phi\rangle\langle\phi|$), 其维格纳函数为 $W(\sigma,\gamma) = \mathrm{tr}[\rho\Delta(\sigma,\gamma)]$, 则其两个边缘分布函数分别为

$$\pi \int \mathrm{d}^2\gamma W(\sigma,\gamma) = |\langle\eta|\phi\rangle|^2_{\eta=\sigma} ,$$
$$\pi \int \mathrm{d}^2\sigma W(\sigma,\gamma) = |\langle\zeta|\phi\rangle|^2_{\zeta=\gamma} . \qquad (1\text{-}105)$$

式中, $|\langle\eta|\phi\rangle|^2_{\eta=\sigma}$ (或 $|\langle\zeta|\phi\rangle|^2_{\zeta=\gamma}$) 代表在双模关联态 $|\phi\rangle$ 中发现具有相对坐标为 $\sqrt{2}\sigma_1$ (或质心坐标为 $\sqrt{2}\gamma_1$) 且具有总动量为 $\sqrt{2}\sigma_2$ (或相对动量为 $\sqrt{2}\gamma_2$) 的两粒子的概率. 正是这一性质使得维格纳函数 $W(\sigma,\gamma)$ 能被看作相空间中的一个概率分布函数.

1.3   热场纠缠态表象

1.3.1   玻色系统

为了把处于 $T \neq 0$ 下的统计系综平均值等价地转换为一个纯态下的期望值, Takahashi 和 Umezawa 首次引入了热场动力学理论 [14]. 对于自由玻色系统 $H = \omega a^\dagger a$ 来说, Takahashi 和 Umezawa 发现热真空态 $|0(\theta)\rangle$ 为

$$|0(\theta)\rangle = S(\theta) |0, \tilde{0}\rangle = \operatorname{sech} \theta \exp(a^\dagger \tilde{a}^\dagger \tanh \theta) |0, \tilde{0}\rangle. \tag{1-106}$$

可见, 它是通过热压缩算符 $S(\theta) = \exp[\theta(a^\dagger \tilde{a}^\dagger - a\tilde{a})]$ 作用到 $T = 0$ 下的真空态 $|0, \tilde{0}\rangle$ 而得到的. $\tilde{a}^\dagger$ 为与真实的光子产生算符 $a^\dagger$ 相伴而生的虚模的产生算符, 而 $\tilde{a}$ 能湮灭 $|\tilde{0}\rangle$ 且满足对易关系 $[\tilde{a}, \tilde{a}^\dagger] = 1$ 和 $[\tilde{a}, a^\dagger] = 0$. 而参数 θ 与温度 T 有关, 即 $\tanh \theta = \exp(-\hbar\omega/(2kT))$. 在超高温度下, $\hbar\omega \ll 2kT$, 这时 $\tanh \theta \to 1$, 这样热真空态退化成

$$|0(\theta)\rangle \to \exp(a^\dagger \tilde{a}^\dagger) |0, \tilde{0}\rangle = \sum_{m=0}^{\infty} |m, \tilde{m}\rangle, \tag{1-107}$$

式中, $|\tilde{m}\rangle = (m!)^{-1/2} \tilde{a}^{\dagger m} |\tilde{0}\rangle$. 实际上, 式 (1-107) 反映了量子系统与热环境之间的量子纠缠. 因此, 类似于建立物理空间中连续变量纠缠态 $|\eta\rangle$ 和 $|\zeta\rangle$ 表象, 这里引进一个新的连续变量纠缠态表象——热场纠缠态表象. 在双模福克空间中, 热场纠缠态 $|\chi\rangle$ 表示为 [15-18]

$$|\chi\rangle = \exp\left(-\frac{1}{2}|\chi|^2 + \chi a^\dagger - \chi^* \tilde{a}^\dagger + a^\dagger \tilde{a}^\dagger\right) |0\tilde{0}\rangle$$
$$= D(\chi)|\chi = 0\rangle, \tag{1-108}$$

式中, $D(\chi) = \exp(\chi a^\dagger - \chi^* a)$ 为平移算符, 参量 χ 为复数, $|\chi = 0\rangle = \exp(a^\dagger \tilde{a}^\dagger) |0, \tilde{0}\rangle$. 利用有序算符内积分法可证明, $|\chi\rangle$ 为算符 $(a - \tilde{a}^\dagger)$ 和 $(a^\dagger - \tilde{a})$ 的本征态, 即

$$(a - \tilde{a}^\dagger)|\chi\rangle = \chi|\chi\rangle, \quad (a^\dagger - \tilde{a})|\chi\rangle = \chi^*|\chi\rangle, \tag{1-109}$$

且拥有正交归一性

$$\langle \chi | \chi' \rangle = \pi\delta(\chi_1 - \chi_1')\delta(\chi_2 - \chi_2') \tag{1-110}$$

和完备性

$$\int \frac{\mathrm{d}^2\chi}{\pi} |\chi\rangle\langle\chi| = 1, \quad \mathrm{d}^2\chi = \mathrm{d}\chi_1 \mathrm{d}\chi_2. \tag{1-111}$$

所以态 $|\chi\rangle$ 的完备集合能构成一个连续变量纠缠态表象. 虽然式 (1-108) 在形式上与式 (1-68) 完全相同, 但所包含的物理意义完全不同, 原因在于纠缠态 $|\chi\rangle$

是量子系统和外界热环境之间发生相互纠缠的结果. 值得指出的是, 热压缩算符 $S(\theta) = \exp[\theta(a^\dagger\tilde{a}^\dagger - a\tilde{a})]$ 在纠缠态 $|\chi\rangle$ 表象中有其自然表示

$$
\begin{aligned}
S(\theta) &= e^{-\theta} \int \frac{d^2\chi}{\pi} \left| e^{-\theta}\chi \right\rangle \langle \chi | \\
&= e^{-\theta} \int \frac{d^2\chi}{\pi} : \exp\left[-\frac{|\chi|^2}{2}(1 + e^{-2\theta}) + \chi(e^{-\theta}a^\dagger - \tilde{a}) \right. \\
&\quad \left. - \chi^*(e^{-\theta}\tilde{a}^\dagger - a) + a^\dagger\tilde{a}^\dagger + a\tilde{a} - a^\dagger a - \tilde{a}^\dagger\tilde{a} \right] : \\
&= \exp[\theta(a^\dagger\tilde{a}^\dagger - a\tilde{a})].
\end{aligned}
\tag{1-112}
$$

因此, 热压缩算符 $S(\theta)$ 还可把纠缠态 $|\chi\rangle$ 自然压缩为

$$
S(\theta)|\chi\rangle = e^{-\theta} \left| e^{-\theta}\chi \right\rangle. \tag{1-113}
$$

类似于式 (1-87), 引入另一个新的双模热场纠缠态 $|\varrho\rangle$, 此态与态 $|\chi\rangle$ 具有正则共轭关系, 其定义式为

$$
\begin{aligned}
|\varrho\rangle &= \exp\left(-\frac{1}{2}|\varrho|^2 + \varrho a^\dagger + \varrho^*\tilde{a}^\dagger - a^\dagger\tilde{a}^\dagger \right) |0\tilde{0}\rangle \\
&= D(\varrho)|\varrho = 0\rangle = (-1)^{a^\dagger a} |\chi = -\varrho\rangle,
\end{aligned}
\tag{1-114}
$$

它也具有如下完备正交性

$$
\int \frac{d^2\varrho}{\pi} |\varrho\rangle\langle\varrho| = 1, \quad \langle\varrho'|\varrho\rangle = \pi\delta(\varrho - \varrho')\delta(\varrho^* - \varrho'^*). \tag{1-115}
$$

利用连续变量热场纠缠态, 可以从新的角度来研究开放系统的量子退相干问题, 即基于热场动力学理论, 利用有序算符内积分法以及由该方法构造的连续变量热场纠缠态将描述退相干通道的量子主方程转化为态矢量的演化方程, 从而求解得到密度算符在通道中的解析演化规律, 称这种新的研究退相干问题的方法为热场纠缠态法. 与传统处理退相干方法相比, 它具有以下两点优势: ① 能给出密度算符的解析演化公式, 并基于此式方便推导出光子数分布、维格纳函数等函数的时间演化规律; ② 由于热场纠缠态表象本身反映了量子系统与外界热环境之间的纠缠本性, 退相干问题可以纳入热场纠缠态表象中讨论, 能较直接地反映退相干的本质. 这将给进一步研究退相干通道中量子态的演化问题提供极大的方便.

目前, 量子光场的退相干问题已成为物理学家的一个重要研究热点. 在量子光学理论中, 激光噪声是引起退相干的重要来源. 本小节利用热场纠缠态来求解描述激光通道的量子主方程, 并给出其解的克劳斯算符和表示以及维格纳函数随时间 t 的演化公式, 解析探讨系统在激光通道中的量子退相干问题.

在理论上, 最低阶近似下描述激光通道的密度算符主方程为 [19-22]

$$\frac{\mathrm{d}\rho(t)}{\mathrm{d}t} = g\left[2a^\dagger\rho(t)a - aa^\dagger\rho(t) - \rho(t)aa^\dagger\right]$$
$$+ \kappa\left[2a\rho(t)a^\dagger - a^\dagger a\rho(t) - \rho(t)a^\dagger a\right], \tag{1-116}$$

式中, 参数 κ 和 g 分别为腔场的衰减系数和增益系数. 特殊地, $g = 0$, 式 (1-116) 退化为描述振幅衰减通道的主方程, 即

$$\frac{\mathrm{d}\rho(t)}{\mathrm{d}t} = \kappa\left[2a\rho(t)a^\dagger - a^\dagger a\rho(t) - \rho(t)a^\dagger a\right]. \tag{1-117}$$

而当 $g \to \kappa\bar{n}$, $\kappa \to \kappa(\bar{n}+1)$ 时, 式 (1-116) 变为有限温度下的密度算符主方程

$$\frac{\mathrm{d}\rho(t)}{\mathrm{d}t} = \kappa\bar{n}\left[2a^\dagger\rho(t)a - aa^\dagger\rho(t) - \rho(t)aa^\dagger\right]$$
$$+ \kappa(\bar{n}+1)\left[2a\rho(t)a^\dagger - a^\dagger a\rho(t) - \rho(t)a^\dagger a\right], \tag{1-118}$$

其中, $\bar{n}$ 为热库的平均光子数. 下面利用热场纠缠态表象求解描述激光通道的量子主方程 (1-116). 根据式 (1-108) 可知, 热场纠缠态 $|\chi = 0\rangle \equiv |I\rangle$ 满足等式

$$a|I\rangle = \tilde{a}^\dagger|I\rangle, \quad a^\dagger|I\rangle = \tilde{a}|I\rangle, \quad a^\dagger a|I\rangle = \tilde{a}^\dagger\tilde{a}|I\rangle. \tag{1-119}$$

将式 (1-116) 两边作用到 $|I\rangle$ 上, 并利用式 (1-119) 和 $|\rho(t)\rangle = \rho(t)|I\rangle$, 可得

$$\frac{\mathrm{d}}{\mathrm{d}t}|\rho(t)\rangle = [g\left(2a^\dagger\tilde{a}^\dagger - aa^\dagger - \tilde{a}\tilde{a}^\dagger\right)$$
$$+ \kappa\left(2a\tilde{a} - a^\dagger a - \tilde{a}^\dagger\tilde{a}\right)]|\rho(t)\rangle. \tag{1-120}$$

假设 $\rho(0)$ 是初始时刻的密度算符且 $|\rho(0)\rangle = \rho(0)|I\rangle$, 则方程 (1-120) 的标准解为

$$|\rho(t)\rangle = \exp[gt\left(2a^\dagger\tilde{a}^\dagger - aa^\dagger - \tilde{a}\tilde{a}^\dagger\right)$$
$$+ \kappa t\left(2a\tilde{a} - a^\dagger a - \tilde{a}^\dagger\tilde{a}\right)]|\rho(0)\rangle. \tag{1-121}$$

为了求解式 (1-121), 注意到

$$gt\left(2a^\dagger\tilde{a}^\dagger - aa^\dagger - \tilde{a}\tilde{a}^\dagger\right) + \kappa t\left(2a\tilde{a} - a^\dagger a - \tilde{a}^\dagger\tilde{a}\right)$$
$$= t(\kappa + g)\left(\tilde{a} - a^\dagger\right)\left(a - \tilde{a}^\dagger\right) + t(\kappa - g)\left(a\tilde{a} - \tilde{a}^\dagger a^\dagger + 1\right). \tag{1-122}$$

将式 (1-122) 代入式 (1-121), 并利用对易关系

$$\left[a\tilde{a} - \tilde{a}^\dagger a^\dagger, \left(a^\dagger - \tilde{a}\right)\left(a - \tilde{a}^\dagger\right)\right] = 2\left[\left(a^\dagger - \tilde{a}\right)\left(a - \tilde{a}^\dagger\right)\right] \tag{1-123}$$

和算符恒等式

$$e^{\lambda(A+\sigma B)} = e^{\lambda A} \exp\left[\frac{\sigma B\left(1 - e^{-\lambda\tau}\right)}{\tau}\right], \tag{1-124}$$

其中, 算符 A, B 满足 $[A, B] = \tau B$, 可得

$$|\rho(t)\rangle = \exp\left\{\left(a\tilde{a} - \tilde{a}^\dagger a^\dagger + 1\right)(\kappa - g)t + \frac{\kappa + g}{2(\kappa - g)}\right.$$
$$\left. \times \left(1 - e^{2(\kappa-g)t}\right)\left(a^\dagger - \tilde{a}\right)\left(a - \tilde{a}^\dagger\right)\right\}|\rho(0)\rangle. \tag{1-125}$$

因此, 在表象 $\langle\chi|$ 中密度算符 $\rho(t)$ 的演化规律为

$$\langle\chi|\rho(t)\rangle = \exp\left[-\frac{(\kappa + g)\left(1 - e^{-2(\kappa-g)t}\right)}{2(\kappa - g)}|\chi|^2\right]\langle\chi e^{-(\kappa-g)t}|\rho(0)\rangle. \tag{1-126}$$

上式清晰表明, 态矢量 $\langle\chi e^{-(\kappa-g)t}|$ 中衰减因子 $e^{-\kappa t}$ 和增益因子 e^{gt} 并存. 进一步, 利用有序算符内积分法和纠缠态表象 $|\chi\rangle$ 的完备性关系, 可得

$$|\rho(t)\rangle = \int \frac{\mathrm{d}^2\chi}{\pi}|\chi\rangle\langle\chi|\rho(t)\rangle$$
$$= \mathcal{T}_3 \exp\left(g\mathcal{T}_1 a^\dagger \tilde{a}^\dagger\right) : \exp\left[(\mathcal{T}_2 - 1)\right.$$
$$\left. \times \left(\tilde{a}^\dagger \tilde{a} + a^\dagger a\right)\right] : \exp\left(\kappa\mathcal{T}_1 a\tilde{a}\right)|\rho(0)\rangle, \tag{1-127}$$

式中

$$\mathcal{T}_1 = \frac{1 - e^{-2(\kappa-g)t}}{\kappa - g e^{-2(\kappa-g)t}},$$
$$\mathcal{T}_2 = \frac{(\kappa - g)\, e^{-(\kappa-g)t}}{\kappa - g e^{-2(\kappa-g)t}},$$
$$\mathcal{T}_3 = 1 - g\mathcal{T}_1. \tag{1-128}$$

利用算符恒等式 (1-21) 和 (1-119), 可将式 (1-127) 改写为

$$|\rho(t)\rangle = \mathcal{T}_3 \exp\left(g\mathcal{T}_1 a^\dagger \tilde{a}^\dagger\right)\exp\left[\left(\tilde{a}^\dagger \tilde{a} + a^\dagger a\right)\ln\mathcal{T}_2\right]\exp\left(\kappa\mathcal{T}_1 a\tilde{a}\right)\rho(0)|I\rangle$$
$$= \mathcal{T}_3 \sum_{i,j=0}^{\infty} \frac{\kappa^i g^j}{i!j!}\mathcal{T}_1^{i+j} a^{\dagger j}\exp\left(a^\dagger a\ln\mathcal{T}_2\right)a^i\rho(0)a^{\dagger i}$$
$$\times \exp\left(a^\dagger a\ln\mathcal{T}_2\right)a^j|I\rangle. \tag{1-129}$$

进一步, 把态 $|I\rangle$ 从式 (1-129) 的两端同时去掉, 则得到密度算符 $\rho(t)$ 的无限维算符和表示

$$
\rho(t) = \mathcal{T}_3 \sum_{i,j=0}^{\infty} \frac{\kappa^i g^j}{i!j!\mathcal{T}_2^{2j}} \mathcal{T}_1^{i+j} \exp\left(a^\dagger a \ln \mathcal{T}_2\right)
$$
$$
\times\, a^{\dagger j} a^i \rho(0) a^{\dagger i} a^j \exp\left(a^\dagger a \ln \mathcal{T}_2\right) \tag{1-130}
$$

或者

$$
\rho(t) = \sum_{i,j=0}^{\infty} M_{i,j} \rho(0) M_{i,j}^\dagger, \tag{1-131}
$$

式中, $M_{i,j}$ 就是最低阶近似下激光过程中密度算符 $\rho(t)$ 所对应的克劳斯算符

$$
M_{i,j} = \sqrt{\mathcal{T}_3 \frac{\kappa^i g^j}{i!j!\mathcal{T}_2^{2j}} \mathcal{T}_1^{i+j}} \exp\left(a^\dagger a \ln \mathcal{T}_2\right) a^{\dagger j} a^i. \tag{1-132}
$$

下面证明克劳斯算符 $M_{i,j}$ 的归一化问题. 利用 Baker-Hausdorff 算符公式

$$
e^{A+B} = e^A e^B e^{-\frac{[A,B]}{2}} = e^B e^A e^{-\frac{[B,A]}{2}}, \tag{1-133}
$$

式中, 算符 A, B 满足 $[[A,B],A] = [[A,B],B] = 0$, 可得

$$
\exp\left(2a^\dagger a \ln \mathcal{T}_2\right) a^{\dagger j} \exp\left(-2a^\dagger a \ln \mathcal{T}_2\right) = \mathcal{T}_2^{2j} a^{\dagger j}. \tag{1-134}
$$

另一方面, 通过比较

$$
e^{t'a} e^{ta^\dagger} = e^{ta^\dagger} e^{t'a} e^{tt'} =: e^{t'a+ta^\dagger+tt'} :
$$
$$
= \sum_{m,n=0}^{\infty} \frac{(-\mathrm{i}t)^m (-\mathrm{i}t')^n}{m!n!} : \boldsymbol{H}_{m,n}(\mathrm{i}a^\dagger, \mathrm{i}a) : \tag{1-135}
$$

和

$$
e^{t'a} e^{ta^\dagger} = \sum_{m,n=0}^{\infty} \frac{t^m t'^n}{m!n!} a^n a^{\dagger m}, \tag{1-136}
$$

可以给出算符恒等式

$$
a^n a^{\dagger m} = (-\mathrm{i})^{m+n} : \boldsymbol{H}_{m,n}\left(\mathrm{i}a^\dagger, \mathrm{i}a\right) :, \tag{1-137}
$$

利用式 (1-132) 和 (1-137) 可得

$$
\sum_{i,j=0}^{\infty} M_{i,j}^\dagger M_{i,j} = \mathcal{T}_3 \sum_{i,j=0}^{\infty} \frac{\kappa^i g^j}{i!j!\mathcal{T}_2^{2i}} \mathcal{T}_1^{i+j} a^{\dagger i} (-1)^j
$$
$$
\times : \boldsymbol{H}_{j,j}\left(\mathrm{i}a^\dagger, \mathrm{i}a\right) : a^i \exp\left(2a^\dagger a \ln \mathcal{T}_2\right). \tag{1-138}
$$

进一步, 利用拉盖尔多项式 $L_m(xy)$ 与双变量埃尔米特多项式 $H_{m,m}(x,y)$ 之间的关系式 [23,24]

$$H_{m,m}(x,y) = (-1)^m m! L_m(xy) \tag{1-139}$$

以及拉盖尔多项式 $L_m(x)$ 的生成函数

$$(1-z)^{-1} \exp\left(\frac{xz}{z-1}\right) = \sum_{m=0}^{\infty} L_m(x) z^m, \tag{1-140}$$

可得

$$
\begin{aligned}
\sum_{i,j=0}^{\infty} M_{i,j}^\dagger M_{i,j} &= \mathcal{T}_3 \sum_{i,j=0}^{\infty} \frac{\kappa^i g^j}{i! \mathcal{T}_2^{2i}} \mathcal{T}_1^{i+j} : a^{\dagger i} a^i L_j\left(-a^\dagger a\right) : \exp\left(2a^\dagger a \ln \mathcal{T}_2\right) \\
&= \mathcal{T}_3 \sum_{i=0}^{\infty} \frac{\kappa^i}{i! \mathcal{T}_2^{2i}} \mathcal{T}_1^i : a^{\dagger i} a^i \sum_{j=0}^{\infty} (g\mathcal{T}_1)^j L_j\left(-a^\dagger a\right) : \exp\left(2a^\dagger a \ln \mathcal{T}_2\right) \\
&= \frac{\mathcal{T}_3}{1-g\mathcal{T}_1} : \exp\left(\frac{\kappa \mathcal{T}_1 a^\dagger a}{\mathcal{T}_2^2}\right) \exp\left[\frac{g\mathcal{T}_1 a^\dagger a}{1-g\mathcal{T}_1}\right] : \exp\left(2a^\dagger a \ln \mathcal{T}_2\right).
\end{aligned}
\tag{1-141}
$$

再考虑到式 (1-128), 就验证了克劳斯算符的归一化条件

$$\sum_{i,j=0}^{\infty} M_{i,j}^\dagger M_{i,j} = 1. \tag{1-142}$$

对于单模的量子系统, 利用单模维格纳算符的相干态表示

$$\Delta(\alpha, \alpha^*) = \frac{1}{\pi} D(2\alpha)(-1)^{a^\dagger a}, \tag{1-143}$$

式中, $D(2\alpha)$ 为平移算符, 则其维格纳函数可定义为

$$W(\alpha, \alpha^*) = \text{tr}\left[\Delta(\alpha, \alpha^*)\rho\right]. \tag{1-144}$$

利用热场动力学方法, 可将式 (1-144) 改写为

$$
\begin{aligned}
W(\alpha, \alpha^*) &= \sum_{m,n=0}^{\infty} \langle n, \tilde{n}| \Delta(\alpha, \alpha^*)\rho |m, \tilde{m}\rangle \\
&= \frac{1}{\pi} \langle \xi = 2\alpha|\rho\rangle,
\end{aligned}
\tag{1-145}
$$

式中, $|\xi\rangle$ 与热场纠缠态 $|\chi\rangle$ 为正则共轭态, 其具体表达式见式 (1-114). 通过计算可知, 共轭纠缠态 $|\xi\rangle$ 和 $|\chi\rangle$ 的内积为

$$\langle \xi|\chi\rangle = \frac{1}{2} \exp\left[\frac{1}{2}\left(\xi^*\chi - \xi\chi^*\right)\right]. \tag{1-146}$$

把式 (1-111) 代入式 (1-145) 并利用式 (1-146), 可得

$$W\left(\alpha,\alpha^*\right)=\int\frac{\mathrm{d}^2\chi}{\pi^2}\left\langle\xi=2\alpha\,|\,\chi\right\rangle\left\langle\chi|\,\rho\right\rangle$$

$$=\int\frac{\mathrm{d}^2\chi}{2\pi^2}\exp\left(\alpha^*\chi-\alpha\chi^*\right)\left\langle\chi|\,\rho\right\rangle. \tag{1-147}$$

这样, 由式 (1-147) 就可简单地计算出量子态 ρ 的维格纳函数.

若将内积 (1-126) 代入式 (1-147), 并利用数学积分公式 (1-27) 对变量 χ 进行积分, 可推导出最低阶近似下激光过程中维格纳函数随时间 t 的演化与初始时刻维格纳函数之间的关系式 [25]

$$W\left(\alpha,\alpha^*;t\right)=\int\frac{\mathrm{d}^2\chi}{2\pi^2}\exp\left(-\frac{A}{2}\left|\chi\right|^2+\alpha^*\chi-\alpha\chi^*\right)\left\langle\chi\mathrm{e}^{-(\kappa-g)t}\right|\rho\left(0\right)\right\rangle$$

$$=\frac{2}{A}\int\frac{\mathrm{d}^2z}{\pi}\exp\left(-\frac{2}{A}\left|\alpha-z\mathrm{e}^{-(\kappa-g)t}\right|^2\right)W\left(z,z^*;0\right), \tag{1-148}$$

式中, 参数 A 为

$$A=\frac{\left(\kappa+g\right)\left[1-\mathrm{e}^{-2(\kappa-g)t}\right]}{\kappa-g}. \tag{1-149}$$

特殊地, 当 $g\to\kappa\bar{n}$ 且 $\kappa\to\kappa\left(\bar{n}+1\right)$ 时, $A\to\left(2\bar{n}+1\right)\mathcal{T},\mathcal{T}=1-\mathrm{e}^{-2\kappa t}$, 式 (1-148) 变成热通道中维格纳函数的解析演化表达式

$$W\left(\alpha,\alpha^*;t\right)=\frac{2}{\left(2\bar{n}+1\right)\mathcal{T}}\int\frac{\mathrm{d}^2z}{\pi}W\left(z,z^*;0\right)$$

$$\times\exp\left[-\frac{2}{\left(2\bar{n}+1\right)\mathcal{T}}\left|\alpha-z\mathrm{e}^{-\kappa t}\right|^2\right]. \tag{1-150}$$

而当 $g=0$ 时, 式 (1-148) 退化成振幅衰减通道中维格纳函数的演化

$$W\left(\alpha,\alpha^*;t\right)=\frac{2}{\mathcal{T}}\int\frac{\mathrm{d}^2z}{\pi}\exp\left(-\frac{2}{\mathcal{T}}\left|\alpha-z\mathrm{e}^{-\kappa t}\right|^2\right)W\left(z,z^*;0\right). \tag{1-151}$$

1.3.2 费米系统

对于单模费米系统, $f,f^\dagger$ 分别为费米湮灭和产生算符, 且满足反对易关系 $\{f,f^\dagger\}=1$, $f^\dagger\left|0\right\rangle=\left|1\right\rangle$, $f\left|0\right\rangle=0$, 式中, 态 $\left|0\right\rangle$, $\left|1\right\rangle$ 分别为费米子真空态和激发态. 而且, $f^2=f^{\dagger 2}=0$ 意味着泡利不相容原理, 即 $\left|0\right\rangle\left\langle0\right|+\left|1\right\rangle\left\langle1\right|=I$, I 为单位算符. 对应于费米算符, 存在格拉斯曼数 α 和厄米共轭格拉斯曼数 $\bar{\alpha}$, 它们遵从反对易 c 数关系 $\alpha^2=\bar{\alpha}^2=0$ 和积分关系 $\int\mathrm{d}\alpha=\int\mathrm{d}\bar{\alpha}=0$, $\int\mathrm{d}\alpha\alpha=\int\mathrm{d}\bar{\alpha}\bar{\alpha}=1$, 这里格拉斯曼数 α 与费米算符 f 和 $f^\dagger$ 存在反对易关系, 即 $\{\alpha,f\}=\{\alpha,f^\dagger\}=0$.

因此, 类似于玻色算符的正规乘积, 这里给出费米算符的正规乘积 (即在关于费米产生算符 $f^\dagger$ 和湮灭算符 f 的单项函数中, 所有的算符 $f^\dagger$ 都在算符 f 的左边) 及其主要性质 [26,27]:

(I) 费米算符 f 和 $f^\dagger$ 在正规乘积 $:\ :$ 内反对易, 具有格拉斯曼数的性质. 这意味着, 即使 $\{f, f^\dagger\} = 1$, 仍然存在 $:ff^\dagger: \ = \ :-f^\dagger f: \ = -f^\dagger f$.

(II) 在正规乘积算符 $:\ :$ 内, 一个"格拉斯曼数-费米算符对"与另一个存在对易关系. 例如, $:\bar\alpha f f^\dagger \alpha: \ = \ :f^\dagger \alpha \bar\alpha f:$.

(III) 费米子真空投影算符 $|0\rangle\langle 0|$ 的正规乘积为 $|0\rangle\langle 0| = I - |1\rangle\langle 1| = I - f^\dagger f = \ :\exp(-f^\dagger f):$.

(IV) 虽然费米算符与格拉斯曼数存在反对易关系, 但在符号 $:\ :$ 内可对格拉斯曼数进行积分.

归一化的费米相干态可表示为

$$|\alpha\rangle = \exp\left(-\frac{1}{2}\bar\alpha\alpha + f^\dagger\alpha\right)|0\rangle$$
$$= \exp\left(f^\dagger\alpha - \bar\alpha f\right)|0\rangle = D(\alpha)|0\rangle, \tag{1-152}$$

它满足本征方程

$$f|\alpha\rangle = |\alpha\rangle\alpha. \tag{1-153}$$

由于 α 与费米算符 $f, f^\dagger$ 反对易, 故

$$\langle\alpha| = \langle 0|\exp\left(-\frac{1}{2}\bar\alpha\alpha + \bar\alpha f\right). \tag{1-154}$$

类似于式 (1-68) 和 (1-108), 引入描述费米体系的热纠缠表象 [28-30]. 为此, 构造如下算符积分

$$\int d\bar\eta_f d\eta_f :\exp\{-[\bar\eta_f - (f^\dagger - \tilde f)][\eta_f - (f - \tilde f^\dagger)] - 2\tilde f^\dagger \tilde f\}:$$
$$= \ :\exp\{-2\tilde f^\dagger\tilde f\}:, \tag{1-155}$$

并利用有序算符内积分法去完成此积分, 这样有

$$|\eta_f\rangle = \exp\left(-\frac{1}{2}\bar\eta_f\eta_f + f^\dagger\eta_f - \bar\eta_f\tilde f^\dagger + f^\dagger\tilde f^\dagger\right)|0\tilde 0\rangle, \tag{1-156}$$

它在形式上与玻色热纠缠态完全相同, 故称之为费米热纠缠态, 式中 η_f, $\bar\eta_f$ 为格拉斯曼数, $\tilde f$ 模为代表环境的虚模, 与真实的系统 f 模相对应. 注意到式 (1-155)、(1-156) 和算符恒等式 $|00\rangle\langle 00| = \ :\exp(-f^\dagger f - \tilde f^\dagger\tilde f):$, 可导出费米热纠缠态 $|\eta_f\rangle$ 的完备性关系

$$\int d\bar\eta_f d\eta_f |\eta_f\rangle\langle\eta_f| (-1)^{\tilde f^\dagger\tilde f} = 1, \tag{1-157}$$

此式与玻色热纠缠态 $|\chi\rangle$ 的完备性关系不同, 这里增加了一个指数项 $(-1)^{\tilde{f}^\dagger \tilde{f}}$, 它可能来源于费米子遵循的泡利不相容原理. 利用算符 $(f - \tilde{f}^\dagger)$ 和 $(f^\dagger + \tilde{f})$ 满足的反对易关系 $\left\{ f - \tilde{f}^\dagger, f^\dagger + \tilde{f} \right\} = 0$ 以及算符公式

$$[A, BC] = \{A, B\}C - B\{A, C\}, \tag{1-158}$$

可导出

$$(f - \tilde{f}^\dagger)\,|\eta_f\rangle = \eta_f\,|\eta_f\rangle, \quad (f^\dagger + \tilde{f})\,|\eta_f\rangle = \bar{\eta}_f\,|\eta_f\rangle, \tag{1-159}$$

即热纠缠态 $|\eta_f\rangle$ 为反对易算符 $(f - \tilde{f}^\dagger)$ 和 $(f^\dagger + \tilde{f})$ 的共同本征态, 其本征值分别为 η_f 和 $\bar{\eta}_f$. 进一步, 利用式 (1-159) 可得到正交归一性

$$\langle \eta_f' |\, (-1)^{\tilde{f}^\dagger \tilde{f}} (f - \tilde{f}^\dagger)\, |\eta_f\rangle = \delta(\eta_f' - \eta_f)\delta(\bar{\eta}_f' - \bar{\eta}_f). \tag{1-160}$$

更有意义的是, 通过令

$$|\eta_f = 0\rangle \equiv |I_f\rangle = \exp(f^\dagger \tilde{f}^\dagger)\,|0\tilde{0}\rangle = (1 + f^\dagger \tilde{f}^\dagger)\,|0\tilde{0}\rangle, \tag{1-161}$$

同样发现, 态 $|I_f\rangle$ 拥有如下算符恒等式

$$f\,|I_f\rangle = \tilde{f}^\dagger\,|I_f\rangle, \quad \tilde{f}\,|I_f\rangle = -f^\dagger\,|I_f\rangle, \quad (f^\dagger f)^n\,|I_f\rangle = (\tilde{f}^\dagger \tilde{f})^n\,|I_f\rangle, \tag{1-162}$$

其形式与式 (1-119) 中的玻色情况类似, 即它也为费米量子主方程的求解提供了一种新途径.

参 考 文 献

[1] 路易塞尔 W H. 辐射的量子统计性质 [M]. 陈水, 于熙令, 译. 北京: 科学出版社, 1982.

[2] 范洪义. 量子力学表象与变换论——狄拉克符号法进展 [M]. 上海: 上海科学技术出版社, 1997.

[3] 孟祥国, 王继锁. 量子光场的性质与应用 [M]. 北京: 科学出版社, 2017.

[4] 曹昌祺. 辐射和光场的量子统计理论 [M]. 北京: 科学出版社, 2006.

[5] 范洪义, 胡利云. 光学变换·从量子到经典 [M]. 上海: 上海交通大学出版社, 2010.

[6] Klauder J R, Sudarshan E C G. Fundamentals of Quantum Optics[M]. New York: Benjamin, 1968.

[7] Mehta C L. Diagonal coherent-state representation of quantum operators[J]. Physical Review Letters, 1967, 18(18): 752-754.

[8] Einstein A, Podolsky B, Rosen N. Can quantum-mechanical description of physical reality be considered complete?[J]. Physical Review, 1935, 47(10): 777-780.

[9] Fan H Y, Klauder J R. Eigenvectors of two particles' relative position and total momentum[J]. Physical Review A, 1994, 49(2): 704-707.

[10] Fan H Y. Entangled states, squeezed states gained via the route of developing Dirac's symbolic method and their applications[J]. International Journal of Modern Physics B, 2004, 18(10-11): 1387-1455.

[11] Meng X G, Li K C, Wang J S, et al. Multi-variable special polynomials using an operator ordering method[J]. Frontiers of Physics, 2020, 15(5): 52501.

[12] Fan H Y. Application of EPR entangled state representation in quantum teleportation of continuous variables[J]. Physics Letters A, 2002, 294(5-6): 253-257.

[13] Yu H J, Fan H Y. Solving Schrödinger equation for bipartite hard-core potential by virtue of the entangled state representation[J]. Canadian Journal of Physics, 2019, 97(1): 82-85.

[14] Takahashi Y, Umezawa H. Thermo field dynamics[J]. International Journal of Modern Physics B, 1996, 10(13-14): 1755-1805.

[15] Fan H Y, Hu L Y. Operator-sum representation of density operators as solutions to master equations obtained via the entangled state approach[J]. Modern Physics Letters B, 2008, 22(25): 2435-2468.

[16] Lu D M. Evolution of Wigner function in laser process under the action of linear resonance force and its application[J]. Optoelectronics Letters, 2018, 14(3): 236-240.

[17] Meng X G, Fan H Y, Wang J S. Generation of a kind of displaced thermal states in the diffusion process and its statistical properties[J]. International Journal of Theoretical Physics, 2018, 57(7): 1202-1209.

[18] Fan H Y, Wang S, Hu L Y. Evolution of the single-mode squeezed vacuum state in amplitude dissipative channel[J]. Frontiers of Physics, 2014, 9(1): 74-81.

[19] Cresser D J, Hager J, Leuchs G, et al. Dissipative Systems in Quantum Optics[M]. Berlin: Springer-Verlag, 1982.

[20] Meng X G, Wang Z, Fan H Y, et al. Squeezed number state and squeezed thermal state: decoherence analysis and nonclassical properties in the laser process[J]. Journal of the Optical Society of America B, 2012, 29(7): 1835-1843.

[21] Chen J H, Fan H Y. Entropy evolution law in a laser process[J]. Annals of Physics, 2013, 334(2): 272-279.

[22] 范洪义, 胡利云. 开放系统量子退相干的纠缠态表象论 [M]. 上海: 上海交通大学出版社, 2010.

[23] Wünsche A. Hermite and Laguerre 2D polynomials[J]. Journal of Computational & Applied Mathematics, 2001, 133(1-2): 665-678.

[24] 范洪义. 研究生用量子力学教材补遗 [M]. 合肥: 中国科学技术大学出版社, 2012.

[25] He R, Chen J H, Fan H Y. Evolution law of Wigner function in laser process[J]. Frontiers of Physics, 2013, 8(4): 381-385.

[26] Chen X F, Hou L L. Explicit Kraus operator-sum representations for time-evolution of Fermi systems in amplitude- and phase-decay processes[J]. Canadian Journal of Physics, 2015, 93(11): 1356-1359.

[27] Meng X G, Wang J S, Fan H Y, et al. Kraus operator solutions to a fermionic master equation describing a thermal bath and their matrix representation[J]. Chinese Physics B, 2016, 25(4): 040302.

[28] Fan H Y, Li C. A group property for the coherent state representation of fermionic squeezing operatorses[J]. Journal of Optics B: Quantum and Semiclassical Optics, 2004, 6(6): S502.

[29] Fan H Y. Newton-Leibniz integration for ket-bra operators (III)—Application in fermionic quantum statistics[J]. Annals of Physics, 2007, 322(4): 886-902.

[30] Fan H Y, Fan Y, Chan F T. Normally ordered unitary operator for multimode squeezed fermion states[J]. Physics Letters A, 1998, 247(4-5): 267-272.

第 2 章 两体哈密顿系统的动力学问题

量子力学中的表象理论首先由狄拉克提出 [1]. 他同时指出, 在解决具体的动力学问题时, 根据系统哈密顿量的特点, 选择合适的表象有利于简化计算过程, 从而可以很大程度上节省工作量. 另一方面, 路径积分理论是量子力学数理表达的另一种形式, 其思想起源于狄拉克, 而由费曼具体完成 [2]. 传播子的费曼路径积分表示提供了研究系统的经典力学与量子力学之间联系的新途径. 例如, 路径积分量子化被成功应用于规范场理论. 按照费曼所说, 在量子力学的概念性理解方面, 人们更愿意采用路径积分理论. 而且, 由路径积分表示引出的半经典近似与欧拉–拉格朗日方程具有自然相关性. 此外, 克劳德首先引入了相干态表象去研究路径积分 [3,4], 后来希勒里等利用相干态路径积分法处理了一些量子光学问题 [5].

本章充分利用有序算符内积分法和连续变量纠缠态表象 [6,7], 解析探讨几类两体哈密顿系统的动力学问题, 包括带有弹性耦合或库仑耦合的运动带电两粒子系统哈密顿量的波函数和能级分布 [8,9], 两体哈密顿系统的路径积分理论 [10], 以及角动量相干态的时间演化 [11] 等.

2.1 带有弹性耦合的运动带电两粒子系统

2.1.1 连续变量纠缠态 $|\xi\rangle$ 和 $|\eta\rangle$ 表象

令 P_r 为两粒子的质量权重相对动量

$$P_r = \mu_2 P_1 - \mu_1 P_2, \tag{2-1}$$

Q_{cm} 为质心坐标

$$Q_{cm} = \mu_1 Q_1 + \mu_2 Q_2, \tag{2-2}$$

式中, $\mu_1 + \mu_2 = 1$, $\mu_i = m_i/M$ 为第 $i(i = 1, 2)$ 个粒子的质量权重系数, 其中 $M = m_1 + m_2$ 为两粒子的总质量, 且 Q_i, P_i 分别为第 i 个粒子的坐标算符和动量算符, 它们与玻色产生算符 $a_i^\dagger$ 和湮灭算符 a_i 满足关系 $Q_i = \left(a_i + a_i^\dagger\right)/\sqrt{2}$, $P_i = \left(a_i - a_i^\dagger\right)/\left(\mathrm{i}\sqrt{2}\right)$. 由于算符 Q_{cm} 和 P_r 是对易的, 即 $[Q_{cm}, P_r] = 0$, 这样它

们具有共同本征态 $|\xi\rangle$, 其具体表达式为

$$
\begin{aligned}
|\xi\rangle = \exp\bigg\{ &-\frac{1}{2}|\xi|^2 + \frac{1}{\sqrt{\lambda}}\left[\xi + (\mu_1 - \mu_2)\xi^*\right]a_1^\dagger \\
&+ \frac{1}{\sqrt{\lambda}}\left[\xi^* - (\mu_1 - \mu_2)\xi\right]a_2^\dagger \\
&+ \frac{1}{\lambda}\left[(\mu_2 - \mu_1)\left(a_1^{\dagger 2} - a_2^{\dagger 2}\right) - 4\mu_1\mu_2 a_1^\dagger a_2^\dagger\right]\bigg\}|00\rangle,
\end{aligned}
\tag{2-3}
$$

式中, ξ 为复参数, $\xi = \xi_1 + \mathrm{i}\xi_2$, $\lambda = 2\left(\mu_1^2 + \mu_2^2\right)$. 由式 (2-1)~(2-3), 易得到态 $|\xi\rangle$ 满足的本征方程

$$
\begin{aligned}
Q_{cm}|\xi\rangle &= \sqrt{\frac{\lambda}{2}}\xi_1|\xi\rangle = \sqrt{\mu_1^2 + \mu_2^2}\,\xi_1|\xi\rangle, \\
P_r|\xi\rangle &= \sqrt{\frac{\lambda}{2}}\xi_2|\xi\rangle = \sqrt{\mu_1^2 + \mu_2^2}\,\xi_2|\xi\rangle.
\end{aligned}
\tag{2-4}
$$

可知, 态 $|\xi\rangle$ 确实是算符 Q_{cm} 和 P_r 的共同本征态, 而且 ξ 的实部和虚部分别对应于 Q_{cm} 和 P_r 的本征值. 利用有序算符内积分法, 易证态 $|\xi\rangle$ 具有完备性

$$
\int\frac{\mathrm{d}^2\xi}{\pi}|\xi\rangle\langle\xi| = 1, \quad \mathrm{d}^2\xi = \mathrm{d}\xi_1\mathrm{d}\xi_2.
\tag{2-5}
$$

令两粒子的相对位置和总动量分别为 $Q_r = Q_1 - Q_2$ 和 $P = P_1 + P_2$, 考虑到算符 Q_r 和 P 相互对易, 故它们具有共同的本征态 $|\eta\rangle$, 满足如下本征方程

$$
P|\eta\rangle = \sqrt{2}\eta_2|\eta\rangle, \qquad Q_r|\eta\rangle = \sqrt{2}\eta_1|\eta\rangle.
\tag{2-6}
$$

在双模的福克空间中, 纠缠态 $|\eta\rangle$ 的具体形式为

$$
|\eta\rangle = \exp\left(-\frac{|\eta|^2}{2} + \eta a_1^\dagger - \eta^* a_2^\dagger + a_1^\dagger a_2^\dagger\right)|00\rangle,
\tag{2-7}
$$

它满足完备性关系

$$
\int\frac{\mathrm{d}^2\eta}{\pi}|\eta\rangle\langle\eta| = 1, \quad \mathrm{d}^2\eta = \mathrm{d}\eta_1\mathrm{d}\eta_2.
\tag{2-8}
$$

这样, 利用式 (2-3) 和 (2-7), 可得到态 $\langle\eta|$ 和 $|\xi\rangle$ 之间的内积

$$
\langle\eta|\xi\rangle = \sqrt{\frac{\lambda}{4}}\exp\left\{\mathrm{i}\left[(\mu_1 - \mu_2)(\eta_1\eta_2 - \xi_1\xi_2) + \sqrt{\lambda}(\eta_1\xi_2 - \eta_2\xi_1)\right]\right\},
\tag{2-9}
$$

式中, 取 $\hbar = 1$.

2.1.2 哈密顿量 H 本征函数的纠缠态 $\langle\xi|$ 表示

理论上, 带有弹性耦合的运动带电两粒子系统的哈密顿量为

$$H = \frac{P_1^2}{2m_1} + \frac{P_2^2}{2m_2} + KP_1P_2 + F(Q_1 - Q_2), \tag{2-10}$$

式中, F 为弹簧的弹性系数, $Q_1 - Q_2 \geqslant 0$, 故 $F(Q_1 - Q_2)$ 描述带电两粒子具有的弹性耦合, 而 KP_1P_2 代表运动带电粒子形成的电流之间的磁相互作用.

对于由哈密顿量 H 控制的两体相互作用系统, 总动量 P 为守恒量, 即

$$[H, P] = 0. \tag{2-11}$$

这样, 引入算符 H 和 P 的共同本征态

$$H|p, E_n\rangle = E_n|p, E_n\rangle, \qquad P|p, E_n\rangle = p|p, E_n\rangle. \tag{2-12}$$

为了得到哈密顿量 H 的能级分布, 把式 (2-10) 中的 H 改写为

$$H = \left(\frac{1}{2M} + K\mu_1\mu_2\right)P^2 + K(\mu_2 - \mu_1)PP_r + F(Q_1 - Q_2) + \left(\frac{1}{2\mu} - K\right)P_r^2, \tag{2-13}$$

式中, $\mu = m_1m_2/M$ 为折合质量. 利用式 (2-4)、(2-12) 和 (2-13) 以及本征函数 $|p, E_n\rangle$ 的纠缠态 $\langle\xi|$ 表示, 可得如下等式

$$\begin{aligned} E_n\langle\xi|p, E_n\rangle = &\left[\left(\frac{1}{2M} + K\mu_1\mu_2\right)p^2 + K(\mu_2 - \mu_1)\sqrt{\frac{\lambda}{2}}\xi_2 p \right. \\ &\left. + \frac{\lambda}{2}\xi_2^2\left(\frac{1}{2\mu} - K\right)\right]\langle\xi|p, E_n\rangle + \langle\xi|FQ_r|p, E_n\rangle \end{aligned} \tag{2-14}$$

和

$$\langle\xi|P|p, E_n\rangle = p\langle\xi|p, E_n\rangle. \tag{2-15}$$

再利用式 (2-4) 和 (2-6), 可有

$$\begin{aligned} \langle\xi|P &= \langle\xi|\int\frac{\mathrm{d}^2\eta}{\pi}\sqrt{2}\eta_2|\eta\rangle\langle\eta| \\ &= \sqrt{\frac{2}{\lambda}}\left[-\mathrm{i}\frac{\partial}{\partial\xi_1} - (\mu_1 - \mu_2)\xi_2\right]\langle\xi| \end{aligned} \tag{2-16}$$

和

$$\begin{aligned} \langle\xi|Q_r &= \langle\xi|\int\frac{\mathrm{d}^2\eta}{\pi}\sqrt{2}\eta_1|\eta\rangle\langle\eta| \\ &= \sqrt{\frac{2}{\lambda}}\left[\mathrm{i}\frac{\partial}{\partial\xi_2} + (\mu_1 - \mu_2)\xi_1\right]\langle\xi|. \end{aligned} \tag{2-17}$$

利用式 (2-16) 和 (2-17), 则式 (2-14) 和 (2-15) 分别变为

$$
\left\{ F\left[i\sqrt{\frac{2}{\lambda}}\left(\frac{\partial}{\partial \xi_2} - i\left(\mu_1 - \mu_2 \right)\xi_1 \right) \right] + \left(\frac{1}{2M} + K\mu_1\mu_2 \right)p^2 \right.
$$

$$
\left. + K\left(\mu_2 - \mu_1 \right)\sqrt{\frac{\lambda}{2}}\xi_2 p + \left(\frac{1}{2\mu} - K \right)\frac{\lambda}{2}\xi_2^2 - E_n \right\}\langle \xi \,|p, E_n \rangle = 0 \tag{2-18}
$$

和

$$
\left\{ -i\sqrt{\frac{2}{\lambda}}\left[\frac{\partial}{\partial \xi_1} - i\left(\mu_1 - \mu_2 \right)\xi_2 \right] - p \right\}\langle \xi \,|p, E_n \rangle = 0. \tag{2-19}
$$

假设

$$
\langle \xi \,|p, E_n \rangle = \Psi_n \exp[i\left(\mu_1 - \mu_2 \right)\xi_1\xi_2], \tag{2-20}
$$

把式 (2-20) 代入式 (2-18), 可有

$$
\left\{ i\sqrt{\frac{2}{\lambda}}F\frac{\partial}{\partial \xi_2} + \left(\frac{1}{2\mu} - K \right)\frac{\lambda}{2}\left(\xi_2 - \xi_0 \right)^2 + T - E_n \right\}\Psi_n = 0, \tag{2-21}
$$

式中

$$
T = \left(\frac{1}{2M} + K\mu_1\mu_2 \right)p^2 - \left(\frac{1}{2\mu} - K \right)\frac{\lambda}{2}\xi_0^2
$$

$$
= \frac{1 - \mu M K^2}{1 - 2\mu K}\frac{p^2}{2M},
$$

$$
\xi_0 = \frac{\sqrt{2}\mu K\left(\mu_1 - \mu_2 \right)p}{\left(1 - 2\mu K \right)\sqrt{\lambda}}. \tag{2-22}
$$

同样, 把式 (2-20) 代入式 (2-19), 可得到

$$
\left(-i\sqrt{\frac{2}{\lambda}}\frac{\partial}{\partial \xi_1} - p \right)\Psi_n = 0. \tag{2-23}
$$

因此, 波函数 Ψ_n 具有如下形式

$$
\Psi_n = \exp\left(i\sqrt{\frac{\lambda}{2}}p\xi_1 \right)\chi_n, \tag{2-24}
$$

其中, χ_n 与参数 ξ_1 无关. 把式 (2-24) 代入式 (2-21), 可得到 χ_n 满足的方程

$$
\left[i\sqrt{\frac{2}{\lambda}}F\frac{\partial}{\partial \xi_2} + \frac{\lambda}{2}\left(\frac{1}{2\mu} - K \right)\left(\xi_2 - \xi_0 \right)^2 + T - E_n \right]\chi_n\left(\xi_2 \right) = 0, \tag{2-25}
$$

其解为

$$\chi_n\left(\xi_2\right) = C \exp\left\{\mathrm{i}\frac{1}{F}\sqrt{\frac{\lambda}{2}}\left[\frac{\lambda}{6}\left(\frac{1}{2\mu}-K\right)\left(\xi_2-\xi_0\right)^3+\left(T-E_n\right)\left(\xi_2-\xi_0\right)\right]\right\},$$

$$(2\text{-}26)$$

式中, C 为归一化常数.

2.1.3 纠缠态 $\langle\eta|$ 表象中哈密顿量 H 的本征函数

利用纠缠态 $|\xi\rangle$ 的完备性关系以及式 (2-9) 中的内积 $\langle\eta\,|\xi\rangle$, 波函数 $\langle\xi\,|p,E_n\rangle$ 能被改写成 $\langle\eta\,|p,E_n\rangle$, 即

$$\langle\eta\,|p,E_n\rangle$$

$$= \langle\eta|\int\frac{\mathrm{d}^2\xi}{\pi}|\xi\rangle\langle\xi\,|p,E_n\rangle$$

$$= C\sqrt{\frac{\lambda}{4}}\int\frac{\mathrm{d}^2\xi}{\pi}\exp\left\{\mathrm{i}\left[\left(\mu_1-\mu_2\right)\eta_1\eta_2+\sqrt{\lambda}\left(\eta_1\xi_2-\eta_2\xi_1\right)+\sqrt{\frac{\lambda}{2}}p\xi_1\right]\right\}$$

$$\times\exp\left\{\mathrm{i}\frac{1}{F}\sqrt{\frac{\lambda}{2}}\left[\frac{\lambda}{6}\left(\frac{1}{2\mu}-K\right)\left(\xi_2-\xi_0\right)^3+\left(T-E_n\right)\left(\xi_2-\xi_0\right)\right]\right\}$$

$$= C\sqrt{\frac{\lambda}{4}}\exp\left\{\mathrm{i}\eta_1\left[\left(\mu_1-\mu_2\right)\eta_2+\sqrt{\lambda}\xi_0\right]\right\}\int\frac{\mathrm{d}\xi_1\mathrm{d}\xi_2}{\pi}\exp\left[\mathrm{i}\left(\sqrt{\frac{\lambda}{2}}p-\sqrt{\lambda}\eta_2\right)\xi_1\right]$$

$$\times\exp\left\{\mathrm{i}\frac{1}{F}\sqrt{\frac{\lambda}{2}}\left[\frac{\lambda}{6}\left(\frac{1}{2\mu}-K\right)\left(\xi_2-\xi_0\right)^3+\left(T-E_n+\sqrt{2}F\eta_1\right)\left(\xi_2-\xi_0\right)\right]\right\}$$

$$= C\sqrt{\frac{8\pi}{\lambda}}\left[\frac{1}{F}\left(\frac{1}{2\mu}-K\right)\right]^{-1/3}\delta\left(\sqrt{\frac{1}{2}}p-\eta_2\right)\exp\left\{\mathrm{i}\eta_1\left[\left(\mu_1-\mu_2\right)\eta_2+\sqrt{\lambda}\xi_0\right]\right\}$$

$$\times\int_0^\infty\frac{\mathrm{d}\alpha}{\sqrt{\pi}}\cos\left(\frac{\alpha^3}{3}+\varepsilon\alpha\right),$$

$$(2\text{-}27)$$

式中, 参数分别为

$$\alpha = \left[\frac{1}{F}\left(\frac{1}{2\mu}-K\right)\right]^{1/3}\sqrt{\frac{\lambda}{2}}\left(\xi_2-\xi_0\right),$$

$$\varepsilon = F^{-2/3}\left(\frac{1}{2\mu}-K\right)^{-1/3}\left(T-E_n+\sqrt{2}F\eta_1\right)$$

$$= \frac{\eta_1}{l}-g,$$

$$l = \sqrt{\frac{1}{2}}F^{-1/3}\left(\frac{1}{2\mu}-K\right)^{1/3},$$

$$g = F^{-2/3} \left(\frac{1}{2\mu} - K\right)^{-1/3} (E_n - T)$$
$$= 2 \left(\frac{1}{2\mu} - K\right)^{-1} (E_n - T)\, l^2, \tag{2-28}$$

式中, $\pi^{-1/2} \int_0^\infty \mathrm{d}\alpha \cos\left(\alpha^3/3 + \varepsilon\alpha\right)$ 的积分结果恰好为艾里函数 [12,13]. 当 $\varepsilon > 0$ 时, 艾里函数实际上是第二种贝塞尔函数. 这样, 式 (2-27) 变为

$$\langle \eta\, |p, E_n\rangle = C\sqrt{\frac{8\varepsilon\pi}{\lambda}} \left[\frac{1}{F}\left(\frac{1}{2\mu} - K\right)\right]^{-1/3} \delta\left(\sqrt{\frac{1}{2}}p - \eta_2\right)$$
$$\times \exp\left\{i\eta_1\left[(\mu_1 - \mu_2)\eta_2 + \sqrt{\lambda}\xi_0\right]\right\} \mathrm{K}_{1/3}\left(\frac{2}{3}\varepsilon^{3/2}\right)$$
$$\xrightarrow{\varepsilon\to\infty} C\pi\sqrt{\frac{6}{\sqrt{\varepsilon}}}\frac{1}{\sqrt{\lambda}}\left[\frac{1}{F}\left(\frac{1}{2\mu} - K\right)\right]^{-1/3}$$
$$\times \exp\left\{i\eta_1\left[(\mu_1 - \mu_2)\eta_2 + \sqrt{\lambda}\xi_0\right]\right\}$$
$$\times \delta\left(\sqrt{\frac{1}{2}}p - \eta_2\right)\exp\left(-\frac{2}{3}\varepsilon^{3/2}\right). \tag{2-29}$$

当 $\varepsilon < 0$ 时, 艾里函数变为第一类贝塞尔函数, 这样

$$\langle \eta\, |p, E_n\rangle = C\sqrt{\frac{8\,|\varepsilon|\,\pi}{\lambda}}\left[\frac{1}{F}\left(\frac{1}{2\mu} - K\right)\right]^{-1/3}\exp\left\{i\eta_1\left[(\mu_1 - \mu_2)\eta_2 + \sqrt{\lambda}\xi_0\right]\right\}$$
$$\times \delta\left(\sqrt{\frac{1}{2}}p - \eta_2\right)\left[\mathrm{J}_{1/3}\left(\frac{2}{3}|\varepsilon|^{3/2}\right) + \mathrm{J}_{-1/3}\left(\frac{2}{3}|\varepsilon|^{3/2}\right)\right]. \tag{2-30}$$

考虑到粒子的运动受到条件 $Q_1 - Q_2 \geqslant 0$ 的约束, 则能级分布由条件 $\langle\eta = 0\,|p, E_n\rangle = 0$ 来决定, 即 E_n 由如下方程来决定

$$\mathrm{J}_{1/3}\left(\frac{2}{3}g^{3/2}\right) + \mathrm{J}_{-1/3}\left(\frac{2}{3}g^{3/2}\right) = 0, \tag{2-31}$$

其解可根据贝塞尔函数表得到, 其中参数 g 的取值分别为

$$g = 2.3381,\ 4.0880,\ 5.5206,\ 6.7867,\ 7.9441, \cdots. \tag{2-32}$$

这样, 由式 (2-28) 可得到基态的能量为

$$E_1 = 2.3381 F^{2/3}\left(\frac{1}{2\mu} - K\right)^{1/3} + T. \tag{2-33}$$

进一步, 利用式 (2-22) 和恢复普朗克常量 $\hbar$, 则式 (2-33) 为

$$E_1 = 2.3381 \left[\hbar^2 F^2 \left(\frac{1 - 2\mu K}{2\mu} \right) \right]^{1/3} + \frac{1 - \mu M K^2}{1 - 2\mu K} \frac{p^2}{2M}. \tag{2-34}$$

2.2 带有库仑耦合的运动带电两粒子系统

2.2.1 系统哈密顿量 H 的等价表示

对于带有库仑耦合的运动带电两粒子系统, 其哈密顿量 H 不仅有运动耦合项 KP_1P_2, 还有库仑势 $F\dfrac{1}{Q_1 - Q_2}$, 即

$$H = \frac{P_1^2}{2m_1} + \frac{P_2^2}{2m_2} + KP_1P_2 + F\frac{1}{Q_1 - Q_2}. \tag{2-35}$$

同样, 该系统的哈密顿量 H 与总动量 P 对易, 即 $[H, P] = 0$, 表明系统的总动量 P 也守恒. 这样, 也引入本征方程 (2-12). 为了得到哈密顿量为 H 的系统的能级公式, 把哈密顿量 H 改写为

$$H = \left(\frac{1}{2M} + K\mu_1\mu_2 \right) P^2 + \left(\frac{1}{2\mu} - K \right) P_r^2 + K (\mu_2 - \mu_1) PP_r + F\frac{1}{Q_r}, \tag{2-36}$$

式中, $\mu = (m_1m_2)/M$ 为两粒子的约化质量. 利用式 (2-6) 和 (2-12) 可见, 在纠缠态 $\langle \eta |$ 表象中, 能量本征方程具有如下形式

$$\langle \eta | H | p, E_n \rangle = \left[\left(\frac{1}{M} + 2K\mu_1\mu_2 \right) \eta_2^2 \langle \eta | p, E_n \rangle + \left(\frac{1}{2\mu} - K \right) \langle \eta | P_r^2 | p, E_n \rangle \right.$$
$$\left. + K (\mu_2 - \mu_1) \sqrt{2} \eta_2 \langle \eta | P_r | p, E_n \rangle + \frac{F}{\sqrt{2}\eta_1} \langle \eta | p, E_n \rangle \right]. \tag{2-37}$$

利用式 (2-4)~(2-6), 可得到算符 P_r 在纠缠态 $\langle \eta |$ 表象中的具体表示

$$\langle \eta | P_r = \langle \eta | \int \frac{\mathrm{d}^2\xi}{\pi} \sqrt{2}\xi_2 | \xi \rangle \langle \xi |$$
$$= -\sqrt{\frac{1}{2}} \left[\mathrm{i}\frac{\partial}{\partial \eta_1} + (\mu_1 - \mu_2) \eta_2 \right] \langle \eta |, \tag{2-38}$$

把式 (2-38) 代入式 (2-37), 可给出关于 $\langle \eta | p, E_n \rangle$ 的一个新的微分方程

$$E_n \langle \eta | p, E_n \rangle = \left\{ \frac{1}{2} \left(K - \frac{1}{2\mu} \right) \left[\frac{\partial}{\partial \eta_1} - \mathrm{i} (\mu_1 - \mu_2) \eta_2 \right]^2 \right.$$
$$- \mathrm{i}\eta_2 K (\mu_2 - \mu_1) \left[\frac{\partial}{\partial \eta_1} - \mathrm{i} (\mu_1 - \mu_2) \eta_2 \right]$$
$$\left. + \left(\frac{1}{M} + 2K\mu_1\mu_2 \right) \eta_2^2 + \frac{F}{\sqrt{2}\eta_1} \right\} \langle \eta | p, E_n \rangle, \tag{2-39}$$

此式是关于变量 η_1 的偏微分方程, 参数 η_2 作为常数出现.

假定

$$\langle \eta \,|p, E_n \rangle = \Psi_n \exp[\mathrm{i}\,(\mu_1 - \mu_2)\,\eta_1 \eta_2], \tag{2-40}$$

并作如下变换

$$\exp[-\mathrm{i}\,(\mu_1 - \mu_2)\,\eta_1 \eta_2]\left[\frac{\partial}{\partial \eta_1} - \mathrm{i}\,(\mu_1 - \mu_2)\,\eta_2\right]\exp[\mathrm{i}\,(\mu_1 - \mu_2)\,\eta_1 \eta_2] = \frac{\partial}{\partial \eta_1}. \tag{2-41}$$

这样, 可得到关于波函数 Ψ_n 的方程, 即

$$\left\{-\frac{1}{2}\left(\frac{1}{2\mu} - K\right)\frac{\partial^2}{\partial \eta_1^2} - \mathrm{i}\eta_2 K\,(\mu_2 - \mu_1)\,\frac{\partial}{\partial \eta_1}\right.$$
$$\left.+ \left(\frac{1}{M} + 2K\mu_1\mu_2\right)\eta_2^2 + \frac{F}{\sqrt{2}\eta_1}\right\}\Psi_n = E_n\Psi_n. \tag{2-42}$$

假定波函数 Ψ_n 具有如下形式

$$\Psi_n = \exp\left[\frac{\mathrm{i}2\eta_1\eta_2 K\,(\mu_1 - \mu_2)\,\mu}{1 - 2\mu k}\right]\psi_n = \mathrm{e}^{\mathrm{i}\eta_1\rho}\psi_n, \tag{2-43}$$

式中

$$\rho = \frac{2\eta_2 K\,(\mu_1 - \mu_2)\,\mu}{1 - 2\mu k}, \tag{2-44}$$

这样, 式 (2-42) 左边前两项被转化为

$$-\frac{1}{2}\left(\frac{1}{2\mu} - K\right)\frac{\partial}{\partial \eta_1}\left[\frac{\partial}{\partial \eta_1} + \frac{4\mu}{1 - 2\mu k}\mathrm{i}\eta_2 K\,(\mu_2 - \mu_1)\right]\mathrm{e}^{\mathrm{i}\eta_1\rho}\psi_n$$
$$= -\frac{1}{2}\left(\frac{1}{2\mu} - K\right)\frac{\partial}{\partial \eta_1}\left[\frac{\partial}{\partial \eta_1} - \mathrm{i}2\rho\right]\mathrm{e}^{\mathrm{i}\eta_1\rho}\psi_n. \tag{2-45}$$

进一步, 利用如下变换

$$\mathrm{e}^{-\mathrm{i}\eta_1\rho}\frac{\partial}{\partial \eta_1}\mathrm{e}^{\mathrm{i}\eta_1\rho} = \frac{\partial}{\partial \eta_1} + \mathrm{i}\rho, \tag{2-46}$$

式 (2-45) 变为

$$-\frac{1}{2}\left(\frac{1}{2\mu} - K\right)\mathrm{e}^{\mathrm{i}\eta_1\rho}\mathrm{e}^{-\mathrm{i}\eta_1\rho}\frac{\partial}{\partial \eta_1}\mathrm{e}^{\mathrm{i}\eta_1\rho}\mathrm{e}^{-\mathrm{i}\eta_1\rho}\left[\frac{\partial}{\partial \eta_1} - \mathrm{i}2\rho\right]\mathrm{e}^{\mathrm{i}\eta_1\rho}\psi_n$$
$$= -\frac{1}{2}\left(\frac{1}{2\mu} - K\right)\mathrm{e}^{\mathrm{i}\eta_1\rho}\left(\frac{\partial}{\partial \eta_1} + \mathrm{i}\rho\right)\left(\frac{\partial}{\partial \eta_1} - \mathrm{i}\rho\right)\psi_n$$
$$= -\frac{1}{2}\left(\frac{1}{2\mu} - K\right)\mathrm{e}^{\mathrm{i}\eta_1\rho}\left(\frac{\partial^2}{\partial \eta_1^2} + \rho^2\right)\psi_n. \tag{2-47}$$

把式 (2-47) 代入式 (2-42), 可得到关于波函数 ψ_n 的新微分方程

$$\left\{ -\frac{1}{2}\left(\frac{1}{2\mu}-K\right)\frac{\partial^2}{\partial \eta_1^2} + \frac{1-K^2\mu M}{M(1-2\mu K)}\eta_2^2 + F\frac{1}{\sqrt{2}\eta_1} \right\}\psi_n = E_n\psi_n. \qquad (2\text{-}48)$$

由于在纠缠态 $\langle\eta|$ 表象中存在如下对应关系

$$P_r \to -\sqrt{\frac{1}{2}}\left[\mathrm{i}\frac{\partial}{\partial \eta_1} + (\mu_1-\mu_2)\eta_2\right],$$
$$Q_r \to \sqrt{2}\eta_1, \quad P \to \sqrt{2}\eta_2, \qquad (2\text{-}49)$$

利用式 (2-41) 中的变换, 则式 (2-49) 中的对应关系变为

$$P_r \to -\mathrm{i}\frac{1}{\sqrt{2}}\frac{\partial}{\partial \eta_1}, \quad Q_r \to \sqrt{2}\eta_1, \quad P \to \sqrt{2}\eta_2. \qquad (2\text{-}50)$$

因此, 式 (2-48) 中的哈密顿量 H 可改写为

$$H = \left(\frac{1}{2\mu}-K\right)P_r^2 + \frac{1-K^2\mu M}{2M(1-2\mu K)}P^2 + F\frac{1}{Q_r}, \qquad (2\text{-}51)$$

它为哈密顿量 H 在纠缠态 $\langle\eta|$ 中的表示.

2.2.2 哈密顿量为 H 的系统能级公式

为了得到系统的能级公式, 把 H 分解为两部分之和, 即

$$H = H_r + \frac{1-K^2\mu M}{2M(1-2\mu K)}P^2, \qquad (2\text{-}52)$$

其中

$$H_r = \left(\frac{1}{2\mu}-K\right)P_r^2 + F\frac{1}{Q_r}. \qquad (2\text{-}53)$$

下面首先利用纠缠态表象 $\langle\xi|$ 求解 H_r 的能级公式. 当把 $\frac{1}{Q_r}$ 作用到态 $\langle\xi|$ 时, 可有

$$\begin{aligned}
\langle\xi|\frac{1}{Q_r} &= \langle\xi|\int\frac{\mathrm{d}^2\eta}{\pi}|\eta\rangle\langle\eta|\frac{1}{Q_r}\int\frac{\mathrm{d}^2\xi'}{\pi}|\xi'\rangle\langle\xi'| \\
&= \frac{\lambda}{4\sqrt{2}}\int\frac{\mathrm{d}^2\xi'\mathrm{d}^2\eta}{\pi^2\eta_1}\exp\Big\{\mathrm{i}(\mu_1-\mu_2)(\eta_1\eta_2-\xi_1\xi_2) \\
&\quad + \mathrm{i}\sqrt{\lambda}[\eta_1(\xi_2-\xi_2')-\eta_2(\xi_1-\xi_1')]\Big\}\langle\xi_1',\xi_2'|. \qquad (2\text{-}54)
\end{aligned}$$

在式 (2-54) 中分别对参数 η_2 和 ξ_1' 进行积分, 可有

$$\langle\xi|\frac{1}{Q_r} = \frac{\lambda}{2\sqrt{2}}\int_{-\infty}^{\infty}\frac{\mathrm{d}\xi_2'}{\pi}\exp\left[\mathrm{i}\left(\mu_1-\mu_2\right)\xi_1\left(\xi_2-\xi_2'\right)\right]$$
$$\times\int_{-\infty}^{\infty}\frac{\mathrm{d}\eta_1}{\eta_1}\exp\left[\mathrm{i}\sqrt{\lambda}\eta_1\left(\xi_2-\xi_2'\right)\right]\langle\xi_1,\xi_2'|. \tag{2-55}$$

利用函数

$$\theta\left(\tau\right) = \lim_{\varepsilon\to0^+}\left(-\frac{1}{\mathrm{i}2\pi}\right)\int_{-\infty}^{\infty}\mathrm{e}^{-\mathrm{i}\tau\omega}\frac{\mathrm{d}\omega}{\omega+\mathrm{i}\varepsilon} = \begin{cases}1, & \tau > 0 \\ 0, & \tau < 0\end{cases} \tag{2-56}$$

则对参数 η_1 进行积分, 可得到

$$\int_{-\infty}^{\infty}\frac{\mathrm{d}\eta_1}{\eta_1}\exp\left[\mathrm{i}\sqrt{\lambda}\eta_1\left(\xi_2-\xi_2'\right)\right]$$
$$= \lim_{\varepsilon\to0^+}\int_{-\infty}^{\infty}\frac{\mathrm{d}\eta_1}{\eta_1+\mathrm{i}\varepsilon}\exp\left[\mathrm{i}\sqrt{\lambda}\eta_1\left(\xi_2-\xi_2'\right)\right]$$
$$= \mathrm{i}2\pi\begin{cases}1, & \xi_2 > \xi_2' \\ 0, & \xi_2 < \xi_2'\end{cases}. \tag{2-57}$$

因此, 式 (2-55) 变为

$$\langle\xi|\frac{1}{Q_r} = \mathrm{i}\sqrt{\frac{\lambda}{2}}\int_{-\infty}^{\xi_2}\mathrm{d}\xi_2'\exp\left[\mathrm{i}\left(\mu_1-\mu_2\right)\xi_1\left(\xi_2-\xi_2'\right)\right]\langle\xi_1,\xi_2'|. \tag{2-58}$$

注意到算符 Q_{cm} 在纠缠态 $|\xi\rangle$ 中的本征值为 $\sqrt{\lambda/2}\xi_1$, 且在 H_r 中不存在算符 Q_{cm}, 故在这些条件下可取 $\langle\xi| = \langle\xi_1=0,\xi_2|$, 于是有

$$\langle\xi_1=0,\xi_2|\frac{1}{Q_r} = \mathrm{i}\sqrt{\frac{\lambda}{2}}\int_{-\infty}^{\xi_2}\mathrm{d}\xi_2'\langle\xi_1=0,\xi_2'|. \tag{2-59}$$

在纠缠态 $\langle\xi_1=0,\xi_2|$ 表象中, 对应于哈密顿量 H_r 的薛定谔方程为

$$\langle\xi_1=0,\xi_2|H_r|\psi\rangle = \left(\frac{1}{2\mu}-K\right)\frac{\lambda}{2}\xi_2^2\psi(0,\xi_2) + \mathrm{i}F\sqrt{\frac{\lambda}{2}}\int_{-\infty}^{\xi_2}\mathrm{d}\xi_2'\psi(0,\xi_2')$$
$$= E\psi(0,\xi_2). \tag{2-60}$$

考虑到结合能 $E < 0$, 令 $f^2 = 4\mu E/[(2\mu K-1)\lambda]$, 则得到

$$\frac{\psi(0,\xi_2)}{\int_{-\infty}^{\xi_2}\mathrm{d}\xi_2'\psi(0,\xi_2')} = -\frac{\mathrm{i}F\mu}{(1-2\mu K)(\xi_2^2+f^2)}\sqrt{\frac{8}{\lambda}}, \tag{2-61}$$

它的解为

$$\int_{-\infty}^{\xi_2} \mathrm{d}\xi_2' \psi(0, \xi_2') = \exp\left(-\mathrm{i}\sqrt{\frac{8}{\lambda}}\frac{F\mu}{(1-2\mu K)f}\arctan\frac{\xi_2}{f}\right) + C, \qquad (2\text{-}62)$$

式中, C 为积分常数. 由式 (2-62) 可见, 在给定 ξ_2/f 的情况下, 函数 $\arctan(\xi_2/f)$ 具有多个值. 为了确保波函数 $\psi(0,\xi_2')$ 的唯一性, 这里取 $f = \sqrt{\frac{2}{\lambda}}\frac{F\mu}{(1-2\mu K)n}$, n 为整数. 这样, 哈密顿量 H_r 的能级公式为

$$E = \frac{(2\mu K - 1)\lambda}{4\mu}f^2 = \frac{\mu F^2}{2n^2(2\mu K - 1)}, \qquad (2\text{-}63)$$

因此, 哈密顿量为 H 的系统能级公式为

$$E_n = E + \frac{1 - K^2\mu M}{M(1 - 2\mu K)}\eta_2^2. \qquad (2\text{-}64)$$

由于 $\sqrt{2}\eta_2$ 为动量 P 的本征值, 则式 (2-64) 中右边的第二项代表系统质心的动能, 这样运动势能和库仑耦合势能对总能量 E_n 都有不同程度的影响.

2.3 纠缠态表象中的路径积分理论

2.3.1 由态 $|\eta\rangle$ 诱导出纠缠态 $|\varsigma\rangle$ 表象

基于纠缠态 $|\eta\rangle$ 建立傅里叶变换, 可定义一个新的纠缠态

$$\begin{aligned}|\varsigma\rangle &= \int \frac{\mathrm{d}^2\eta}{2\pi} |\eta\rangle \exp\left[\frac{\mathrm{i}}{2}\left(\varsigma\eta^* + \varsigma^*\eta\right)\right] \\ &= \exp\left(-\frac{1}{2}|\varsigma|^2 + \mathrm{i}\varsigma a^\dagger - \mathrm{i}\varsigma^* b^\dagger - a^\dagger b^\dagger\right)|00\rangle,\end{aligned} \qquad (2\text{-}65)$$

式中, ς 也是一个复参数. 利用有序算符内积分法 [14,15], 可证明纠缠态 $|\varsigma\rangle$ 满足如下本征方程

$$\left(a + b^\dagger\right)|\varsigma\rangle = \mathrm{i}\varsigma\,|\varsigma\rangle, \quad \left(a^\dagger + b\right)|\varsigma\rangle = -\mathrm{i}\varsigma^*\,|\varsigma\rangle \qquad (2\text{-}66)$$

和具有正交完备性

$$\int \frac{\mathrm{d}^2\varsigma}{\pi}|\varsigma\rangle\langle\varsigma| = 1, \quad \left\langle\varsigma|\varsigma'\right\rangle = \pi\delta(\varsigma - \varsigma')\delta(\varsigma^* - \varsigma'^*). \qquad (2\text{-}67)$$

而且, 纠缠态 $\langle\varsigma|$ 和 $|\eta\rangle$ 之间的内积为

$$\langle\varsigma|\,\eta\rangle = \frac{1}{2}\exp\left[-\frac{\mathrm{i}}{2}\left(\varsigma\eta^* + \varsigma^*\eta\right)\right]. \qquad (2\text{-}68)$$

利用量子纠缠态 $|\varsigma\rangle$ 和 $|\eta\rangle$ 表象, 可建立路径积分理论, 这里跃迁振幅定义为时间演化算符与两个纠缠态 $|\varsigma''\rangle \to |\varsigma'\rangle$ (即所有的积分路径从 ς'' 到 ς') 之间的矩阵元.

2.3.2 纠缠态 $|\varsigma\rangle - |\eta\rangle$ 表象中的路径积分理论

对于哈密顿算符 $H\left(a^{\dagger}, a; b^{\dagger}, b\right)$, 利用完备性关系 (2-8) 和 (2-67), 可定义

$$
\begin{aligned}
H\left(a^{\dagger}, a; b^{\dagger}, b\right) &= \iiiint \frac{\mathrm{d}^2\eta'\mathrm{d}^2\varsigma'\mathrm{d}^2\eta''\mathrm{d}^2\varsigma''}{\pi^4}\left|\varsigma'\right\rangle\left\langle\varsigma'\mid\eta'\right\rangle\left\langle\eta'\right|H\left|\eta''\right\rangle\left\langle\eta''\mid\varsigma''\right\rangle\left\langle\varsigma''\right| \\
&= \frac{1}{4}\iiiint \frac{\mathrm{d}^2\eta'\mathrm{d}^2\varsigma'\mathrm{d}^2\eta''\mathrm{d}^2\varsigma''}{\pi^4}\left|\varsigma'\right\rangle\left\langle\varsigma''\right|\left\langle\eta'\right|H\left|\eta''\right\rangle \\
&\quad \times \exp\left[-\frac{\mathrm{i}}{2}\left(\varsigma'\eta'^* + \varsigma'^*\eta' - \varsigma''^*\eta'' - \eta''^*\varsigma''\right)\right].
\end{aligned}
\tag{2-69}
$$

进一步作如下关于积分变量的变换

$$
\begin{aligned}
\eta' &= \eta + \frac{\sigma}{2}, \quad \varsigma' = \varsigma + \frac{\lambda}{2}, \\
\varsigma'' &= \varsigma - \frac{\lambda}{2}, \quad \eta'' = \eta - \frac{\sigma}{2},
\end{aligned}
\tag{2-70}
$$

这样

$$
\mathrm{d}^2\varsigma'\mathrm{d}^2\varsigma'' = \mathrm{d}^2\varsigma\mathrm{d}^2\lambda, \quad \mathrm{d}^2\eta'\mathrm{d}^2\eta'' = \mathrm{d}^2\eta\mathrm{d}^2\sigma,
\tag{2-71}
$$

于是有

$$
\begin{aligned}
H &= \iiiint \frac{\mathrm{d}^2\varsigma\mathrm{d}^2\eta\mathrm{d}^2\lambda\mathrm{d}^2\sigma}{4\pi^4}\left|\varsigma + \frac{\lambda}{2}\right\rangle\left\langle\varsigma - \frac{\lambda}{2}\right| \\
&\quad \times \left\langle\eta + \frac{\sigma}{2}\right|H\left|\eta - \frac{\sigma}{2}\right\rangle \mathrm{e}^{-\mathrm{i}(\lambda\eta^* + \lambda^*\eta + \varsigma^*\sigma + \varsigma\sigma^*)/2}.
\end{aligned}
\tag{2-72}
$$

通过引入两模维格纳算符的纠缠态表示

$$
\int \frac{\mathrm{d}^2\lambda}{\pi}\left|\varsigma + \frac{\lambda}{2}\right\rangle\left\langle\varsigma - \frac{\lambda}{2}\right|\mathrm{e}^{-\mathrm{i}(\lambda\eta^* + \lambda^*\eta)/2} \equiv \Delta\left(\varsigma, \eta\right),
\tag{2-73}
$$

以及哈密顿算符 H 在纠缠态表象中的经典外尔对应函数

$$
\int \frac{\mathrm{d}^2\sigma}{\pi}\left\langle\eta + \frac{\sigma}{2}\right|H\left|\eta - \frac{\sigma}{2}\right\rangle\mathrm{e}^{-\frac{1}{2}(\varsigma^*\sigma + \varsigma\sigma^*)} \equiv h\left(\varsigma, \eta\right),
\tag{2-74}
$$

可把式 (2-72) 改写成简洁形式

$$
H = \iint \frac{\mathrm{d}^2\varsigma\mathrm{d}^2\eta}{4\pi^2}h\left(\varsigma, \eta\right)\Delta\left(\varsigma, \eta\right).
\tag{2-75}
$$

那么, 哈密顿算符 H 在纠缠态 $\langle\varsigma|$ 表象中的矩阵元为

$$
\begin{aligned}
\langle\varsigma'|H|\varsigma''\rangle &= \iint \frac{\mathrm{d}^2\varsigma\mathrm{d}^2\eta}{4} h\left(\varsigma,\eta\right) \int \frac{\mathrm{d}^2\lambda}{\pi} \mathrm{e}^{-\mathrm{i}(\lambda\eta^*+\lambda^*\eta)/2} \\
&\quad \times \delta^{(2)}\left(\varsigma'-\varsigma-\frac{\lambda}{2}\right)\delta^{(2)}\left(\varsigma-\frac{\lambda}{2}-\varsigma''\right) \\
&= \iint \frac{\mathrm{d}^2\varsigma\mathrm{d}^2\eta}{\pi} h\left(\varsigma,\eta\right)\delta^{(2)}\left(\varsigma''+\varsigma'-2\varsigma\right)\exp\{-\mathrm{i}[(\varsigma'-\varsigma)\eta^*+(\varsigma'-\varsigma)^*\eta]\} \\
&= \int \frac{\mathrm{d}^2\eta}{\pi} h\left(\frac{\varsigma''+\varsigma'}{2},2\eta\right)\exp\{-\mathrm{i}\left[\eta^*\left(\varsigma'-\varsigma''\right)+(\varsigma'^*-\varsigma''^*)\eta\right]\}. \quad (2\text{-}76)
\end{aligned}
$$

根据费曼路径积分理论, 跃迁振幅为

$$
\begin{aligned}
\langle\varsigma'',t''|\varsigma',t'\rangle &= \langle\varsigma''|\exp\left[-\mathrm{i}H\left(t''-t'\right)\right]|\varsigma'\rangle \\
&= \int \prod_{i=1}^{n}\left[\frac{\mathrm{d}^2\varsigma_i}{\pi}\right]\prod_{j=1}^{n+1}\langle\varsigma_j|\mathrm{e}^{-\mathrm{i}\epsilon H}|\varsigma_{j-1}\rangle, \quad (2\text{-}77)
\end{aligned}
$$

式中, $\varsigma''=\varsigma_{n+1}$, $\varsigma'=\varsigma_0$ 和 $\epsilon=\left(t''-t'\right)/(n+1)$. 当 $\epsilon\to 0$ 时, 利用式 (2-67) 和 (2-76), 可计算式 (2-77) 中的单项 $\langle\varsigma_j|\mathrm{e}^{-\mathrm{i}\epsilon H}|\varsigma_{j-1}\rangle$, 即

$$
\begin{aligned}
\langle\varsigma_j|\mathrm{e}^{-\mathrm{i}\epsilon H}|\varsigma_{j-1}\rangle &= \pi\delta^{(2)}\left(\varsigma_j-\varsigma_{j-1}\right)-\mathrm{i}\epsilon\langle\varsigma_j|H|\varsigma_{j-1}\rangle \\
&= \int \frac{\mathrm{d}^2\eta_j}{\pi}\exp\bigg\{-\mathrm{i}\left[\eta_j^*\left(\varsigma_j-\varsigma_{j-1}\right)+\eta_j\left(\varsigma_j^*-\varsigma_{j-1}^*\right)\right] \\
&\quad \times\left[1-\mathrm{i}\epsilon h\left(\frac{\varsigma_j+\varsigma_{j-1}}{2},2\eta_j\right)\right]\bigg\} \\
&= \int \frac{\mathrm{d}^2\eta_j}{\pi}\exp\bigg\{-\mathrm{i}\left[\eta_j^*\left(\varsigma_j-\varsigma_{j-1}\right)+\eta_j\left(\varsigma_j^*-\varsigma_{j-1}^*\right)\right] \\
&\quad -\mathrm{i}\epsilon h\left(\frac{\varsigma_j+\varsigma_{j-1}}{2},2\eta_j\right)\bigg\}. \quad (2\text{-}78)
\end{aligned}
$$

把式 (2-78) 代入式 (2-77), 可得到纠缠态 $\langle\varsigma|$ 路径积分理论

$$
\langle\varsigma'',t''|\varsigma',t'\rangle = \iint \prod_t \frac{\mathrm{d}^2\varsigma\left(t\right)\mathrm{d}^2\eta\left(t\right)}{\pi^2}\exp\left\{\mathrm{i}\int_{t'}^{t''}\mathrm{d}t\mathcal{L}\right\}, \quad (2\text{-}79)
$$

式中 $\mathcal{L}$ 为拉格朗日函数

$$
\mathcal{L} = -\dot{\varsigma}^*\left(t\right)\eta\left(t\right)-\dot{\varsigma}\left(t\right)\eta^*\left(t\right)-h\left(\varsigma\left(t\right),2\eta\left(t\right)\right), \quad (2\text{-}80)
$$

并且 $\exp\left\{\mathrm{i}\int_{t'}^{t''}\mathrm{d}t\mathcal{L}\right\}$ 代表某种作用. 这样, 就利用纠缠态表象在相位空间中定义了积分路径.

2.3.3　描述推广参量放大器哈密顿量的经典对应函数 $h(\varsigma, \eta)$

在双光子过程中, 最为一般的哈密顿量为

$$H = \omega_1 a^\dagger a + \omega_2 b^\dagger b + g(ab + a^\dagger b^\dagger) + f(a^2 + a^{\dagger 2}) + k(b^2 + b^{\dagger 2}), \tag{2-81}$$

式中, ω_1, ω_2, g, f 和 k 为确保哈密顿算符 H 为厄米算符的实参数. 当参数 f 和 k 为零时, 式 (2-81) 为光学参量放大器的哈密顿量. 为了方便, 令

$$\begin{aligned} H_1 &= \omega_1 a^\dagger a + \omega_2 b^\dagger b, \quad H_2 = g(ab + a^\dagger b^\dagger), \\ H_3 &= f(a^2 + a^{\dagger 2}), \qquad H_4 = k(b^2 + b^{\dagger 2}), \end{aligned} \tag{2-82}$$

故

$$H = \sum_{i=1}^{4} H_i. \tag{2-83}$$

为此, 先计算

$$h_1 \equiv \int \frac{\mathrm{d}^2\sigma}{\pi} \exp\left[-\frac{\mathrm{i}}{2}(\varsigma^*\sigma + \varsigma\sigma^*)\right] \left\langle \eta + \frac{\sigma}{2}\right| H_1 \left|\eta - \frac{\sigma}{2}\right\rangle. \tag{2-84}$$

令 $\alpha = \eta - \sigma/2$, 则式 (2-84) 变为

$$h_1 = 4\mathrm{e}^{-\mathrm{i}(\eta\varsigma^* + \varsigma\eta^*)} \int \frac{\mathrm{d}^2\alpha}{\pi} \mathrm{e}^{\mathrm{i}(\alpha\varsigma^* + \varsigma\alpha^*)} \left\langle 2\eta - \alpha\right| H_1 \left|\alpha\right\rangle. \tag{2-85}$$

注意到 $|\alpha\rangle$ 隶属于纠缠态 $|\eta\rangle$, 则由式 (2-7) 可知

$$\begin{aligned} a^\dagger |\alpha\rangle &= \left(\frac{\partial}{\partial\alpha} + \frac{\alpha^*}{2}\right)|\alpha\rangle, \qquad a|\alpha\rangle = -\left(\frac{\partial}{\partial\alpha^*} - \frac{\alpha}{2}\right)|\alpha\rangle, \\ b^\dagger |\alpha\rangle &= -\left(\frac{\partial}{\partial\alpha^*} + \frac{\alpha}{2}\right)|\alpha\rangle, \quad b|\alpha\rangle = \left(\frac{\partial}{\partial\alpha} - \frac{\alpha^*}{2}\right)|\alpha\rangle. \end{aligned} \tag{2-86}$$

这样有

$$\begin{aligned} H_1 |\alpha\rangle &= \left[(\omega_1 + \omega_2)\left(\frac{|\alpha|^2}{4} - \frac{1}{2} - \frac{\partial^2}{\partial\alpha\partial\alpha^*}\right)\right. \\ &\quad \left. + \frac{\omega_1 - \omega_2}{2}\left(\alpha\frac{\partial}{\partial\alpha} - \alpha^*\frac{\partial}{\partial\alpha^*}\right)\right]|\alpha\rangle \\ &\equiv \mathcal{H}_1 |\alpha\rangle. \end{aligned} \tag{2-87}$$

进一步, 令 $\mathcal{H}_1 = \mathcal{H}_{11} + \mathcal{H}_{12}$, 这里

$$
\mathcal{H}_{11} = (\omega_1 + \omega_2)\left(\frac{|\alpha|^2}{4} - \frac{1}{2} - \frac{\partial^2}{\partial\alpha\partial\alpha^*}\right),
$$

$$
\mathcal{H}_{12} = \frac{\omega_1 - \omega_2}{2}\left(\alpha\frac{\partial}{\partial\alpha} - \alpha^*\frac{\partial}{\partial\alpha^*}\right). \tag{2-88}
$$

把纠缠态 $|\varsigma\rangle\,|_{\varsigma=\xi}$ 的完备性关系代入式 (2-85), 并利用内积 $\langle\xi|\,\alpha\rangle = \frac{1}{2}\exp[-i(\xi\alpha^* + \alpha\xi^*)/2]$, 则可得到 $h_1 = h_{11} + h_{12}$, 式中

$$
\begin{aligned}
h_{11} &\equiv 4e^{-i(\eta\varsigma^* + \varsigma\eta^*)}\iint\frac{\mathrm{d}^2\alpha}{\pi}\frac{\mathrm{d}^2\xi}{\pi}e^{i(\alpha\varsigma^* + \varsigma\alpha^*)}\langle 2\eta - \alpha|\,\xi\rangle\langle\xi|\,\mathcal{H}_{11}\,|\alpha\rangle \\
&= e^{-i(\eta\varsigma^* + \varsigma\eta^*)}\iint\frac{\mathrm{d}^2\alpha}{\pi}\frac{\mathrm{d}^2\xi}{\pi}e^{i(\alpha\varsigma^* + \varsigma\alpha^*)}e^{\frac{i}{2}[\xi(2\eta - \alpha)^* + \xi^*(2\eta - \alpha)]} \\
&\quad\times(\omega_1 + \omega_2)\left(\frac{|\alpha|^2}{4} - \frac{1}{2} - \frac{\partial^2}{\partial\alpha\partial\alpha^*}\right)e^{-\frac{1}{2}(\alpha\xi^* + \xi\alpha^*)} \\
&= e^{-i(\eta\varsigma^* + \varsigma\eta^*)}\iint\frac{\mathrm{d}^2\alpha\mathrm{d}^2\xi}{\pi^2}e^{i(\alpha\varsigma^* + \varsigma\alpha^*) + i[\xi(\eta^* - \alpha^*) + \xi^*(\eta - \alpha)]} \\
&\quad\times\left(\frac{|\alpha|^2 + |\xi|^2}{4} - \frac{1}{2}\right)(\omega_1 + \omega_2) \\
&= e^{-i(\eta\varsigma^* + \varsigma\eta^*)}\int\mathrm{d}^2\alpha e^{i(\alpha\varsigma^* + \varsigma\alpha^*)}\left(-\frac{1}{4}\frac{\partial^2}{\partial\alpha\partial\alpha^*} + \frac{|\alpha|^2}{4}\right) \\
&\quad\times\delta^{(2)}(\eta - \alpha)(\omega_1 + \omega_2) - \frac{\omega_1 + \omega_2}{2} \\
&= -\frac{1}{4}(\omega_1 + \omega_2)e^{-i(\eta\varsigma^* + \varsigma\eta^*)}\frac{\partial^2}{\partial\alpha\partial\alpha^*}e^{i(\alpha\varsigma^* + \varsigma\alpha^*)}\bigg|_{\alpha=\eta,\alpha^*=\eta^*} \\
&\quad+ (\omega_1 + \omega_2)\left(\frac{|\eta|^2}{4} - \frac{1}{2}\right) \\
&= \frac{1}{2}(\omega_1 + \omega_2)\left[\frac{1}{2}\left(|\varsigma|^2 + |\eta|^2\right) - 1\right],
\end{aligned} \tag{2-89}
$$

式中, $\delta^{(2)}(\eta - \alpha) = \delta(\eta - \alpha)\delta(\eta^* - \alpha^*)$. 类似地, 可有

$$
\begin{aligned}
h_{12} &= 4e^{-i(\eta\varsigma^* + \varsigma\eta^*)}\iint\frac{\mathrm{d}^2\alpha}{\pi}\frac{\mathrm{d}^2\xi}{\pi}e^{i(\alpha\varsigma^* + \varsigma\alpha^*)}\langle 2\eta - \alpha|\,\xi\rangle\langle\xi|\,\mathcal{H}_{12}\,|\alpha\rangle \\
&= e^{-i(\eta\varsigma^* + \varsigma\eta^*)}\iint\frac{\mathrm{d}^2\alpha}{\pi}\frac{\mathrm{d}^2\xi}{\pi}e^{i(\alpha\varsigma^* + \varsigma\alpha^*)}e^{\frac{1}{2}[\xi(2\eta - \alpha)^* + \xi^*(2\eta - \alpha)]}
\end{aligned}
$$

$$\times \frac{\omega_1 - \omega_2}{2} \left(\alpha \frac{\partial}{\partial \alpha} - \alpha^* \frac{\partial}{\partial \alpha^*} \right) e^{-\frac{1}{2}(\alpha \xi^* + \xi \alpha^*)}$$

$$= \frac{\omega_1 - \omega_2}{2} e^{-i(\eta \varsigma^* + \varsigma \eta^*)} \iint \frac{d^2 \alpha d^2 \xi}{\pi^2} e^{i(\alpha \varsigma^* + \varsigma \alpha^*) + i[\xi(\eta^* - \alpha^*) + \xi^*(\eta - \alpha)]} e^{-\frac{1}{2}(\alpha \xi^* - \alpha^* \xi)}$$

$$= \frac{(\omega_1 - \omega_2) e^{-i(\eta \varsigma^* + \varsigma \eta^*)}}{4} \int d^2 \alpha e^{i(\alpha \varsigma^* + \varsigma \alpha^*)} \left(\frac{\alpha}{2} \frac{\partial}{\partial \alpha} - \frac{\alpha^*}{2} \frac{\partial}{\partial \alpha^*} \right) \delta^{(2)}(\eta - \alpha)$$

$$= -\frac{(\omega_1 - \omega_2) e^{-i(\eta \varsigma^* + \varsigma \eta^*)}}{4} \left[\frac{\partial}{\partial \alpha} \alpha e^{i(\alpha \varsigma^* + \varsigma \alpha^*)} \bigg|_{\alpha = \eta} - \frac{\partial}{\partial \alpha^*} \alpha^* e^{i(\alpha \varsigma^* + \varsigma \alpha^*)} \bigg|_{\alpha^* = \eta^*} \right]$$

$$= -\frac{i}{4} (\omega_1 - \omega_2)(\eta \varsigma^* - \eta^* \varsigma), \tag{2-90}$$

故有

$$h_1(\varsigma, \eta) = \frac{1}{2} (\omega_1 + \omega_2) \left[\frac{1}{2} \left(|\varsigma|^2 + |\eta|^2 \right) - 1 \right] - \frac{i}{4} (\omega_1 - \omega_2)(\eta \varsigma^* - \eta^* \varsigma). \tag{2-91}$$

进一步, 计算 h_2

$$h_2 \equiv \int \frac{d^2 \sigma}{\pi} \exp \left[-\frac{i}{2} (\varsigma^* \sigma + \varsigma \sigma^*) \right] \left\langle \eta + \frac{\sigma}{2} \right| H_2 \left| \eta - \frac{\sigma}{2} \right\rangle$$

$$= 4 e^{-i(\eta \varsigma^* + \varsigma \eta^*)} \int \frac{d^2 \alpha}{\pi} e^{i(\alpha \varsigma^* + \varsigma \alpha^*)} \left\langle 2\eta - \alpha \right| g \left(ab + a^\dagger b^\dagger \right) \left| \alpha \right\rangle. \tag{2-92}$$

根据式 (2-86), 可见

$$\left(ab + a^\dagger b^\dagger \right) |\alpha\rangle = \left(-2 \frac{\partial^2}{\partial \alpha \partial \alpha^*} - \frac{|\alpha|^2}{2} \right) |\alpha\rangle. \tag{2-93}$$

把纠缠态 $|\varsigma\rangle\,|_{\varsigma=\xi}$ 的完备性关系代入式 (2-92), 并利用式 (2-93), 可有

$$h_2 = 4g e^{-i(\eta \varsigma^* + \varsigma \eta^*)} \iint \frac{d^2 \alpha}{\pi} \frac{d^2 \xi}{\pi} e^{i(\alpha \varsigma^* + \varsigma \alpha^*)} \langle 2\eta - \alpha | \xi \rangle \langle \xi | \left(-2 \frac{\partial^2}{\partial \alpha \partial \alpha^*} - \frac{|\alpha|^2}{2} \right) |\alpha\rangle$$

$$= g e^{-i(\eta \varsigma^* + \varsigma \eta^*)} \iint \frac{d^2 \alpha}{\pi} \frac{d^2 \xi}{\pi} e^{i(\alpha \varsigma^* + \varsigma \alpha^*) + i[\xi(\eta^* - \alpha^*) + \xi^*(\eta - \alpha)]} \left(\frac{|\xi|^2}{2} - \frac{|\alpha|^2}{2} \right)$$

$$= g e^{-i(\eta \varsigma^* + \varsigma \eta^*)} \int d^2 \alpha e^{i(\alpha \varsigma^* + \varsigma \alpha^*)} \left(-\frac{1}{2} \frac{\partial^2}{\partial \alpha \partial \alpha^*} - \frac{|\alpha|^2}{2} \right) \delta^{(2)}(\eta - \alpha)$$

$$= g \left[-\frac{1}{2} e^{-i(\eta \varsigma^* + \varsigma \eta^*)} \frac{\partial^2}{\partial \alpha \partial \alpha^*} e^{i(\alpha \varsigma^* + \varsigma \alpha^*)} \bigg|_{\alpha = \eta, \alpha^* = \eta^*} - \frac{|\eta|^2}{2} \right]$$

$$= \frac{g}{2} \left(|\varsigma|^2 - |\eta|^2 \right). \tag{2-94}$$

现在计算 H_3. 由式 (2-86), 可得到

$$(a^2 + a^{\dagger 2}) |\alpha\rangle$$
$$= \left(\frac{\partial^2}{\partial \alpha^{*2}} + \frac{\partial^2}{\partial \alpha^2} - \alpha \frac{\partial}{\partial \alpha^*} + \alpha^* \frac{\partial}{\partial \alpha} + \frac{\alpha^2}{4} + \frac{\alpha^{*2}}{4} \right) |\alpha\rangle$$
$$\equiv \mathcal{H}_3 |\alpha\rangle . \tag{2-95}$$

这里, 把 $\mathcal{H}_3$ 分为如下三部分

$$\mathcal{H}_{31} = f \left(\frac{\partial^2}{\partial \alpha^{*2}} + \frac{\partial^2}{\partial \alpha^2} \right) ,$$
$$\mathcal{H}_{32} = f \left(-\alpha \frac{\partial}{\partial \alpha^*} + \alpha^* \frac{\partial}{\partial \alpha} \right) ,$$
$$\mathcal{H}_{33} = f \left(\frac{\alpha^2}{4} + \frac{\alpha^{*2}}{4} \right) . \tag{2-96}$$

考虑到 $\mathcal{H}_{12}$ 和 $\mathcal{H}_{32}$ 的相似性, 易得到

$$h_{32} = 4f e^{-i(\eta \varsigma^* + \varsigma \eta^*)} \iint \frac{d^2\alpha}{\pi} \frac{d^2\xi}{\pi} e^{i(\alpha \varsigma^* + \varsigma \alpha^*)}$$
$$\times \langle 2\eta - \alpha| \xi \rangle \langle \xi | \left(-\alpha \frac{\partial}{\partial \alpha^*} + \alpha^* \frac{\partial}{\partial \alpha} \right) |\alpha\rangle$$
$$= -\frac{i}{2} f \left(\eta^* \varsigma^* - \eta \varsigma \right) . \tag{2-97}$$

现在计算 h_{31} 和 h_{33}, 即

$$h_{31} = 4f e^{-i(\eta \varsigma^* + \varsigma \eta^*)} \iint \frac{d^2\alpha}{\pi} \frac{d^2\xi}{\pi} e^{i(\alpha \varsigma^* + \varsigma \alpha^*)} \langle 2\eta - \alpha| \xi \rangle \langle \xi | \left(\frac{\partial^2}{\partial \alpha^{*2}} + \frac{\partial^2}{\partial \alpha^2} \right) |\alpha\rangle$$
$$= \frac{1}{4} f e^{-i(\eta \varsigma^* + \varsigma \eta^*)} \iint \frac{d^2\alpha}{\pi} \frac{d^2\xi}{\pi} e^{i(\alpha \varsigma^* + \varsigma \alpha^*) + i[\xi(\eta^* - \alpha^*) + \xi^*(\eta - \alpha)]} \left(-\xi^2 - \xi^{*2} \right)$$
$$= \frac{f}{4} e^{-i(\eta \varsigma^* + \varsigma \eta^*)} \int d^2\alpha e^{i(\alpha \varsigma^* + \varsigma \alpha^*)} \left(\frac{\partial^2}{\partial \alpha^{*2}} + \frac{\partial^2}{\partial \alpha^2} \right) \delta^{(2)}(\eta - \alpha)$$
$$= \frac{f}{4} e^{-i(\eta \varsigma^* + \varsigma \eta^*)} \left[\frac{\partial^2}{\partial \alpha^{*2}} e^{i(\alpha \varsigma^* + \varsigma \alpha^*)} \Big|_{\alpha = \eta} + \frac{\partial^2}{\partial \alpha^2} e^{i(\alpha \varsigma^* + \varsigma \alpha^*)} \Big|_{\alpha^* = \eta^*} \right]$$
$$= -\frac{f}{4} \left(\varsigma^2 + \varsigma^{*2} \right) \tag{2-98}$$

和

$$h_{33} = \frac{1}{4} f e^{-i(\eta \varsigma^* + \varsigma \eta^*)} \iint \frac{d^2\alpha}{\pi} \frac{d^2\xi}{\pi} e^{i(\alpha \varsigma^* + \varsigma \alpha^*) + i[\xi(\eta^* - \alpha^*) + \xi^*(\eta - \alpha)]} \left(\alpha^2 + \alpha^{*2} \right)$$

$$= \frac{f}{4} e^{-i(\eta\varsigma^* + \varsigma\eta^*)} \int d^2\alpha e^{i(\alpha\varsigma^* + \varsigma\alpha^*)} \left(\alpha^2 + \alpha^{*2}\right) \delta^{(2)}(\eta - \alpha)$$

$$= \frac{f}{4} \left(\eta^2 + \eta^{*2}\right). \tag{2-99}$$

因此有

$$h_3 = -\frac{f}{4} \left(\varsigma^2 + \varsigma^{*2}\right) - \frac{i}{2} f \left(\eta^*\varsigma^* - \eta\varsigma\right) + \frac{f}{4} \left(\eta^2 + \eta^{*2}\right). \tag{2-100}$$

最后计算 H_4. 由式 (2-86) 知

$$\left(b^2 + b^{\dagger 2}\right) |\alpha\rangle$$

$$= \left(\frac{\partial^2}{\partial\alpha^2} + \frac{\partial^2}{\partial\alpha^{*2}} + \alpha\frac{\partial}{\partial\alpha^*} - \alpha^*\frac{\partial}{\partial\alpha} + \frac{\alpha^2}{4} + \frac{\alpha^{*2}}{4}\right) |\alpha\rangle$$

$$\equiv \mathcal{H}_4 |\alpha\rangle. \tag{2-101}$$

这样, 可把 $\mathcal{H}_4$ 分为三部分, 即

$$\mathcal{H}_{41} = k\left(\frac{\partial^2}{\partial\alpha^{*2}} + \frac{\partial^2}{\partial\alpha^2}\right) = \mathcal{H}_{31},$$

$$\mathcal{H}_{42} = k\left(\alpha\frac{\partial}{\partial\alpha^*} - \alpha^*\frac{\partial}{\partial\alpha}\right) = -\mathcal{H}_{32},$$

$$\mathcal{H}_{43} = k\left(\frac{\alpha^2}{4} + \frac{\alpha^{*2}}{4}\right) = \mathcal{H}_{33}. \tag{2-102}$$

类似于推导 h_3, h_4 为

$$h_4 = -\frac{k}{4} \left(\varsigma^2 + \varsigma^{*2}\right) + i\frac{k}{2} \left(\eta^*\varsigma^* - \eta\varsigma\right) + \frac{k}{4} \left(\eta^2 + \eta^{*2}\right). \tag{2-103}$$

结合式 (2-91)、(2-94)、(2-100) 和 (2-103), 最终得到 $h(\varsigma, \eta)$, 即

$$h(\varsigma, \eta) = \frac{1}{2}(\omega_1 + \omega_2) \left[\frac{1}{2}\left(|\varsigma|^2 + |\eta|^2\right) - 1\right] + \frac{g}{2}\left(|\varsigma|^2 - |\eta|^2\right)$$

$$- \frac{(f+k)}{4}\left(\varsigma^2 + \varsigma^{*2}\right) - \frac{i(\omega_1 - \omega_2)}{4}\left(\eta\varsigma^* - \eta^*\varsigma\right)$$

$$- \frac{i}{2}(f-k)\left(\eta^*\varsigma^* - \eta\varsigma\right) + \frac{(f+k)}{4}\left(\eta^2 + \eta^{*2}\right). \tag{2-104}$$

2.3.4　路径积分理论中的拉格朗日函数

利用式 (2-104) 导出 $h\left(\dfrac{\varsigma_j + \varsigma_{j-1}}{2}, 2\eta_j\right)$, 并代入式 (2-78) 可知

$$\langle\varsigma_j| e^{-i\epsilon H} |\varsigma_{j-1}\rangle$$

$$
\begin{aligned}
= \Theta\left(\varsigma_j, \varsigma_{j-1}\right) \int \frac{\mathrm{d}^2\eta_j}{\pi} \exp\Bigg\{ &- \mathrm{i}\epsilon\left(\omega_1 + \omega_2 - 2g\right)\left|\eta_j\right|^2 \\
&- \eta_j\left[\mathrm{i}\left(\varsigma_j - \varsigma_{j-1}\right)^* + \frac{\epsilon}{2}\left(\omega_1 - \omega_2\right)\left(\frac{\varsigma_j + \varsigma_{j-1}}{2}\right)^* - \epsilon\left(f-k\right)\left(\frac{\varsigma_j + \varsigma_{j-1}}{2}\right)\right] \\
&+ \eta_j^*\left[-\mathrm{i}\left(\varsigma_j - \varsigma_{j-1}\right) + \frac{\epsilon}{2}\left(\omega_1 - \omega_2\right)\left(\frac{\varsigma_j + \varsigma_{j-1}}{2}\right) - \epsilon\left(f-k\right)\left(\frac{\varsigma_j + \varsigma_{j-1}}{2}\right)^*\right] \\
&- \mathrm{i}\epsilon\left(f+k\right)\eta_j^2 - \mathrm{i}\epsilon\left(f+k\right)\eta_j^{*2}\Bigg\},
\end{aligned}
\tag{2-105}
$$

式中, $\Theta\left(\varsigma_j, \varsigma_{j-1}\right)$ 为

$$
\begin{aligned}
\Theta\left(\varsigma_j, \varsigma_{j-1}\right) = \exp\Bigg(-\mathrm{i}\epsilon\Bigg\{ &-\frac{1}{4}\left(\omega_1 + \omega_2 - 2g\right)\left|\frac{\varsigma_j + \varsigma_{j-1}}{2}\right|^2 + \frac{1}{4}\left(f+k\right) \\
&\times\left[\left(\frac{\varsigma_j + \varsigma_{j-1}}{2}\right)^2 + \left(\frac{\varsigma_j + \varsigma_{j-1}}{2}\right)^{*2}\right] + \frac{1}{2}\left(\omega_1 + \omega_2\right)\Bigg\}\Bigg).
\end{aligned}
\tag{2-106}
$$

通过对复变量 η_j 进行积分, 进一步导出

$$
\begin{aligned}
&\langle\varsigma_j|\,\mathrm{e}^{-\mathrm{i}\epsilon H}\,|\varsigma_{j-1}\rangle \\
&= \frac{\Theta\left(\varsigma_j, \varsigma_{j-1}\right)}{\sqrt{-\left(\omega_1 + \omega_2 - 2g\right)^2 + 4\left(f+k\right)^2}}\exp\Bigg\{\frac{-\mathrm{i}\epsilon}{-\left(\omega_1 + \omega_2 - 2g\right)^2 + 4\left(f+k\right)^2} \\
&\times\left[\left(\omega_1 + \omega_2 - 2g\right)\left|\frac{\left(\omega_1 - \omega_2\right)\left(\varsigma_j + \varsigma_{j-1}\right)}{4} - \left(f-k\right)\left(\frac{\varsigma_j + \varsigma_{j-1}}{2}\right)^* - \mathrm{i}\frac{\varsigma_j - \varsigma_{j-1}}{\epsilon}\right|^2\right. \\
&- \left(f+k\right)\left[\frac{\mathrm{i}\left(\varsigma_j - \varsigma_{j-1}\right)^*}{\epsilon} + \frac{\left(\omega_1 - \omega_2\right)}{2}\left(\frac{\varsigma_j + \varsigma_{j-1}}{2}\right)^* - \left(f-k\right)\left(\frac{\varsigma_j + \varsigma_{j-1}}{2}\right)\right] \\
&\left.+ \left(f+k\right)\left[\frac{-\mathrm{i}\left(\varsigma_j - \varsigma_{j-1}\right)}{\epsilon} + \frac{\left(\omega_1 - \omega_2\right)}{2}\left(\frac{\varsigma_j + \varsigma_{j-1}}{2}\right) - \left(f-k\right)\left(\frac{\varsigma_j + \varsigma_{j-1}}{2}\right)^*\right]\right]\Bigg\}.
\end{aligned}
\tag{2-107}
$$

通过定义

$$
\begin{aligned}
A &= \omega_1 + \omega_2 - 2g, \\
B &= -\left(\omega_1 + \omega_2 - 2g\right)^2 + 4\left(f+k\right)^2,
\end{aligned}
\tag{2-108}
$$

则费曼跃迁矩阵元为

$$
\begin{aligned}
&\langle\varsigma_j|\,\mathrm{e}^{-\mathrm{i}\epsilon H}\,|\varsigma_{j-1}\rangle \\
&= \frac{1}{\sqrt{B}}\exp\left\{\mathrm{i}\epsilon\left[-\frac{\omega_1 + \omega_2 + 2g}{4} + \frac{A\left(\omega_1 - \omega_2\right)^2}{4B} + \frac{A}{B}\left(f-k\right)^2\right.\right.
\end{aligned}
$$

$$
\begin{aligned}
&+ \frac{2\left(\omega_1 - \omega_2\right)\left(f^2 - k^2\right)}{B} \Bigg]\Bigg] \left|\frac{\varsigma_j + \varsigma_{j-1}}{2}\right|^2 - \Bigg[-\frac{f+k}{4} + \frac{A\left(\omega_1 - \omega_2\right)\left(f-k\right)}{2B} \\
&+ \frac{f^2 - k^2}{B} + \frac{\left(f+k\right)\left(\omega_1 - \omega_2\right)}{4B}\Bigg] \left[\left(\frac{\varsigma_j + \varsigma_{j-1}}{2}\right)^2 + \left(\frac{\varsigma_j + \varsigma_{j-1}}{2}\right)^{*2}\right] \\
&- \mathrm{i}\Bigg[\frac{A}{B}\left(f-k\right) + \frac{\left(f+k\right)\left(\omega_1 - \omega_2\right)}{B} + \frac{2}{B}\left(f^2 - k^2\right)\Bigg] \left(\frac{\varsigma_j + \varsigma_{j-1}}{2}\right)^* \\
&\times \left(\frac{\varsigma_j - \varsigma_{j-1}}{\epsilon}\right)^* + \mathrm{i}\Bigg[\frac{A}{2B}\left(\omega_1 - \omega_2\right) + \frac{\left(f+k\right)\left(\omega_1 - \omega_2\right)}{B} + \frac{2}{B}\left(f^2 - k^2\right)\Bigg] \\
&\times \left(\frac{\varsigma_j + \varsigma_{j-1}}{2}\right)\left(\frac{\varsigma_j - \varsigma_{j-1}}{\epsilon}\right)^* + \frac{\mathrm{i}}{B}\left(f-k\right)\left(\frac{\varsigma_j + \varsigma_{j-1}}{2}\right)\left(\frac{\varsigma_j - \varsigma_{j-1}}{\epsilon}\right) \\
&- \frac{\mathrm{i}\left(\omega_1 - \omega_2\right)}{2B}\left(\frac{\varsigma_j + \varsigma_{j-1}}{2}\right)^*\left(\frac{\varsigma_j - \varsigma_{j-1}}{\epsilon}\right) + \frac{\omega_1 + \omega_2}{2} \\
&+ \frac{2\left(f+k\right)}{B}\left(\frac{\varsigma_j - \varsigma_{j-1}}{\epsilon}\right)^{*2} + \frac{A}{B}\left|\frac{\varsigma_j - \varsigma_{j-1}}{\epsilon}\right|^2 \Bigg\}.
\end{aligned}
\tag{2-109}
$$

因此, 跃迁振幅为

$$
\langle \varsigma'', t'' \,|\, \varsigma', t' \rangle = \int \prod_t \left[\frac{\mathrm{d}^2 \varsigma(t)}{\pi}\right] \exp\left(\mathrm{i}\int_{t'}^{t''} \mathrm{d}t \mathcal{L}\right),
\tag{2-110}
$$

式中, 拉格朗日函数 $\mathcal{L}$ 为

$$
\begin{aligned}
\mathcal{L} = &\Bigg[-\frac{\omega_1 + \omega_2 + 2g}{4} + \frac{A\left(\omega_1 - \omega_2\right)^2}{4B} \\
&+ \frac{A}{B}\left(f-k\right)^2 + \frac{2\left(\omega_1 - \omega_2\right)\left(f^2 - k^2\right)}{B}\Bigg] |\varsigma(t)|^2 \\
&- \Bigg[-\frac{f+k}{4} + \frac{A\left(\omega_1 - \omega_2\right)\left(f-k\right)}{2B} + \frac{f^2 - k^2}{B} \\
&+ \frac{\left(f+k\right)\left(\omega_1 - \omega_2\right)}{4B}\Bigg]\left[\varsigma(t)^2 + \varsigma(t)^{*2}\right] \\
&- \mathrm{i}\Bigg[\frac{A}{B}\left(f-k\right) + \frac{f+k}{B}\left(\omega_1 - \omega_2\right) + \frac{2}{B}\left(f^2 - k^2\right)\Bigg]\varsigma(t)^* \dot{\varsigma}(t)^* \\
&+ \mathrm{i}\Bigg[\frac{A}{2B}\left(\omega_1 - \omega_2\right) + \frac{f+k}{B}\left(\omega_1 - \omega_2\right) + \frac{2}{B}\left(f^2 - k^2\right)\Bigg]\varsigma(t) \dot{\varsigma}(t)^* \\
&+ \frac{\mathrm{i}\left(f-k\right)}{B}\varsigma(t)\dot{\varsigma}(t) - \frac{\mathrm{i}\left(\omega_1 - \omega_2\right)}{2B}\varsigma(t)^* \dot{\varsigma}(t) + \frac{2\left(f+k\right)}{B}\dot{\varsigma}(t)^{*2} \\
&+ \frac{A}{B}|\dot{\varsigma}(t)|^2 + \frac{\omega_1 + \omega_2}{2}.
\end{aligned}
\tag{2-111}
$$

作为上述理论的具体应用, 下面讨论纠缠态表象下非简并参量放大器的路径积分问题. 理论上, 描述非简并参量放大器的哈密顿量为

$$H = \omega\left(a^\dagger a + b^\dagger b\right) + g(ab + a^\dagger b^\dagger). \tag{2-112}$$

比较式 (2-112) 和 (2-81), 可知 $\omega_1 = \omega_2 = \omega$ 且 $f = k = 0$, 则非简并参量放大器的拉格朗日函数为

$$\mathcal{L} = \omega - \frac{1}{2}\left(\omega + g\right)\varsigma\left(t\right)\varsigma\left(t\right)^* - \frac{1}{2\left(g - \omega\right)}\dot\varsigma\left(t\right)\dot\varsigma\left(t\right)^*. \tag{2-113}$$

因此, 经典欧拉–拉格朗日方程为

$$\ddot\varsigma^*\left(t\right) - \left(\omega^2 - g^2\right)\varsigma^*\left(t\right) = 0,$$
$$\ddot\varsigma\left(t\right) - \left(\omega^2 - g^2\right)\varsigma\left(t\right) = 0. \tag{2-114}$$

为了验证上面方法的正确性, 利用海森伯方程以及式 (2-81), 可得到 ($\hbar = 1$)

$$\mathrm{i}\frac{\mathrm{d}}{\mathrm{d}t}\left(a^\dagger + b\right) = \left[a^\dagger + b, H\right] = \left(g - \omega\right)\left(a^\dagger - b\right) \tag{2-115}$$

和

$$\frac{\mathrm{d}^2}{\mathrm{d}t^2}\left(a^\dagger + b\right) = \mathrm{i}\left(g - \omega\right)\frac{\mathrm{d}}{\mathrm{d}t}\left(a^\dagger - b\right)$$
$$= \left(\omega^2 - g^2\right)\left(a^\dagger + b\right). \tag{2-116}$$

由于纠缠态 $|\varsigma\rangle$ 为算符 $\left(a^\dagger + b\right)$ 的本征态, 则式 (2-116) 对应着式 (2-114), 正是这种对应关系证实了纠缠态表象下路径积分方法的可行性.

2.4 受哈密顿量 $f(t) J_+ + f^*(t) J_- + g(t) J_z$ 控制的角动量相干态的时间演化特性

相干态理论在量子光学和激光物理中有着广泛应用. 振幅为 α 的相干态定义为 [16,17]

$$|\alpha\rangle = \exp(\alpha a^\dagger - \alpha^* a)\left|0\right\rangle, \tag{2-117}$$

它在哈密顿量

$$H_0 = \omega a^\dagger a + f(t) a^\dagger + f^*(t) a \tag{2-118}$$

的驱使下, 形式始终保持不变. 也就是说, 若把相干态作为初始态, 在哈密顿量 H_0 的作用下仍旧按照相干态的形式进行演化. 下面寻找哪一种哈密顿量能使角动量相干态演化时保持不变. 角动量相干态定义为 [18-21]

$$|\tau\rangle_j = \exp(\mu J_+ - \mu^* J_-)\left|j, -j\right\rangle, \tag{2-119}$$

式中, J_+, J_- 分别为角动量上升和下降算符, 并满足对易关系

$$[J_+, J_-] = 2J_z, \quad [J_\pm, J_z] = \mp J_\pm, \tag{2-120}$$

算符 J_z 具有如下本征态

$$J_z |j, m\rangle = m |j, m\rangle, \tag{2-121}$$

式中, $|j, -j\rangle$ 为能被 J_- 湮灭的最低能级态, $J_- |j, -j\rangle = 0$. 利用解纠缠公式把 $\exp(\mu J_+ - \mu^* J_-)$ 分解为 [22-24]

$$\exp(\mu J_+ - \mu^* J_-) = \mathrm{e}^{\tau J_+} \exp\left[J_z \ln(1 + |\tau|^2)\right] \mathrm{e}^{-\tau^* J_-}, \tag{2-122}$$

式中, $\mu = \dfrac{\theta}{2} \mathrm{e}^{-\mathrm{i}\varphi}$ 和 $\tau = \mathrm{e}^{-\mathrm{i}\varphi} \tan \dfrac{\theta}{2}$, 式 (2-119) 变为

$$|\tau\rangle_j = \frac{1}{(1 + |\tau|^2)^j} \mathrm{e}^{\tau J_+} |j, -j\rangle. \tag{2-123}$$

为了找到使角动量相干态演化时保持不变的哈密顿量, 下面引入连续变量纠缠态表象和涉及双变量埃尔米特多项式的新型二项式定理.

2.4.1   角动量相干态的纠缠态表示

利用角动量算符的施温格玻色实现

$$J_+ = a^\dagger b, \quad J_- = ab^\dagger, \quad J_z = \frac{1}{2}\left(a^\dagger a - b^\dagger b\right), \tag{2-124}$$

算符 J_z 的本征态为 $|j, m\rangle$, 即

$$|j, m\rangle = \frac{a^{\dagger j+m} b^{\dagger j-m}}{\sqrt{(j+m)!\,(j-m)!}} |00\rangle, \tag{2-125}$$

式中, $|00\rangle$ 为福克空间中的双模真空态, $a|00\rangle = 0, b|00\rangle = 0$. 特殊地,

$$|j, -j\rangle = \frac{b^{\dagger 2j}}{\sqrt{(2j)!}} |00\rangle = |0\rangle \otimes |2j\rangle. \tag{2-126}$$

这样, 可把角动量相干态 $|\tau\rangle_j$ 改写为

$$
\begin{aligned}
|\tau\rangle_j &= \frac{1}{(1+|\tau|^2)^j} e^{a^\dagger b\tau} \frac{b^{\dagger 2j}}{\sqrt{(2j)!}} |00\rangle \\
&= \frac{1}{\sqrt{(2j)!}\,(1+|\tau|^2)^j} \left(b^\dagger + a^\dagger\tau\right)^{2j} |00\rangle \\
&= \frac{1}{\sqrt{(2j)!}\,(1+|\tau|^2)^j} \sum_{l=0}^{2j} \binom{2j}{l} b^{\dagger l} \left(a^\dagger\tau\right)^{2j-l} |00\rangle \\
&= \frac{1}{(1+|\tau|^2)^j} \sum_{l=0}^{2j} \binom{2j}{l}^{1/2} \tau^{2j-l} |2j-l\rangle \otimes |l\rangle,
\end{aligned} \tag{2-127}
$$

上式说明角动量相干态的两模之间存在量子纠缠, 故有必要引入纠缠态表象去研究它. 未归一化的连续变量纠缠态 $|\zeta\rangle$ 具有如下表达式

$$
|\zeta\rangle = \exp\left(a^\dagger\zeta + \zeta^* b^\dagger - a^\dagger b^\dagger\right) |00\rangle, \quad \zeta = \zeta_1 + i\zeta_2. \tag{2-128}
$$

在双模福克空间中, 态 $|\zeta\rangle$ 可展开为

$$
|\zeta\rangle = \sum_{m,n=0}^{\infty} \frac{a^{\dagger m} b^{\dagger n}}{m!n!} \mathrm{H}_{m,n}(\zeta, \zeta^*) |00\rangle, \tag{2-129}
$$

式中, $\mathrm{H}_{m,n}(\xi, \xi^*)$ 具有如下生成函数

$$
\sum_{m,n=0}^{\infty} \frac{s^m t^n}{m!n!} \mathrm{H}_{m,n}(\xi, \xi^*) = \exp\left(-st + s\xi + t\xi^*\right) \tag{2-130}
$$

或级数展开形式

$$
\begin{aligned}
\mathrm{H}_{m,n}(\xi, \xi^*) &= \frac{\partial^{m+n}}{\partial s^m \partial t^n} \exp\left(-st + s\xi + t\xi^*\right) \Big|_{s=t=0} \\
&= \sum_{l=0}^{\min(m,n)} \frac{m!n!(-1)^l}{l!(m-l)!(n-l)!} \xi^{m-l} \xi^{*n-l}.
\end{aligned} \tag{2-131}
$$

这样, 由式 (2-129) 可见

$$
\langle\zeta|m,n\rangle = \frac{1}{\sqrt{m!n!}} \mathrm{H}_{m,n}(\zeta, \zeta^*). \tag{2-132}
$$

由式 (2-127) 和 (2-129), 可导出角动量相干态波函数的纠缠态表示

$$
\langle\zeta|\tau\rangle_j = \frac{\sqrt{(2j)!}}{(1+|\tau|^2)^j} \sum_{l=0}^{2j} \frac{\tau^{2j-l}}{l!(2j-l)!} \mathrm{H}_{2j-l,l}(\zeta, \zeta^*). \tag{2-133}
$$

为了给出式 (2-133) 中关于双变量埃尔米特多项式 $H_{2j-l,l}$ 的求和, 首先利用

$$\sum_{l=0}^{2j} \binom{2j}{l} \!:\! H_{2j-l,l}(a^\dagger, a) \!:\! \tau^{2j-l} \tag{2-134}$$

来推导出一个推广的二项式定理, 式中 $\!:\! H_{2j-l,l}(a^\dagger, a) \!:\!$ 为反正规乘积表示. 由于反正规乘积内玻色算符对易, 故可利用式 (2-130) 得到

$$\sum_{m,n=0}^{\infty} \frac{s^m t^n}{m! n!} \!:\! H_{m,n}(a^\dagger, a) \!:\! = \;\vdots\, \exp\left(-st + sa^\dagger + ta\right)\,\vdots$$

$$= \mathrm{e}^{-st}\mathrm{e}^{ta}\mathrm{e}^{sa^\dagger} = \mathrm{e}^{sa^\dagger}\mathrm{e}^{ta}$$

$$= \sum_{m,n=0}^{\infty} \frac{s^m t^n}{m! n!} a^{\dagger m} a^n. \tag{2-135}$$

通过比较式 (2-135) 两端相同项 $s^m t^n$ 的系数, 可导出算符恒等式

$$\!:\! H_{m,n}(a^\dagger, a) \!:\! = a^{\dagger m} a^n =\; :\! a^{\dagger m} a^n \!: \; =\; :\! a^n a^{\dagger m} \!: \, . \tag{2-136}$$

这样, 可有

$$\sum_{l=0}^{2j} \binom{2j}{l} \!:\! H_{2j-l,l}(a^\dagger, a) \!:\! \tau^{2j-l} = \sum_{l=0}^{2j} \binom{2j}{l} \tau^{2j-l} a^{\dagger 2j-l} a^l$$

$$= \sum_{l=0}^{2j} \binom{2j}{l} \tau^{2j-l} : a^{\dagger 2j-l} a^l :$$

$$=\; :\! \left(\tau a^\dagger + a\right)^{2j} \!: \, . \tag{2-137}$$

进一步, 构造如下算符恒等式

$$\sum_{n=0}^{\infty} \frac{\lambda^n}{n!} : \left(\tau a^\dagger + a\right)^n : \; =\; : \exp\left[\lambda\left(\tau a^\dagger + a\right)\right] :$$

$$=\; \vdots\, \mathrm{e}^{\lambda a}\mathrm{e}^{\lambda \tau a^\dagger}\mathrm{e}^{-\lambda^2 \tau}\,\vdots$$

$$= \sum_{n=0}^{\infty} \frac{(\sqrt{\tau}\lambda)^n}{n!} \!:\! H_n\left(\frac{\tau a^\dagger + a}{2\sqrt{\tau}}\right) \!:\!, \tag{2-138}$$

并比较式 (2-138) 两端相同项 λ^n 的系数, 可有

$$: \left(\tau a^\dagger + a\right)^n : \; = \left(\sqrt{\tau}\right)^n \!:\! H_n\left(\frac{\tau a^\dagger + a}{2\sqrt{\tau}}\right) \!:\! . \tag{2-139}$$

这样, 式 (2-134) 变成

$$\sum_{l=0}^{2j} \binom{2j}{l} \!:\! H_{2j-l,l}(a^\dagger, a) \!:\! \tau^{2j-l} = \tau^j \!:\! H_{2j}\left(\frac{\tau a^\dagger + a}{2\sqrt{\tau}}\right) \!:\! . \tag{2-140}$$

由于式 (2-140) 的两端都在反正规乘积内, 故可导出一个新的推广二项式定理

$$\sum_{l=0}^{2j}\binom{2j}{l}\mathrm{H}_{2j-l,l}(\zeta,\zeta^*)\tau^{2j-l} = \tau^j \mathrm{H}_{2j}\left(\frac{\tau\zeta+\zeta^*}{2\sqrt{\tau}}\right), \qquad (2\text{-}141)$$

它的右端恰好为一个单变量的埃尔米特多项式 $\mathrm{H}_{2j}(\cdot)$. 进一步, 令

$$\chi = \frac{\tau\zeta+\zeta^*}{2\sqrt{\tau}}, \qquad (2\text{-}142)$$

则式 (2-133) 变为

$$\langle\zeta\,|\tau\rangle_j = \frac{1}{\sqrt{(2j)!}\,(1+|\tau|^2)^j}\,\tau^j \mathrm{H}_{2j}(\chi). \qquad (2\text{-}143)$$

可见, 纠缠态表象中角动量相干态的波函数正比于 $2j$ 阶单变量埃尔米特多项式 $\mathrm{H}_{2j}(\chi)$, 这个结果为进一步研究态 $|\tau\rangle_j$ 的时间演化提供了方便.

2.4.2 角动量相干态随时间演化的不变性

利用式 (2-143) 中角动量相干态的纠缠态表示, 并把角动量相干态 $\langle\tau(0)|$ 作为受哈密顿量

$$H = f(t)J_+ + f^*(t)J_- + g(t)J_z \qquad (2\text{-}144)$$

控制的系统初始态, 故可研究角动量相干态的时间演化问题. 由于希望在整个演化过程中始终保持角动量相干态的形式, 这意味着 $H|\tau(t)\rangle = E(t)|\tau(t)\rangle$ 成立, 即满足薛定谔方程

$$\mathrm{i}\frac{\partial}{\partial t}|\tau(t)\rangle = H|\tau(t)\rangle = E(t)|\tau(t)\rangle. \qquad (2\text{-}145)$$

把式 (1-115) 中态的完备性关系代入式 (2-145), 可有

$$\mathrm{i}\frac{\partial}{\partial t}|\tau(t)\rangle = \int\frac{\mathrm{d}^2\zeta}{\pi}\mathrm{e}^{-|\zeta|^2}|\zeta\rangle\langle\zeta|H|\tau(t)\rangle. \qquad (2\text{-}146)$$

利用如下关系式

$$\langle\zeta|J_+ = \langle\zeta|a^\dagger b = \left(\zeta - \frac{\partial}{\partial\zeta^*}\right)\frac{\partial}{\partial\zeta^*}\langle\zeta|,$$

$$\langle\zeta|J_- = \langle\zeta|b^\dagger a = \left(\zeta^* - \frac{\partial}{\partial\zeta}\right)\frac{\partial}{\partial\zeta}\langle\zeta| \qquad (2\text{-}147)$$

和

$$\langle\zeta|J_z = \frac{1}{2}\langle\zeta|(a^\dagger a - b^\dagger b) = \frac{1}{2}\left(\zeta\frac{\partial}{\partial\zeta} - \zeta^*\frac{\partial}{\partial\zeta^*}\right)\langle\zeta|, \qquad (2\text{-}148)$$

因此有

$$
\begin{aligned}
\langle \zeta | H | \tau(t) \rangle &= \left[f\left(\zeta - \frac{\partial}{\partial \zeta^*} \right) \frac{\partial}{\partial \zeta^*} + f^*\left(\zeta^* - \frac{\partial}{\partial \zeta} \right) \frac{\partial}{\partial \zeta} \right. \\
&\quad \left. + \frac{g}{2}\left(\zeta \frac{\partial}{\partial \zeta} - \zeta^* \frac{\partial}{\partial \zeta^*} \right) \right] \langle \zeta | \tau(t) \rangle \\
&= E \langle \zeta | \tau(t) \rangle .
\end{aligned} \tag{2-149}
$$

这里假设 $|\tau(t)\rangle$ 为角动量相干态, 并利用式 (2-143), 可把式 (2-149) 转化为

$$
\begin{aligned}
&\left[f\left(\zeta - \frac{\partial}{\partial \zeta^*} \right) \frac{\partial}{\partial \zeta^*} + f^*\left(\zeta^* - \frac{\partial}{\partial \zeta} \right) \frac{\partial}{\partial \zeta} \right. \\
&\quad \left. + \frac{g}{2}\left(\zeta \frac{\partial}{\partial \zeta} - \zeta^* \frac{\partial}{\partial \zeta^*} \right) \right] \mathrm{H}_{2j}(\chi) \\
&= E \mathrm{H}_{2j}(\chi) .
\end{aligned} \tag{2-150}
$$

进一步, 利用式 (2-142), 把关于变量 ζ 的偏微分转化为

$$
\frac{\partial}{\partial \zeta} = \frac{\partial \chi}{\partial \zeta} \frac{\partial}{\partial \chi} = \frac{\sqrt{\tau}}{2} \frac{\partial}{\partial \chi}, \qquad \frac{\partial}{\partial \zeta^*} = \frac{1}{2\sqrt{\tau}} \frac{\partial}{\partial \chi}, \tag{2-151}
$$

并利用 $\mathrm{H}_n(\chi)$ 的微分恒等式 [25]

$$
2\chi \mathrm{H}_n'(\chi) - \mathrm{H}_n''(\chi) = 2n \mathrm{H}_n(\chi), \tag{2-152}
$$

可把式 (2-150) 的左边部分改写为

$$
\begin{aligned}
I_1 &\equiv \left(\zeta - \frac{\partial}{\partial \zeta^*} \right) \frac{\partial}{\partial \zeta^*} \mathrm{H}_{2j}(\chi) \\
&= \left(\zeta \frac{1}{2\sqrt{\tau}} \frac{\partial}{\partial \chi} - \frac{1}{4\tau} \frac{\partial^2}{\partial \chi^2} \right) \mathrm{H}_{2j}(\chi) \\
&= \zeta \frac{1}{2\sqrt{\tau}} \mathrm{H}_{2j}'(\chi) - \frac{1}{4\tau} [2\chi \mathrm{H}_{2j}'(\chi) - 4j \mathrm{H}_{2j}(\chi)] \\
&= \left(\zeta \frac{1}{2\sqrt{\tau}} - \frac{\chi}{2\tau} \right) \mathrm{H}_{2j}'(\chi) + \frac{j}{\tau} \mathrm{H}_{2j}(\chi)
\end{aligned} \tag{2-153}
$$

和

$$
\begin{aligned}
I_2 &\equiv \left(\zeta^* - \frac{\partial}{\partial \zeta} \right) \frac{\partial}{\partial \zeta} \mathrm{H}_{2j}(\chi) \\
&= \left(\zeta^* \frac{\sqrt{\tau}}{2} \frac{\partial}{\partial \chi} - \frac{\tau}{4} \frac{\partial^2}{\partial \chi^2} \right) \mathrm{H}_{2j}(\chi) \\
&= \zeta^* \frac{\sqrt{\tau}}{2} \mathrm{H}_{2j}'(\chi) - \frac{\tau}{4} [2\chi \mathrm{H}_{2j}'(\chi) - 4j \mathrm{H}_{2j}(\chi)] \\
&= \left(\zeta^* \frac{\sqrt{\tau}}{2} - \frac{\tau \chi}{2} \right) \mathrm{H}_{2j}'(\chi) + \tau j \mathrm{H}_{2j}(\chi) .
\end{aligned} \tag{2-154}
$$

进一步, 利用 $\chi = (\zeta^* + \tau\zeta) / (2\sqrt{\tau})$ 的逆关系

$$\zeta = \frac{4|\tau|}{|\tau|^2 - 1} \left(\frac{\sqrt{\tau^*}}{2}\chi - \frac{\chi^*}{2\sqrt{\tau}} \right), \tag{2-155}$$

有

$$
\begin{aligned}
I_1 &= \left(\zeta\frac{1}{2\sqrt{\tau}} - \frac{\chi}{2\tau} \right) \mathrm{H}'_{2j}(\chi) + \frac{j}{\tau}\mathrm{H}_{2j}(\chi) \\
&= \frac{\left(|\tau|^2 + 1\right)\chi - 2\chi^*|\tau|}{2\tau\left(|\tau|^2 - 1\right)}\mathrm{H}'_{2j}(\chi) + \frac{j}{\tau}\mathrm{H}_{2j}(\chi),
\end{aligned}
\tag{2-156}
$$

$$
\begin{aligned}
I_2 &= \frac{1}{2}\left(\zeta^*\sqrt{\tau} - \tau\chi \right)\mathrm{H}'_{2j}(\chi) + \tau j\mathrm{H}_{2j}(\chi) \\
&= \frac{\tau\left[2\chi^*|\tau| - \chi\left(|\tau|^2 + 1\right)\right]}{2\left(|\tau|^2 - 1\right)}\mathrm{H}'_{2j}(\chi) + j\tau\mathrm{H}_{2j}(\chi)
\end{aligned}
\tag{2-157}
$$

和

$$
\begin{aligned}
I_3 &= \frac{1}{2}\left(\zeta\frac{\partial}{\partial\zeta} - \zeta^*\frac{\partial}{\partial\zeta^*} \right)\mathrm{H}_{2j}(\chi) \\
&= \frac{\left(|\tau|^2 + 1\right)\chi - 2|\tau|\chi^*}{2\left(|\tau|^2 - 1\right)}\mathrm{H}'_{2j}(\chi).
\end{aligned}
\tag{2-158}
$$

因此, 本征方程 (2-150) 变为

$$
\begin{aligned}
E\mathrm{H}_{2j}(\chi) &= fI_1 + f^*I_2 + gI_3 \\
&= \frac{f - \tau^2 f^* + g\tau}{2\left(|\tau|^2 - 1\right)}\left[\left(|\tau|^2 + 1\right)\chi \right. \\
&\quad \left. - 2\chi^*|\tau| \right]\mathrm{H}'_{2j}(\chi) + f\frac{\tau^2 + 1}{\tau}j\mathrm{H}_{2j}(\chi).
\end{aligned}
\tag{2-159}
$$

考虑到

$$\mathrm{H}'_{2j}(\chi) = 4j\mathrm{H}_{2j-1}(\chi) \tag{2-160}$$

以及不同阶单变量埃尔米特多项式的正交性, 得到

$$\frac{f - \tau^2 f^* + g\tau}{|\tau|^2 - 1}\left(\frac{|\tau|^2 + 1}{2}\chi - \chi^*|\tau| \right) = 0. \tag{2-161}$$

通过比较式 (2-159) 中 $H_{2j}(\chi)$ 的系数, 可有

$$E = \frac{f}{\tau}\left(\tau^2 + 1\right)j. \tag{2-162}$$

由于本征方程与表征纠缠态的参数 ζ(或参数 χ) 无关, 故由式 (2-161) 可知

$$f - \tau^2 f^* + g\tau = 0, \quad \tau = \frac{g \pm \sqrt{g^2 + 4\left|f\right|^2}}{2f^*}, \tag{2-163}$$

且本征值 E 为

$$E = \left(\frac{f}{\tau} + f^*\tau\right)j = \pm j\sqrt{g^2 + 4\left|f\right|^2}. \tag{2-164}$$

可见, 参数 τ 和本征值 E 完全由哈密顿量 $H = f(t)J_+ + f^*(t)J_- + g(t)J_z$ 中的系数 $f(t)$, $f^*(t)$ 和 $g(t)$ 来决定.

参 考 文 献

[1]　Dirac P A M. 量子力学原理 [M]. 4 版. 北京: 科学出版社, 2008.

[2]　Feynman R P, Hibbs A R. Quantum Mechanics and Path Integral[M]. New York: McGraw-Hill, 1965.

[3]　Klauder J R, Skargerstam B S. Coherent States[M]. Singapore: World Scientific, 1985.

[4]　Klauder J R, Sudarshan E C G. Fundamentals of Quantum Optics[M]. New York: Benjamin, 1968.

[5]　Hillery M, Zubairy M S. Path-integral approach to problems in quantum optics[J]. Physical Review A, 1982, 26(1): 451-460.

[6]　Fan H Y, Klauder J R. Eigenvectors of two particles' relative position and total momentum[J]. Physical Review A, 1994, 49(2): 704-707.

[7]　Fan H Y. Entangled states, squeezed states gained via the route of developing dirac's symbolic method and their applications[J]. International Journal of Modern Physics B, 2004, 18(10-11): 1387-1455.

[8]　Wang J S, Meng X G, Fan H Y. Energy-level and wave functions of two moving charged particles with elastic coupling derived by virtue of the entangled state representations[J]. Physica A, 2008, 387(16): 4453-4458.

[9]　Meng X G, Wang J S, Liang B L. Energy level formula for two moving charged particles with Coulomb coupling derived via the entangled state representations[J]. Chinese Physics B, 2010, 19(4): 044202.

[10]　Wang J S, Meng X G, Feng J, et al. Establishing path integral in the entangled state representation for Hamiltonians in quantum optics[J]. Chinese Physics B, 2007, 16(1): 23-31.

[11]   Wang J S, Meng X G, Fan H Y. Time evolution of angular momentum coherent state derived by virtue of entangled state representation and a new binomial theorem[J]. Chinese Physics B, 2019, 28(10): 100301.

[12]   Fan H Y, Zaidi H R, Klauder J R. New approach for calculating the normally ordered form of squeeze operators[J]. Physical Review D, 1987, 35(6): 1831-1834.

[13]   Landau L D, Lifshitz E M. Quantum Mechanics: Non-relativistic Theory[M]. New York: Pregamon Press, 1979.

[14]   Fan H Y. Operator ordering in quantum optics theory and the development of Dirac's symbolic method[J]. Journal of Optics B: Quantum and Semiclassical Optics, 2003, 5(4): R1-R17.

[15]   Wünsche A. Ordered operator expansions and reconstruction from ordered moments[J]. Journal of Optics B: Quantum and Semiclassical Optics, 1999, 1(2): 264-288.

[16]   Glauber R J. The quantum theory of optical coherence[J]. Physical Review, 1963, 130(6): 2529-2539.

[17]   Wang J S, Meng X G, Liang B L, et al. A new kind of nonlinear coherent states and their properties[J]. Journal of Modern Optics, 2016, 63(21): 2367-2373.

[18]   Meng X G, Wang J S, Fan H Y. Atomic coherent states as the eigenstates of a two-dimensional anisotropic harmonic oscillator in a uniform magnetic field[J]. Modern Physics Letters A, 2009, 24(38): 3129-3136.

[19]   Meng X G, Wang J S, Liang B L. Atomic coherent states as energy eigenstates of a Hamiltonian describing a two-dimensional anisotropic harmonic potential in a uniform magnetic field[J]. Chinese Physics B, 2010, 19(12): 124205.

[20]   Holtz R, Hanus J. On coherent spin states[J]. Journal of Physics A: Mathematical, Nuclear and General, 1974, 7(4): L37-L40.

[21]   Honarasa G. Quantum statistical properties of photon-added spin coherent states[J]. Chinese Physics B, 2017, 26(11): 114202.

[22]   Berrada K. Construction of photon-added spin coherent states and their statistical properties[J]. Journal of Mathematical Physics, 2015, 56(7): 072104.

[23]   Fan H Y, Chen J. Atomic coherent states studied by virtue of the EPR entangled state and their Wigner functions[J]. The European Physical Journal D, 2003, 23(3): 437-442.

[24]   Fan H Y, Li C, Jiang Z H. Spin coherent states as energy eigenstates of two coupled oscillators[J]. Physics Letters A, 2004, 327(5-6): 416-424.

[25]   Meng X G, Wang J S, Liang B L. A new finite-dimensional pair coherent state studied by virtue of the entangled state representation and its statistical behavior[J]. Optics Communications, 2010, 283(20): 4025-4031.

第 3 章 介观电路的量子理论

近年来, 随着纳米技术和微电子技术的迅速发展, 介观电路受到了物理学家们的广泛关注 [1-4]. 对于最基本的无耗散含源介观 LC 电路, Louisell 把电荷 q 量子化为坐标算符 Q, 并把电流 I 乘以 L 量子化为动量算符 P, 这样 LC 电路可被视为量子谐振子 [5]. 目前, 包括约瑟夫森结在内的一些介观电路得到了广泛的研究, 主要表现在以下三个方面: ① 约瑟夫森结表现出好的非线性, 且由非线性量可实现量子纠缠. 由于纠缠被认为是量子信息中重要的物理资源, 并且许多协议都是基于纠缠态实现的, 因此约瑟夫森结在许多量子计算与量子信息领域得到了广泛的应用. ② 约瑟夫森结可以提供一个人工的两态系统, 它可以被作为设计量子计算机的主要器件. 此外, 约瑟夫森结还具有可扩展性、灵活性等许多优良的特性. ③ 单个约瑟夫森结电荷量子比特的短时退相干为制造量子计算机硬件提供了一个很好的选择 [6]. 约瑟夫森结指的是以一种绝缘材料的薄层弱连接两个超导体的结构. 费曼指出: "对于这样一个结, 其电子对可看作玻色子 …… 且几乎所有的对都被精确锁定在同一个最低能量的态上."[7] 他认为, 在每一个区域的超导态具有波函数 $\psi_i = \sqrt{\rho_i}\mathrm{e}^{\mathrm{i}\theta_i}$, θ_i 为约瑟夫森结每个极板上的相位, ρ_i 为极板上的电子密度. 此外, 还证明了结电流与结两端间的相位差 $\theta = \theta_2 - \theta_1$ 有关. 随后, Vourdas 指出 [8], 结两端的相位差应该是一个量子变量, 可以很好地描述系统的量子力学性质. 基于费曼对库珀对的解释和 Vourdas 对相位差的量子阐述, 范洪义引入了相位算符的玻色子形式, 并得到了约瑟夫森结的玻色子哈密顿模型 [9-11].

本章充分利用连续变量纠缠态表象和相位算符的玻色表示, 实现单个介观 LC 电路 [12]、互感耦合介观 LC 电路 [13,14] 和含约瑟夫森结的互感耦合 (LC) 电路 [15,16] 的粒子数–相位 (数–相) 量子化, 并探讨互感耦合介观 LC 电路的振荡频率、能级间隔和量子涨落等, 以及含约瑟夫森结的互感耦合 (LC) 电路哈密顿算符的玻色表示、修正的约瑟夫森电流和电压算符方程等.

3.1 介观 LC 电路的量子理论

3.1.1 单个介观 LC 电路

考虑到电荷 $q = en$, n 为电子的个数, 则储存在电感 L 中的能量 (动能) 为

$$T = \frac{1}{2}LI^2 = \frac{1}{2}L\left(\frac{\mathrm{d}q}{\mathrm{d}t}\right)^2 = \frac{1}{2}Le^2\dot{n}^2, \tag{3-1}$$

而储存在电容 C 中的能量 (势能) 为

$$V = \frac{q^2}{2C} = \frac{1}{2C}e^2n^2. \tag{3-2}$$

因此, 拉格朗日函数 $\mathcal{L}$ 为

$$\mathcal{L} = T - V = \frac{1}{2}Le^2\dot{n}^2 - \frac{e^2n^2}{2C}. \tag{3-3}$$

相应地, 经典正则动量为

$$p = \frac{\partial \mathcal{L}}{\partial \dot{n}} = Le^2\dot{n}. \tag{3-4}$$

由于

$$e\dot{n} = I = \frac{\phi}{L}, \tag{3-5}$$

式中, ϕ 为电感中的磁通量, 把式 (3-5) 代入式 (3-4), 可得到经典正则动量 p 与磁通量 ϕ 的关系

$$p = e\phi. \tag{3-6}$$

根据法拉第电磁感应定律知, 磁通量 ϕ 随时间的变化与电压 u 的关系为

$$-\frac{\mathrm{d}\phi}{\mathrm{d}t} = u, \tag{3-7}$$

它也等于电容的端电压. 从量子力学波函数的角度, 这个电压与某个时间间隔 $\mathrm{d}t$ 内电容两个极板之间的相位差有关. 假设两个极板的波函数分别为

$$\psi_i = \phi_i\mathrm{e}^{\mathrm{i}E_it/\hbar} = \phi_i\mathrm{e}^{\mathrm{i}\omega_it} = \phi_i\mathrm{e}^{\mathrm{i}\theta_i}, \quad i = 1, 2, \tag{3-8}$$

其中, θ_i 为第 i 极板波函数的相位. 注意到

$$\begin{aligned} \mathrm{d}\theta_i &= \frac{E_i}{\hbar}\mathrm{d}t, \\ \mathrm{d}\theta &= \mathrm{d}\left(\theta_2 - \theta_1\right) = \frac{E_2 - E_1}{\hbar}\mathrm{d}t = -\frac{eu}{\hbar}\mathrm{d}t, \end{aligned} \tag{3-9}$$

式中, $\theta = \theta_2 - \theta_1$ 为两极板波函数的相位差. 结合式 (3-6)~(3-9), 可有

$$p = \hbar\theta. \tag{3-10}$$

上式表明, $\hbar\theta$ 为正则动量, 而粒子数 n 为与其共轭的正则坐标. 因此, 标准量子化条件为

$$\left[\hat{n}, \hbar\hat{\theta}\right] = \mathrm{i}\hbar, \tag{3-11}$$

或

$$[\hat{n}, \hat{\theta}] = \mathrm{i}. \tag{3-12}$$

粒子数 $\hat{n}$ 和相位 $\hat{\theta}$ 满足不确定关系

$$\Delta \hat{n} \Delta \hat{\theta} \geqslant \frac{1}{2}, \tag{3-13}$$

代表着量子涨落的存在. 上面讨论的可观测量分别为电容器一极板上电子数 $\hat{n}$ 和两极板间波函数的相位差 $\hat{\theta}$, 故这里单个介观 LC 电路的量子化实际上是粒子数–相位范畴内的量子化.

另外, 由式 (3-6) 和 (3-10) 知, 磁通量 ϕ 量子化为算符 $\hat{\phi} = \hbar \hat{\theta}/e$. 这和 Vourdas 关于外源微波与超导环耦合的分析结果是一致的, 即总磁通量与超导结两端的相位差有关. 根据算符 $\hat{n}$ 和 $\hbar \hat{\theta}$, 可把单个介观 LC 电路的哈密顿算符表示为

$$H = T + V \to \hat{H} = \frac{1}{2} \frac{\hbar^2 \hat{\theta}^2}{e^2 L} + \frac{e^2 \hat{n}^2}{2C}. \tag{3-14}$$

利用海森伯方程, 可得到

$$\frac{\mathrm{d}\hat{n}}{\mathrm{d}t} = \frac{\hbar \hat{\theta}}{e^2 L}, \qquad \hbar \frac{\mathrm{d}\hat{\theta}}{\mathrm{d}t} = -\frac{e^2 \hat{n}}{C}, \tag{3-15}$$

它们分别代表电流方程和法拉第定律. 由式 (3-15) 给出

$$\frac{\mathrm{d}^2 \hat{n}}{\mathrm{d}t^2} = -\frac{\hat{n}}{LC}. \tag{3-16}$$

其标准解为

$$\hat{n} = \hat{n}\,(t = 0)\,\mathrm{e}^{\mathrm{i}t/\sqrt{LC}}. \tag{3-17}$$

可见, 在单个介观 LC 电路中存在电磁谐振特性.

下面比较分析单个介观 LC 电路的数–相量子化与约瑟夫森结的量子化. 费曼认为, 一个库珀对为一个束缚对, 它表现出玻色子的行为. 后来, Tinkham 给出了描述约瑟夫森结的哈密顿量 [17]

$$H = -\frac{1}{2} E_c \partial_\varphi^2 + E_j \left(1 - \cos \varphi\right), \tag{3-18}$$

式中, E_j 为约瑟夫森耦合常数, $E_c = q^2/C$ 为库仑耦合常数, $q = 2e, 2e$ 为库珀对的电荷量, C 为结电容, $\hbar = 1$. 此外, Vourdas 等指出, 为了便于描述系统的量子属性, 约瑟夫森结两极板间的相位差 φ 应该是一个量子参量. 受上述结论的启发, 引入库珀对数算符 [9-11]

$$\hat{N}_d \equiv a^\dagger a - b^\dagger b \tag{3-19}$$

和相算符 $\mathrm{e}^{\mathrm{i}\hat{\Phi}}$(对应于结两端的相位差 φ)

$$\sqrt{\frac{a - b^\dagger}{a^\dagger - b}} \equiv \mathrm{e}^{\mathrm{i}\hat{\Phi}}, \tag{3-20}$$

需要指出的是, 由于 $[a - b^\dagger, a^\dagger - b] = 0$, 故这两个算符能同时出现在根号 $\sqrt{}$ 里面. 这样, 描述约瑟夫森结的哈密顿量的算符形式为

$$\hat{H} = \frac{E_c}{2}\hat{N}_d^2 + E_j\left(1 - \cos\hat{\Phi}\right),$$
$$\cos\hat{\Phi} = \frac{1}{2}\left(\mathrm{e}^{\mathrm{i}\hat{\Phi}} + \mathrm{e}^{-\mathrm{i}\hat{\Phi}}\right), \tag{3-21}$$

式中, $E_j = \hbar I_{cr}/(2e)$, I_{cr} 为约瑟夫森结的临界电流; $E_c\hat{N}_d^2/2$ 为储存在结电容上的能量; $E_j\cos\hat{\Phi}$ 为电子隧穿耦合能量, $\cos\hat{\Phi}$ 为描述约瑟夫森结两极板间的相位差 φ 的相位算符函数. 利用玻色算符对易关系 $[a, a^\dagger] = [b, b^\dagger] = 1$, 可导出

$$\left[\hat{N}_d, \hat{\Phi}\right] = \mathrm{i}, \tag{3-22}$$

类似于关系式 (3-12). 对于式 (3-22), 可利用双模福克空间中的纠缠态 [18,19]

$$|\eta\rangle = \exp\left(-\frac{1}{2}|\eta|^2 + \eta a^\dagger - \eta^* b^\dagger + a^\dagger b^\dagger\right)|00\rangle \tag{3-23}$$

进行验证, 式中, $\eta = \eta_1 + \mathrm{i}\eta_2 = |\eta|\mathrm{e}^{\mathrm{i}\varphi}$ 为复参数, $|00\rangle$ 为双模真空态. 此态 $|\eta\rangle$ 满足完备性关系 $\pi^{-1}\int\mathrm{d}^2\eta\,|\eta\rangle\langle\eta| = 1$ 和本征方程

$$\left(a - b^\dagger\right)|\eta\rangle = \eta|\eta\rangle, \quad \left(b - a^\dagger\right)|\eta\rangle = -\eta^*|\eta\rangle. \tag{3-24}$$

因此有

$$\langle\eta|\,\mathrm{e}^{-\mathrm{i}\hat{\Phi}} = \langle\eta|\,\mathrm{e}^{-\mathrm{i}\varphi}, \quad \langle\eta|\,\hat{\Phi} = \varphi\langle\eta|, \tag{3-25}$$

它表明 $\hat{\Phi}$ 或 $\mathrm{e}^{-\mathrm{i}\hat{\Phi}}$ 为一个相位算符. 显然, 在纠缠态 $\langle\eta|$ 表象中, 算符 $\hat{N}_d$ 恰好对应着关于变量 φ 的微分关系

$$\langle\eta|\,\hat{N}_d = |\eta|\langle00|\left(\mathrm{e}^{-\mathrm{i}\varphi}a + \mathrm{e}^{\mathrm{i}\varphi}b\right)\exp\left(-\frac{|\eta|^2}{2} + \eta^*a - \eta b + ab\right) = \mathrm{i}\frac{\partial}{\partial\varphi}\langle\eta|, \tag{3-26}$$

故在纠缠态 $\langle\eta|$ 表象中, 可有对易关系 $\left[\hat{N}_d, \hat{\Phi}\right] = \left[\mathrm{i}\dfrac{\partial}{\partial\varphi}, \varphi\right] = \mathrm{i}$. 把哈密顿算符 $\hat{H}$ 投影到 $\langle\eta|$ 上, 可得到

$$\langle\eta|\,\hat{H} = \left[-\frac{1}{2}E_c\partial_\varphi^2 + E_j\left(1 - \cos\varphi\right)\right]\langle\eta| = H\langle\eta|. \tag{3-27}$$

利用哈密顿算符 (3-21) 和海森伯方程, 可导出约瑟夫森算符方程.

3.1.2　互感耦合介观 LC 电路

1. 电荷–磁通量量子化方案

互感耦合介观 LC 电路 (见图 3-1) 的经典拉格朗日函数为

$$\mathcal{L} = \frac{1}{2}\left(L_1 I_1^2 + L_2 I_2^2\right) + m I_1 I_2 - \frac{1}{2}\left(\frac{q_1^2}{C_1} + \frac{q_2^2}{C_2}\right), \tag{3-28}$$

式中, m 为电感 L_1 和 L_2 之间的互感耦合系数, $0 < m < \sqrt{L_1 L_2}$. 若把电荷 q_1, q_2 看作经典坐标, 则它们的共轭动量 (实际上是磁通量) 为

$$p_1 = \frac{\partial \mathcal{L}}{\partial \dot{q}_1} = L_1 I_1 + m I_2, \quad p_2 = \frac{\partial \mathcal{L}}{\partial \dot{q}_2} = L_2 I_2 + m I_1. \tag{3-29}$$

这样, 其哈密顿量 H 为

$$\begin{aligned}
H &= p_1 \dot{q}_1 + p_2 \dot{q}_2 - \mathcal{L} \\
&= \frac{1}{2}\left(L_1 I_1^2 + L_2 I_2^2\right) + m I_1 I_2 + \frac{1}{2}\left(\frac{q_1^2}{C_1} + \frac{q_2^2}{C_2}\right) \\
&= \frac{1}{2A}\left(\frac{p_1^2}{L_1} + \frac{p_2^2}{L_2}\right) - \frac{m}{AL_1 L_2} p_1 p_2 + \frac{1}{2}\left(\frac{q_1^2}{C_1} + \frac{q_2^2}{C_2}\right), \tag{3-30}
\end{aligned}$$

式中

$$A = 1 - \frac{m^2}{L_1 L_2}, \quad m^2 < L_1 L_2. \tag{3-31}$$

把 q_i, p_i 量子化为一对共轭的量子算符 $\hat{q}_i, \hat{p}_i$, 并满足量子化条件 $[\hat{q}_i, \hat{p}_j] = \mathrm{i}\hbar \delta_{i,j}$, 这样经典哈密顿量 H 变成了哈密顿算符 $\hat{H}$. 而且, 由于 $\dfrac{m}{AL_1 L_2}\hat{p}_1 \hat{p}_2$ 的存在, 系统出现量子纠缠现象.

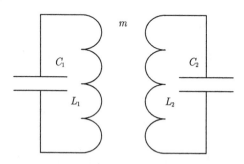

图 3-1　互感耦合介观 LC 电路示意图

为了解纠缠哈密顿算符 H, 在坐标 $|q_i\rangle$ 表象下构造如下幺正算符 U

$$U = \iint_{-\infty}^{\infty} \mathrm{d}q_1 \mathrm{d}q_2 \left| \mathcal{U}\begin{pmatrix} q_1 \\ q_2 \end{pmatrix}\right\rangle \left\langle \begin{pmatrix} q_1 \\ q_2 \end{pmatrix}\right|, \quad \det \mathcal{U} = 1, \tag{3-32}$$

式中, $\left\langle \begin{pmatrix} q_1 \\ q_2 \end{pmatrix} \right| \equiv \langle q_1, q_2|$ 为双模坐标本征态, 这样有

$$\hat{q}_i \left| \begin{pmatrix} q_1 \\ q_2 \end{pmatrix} \right\rangle = q_i \left| \begin{pmatrix} q_1 \\ q_2 \end{pmatrix} \right\rangle, \quad \mathcal{U} = \begin{pmatrix} \mathcal{U}_{11} & \mathcal{U}_{12} \\ \mathcal{U}_{21} & \mathcal{U}_{22} \end{pmatrix}. \tag{3-33}$$

上式表明, 利用经典矩阵 $\mathcal{U}$ 变换映射出了希尔伯特空间中量子力学幺正算符 U. 根据式 (3-32), 可给出算符 $\hat{q}_i$ 的变换规则

$$U \begin{pmatrix} \hat{q}_1 \\ \hat{q}_2 \end{pmatrix} U^\dagger = \mathcal{U}^{-1} \begin{pmatrix} \hat{q}_1 \\ \hat{q}_2 \end{pmatrix}. \tag{3-34}$$

通过利用关于动量本征态的完备性关系

$$\iint_{-\infty}^{\infty} \mathrm{d}p_1 \mathrm{d}p_2 \left| \begin{pmatrix} p_1 \\ p_2 \end{pmatrix} \right\rangle \left\langle \begin{pmatrix} p_1 \\ p_2 \end{pmatrix} \right| = 1, \tag{3-35}$$

可给出幺正算符 U 在动量表象中的表示

$$U = \frac{1}{2\pi} \iint_{-\infty}^{\infty} \mathrm{d}p_1 \mathrm{d}p_2 \iint_{-\infty}^{\infty} \mathrm{d}q_1 \mathrm{d}q_2 \left| \begin{pmatrix} p_1 \\ p_2 \end{pmatrix} \right\rangle \left\langle \begin{pmatrix} q_1 \\ q_2 \end{pmatrix} \right| \exp\left[-\mathrm{i} \left(\mathcal{U}^{\mathrm{T}} p \right)_j q_j \right]$$

$$= \iint_{-\infty}^{\infty} \mathrm{d}p_1 \mathrm{d}p_2 \left| \begin{pmatrix} p_1 \\ p_2 \end{pmatrix} \right\rangle \left\langle \mathcal{U}^{\mathrm{T}} \begin{pmatrix} p_1 \\ p_2 \end{pmatrix} \right|. \tag{3-36}$$

这样, 同样有

$$U \begin{pmatrix} \hat{p}_1 \\ \hat{p}_2 \end{pmatrix} U^\dagger = \mathcal{U}^{\mathrm{T}} \begin{pmatrix} \hat{p}_1 \\ \hat{p}_2 \end{pmatrix}. \tag{3-37}$$

通过取如下试探解

$$\mathcal{U} = \begin{pmatrix} 1 & E \\ G & H \end{pmatrix}, \quad \det \mathcal{U} = H - EG = 1, \tag{3-38}$$

其中, H, E, G 待定, 那么

$$\left(\mathcal{U}^{\mathrm{T}} \right)^{-1} = \begin{pmatrix} H & -G \\ -E & 1 \end{pmatrix}. \tag{3-39}$$

在幺正变换 $U^\dagger$ 下, 可有

$$\begin{aligned}
\hat{q}_1 &\to U^\dagger \hat{q}_1 U = \hat{q}_1 + E\hat{q}_2, \\
\hat{q}_2 &\to U^\dagger \hat{q}_2 U = G\hat{q}_1 + H\hat{q}_2, \\
\hat{p}_1 &\to U^\dagger \hat{p}_1 U = H\hat{p}_1 - G\hat{p}_2, \\
\hat{p}_2 &\to U^\dagger \hat{p}_2 U = -E\hat{p}_1 + \hat{p}_2.
\end{aligned} \tag{3-40}$$

因此, 哈密顿算符 $\hat{H}$ 改写为

$$
\begin{aligned}
U^{\dagger}\hat{H}U =& \frac{1}{2A}\left[\frac{(H\hat{p}_1 - G\hat{p}_2)^2}{L_1} + \frac{(-E\hat{p}_1 + \hat{p}_2)^2}{L_2}\right] \\
& - \frac{m}{AL_1L_2}(H\hat{p}_1 - G\hat{p}_2)(-E\hat{p}_1 + \hat{p}_2) \\
& + \frac{1}{2}\left[\frac{(\hat{q}_1 + E\hat{q}_2)^2}{C_1} + \frac{(G\hat{q}_1 + H\hat{q}_2)^2}{C_2}\right].
\end{aligned}
\tag{3-41}
$$

为了去掉表征系统纠缠的交叉项 $\hat{p}_1\hat{p}_2$ 和 $\hat{q}_1\hat{q}_2$, 需要令

$$
L_2HG + L_1E + m(GE + H) = 0
\tag{3-42}
$$

和

$$
C_2E + C_1GH = 0.
\tag{3-43}
$$

再结合 $H - EG = 1$, 可得到

$$
H = \frac{C_2}{C_2 + C_1G^2}
\tag{3-44}
$$

和

$$
E = \frac{-GC_1}{C_2 + C_1G^2}
\tag{3-45}
$$

以及

$$
HG = \frac{C_2G}{C_2 + C_1G^2} = -\frac{C_2}{C_1}E.
\tag{3-46}
$$

把式 (3-46) 代入式 (3-42), 可有

$$
-L_2\frac{C_2}{C_1}E + L_1E + m(2EG + 1) = 0.
\tag{3-47}
$$

把式 (3-45) 代入式 (3-47), 可得到

$$
mC_1G^2 + G(L_1C_1 - L_2C_2) - mC_2 = 0,
\tag{3-48}
$$

则其解为

$$
G = \frac{(L_2C_2 - L_1C_1) \pm \sqrt{(L_1C_1 - L_2C_2)^2 + 4m^2C_1C_2}}{2mC_1}.
\tag{3-49}
$$

不失一般性, 这里只讨论取减号"–"的情况, 并令

$$
(C_2L_2 - C_1L_1)^2 + 4m^2C_2C_1 = \Delta,
\tag{3-50}
$$

这样有

$$G = \frac{C_2 L_2 - C_1 L_1 - \sqrt{\Delta}}{2mC_1} = \frac{-2mC_2}{\sqrt{\Delta} + C_2 L_2 - C_1 L_1},$$

$$E = \frac{C_1 m}{\sqrt{\Delta}}, \qquad H = \frac{\sqrt{\Delta} - (C_1 L_1 - C_2 L_2)}{2\sqrt{\Delta}}. \tag{3-51}$$

因此, 幺正算符 U 的具体形式为

$$U = \iint_{-\infty}^{\infty} dq_1 dq_2 \left| \begin{pmatrix} 1 & E \\ G & H \end{pmatrix} \begin{pmatrix} q_1 \\ q_2 \end{pmatrix} \right\rangle \left\langle \begin{pmatrix} q_1 \\ q_2 \end{pmatrix} \right|. \tag{3-52}$$

下面计算互感耦合介观 *LC* 电路振荡的特征频率. 利用幺正算符 U, 则哈密顿算符 $\hat{H}$ 变为

$$U^{\dagger} \hat{H} U = \frac{\hat{p}_1^2}{2AL_1 L_2} \left(L_2 H^2 + L_1 E^2 + 2mHE \right)$$

$$+ \frac{\hat{p}_2^2}{2AL_1 L_2} \left(L_2 G^2 + L_1 + 2mG \right)$$

$$+ \frac{\hat{q}_1^2}{2} \left(\frac{1}{C_1} + \frac{G^2}{C_2} \right) + \frac{\hat{q}_1^2}{2} \left(\frac{E^2}{C_1} + \frac{H^2}{C_2} \right). \tag{3-53}$$

根据式 (3-51), 可有

$$L_2 H^2 + L_1 E^2 + 2mHE = \frac{m^2 C_1 G - mC_2 L_2}{G\sqrt{\Delta}},$$

$$L_2 G^2 + L_1 + 2mG = -\frac{(L_2 G + m)\sqrt{\Delta}}{mC_1},$$

$$\frac{1}{C_1} + \frac{G^2}{C_2} = \frac{C_2 + C_1 G^2}{C_1 C_2} = -\frac{G}{EC_2},$$

$$\frac{E^2}{C_1} + \frac{H^2}{C_2} = -\frac{m}{G\sqrt{\Delta}}. \tag{3-54}$$

这样, 把式 (3-54) 代入式 (3-53), 可把式 (3-53) 改写为

$$U^{\dagger} \hat{H} U = \frac{(m^2 C_1 G - mC_2 L_2)}{2AL_1 L_2 G\sqrt{\Delta}} \hat{p}_1^2 - \frac{G}{2Ec_2} \hat{q}_1^2$$

$$- \frac{(L_2 G + m)\sqrt{\Delta}}{2AL_1 L_2 mC_1} \hat{p}_2^2 - \frac{m}{2G\sqrt{\Delta}} \hat{q}_2^2. \tag{3-55}$$

把式 (3-51) 中的参数代入式 (3-55) 中, 并与标准谐振子的哈密顿算符 $\hat{p}^2/(2\mu) + \mu\omega^2 \hat{q}^2/2$ 进行比较, 可得到两个特征频率

$$-\frac{G}{EC_2} \frac{m^2 C_1 G - mC_2 L_2}{AL_1 L_2 G\sqrt{\Delta}} = \frac{C_2 L_2 + C_1 L_1 + \sqrt{\Delta}}{2AL_1 L_2 C_1 C_2} \equiv \omega_+^2 \tag{3-56}$$

和

$$\frac{\dfrac{m}{G\sqrt{\Delta}}}{AL_1L_2\dfrac{mC_1}{(L_2G+m)\sqrt{\Delta}}} = \frac{C_2L_2 + C_1L_1 - \sqrt{\Delta}}{2AL_1L_2C_2C_1} \equiv \omega_-^2. \tag{3-57}$$

由于 $A = 1 - m^2/(l_1l_2)$, 则有

$$\omega_\pm^2 = \frac{C_2L_2 + C_1L_1 \pm \sqrt{\Delta}}{2C_2C_1(L_1L_2 - m)}. \tag{3-58}$$

最后, 利用有序算符内积分法去探讨此电路系统处于压缩真空态时的量子涨落. 为此, 对式 (3-52) 进行积分, 从而给出幺正算符 U 的显式表达式. 引入如下产生算符和湮灭算符

$$a_i = \frac{\hat{q}_i + \mathrm{i}\hat{p}_i}{\sqrt{2}}, \qquad a_i^\dagger = \frac{\hat{q}_i - \mathrm{i}\hat{p}_i}{\sqrt{2}}, \tag{3-59}$$

这里令 $m_i = 1$, $\omega_i = 1$, $\hbar = 1$, 并利用福克空间中坐标本征态 $\langle q_i|$ 的表达式

$$\langle q_i| = \frac{1}{\pi^{1/4}} \langle 0| \exp\left(-\frac{q_i^2}{2} + \sqrt{2}q_i a_i - \frac{a_i^2}{2}\right), \tag{3-60}$$

可知态 $|q_i\rangle$ 满足完备性关系

$$\int_{-\infty}^{\infty} \mathrm{d}q_i |q_i\rangle \langle q_i| = 1. \tag{3-61}$$

进一步, 利用福克空间中的双模坐标本征态

$$\begin{aligned}
\langle q_1, q_2| = \frac{1}{\sqrt{\pi}} \langle 00| \exp\Big\{ &-\frac{1}{2}\left(q_1^2 + q_2^2\right) \\
&+ \sqrt{2}\left(q_1 a_1 + q_2 a_2\right) - \frac{1}{2}a_1^2 - \frac{1}{2}a_2^2 \Big\}
\end{aligned} \tag{3-62}$$

和真空态投影算符的正规乘积 $|00\rangle \langle 00| =: \exp\left(-a_1^\dagger a_1 - a_2^\dagger a_2\right):$, 可得到

$$\begin{aligned}
U &= \iint_{-\infty}^{\infty} \mathrm{d}q_1 \mathrm{d}q_2 \left| \begin{pmatrix} 1 & E \\ G & H \end{pmatrix} \begin{pmatrix} q_1 \\ q_2 \end{pmatrix} \right\rangle \left\langle \begin{pmatrix} q_1 \\ q_2 \end{pmatrix} \right| \\
&= \frac{1}{\pi} \iint_{-\infty}^{\infty} \mathrm{d}q_1 \mathrm{d}q_2 : \exp\Big\{ -\frac{1}{2}\left[(q_1 + Eq_2)^2 + (Gq_1 + Hq_2)^2\right] \\
&\quad - \sqrt{2}\left(q_1 + Eq_2\right)a_1^\dagger + \sqrt{2}\left(Gq_1 + Hq_2\right)a_2^\dagger - \frac{1}{2}\left(q_1^2 + q_2^2\right)
\end{aligned}$$

$$+\sqrt{2}\left(q_1 a_1 + q_2 a_2\right) - \frac{1}{2}\left(a_1 + a_1^\dagger\right)^2 - \frac{1}{2}\left(a_2 + a_2^\dagger\right)^2\Bigg\}:$$

$$=\frac{2}{\sqrt{L}}\exp\left\{\frac{1}{2L}\left[\left(1 + E^2 - G^2 - H^2\right)\left(a_1^{\dagger 2} - a_2^{\dagger 2}\right) + 4\left(G + EG\right)a_1^\dagger a_2^\dagger\right]\right\}$$

$$\times : \exp\left\{\left(a_1^\dagger \ a_2^\dagger\right)(g - \mathbf{1})\begin{pmatrix} a_1 \\ a_2 \end{pmatrix}\right\}:$$

$$\times \exp\left\{\frac{1}{2L}[(E^2 + H^2 - 1 - G^2)\left(a_1^2 - a_2^2\right) + 4\left(G + EH\right)a_1 a_2]\right\}, \quad (3\text{-}63)$$

式中

$$L = E^2 + G^2 + H^2 + 3,$$

$$g = \frac{2}{L}\begin{pmatrix} 1 + H & E - G \\ G - E & 1 + H \end{pmatrix},$$

$$\mathbf{1} = \begin{pmatrix} 1 & 0 \\ 0 & 1 \end{pmatrix}. \tag{3-64}$$

这样, 可知态 $U\left|00\right\rangle$ 为双模推广的压缩态

$$U\left|00\right\rangle = \frac{2}{\sqrt{L}}\exp\left\{\frac{1}{2L}\Big[(1 + E^2 - G^2 - H^2)\right.$$

$$\left. \times (a_1^{\dagger 2} - a_2^{\dagger 2}) + 4(G + EH)a_1^\dagger a_2^\dagger\Big]\right\}\left|00\right\rangle, \tag{3-65}$$

由于交叉项 $\exp\{4\left(G + EH\right)a_1^\dagger a_2^\dagger\}$ 的出现, 故态 $U\left|00\right\rangle$ 也是一个纠缠态.

定义两个正交分量

$$X_1 = \frac{1}{2}\left(\hat{q}_1 + \hat{q}_2\right), \quad X_2 = \frac{1}{2}\left(\hat{p}_1 + \hat{p}_2\right). \tag{3-66}$$

由于 $\left\langle 00\right|\hat{q}_i\left|00\right\rangle = 0$, $\left\langle 00\right|\hat{p}_i\left|00\right\rangle = 0$, 则有

$$\left\langle 00\right|\hat{q}_i^2\left|00\right\rangle = \frac{1}{2}, \quad \left\langle 00\right|\hat{p}_i^2\left|00\right\rangle = \frac{1}{2} \tag{3-67}$$

和

$$U^\dagger X_1 U = \frac{1}{2}\left(1 + G\right)\hat{q}_1 + \frac{1}{2}\left(H + E\right)\hat{q}_2,$$

$$U^\dagger X_2 U = \frac{1}{2}\left(H - E\right)\hat{p}_1 + \frac{1}{2}\left(1 - G\right)\hat{p}_2. \tag{3-68}$$

进一步, 通过计算方差

$$\Delta X_1^2 = \langle 00| U^\dagger X_1^2 U |00\rangle - \left[\langle 00| U^\dagger X_1 U |00\rangle \right]^2$$

$$= \frac{1}{8} \left[(H + E)^2 + (1 + G)^2 \right], \tag{3-69}$$

$$\Delta X_2^2 = \langle 00| U^\dagger X_2^2 U |00\rangle - \left[\langle 00| U^\dagger X_2 U |00\rangle \right]^2$$

$$= \frac{1}{8} \left[(H - E)^2 + (1 - G)^2 \right], \tag{3-70}$$

可得到压缩真空态 $U |00\rangle$ 的量子涨落 (这里恢复了普朗克常量 $\hbar$)

$$\Delta X_1 \Delta X_2 = \frac{\hbar}{8} \sqrt{\left(1 + E^2 - G^2 - H^2\right)^2 + 4}, \tag{3-71}$$

式中参数 E, G, H 见式 (3-51).

　　根据式 (3-69)~(3-71), 画出了互感耦合系数 m 对压缩真空态的量子涨落的影响, 这里选择的是目前技术上很容易实现的电路元件参数, 即 $C_1 = C_2 = 6 \times 10^{-17}$F, $L_1 = 10^{-8}$H 和 $L_2 = 10^{-7}$H. 由图 3-2(a) 和 (b) 可知, 当方差 ΔX_1^2 减小时, 它相对应正交分量 X_2 的方差 ΔX_2^2 在增加, 这说明此电路系统在正交分量上能出现压缩效应. 图 3-2(c) 表明, 压缩真空态的量子涨落随着互感耦合系数 m 的增加而逐渐增大, 此结论与式 (3-71) 的解析结果完全一致. 由于电路的量子纠缠来源于互感耦合, 因此由图 3-2(c) 知, 压缩真空态的量子涨落越大, 则电路系统的量子纠缠越强.

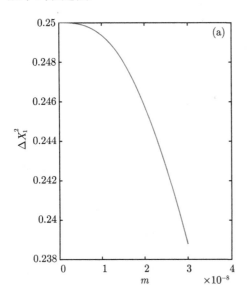
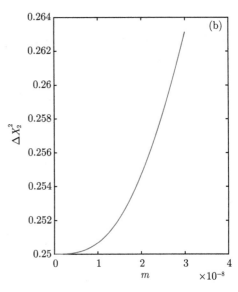

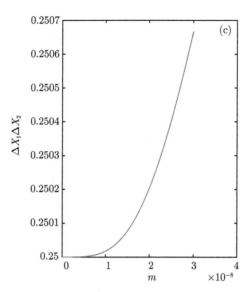

图 3-2 互感耦合介观 LC 电路的正交分量 X_1, X_2 的方差 $\Delta X_1^2, \Delta X_2^2$ 和量子涨落 $\Delta X_1 \Delta X_2$ 随互感系数 m 的变化曲线

2. 粒子数–相位量子化方案

现在考虑存在互感耦合的介观 LC 电路的粒子数–相位量子化. 类似单个 LC 电路量子化的分析, 假设 n_i 为第 $i(i=1,2)$ 个电容 C_i 上的电荷数, 则其电荷量为 $q_i = e n_i$, 故存在互感耦合的电感 L_1 和 L_2 上储存的能量之和为

$$
\begin{aligned}
T &= \frac{1}{2} L_1 I_1^2 + \frac{1}{2} L_2 I_2^2 + m I_1 I_2 \\
&= \frac{1}{2} L_1 e^2 \dot{n}_1^2 + \frac{1}{2} L_2 e^2 \dot{n}_2^2 + m e^2 \dot{n}_1 \dot{n}_2,
\end{aligned}
\tag{3-72}
$$

而电容 C_1 和 C_2 上储存的能量之和为

$$
V = \frac{q_1^2}{2C_1} + \frac{q_2^2}{2C_2} = \frac{1}{2C_1} e^2 n_1^2 + \frac{1}{2C_2} e^2 n_2^2,
\tag{3-73}
$$

故互感耦合的介观 LC 电路系统的拉格朗日函数为

$$
\begin{aligned}
\mathcal{L} =T - V &= \frac{1}{2} L_1 e^2 \dot{n}_1^2 + \frac{1}{2} L_2 e^2 \dot{n}_2^2 \\
&\quad + m e^2 \dot{n}_1 \dot{n}_2 - \frac{1}{2C_1} e^2 n_1^2 - \frac{1}{2C_2} e^2 n_2^2.
\end{aligned}
\tag{3-74}
$$

相应地, 与粒子数 n_1 和 n_2 共轭的正则动量分别为

$$p_1 = \frac{\partial \mathcal{L}}{\partial \dot{n}_1} = L_1 e^2 \dot{n}_1 + m e^2 \dot{n}_2,$$

$$p_2 = \frac{\partial \mathcal{L}}{\partial \dot{n}_2} = L_2 e^2 \dot{n}_2 + m e^2 \dot{n}_1. \tag{3-75}$$

由于

$$e\dot{n}_1 = \frac{\phi_1}{L_1} = \frac{\phi_{12}}{m}, \qquad e\dot{n}_2 = \frac{\phi_2}{L_2} = \frac{\phi_{21}}{m}, \tag{3-76}$$

式中, ϕ_i 和 $\phi_{i,j}(i,j=1,2,$ 但 $i \neq j)$ 分别为由第 i 个电感的自感和与第 j 个电感的互感所引起的磁通量. 把式 (3-76) 代入式 (3-75), 可有正则动量 p_i 和总磁通量 $\phi_{i,T}$ 的关系

$$p_i = e\left(\phi_i + \phi_{i,j}\right) = e\phi_{i,T}. \tag{3-77}$$

同样, 利用法拉第电磁感应定律, 可得到

$$-\frac{\mathrm{d}\phi_{i,T}}{\mathrm{d}t} = u_i. \tag{3-78}$$

类似于推导式 (3-10)~(3-13), 也可给出正则动量 p_i

$$p_i = \hbar\theta_i \tag{3-79}$$

以及与正则坐标 n_i 满足量子化条件

$$\left[\hat{n}_i, \hbar\hat{\theta}_j\right] = \mathrm{i}\hbar\delta_{ij} \tag{3-80}$$

和不确定关系 $\Delta\hat{n}_i\Delta\hat{\theta}_i \geqslant 1/2$. 这样, 总磁通量也能量子化为算符

$$\hat{\phi}_{i,T} = \frac{\hbar}{e}\hat{\theta}_i. \tag{3-81}$$

因此, 粒子数算符 $\hat{n}_i$ 和磁通量算符 $\hat{\phi}_{i,T}$ 满足对易关系

$$\left[\hat{n}_i, e\hat{\phi}_{j,T}\right] = \left[\hat{q}_i, \hat{\phi}_{j,T}\right] = \mathrm{i}\hbar\delta_{ij}, \tag{3-82}$$

式中, $\hat{q}_i$ 为电荷算符.

根据算符 $\hat{n}_i$ 和 $\hbar\hat{\theta}_i$ 满足的量子化条件, 可给出哈密顿量 H 的算符表示

$$H = T + V \rightarrow \hat{H} = -\mathcal{L} + \sum_i p_i\dot{q}_i$$

$$= \frac{\hbar^2}{2D}\left(\frac{\hat{\theta}_1^2}{L_1} + \frac{\hat{\theta}_2^2}{L_2}\right) - \frac{m\hbar^2}{DL_1L_2}\hat{\theta}_1\hat{\theta}_2 + \frac{e^2}{2C_1}\hat{n}_1^2 + \frac{e^2}{2C_2}\hat{n}_2^2, \tag{3-83}$$

式中, $D = 1 - m^2/(L_1 L_2)$, 它类似于带有运动耦合谐振子系统的哈密顿算符. 由式 (3-83) 中 $\hat{H}$ 可知, 构造一个新的幺正算符 U, 可去掉哈密顿算符 $\hat{H}$ 中的交叉项, 从而实现它的对角化.

利用标准的海森伯方程, 可得到关于粒子数算符 $\hat{n}_i$ 的方程

$$\frac{\mathrm{d}\hat{n}_1}{\mathrm{d}t} = \frac{1}{\mathrm{i}\hbar}[\hat{n}_1, \hat{H}] = \frac{\hbar}{DL_1}\hat{\theta}_1 - \frac{m\hbar}{DL_1L_2}\hat{\theta}_2,$$

$$\frac{\mathrm{d}\hat{n}_2}{\mathrm{d}t} = \frac{1}{\mathrm{i}\hbar}[\hat{n}_2, \hat{H}] = \frac{\hbar}{DL_2}\hat{\theta}_2 - \frac{m\hbar}{DL_1L_2}\hat{\theta}_1 \tag{3-84}$$

和相位算符 $\hat{\theta}_i$ 的方程

$$\frac{\mathrm{d}\hat{\theta}_1}{\mathrm{d}t} = \frac{1}{\mathrm{i}\hbar}[\hat{\theta}_1, \hat{H}] = -\frac{e^2}{\hbar C_1}\hat{n}_1,$$

$$\frac{\mathrm{d}\hat{\theta}_2}{\mathrm{d}t} = \frac{1}{\mathrm{i}\hbar}[\hat{\theta}_2, \hat{H}] = -\frac{e^2}{\hbar C_2}\hat{n}_2. \tag{3-85}$$

利用式 (3-81), 可把式 (3-85) 转化为如下形式

$$\frac{\mathrm{d}\hat{\phi}_{1,T}}{\mathrm{d}t} = -\frac{e}{C_1}\hat{n}_1 = -\hat{u}_1,$$

$$\frac{\mathrm{d}\hat{\phi}_{2,T}}{\mathrm{d}t} = -\frac{e}{C_2}\hat{n}_2 = -\hat{u}_2. \tag{3-86}$$

这恰好是互感耦合介观 *LC* 电路的算符法拉第感应定律, $\hat{u}_i$ 为电压算符. 式 (3-85) 表明, 因互感耦合的缘故, 每一个 *LC* 电路中电流的变化同时受相位算符 $\hat{\theta}_1$ 和 $\hat{\theta}_2$ 的影响. 利用式 (3-84) 和 (3-85), 可导出

$$\frac{\mathrm{d}^2\hat{n}_1}{\mathrm{d}t^2} = G\hat{n}_2 + H\hat{n}_1, \quad \frac{\mathrm{d}^2\hat{n}_2}{\mathrm{d}t^2} = J\hat{n}_1 + K\hat{n}_2, \tag{3-87}$$

式中

$$G = \frac{me^2}{DL_1L_2C_2}, \quad H = -\frac{e^2}{DL_1C_1},$$

$$J = \frac{me^2}{DL_1L_2C_1}, \quad K = -\frac{e^2}{DL_2C_2}. \tag{3-88}$$

把式 (3-87) 改写为矩阵形式, 并把幺正矩阵 U^{-1} 作用到上面, 得

$$\frac{\mathrm{d}^2}{\mathrm{d}t^2}U^{-1}\begin{pmatrix}\hat{n}_1\\\hat{n}_2\end{pmatrix} = U^{-1}\begin{pmatrix}H & G\\J & K\end{pmatrix}UU^{-1}\begin{pmatrix}\hat{n}_1\\\hat{n}_2\end{pmatrix}. \tag{3-89}$$

那么, 这里要求

$$U^{-1}\begin{pmatrix} H & G \\ J & K \end{pmatrix}U = \begin{pmatrix} \lambda_1 & 0 \\ 0 & \lambda_2 \end{pmatrix},\tag{3-90}$$

式中, 幺正矩阵 U 为

$$U = \begin{pmatrix} \dfrac{G\lambda_1'}{\lambda_1 - H} & \dfrac{G\lambda_2'}{\lambda_2 - H} \\ \lambda_1' & \lambda_2' \end{pmatrix},$$
$$\lambda_i' = \sqrt{\left(\dfrac{G}{\lambda_i - H}\right)^2 + 1},\tag{3-91}$$

且两个分立的本征值分别为

$$\lambda_{1,2} = \frac{(H+K)\pm\sqrt{(H-K)^2 + 4GJ}}{2}.\tag{3-92}$$

由于

$$\det|U| = \frac{G\left(\lambda_2 - \lambda_1\right)\lambda_1'\lambda_2'}{\left(\lambda_1 - H\right)\left(\lambda_2 - H\right)}\tag{3-93}$$

和微分方程

$$\frac{\mathrm{d}^2}{\mathrm{d}t^2}U^{-1}\begin{pmatrix} \hat{n}_1 \\ \hat{n}_2 \end{pmatrix} = \begin{pmatrix} \lambda_1 & 0 \\ 0 & \lambda_2 \end{pmatrix}U^{-1}\begin{pmatrix} \hat{n}_1 \\ \hat{n}_2 \end{pmatrix},\tag{3-94}$$

则可得到粒子数算符 $\hat{N}$ 和 $\hat{N}'$ 的时间演化, 即

$$\hat{N} = \hat{N}_0\mathrm{e}^{\sqrt{\lambda_1}t},\quad \hat{N}' = \hat{N}_0'\mathrm{e}^{\sqrt{\lambda_2}t},\tag{3-95}$$

式中, $\hat{N}_0$, $\hat{N}_0'$ 为初始的粒子数算符, 且 $\hat{N}$, $\hat{N}'$ 满足等式

$$\hat{n}_1 + \frac{G}{\lambda_2 - H}\hat{n}_2 = \frac{\hat{N}}{\lambda_2'},\quad \hat{n}_1 + \frac{G}{\lambda_1 - H}\hat{n}_2 = \frac{\hat{N}'}{\lambda_1'}.\tag{3-96}$$

因此, 每一个电容器极板上的电荷数 $\hat{n}_i$ 随时间的演化公式为

$$\hat{n}_1 = \frac{G}{\det|U|}\left(\frac{\lambda_1'\hat{N}}{\lambda_1 - H} - \frac{\lambda_2'\hat{N}'}{\lambda_2 - H}\right),$$
$$\hat{n}_2 = \frac{1}{\det|U|}\left(\lambda_2'\hat{N}' - \lambda_1'\hat{N}\right).\tag{3-97}$$

另一方面, 利用式 (3-84)、(3-85) 以及类似于得到式 (3-97) 的方法, 可得到每一个电容器极板之间相位差 $\hat{\theta}_i$ 随时间的演化

$$
\hat{\theta}_1 = -\frac{e^2 G}{\hbar C_1 \det |U|} \left[\frac{\lambda_1' \hat{N}}{\sqrt{\lambda_1}\,(\lambda_1 - H)} - \frac{\lambda_2' \hat{N}'}{\sqrt{\lambda_2}\,(\lambda_2 - H)} \right],
$$
$$
\hat{\theta}_2 = \frac{e^2}{\hbar C_2 \det |U|} \left(\frac{\lambda_1' \hat{N}}{\sqrt{\lambda_1}} - \frac{\lambda_2' \hat{N}'}{\sqrt{\lambda_2}} \right). \tag{3-98}
$$

式中

$$
\lambda_1' = \left[\frac{4m^4 C_1^4}{(\mathcal{C} + \mathcal{D})^2} + 1 \right]^{1/2},
$$
$$
\lambda_2' = \left[\frac{4m^4 C_1^4}{(\mathcal{C} - \mathcal{D})^2} + 1 \right]^{1/2},
$$
$$
\mathcal{C} = (L_2 C_2 - L_1 C_1)^2 + 2m^2 C_1 C_2, \tag{3-99}
$$
$$
\mathcal{D} = (L_2 C_2 - L_1 C_1)\sqrt{\mathcal{C} + 2m^2 C_1 C_2}.
$$

由式 (3-97) 和 (3-98) 可见, 每个介观 LC 电路中的粒子数 n_i 和相位差 θ_i 与整个电路中所有的电感参数 L_i 和电容参数 C_i 及互感耦合系数 m 都有关.

下面利用不变本征算符法推导出哈密顿算符 $\hat{H}$ 的能级间隔 [20]. 在量子力学中, 通过求解合适的薛定谔方程 $(\hbar = 1)$

$$
\mathrm{i}\frac{\mathrm{d}}{\mathrm{d}t}\psi = \hat{H}\psi, \tag{3-100}
$$

可给出动力学系统的分立能级和本征态. 然而, 由于海森伯运动方程

$$
\mathrm{i}\frac{\mathrm{d}}{\mathrm{d}t}\hat{O} = \left[\hat{O}, \hat{H}\right] \tag{3-101}
$$

的形式与薛定谔方程类似, 因此找到一些合适的不变本征算符 $\hat{O}_e$, 利用海森伯运动方程也能推导出某些动力学系统的能级间隔. 其基本思想如下: 根据薛定谔量子化方案, $-\mathrm{d}^2/\mathrm{d}t^2 \Leftrightarrow \hat{H}^2$, 选择一个本征算符 $\hat{O}_e$ 满足"类本征"方程

$$
-\frac{\mathrm{d}^2}{\mathrm{d}t^2}\hat{O}_e = k\hat{O}_e, \tag{3-102}
$$

即在 $-\mathrm{d}^2/\mathrm{d}t^2$ 的作用下, 算符 $\hat{O}_e$ 具有不变性. 因此, 这个方法被称为不变本征算符法. 利用式 (3-101) 和 (3-102), 可导出

$$
-\frac{\mathrm{d}^2}{\mathrm{d}t^2}\hat{O}_e = \left[\left[\hat{O}, \hat{H}\right], \hat{H}\right] = k\hat{O}_e. \tag{3-103}
$$

可见, 一旦找到不变本征算符 $\hat{O}_e$, 则可发现 $\sqrt{k}$ 为量子力学哈密顿算符 $\hat{H}$ 的相邻能级间隔. 下面采用不变本征算符法推导出式 (3-83) 中哈密顿算符 $\hat{H}$ 的相邻能级间隔. 考虑到式 (3-84) 和 (3-85) 中的表达式, 假设对应于 $(\mathrm{i}d/dt)^2$ 的不变本征算符为

$$\hat{O}_e = \hat{\theta}_1 + g\hat{\theta}_2, \tag{3-104}$$

能级间隔为 k. 利用式 (3-101) 以及海森伯运动方程, 得到

$$\begin{aligned} \mathrm{i}\frac{\mathrm{d}}{\mathrm{d}t}\hat{O}_e &= \frac{1}{\hbar}[\hat{O}_e, \hat{H}] \\ &= -\mathrm{i}\frac{e^2}{\hbar C_1}\hat{n}_1 - \mathrm{i}g\frac{e^2}{\hbar C_2}\hat{n}_2. \end{aligned} \tag{3-105}$$

进一步, 由式 (3-84) 可得到

$$\begin{aligned} -\frac{\mathrm{d}^2}{\mathrm{d}t^2}\hat{O}_e &= \mathrm{i}\frac{\mathrm{d}}{\mathrm{d}t}\left(-\mathrm{i}\frac{e^2}{\hbar C_1}\hat{n}_1 - \mathrm{i}g\frac{e^2}{\hbar C_2}\hat{n}_2\right) \\ &= \left(\frac{e^2}{DL_1C_1} - g\frac{me^2}{DL_1L_2C_2}\right)\hat{\theta}_1 + \left(g\frac{e^2}{DL_2C_2} - \frac{me^2}{DL_1L_2C_1}\right)\hat{\theta}_2 \\ &= k^2\hat{O}_e. \end{aligned} \tag{3-106}$$

通过比较式 (3-105) 和 (3-106), 可有

$$\frac{1}{\dfrac{e^2}{DL_1C_1} - g\dfrac{me^2}{DL_1L_2C_2}} = \frac{g}{g\dfrac{e^2}{DL_2C_2} - \dfrac{me^2}{DL_1L_2C_1}}. \tag{3-107}$$

这样, 由式 (3-106) 和 (3-107), 可得到

$$g_{1,2} = \frac{L_2C_2 - L_1C_1 \pm \sqrt{L_1^2C_1^2 + L_2^2C_2^2 + 2\left(2m^2 - L_1L_2\right)C_1C_2}}{2mD} \tag{3-108}$$

和能级间隔

$$k = \sqrt{\frac{e^2}{DL_1C_1} - \frac{e^2\left(L_2C_2 - L_1C_1 \pm \sqrt{L_1^2C_1^2 + L_2^2C_2^2 + 2\left(2m^2 - L_1L_2\right)C_1C_2}\right)}{2D^2L_1L_2C_2}}. \tag{3-109}$$

3.2　含约瑟夫森结介观电路的量子理论

3.2.1　含约瑟夫森结的互感耦合电路

介观电路中, 单个约瑟夫森结由电流方程和电压方程来表征, 即

$$I_i = I_{c_i}\sin\varphi_i, \quad \dot{\varphi}_i = \frac{2e}{\hbar}u_i, \quad i = 1, 2, \tag{3-110}$$

式中, I_{c_i} 为结的临界电流, $2e$ 为单个库珀对的电荷量, u_i 为结两超导极板间的电压, φ_i 为结两极板间的相位差. 因此, 当库珀对发生隧穿时, 结两极板间的电场力对第 i 个极板上库珀对做功为

$$- \int_0^t u_i I_c \sin \varphi_i \mathrm{d}t = E_{j_i}(\cos \varphi_i - 1), \tag{3-111}$$

式中, $E_{j_i} = \hbar I_{c_i}/(2e)$ 为约瑟夫森耦合常数. 对于无耗散线圈, 基于法拉第电磁感应定律, 可得到电感两端的电压 u_{L_i}, 即

$$u_{L_i} = - \dot{\phi}_{L_i}, \tag{3-112}$$

式中, ϕ_{L_i} 为穿过线圈的总磁通量, 由自感和互感共同产生. 依据法拉第的观点, 可得如下关系

$$\dot{\varphi}_i = \frac{2e}{\hbar} u_{L_i}, \tag{3-113}$$

对式 (3-113) 进行积分, 可有

$$\varphi_i - \varphi_i(0) = -\frac{2e}{\hbar} \left[\phi_{L_i} - \phi_{L_i}(0) \right]. \tag{3-114}$$

如果电路由一脉冲电源激发, 激发时间为 $\Delta t \to 0$, 于是有 $\phi_{L_i}(0) = 0$. 如果设定初始相位 $\varphi_i(0) = 0$, 可得到 φ_i 和 ϕ_{L_i}, 即

$$\varphi_i = -\frac{2e}{\hbar} \phi_{L_i}. \tag{3-115}$$

现在, 定义 φ_1 和 φ_2 为广义坐标, 并用哈密顿动力学来分析含约瑟夫森结的互感耦合电路 (见图 3-3). 对于此电路, 与广义坐标 φ_1 和 φ_2 相关的势能为

$$V = \frac{1}{2L_1} \left(\frac{\hbar}{2e} \right)^2 \varphi_1^2 + \frac{1}{2L_2} \left(\frac{\hbar}{2e} \right)^2 \varphi_2^2 + \frac{m}{L_1 L_2} \left(\frac{\hbar}{2e} \right)^2 \varphi_1 \varphi_2$$
$$+ E_{J_1}(1 - \cos \varphi_1) + E_{J_2}(1 - \cos \varphi_2), \tag{3-116}$$

上式前三项代表储存在两个耦合电感上的能量, 而 $E_{J_i} \cos \varphi_i$ 为第 i 个结上的电子隧穿耦合能. 另一方面, 储存在整个系统中的动能为

$$T = \frac{C_1}{2} \left(\frac{\hbar}{2e} \right)^2 \dot{\varphi}_1^2 + \frac{C_2}{2} \left(\frac{\hbar}{2e} \right)^2 \dot{\varphi}_2^2, \tag{3-117}$$

它实际上是储存在两个结等效电容上的能量. 因此, 整个电路系统的拉格朗日函数为

$$\mathcal{L} = T - V$$

$$= \frac{C_1}{2}\left(\frac{\hbar}{2e}\right)^2\dot{\varphi}_1^2 + \frac{C_2}{2}\left(\frac{\hbar}{2e}\right)^2\dot{\varphi}_2^2 - \frac{1}{2L_1}\left(\frac{\hbar}{2e}\right)^2\varphi_1^2 - \frac{1}{2L_2}\left(\frac{\hbar}{2e}\right)^2\varphi_2^2$$

$$- \frac{m}{L_1L_2}\left(\frac{\hbar}{2e}\right)^2\varphi_1\varphi_2 - E_{J_1}(1-\cos\varphi_1) - E_{J_2}(1-\cos\varphi_2). \tag{3-118}$$

相应地, 与广义坐标 φ_1 和 φ_2 共轭的正则动量为

$$p_1 = \frac{\partial\mathcal{L}}{\partial\dot{\varphi}_1} = \left(\frac{\hbar}{2e}\right)^2 C_1\dot{\varphi}_1 = \frac{\hbar}{2e}Q_1,$$

$$p_2 = \frac{\partial\mathcal{L}}{\partial\dot{\varphi}_2} = \left(\frac{\hbar}{2e}\right)^2 C_2\dot{\varphi}_2 = \frac{\hbar}{2e}Q_2. \tag{3-119}$$

由式 (3-119) 发现, 广义动量 p_i 与第 i 个结电容上的净电荷量 Q_i 成正比. 考虑到关系式 $Q_i = 2en_i$, 则式 (3-119) 揭示了此电路系统可以进行数–相量子化的可能性.

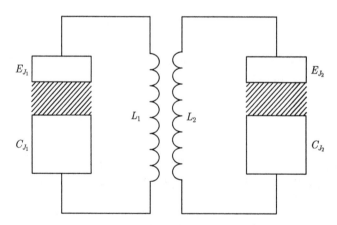

图 3-3　含约瑟夫森结的互感耦合电路示意图

利用式 (3-118) 和 (3-119), 可给出此电路系统的经典哈密顿量

$$H = \sum_{i=1}^{2}\left[\frac{E_{C_i}n_i^2}{2} + \frac{\hbar^2\varphi_i^2}{8e^2(1-k^2)L_i} + E_{J_i}(1-\cos\varphi_i)\right]$$

$$- \frac{k\hbar^2\varphi_1\varphi_2}{4e^2(1-k^2)\sqrt{L_1L_2}}, \tag{3-120}$$

式中, $E_{C_i} = (2e)^2/C_i$ 为库仑耦合常数, C_i 是第 i 个约瑟夫森结的等效电容.

　　下面, 为了对电路系统实施量子化以便写出哈密顿算符 $\hat{H}$, 首先试图给出库珀对数–相位量子化条件. 为此, 根据费曼“一个束缚对的行为类似于一个玻色子”的观点, 下面用玻色算符模型来量子化式 (3-120) 给出的经典哈密顿量 H. 如同前面提到的, 净电荷 $2en_i$ 应该能被量子化, 因此令

$$n_i \rightarrow \hat{\mathcal{N}}_i \equiv \hat{a}_i^\dagger \hat{a}_i - \hat{b}_i^\dagger \hat{b}_i \tag{3-121}$$

为第 i 个约瑟夫森结两极板间的数差算符, $a_i^\dagger$ 和 $b_i^\dagger$ 为玻色产生算符. 为了实施数–相量子化, 引入纠缠态 $|\eta\rangle_i$ 表象

$$|\eta\rangle_i = \exp\left(-\frac{1}{2}|\eta_i|^2 + \eta_i a_i^\dagger - \eta_i^* b_i^\dagger + a_i^\dagger b_i^\dagger\right)|00\rangle_i, \tag{3-122}$$

式中, $\eta_i = |\eta_i|\mathrm{e}^{\mathrm{i}\varphi_i}$, $|00\rangle_i$ 为两模真空态. 利用 $[\hat{a}_i, \hat{a}_i^\dagger] = [\hat{b}_i, \hat{b}_i^\dagger] = 1$, 可以看出, $|\eta\rangle_i$ 满足本征方程

$$\left(\hat{a}_i - \hat{b}_i^\dagger\right)|\eta\rangle_i = \eta_i|\eta\rangle_i, \quad \left(\hat{b}_i - \hat{a}_i^\dagger\right)|\eta\rangle_i = -\eta^*|\eta\rangle_i, \tag{3-123}$$

且态 $|\eta\rangle_i$ 的集合能构成一个完备的表象

$$\int \frac{\mathrm{d}^2\eta_i}{\pi} |\eta\rangle_{ii}\langle\eta| = 1. \tag{3-124}$$

因此, 根据式 (3-123), 并注意到 $\left[\hat{a}_i^\dagger - \hat{b}_i, \hat{a}_i - \hat{b}_i^\dagger\right] = 0$, 故可建立约瑟夫森结的玻色相位算符

$$\mathrm{e}^{\mathrm{i}\hat{\Phi}_i} = \sqrt{\frac{\hat{a}_i - \hat{b}_i^\dagger}{\hat{a}_i^\dagger - \hat{b}_i}}, \qquad \mathrm{e}^{-\mathrm{i}\hat{\Phi}_i} = \sqrt{\frac{\hat{a}_i^\dagger - \hat{b}_i}{\hat{a}_i - \hat{b}_i^\dagger}},$$

$$\cos\hat{\Phi}_i = \frac{1}{2}(\mathrm{e}^{\mathrm{i}\hat{\Phi}_i} + \mathrm{e}^{-\mathrm{i}\hat{\Phi}_i}). \tag{3-125}$$

这也因为, 在态 $|\eta\rangle_i$ 表象中, $\mathrm{e}^{\mathrm{i}\hat{\Phi}_i}$ 表现出类似于相位的行为

$$\mathrm{e}^{\mathrm{i}\hat{\Phi}_i}|\eta\rangle_i = \mathrm{e}^{\mathrm{i}\varphi_i}|\eta\rangle_i, \quad \mathrm{e}^{-\mathrm{i}\hat{\Phi}_i}|\eta\rangle_i = \mathrm{e}^{-\mathrm{i}\varphi_i}|\eta\rangle_i. \tag{3-126}$$

所以有

$$\hat{\Phi}_i = \frac{1}{\mathrm{i}2}\ln\frac{\hat{a}_i - \hat{b}_i^\dagger}{\hat{a}_i^\dagger - \hat{b}_i}, \quad \hat{\Phi}_i|\eta\rangle_i = \varphi_i|\eta\rangle_i. \tag{3-127}$$

进一步, 令 $\eta_i = |\eta_i| e^{i\varphi_i}$, 可得到

$$
\begin{aligned}
\hat{\mathcal{N}}_i |\eta\rangle_i &\equiv \left(\hat{a}_i^\dagger \hat{a}_i - \hat{b}_i^\dagger \hat{b}_i \right) |\eta\rangle_i \\
&= \left[\hat{a}_i^\dagger \left(\eta_i + \hat{b}_i^\dagger \right) - \hat{b}_i^\dagger \left(\hat{a}_i^\dagger - \eta_i^* \right) \right] |\eta\rangle_i \\
&= |\eta_i| \left(\hat{a}_i^\dagger e^{i\varphi_i} + \hat{b}_i^\dagger e^{-i\varphi_i} \right) |\eta\rangle_i \\
&= -i \frac{\partial}{\partial \varphi_i} |\eta\rangle_i .
\end{aligned}
\tag{3-128}
$$

上式表明, 数差算符 $\hat{\mathcal{N}}_i$ 可等价为一个对相角 φ_i 微分的算符. 这样

$$
{}_i \langle \eta | [\hat{\Phi}_i, \hat{\mathcal{N}}_i] = {}_i \langle \eta | \left[\varphi_i, i \frac{\partial}{\partial \varphi_i} \right] = -i {}_i \langle \eta | \rightarrow [\hat{\mathcal{N}}_i, \hat{\Phi}_i] = i .
\tag{3-129}
$$

可见, 算符 $\hat{\mathcal{N}}_i$ 和 $\hat{\Phi}_i$ 为一对正则共轭的算符. 它与 Vourdas 提出的相角 θ 算符和净库珀对电荷算符 $q = -i2e\partial_\theta$ 所满足的量子化条件 $[\theta, q] = i2e$ 一致. 进一步, 利用式 (3-126) 和 (3-128), 可推导出对易关系

$$
[\cos \hat{\Phi}_i, \hat{\mathcal{N}}_i] = i \sin \hat{\Phi}_i, \qquad [\sin \hat{\Phi}_i, \hat{\mathcal{N}}_i] = -i \cos \hat{\Phi}_i .
\tag{3-130}
$$

与式 (3-115) 的经典情况相类比, 利用式 (3-127), 可引入玻色磁通算符

$$
\hat{\phi}_{L_i} = \frac{\hbar}{2e} \hat{\Phi}_i = \frac{\hbar}{i4e} \ln \frac{\hat{a}_i - \hat{b}_i^\dagger}{\hat{a}_i^\dagger - \hat{b}_i} .
\tag{3-131}
$$

根据式 (3-129) 和 (3-131), 磁通算符 $\hat{\phi}_{L_i}$ 和库珀对电荷算符 $\hat{Q}_i = 2e\hat{\mathcal{N}}_i$ 满足对易关系

$$
[\hat{Q}_i, \hat{\phi}_{L_i}] = i\hbar,
\tag{3-132}
$$

与预期的形式完全一致.

利用式 (3-126)~(3-130), 可把体系的经典哈密顿量 H 量子化为哈密顿算符

$$
\begin{aligned}
\hat{H} = \sum_{i=1}^2 &\left[\frac{E_{C_i}}{2} \hat{\mathcal{N}}_i^2 + \frac{\hbar^2 \hat{\Phi}_i^2}{8e^2(1-k^2)L_i} + E_{J_i}(1 - \cos \hat{\Phi}_i) \right] \\
&- \frac{k\hbar^2 \hat{\Phi}_1 \hat{\Phi}_2}{4e^2(1-k^2)\sqrt{L_1 L_2}} .
\end{aligned}
\tag{3-133}
$$

利用式 (3-127) 和 (3-128), 将算符 $\hat{H}$ 投影到 ${}_1\langle\eta|_2\langle\eta|$ 表象, 可得到

$$
\begin{aligned}
{}_1\langle\eta|_2\langle\eta| \hat{H} = &\left\{ \sum_{i=1}^2 \left[-\frac{E_{C_i}}{2} \frac{\partial^2}{\partial \varphi_i^2} + \frac{\hbar^2 \varphi_i^2}{8e^2(1-k^2)L_i} + E_{J_i}(1 - \cos \varphi_i) \right] \right. \\
&\left. - \frac{k\hbar^2 \varphi_1 \varphi_2}{4e^2(1-k^2)\sqrt{L_1 L_2}} \right\} {}_1\langle\eta|_2\langle\eta| .
\end{aligned}
\tag{3-134}
$$

在介观 LC 电路中, 电容器两端的电压是由电感产生的, 因此第 i 个电感的贡献可以等价为在介观电路中偏置了一个 $\hat{H}_{0i} = qu_{L_i}\hat{\mathcal{N}}_i = 2eu_{L_i}\hat{\mathcal{N}}_i$ 的电压. 于是, 约瑟夫森结的哈密顿算符可改写为

$$\hat{H}_i = \hat{H}_{J_i} + \hat{H}_{0i}, \tag{3-135}$$

这里算符 $\hat{H}_{J_i}$ 为

$$\hat{H}_{J_i} = \frac{1}{2C_i}\hat{Q}_i^2 + E_{J_i}(1 - \cos\hat{\Phi}_i). \tag{3-136}$$

利用下面关系

$$e^{i\lambda\hat{\mathcal{N}}_i}\hat{a}_i^\dagger e^{-i\lambda\hat{\mathcal{N}}_i} = \hat{a}_i^\dagger e^{i\lambda}, \qquad e^{i\lambda\hat{\mathcal{N}}_i}\hat{b}_i^\dagger e^{-i\lambda\hat{\mathcal{N}}_i} = \hat{b}_i^\dagger e^{-i\lambda}, \tag{3-137}$$

可得

$$e^{i\lambda\hat{\mathcal{N}}_i}\cos\hat{\Phi}_i e^{-i\lambda\hat{\mathcal{N}}_i} = \cos(\hat{\Phi}_i - \lambda). \tag{3-138}$$

这样, 将 $\hat{H}_{J_i}$ 变换到相互作用绘景, 即

$$e^{i\hat{H}_{0i}\Delta t/\hbar}\hat{H}_{J_i}e^{-i\hat{H}_{0i}\Delta t/\hbar}$$
$$=\frac{1}{2C_i}\hat{Q}_i^2 + E_{J_i}[1 - \cos(\hat{\Phi}_i - qu_{L_i}\Delta t/\hbar)]$$
$$=\mathcal{H}_I, \tag{3-139}$$

式中, 脚标 I 表示相互作用绘景. 由于电压是由电感引起的, 则利用式 (3-112), 可把式 (3-139) 改写为

$$\mathcal{H}_I = \frac{1}{2C_i}\hat{Q}_i^2 + E_{J_i}[1 - \cos(\hat{\Phi}_i + q\Delta\phi_{L_i}/\hbar)], \tag{3-140}$$

考虑到式 (3-130), 并利用相互作用绘景中的运动方程, 可导出

$$\frac{\partial}{\partial t}\hat{Q}_i = \frac{1}{i\hbar}\left[\hat{Q}_i, \mathcal{H}_I\right]$$
$$= \frac{1}{i\hbar}\left[2e\hat{\mathcal{N}}_i, -E_{J_i}\cos(\hat{\Phi}_i + q\Delta\phi_{L_i}/\hbar)\right]$$
$$= 2e\frac{E_{J_i}}{\hbar}\sin(\hat{\Phi}_i + q\Delta\phi_{L_i}/\hbar), \tag{3-141}$$

或

$$\partial_t\left\langle\hat{Q}_i\right\rangle = I_{cr}\left\langle\sin(\hat{\Phi}_i + q\Delta\phi_{L_i}/(c\hbar))\right\rangle, \tag{3-142}$$

式中, $I_{cr} = 2eE_{J_i}/\hbar$ 为第 i 个约瑟夫森结的临界电流.

利用式 (3-121) 和式 (3-125), 可导出对易关系

$$\left[\hat{\mathcal{N}}_i, \hat{a}_i^\dagger - \hat{b}_i\right] = \hat{a}_i^\dagger - \hat{b}_i,$$

$$\left[\hat{\mathcal{N}}_i, \hat{a}_i - \hat{b}_i^\dagger\right] = -(\hat{a}_i - \hat{b}_i^\dagger),$$

$$\left[\hat{\mathcal{N}}_i, \left(\hat{a}_i^\dagger - \hat{b}_i\right)\left(\hat{a}_i - \hat{b}_i^\dagger\right)\right] = 0 \tag{3-143}$$

和

$$\left[\hat{\mathcal{N}}_i, \mathrm{e}^{\mathrm{i}\hat{\Phi}_i}\right] = -\mathrm{e}^{\mathrm{i}\hat{\Phi}_i}, \quad \left[\hat{\mathcal{N}}_i, \mathrm{e}^{-\mathrm{i}\hat{\Phi}_i}\right] = \mathrm{e}^{-\mathrm{i}\hat{\Phi}_i}, \tag{3-144}$$

再利用式 (3-129) 和式 (3-130) 以及海森伯运动方程, 可得 $\hat{\mathcal{N}}_i$ 的动力学方程

$$\frac{\partial \hat{\mathcal{N}}_1}{\partial t} = \frac{1}{\mathrm{i}\hbar}\left[\hat{\mathcal{N}}_1, \hat{H}\right]$$

$$= \frac{\hbar\hat{\Phi}_1}{4e^2(1-k^2)L_1} + \frac{E_{J_1}\sin\hat{\Phi}_1}{\hbar} - \frac{k\hbar\hat{\Phi}_2}{4e^2(1-k^2)\sqrt{L_1 L_2}},$$

$$\frac{\partial \hat{\mathcal{N}}_2}{\partial t} = \frac{1}{\mathrm{i}\hbar}\left[\hat{\mathcal{N}}_2, \hat{H}\right]$$

$$= \frac{\hbar\hat{\Phi}_2}{4e^2(1-k^2)L_2} + \frac{E_{J_2}\sin\hat{\Phi}_2}{\hbar} - \frac{k\hbar\hat{\Phi}_1}{4e^2(1-k^2)\sqrt{L_1 L_2}} \tag{3-145}$$

和 $\hat{\Phi}_i$ 的动力学方程

$$\frac{\partial \hat{\Phi}_i}{\partial t} = \frac{1}{2\hbar}\left[\ln\frac{\hat{a}_i^\dagger - \hat{b}_i}{\hat{a}_i - \hat{b}_i^\dagger}, \frac{1}{2C_i}(2e\hat{\mathcal{N}}_i)^2\right] = -\frac{E_{C_i}}{\hbar}\hat{\mathcal{N}}_i. \tag{3-146}$$

式 (3-145) 和 (3-146) 分别为存在电感耦合的电流算符方程和第 i 个结的约瑟夫森电压算符方程. 清楚可见, 在每个结上, 约瑟夫森电压方程与单个结的形式是相同的. 但是, 由于电感耦合的存在, 约瑟夫森电流方程受到影响, 即在一个电路中电流的变化与另一个电路的电感 L 和相差算符 $\hat{\Phi}$ 有关.

由式 (3-131) 可有

$$\frac{\partial}{\partial t}\hat{\phi}_{L_i} = \frac{\hbar}{2e}\frac{\partial \hat{\Phi}_i}{\partial t} = -\frac{2e}{C_i}\hat{\mathcal{N}}_i = -\hat{u}_{L_i}, \tag{3-147}$$

这就是玻色形式的算符法拉第电磁感应定律, $\hat{u}_{L_i} = 2e(\hat{a}_i^\dagger\hat{a}_i - \hat{b}_i^\dagger\hat{b}_i)/C_i$. 事实上, 利用式 (3-130), 可得到库珀对数–相位不确定关系, 即

$$\Delta\hat{\mathcal{N}}_i\Delta\cos\hat{\Phi}_i \geqslant \frac{1}{2}\left|\left\langle\sin\hat{\Phi}_i\right\rangle\right|, \tag{3-148}$$

期望值 $\left\langle\sin\hat{\Phi}_i\right\rangle$ 的非零性表明, 电流存在于每个约瑟夫森结内.

3.2.2 含约瑟夫森结的互感耦合 LC 电路

对于非耗散电感, 由法拉第电磁感应定律能得到第 l 个电感器上的压降 u_{L_l}

$$u_{L_l} = \dot{\phi}_{L_l} = L_l \dot{I}_l + m \dot{I}_k, \tag{3-149}$$

式中, ϕ_{L_l} 为由第 l 个电感器的自感和与第 k 个电感器的互感产生的总磁通量, I_l 和 I_k 分别为流过第 l 和第 k 个电感的电流 $(l, k = 1, 2,$ 但 $l \neq k)$. 对于第 l 个结, 注意到电流方程和电压方程分别为

$$I_{J_l} = I_{c_l} \sin \varphi_{J_l}, \quad \dot{\varphi}_{J_l} = \frac{2e u_{J_l}}{\hbar}, \tag{3-150}$$

式中, $2e$ 为一个库珀对的电荷量, E_{J_l} 和 $I_{c_l} = 2e E_{J_l}/\hbar$ 分别为第 l 个结的耦合能和临界电流, u_{J_l} 代表第 l 个结两极板间的电压, φ_{J_l} 为第 l 个结两超导体间的相位差. 因此, 当隧穿发生时, 第 l 个结两极板间的电场力对库珀对做的功为

$$\int_0^t u_{J_l} I_{c_l} \sin \varphi_{J_l} \mathrm{d}t = E_{J_l} (\cos \varphi_{J_l} - 1). \tag{3-151}$$

下面, 利用哈密顿动力学来分析含约瑟夫森结的互感耦合 LC 电路 (见图 3-4). 定义 φ_{J_l} 和 I_l 为广义坐标, 则整个体系的势能为

$$V = \sum_l \frac{1}{2} L_l I_l^2 + E_{J_l} \left(1 - \cos \varphi_{J_l}\right) + \frac{1}{2} m I_l I_k. \tag{3-152}$$

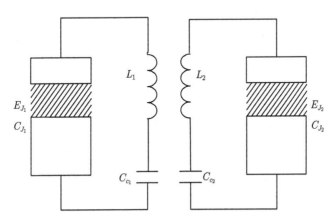

图 3-4 含约瑟夫森结的互感耦合 LC 电路示意图

另一方面, 如果用 C_{c_l} 和 C_{J_l} 分别表示耦合电容和结电容, 那么所有电容上的电荷能为

$$T = \sum_l \frac{1}{2} C_{c_l} u_{c_l}^2 + \frac{1}{2} C_{J_l} u_{J_l}^2, \tag{3-153}$$

式中, T 认为是广义动能. 这是因为, 从 (3-149) 和 (3-150) 两式能清楚看到, u_{J_l} 和 u_{L_l} 分别与广义速度 $\dot{\varphi}_{J_l}$ 和 $\dot{I}_l$ 有关. 由电路的节点电压, 可知

$$u_{c_l} = u_{J_l} + u_{L_l}.　\qquad (3\text{-}154)$$

把式 (3-149)、(3-150) 和 (3-154) 代入式 (3-153), 可得

$$\mathcal{T} = \sum_l \frac{1}{2} C_{c_l} \left(\frac{\hbar}{2e} \dot{\varphi}_{J_l} + L_l \dot{I}_l + m \dot{I}_k \right)^2 + \frac{1}{2} C_{J_l} \left(\frac{\hbar}{2e} \right)^2 \dot{\varphi}_{J_l}^2.　\qquad (3\text{-}155)$$

则体系的拉格朗日函数为

$$\begin{aligned}
\mathcal{L} =& T - V \\
=& \sum_l \frac{1}{2} C_{c_l} \left(\frac{\hbar}{2e} \dot{\varphi}_{J_l} + L_l \dot{I}_l + m \dot{I}_k \right)^2 + \frac{1}{2} C_{J_l} \left(\frac{\hbar}{2e} \right)^2 \dot{\varphi}_{J_l}^2 \\
& - \frac{1}{2} L_l I_l^2 - E_{J_l} \left(1 - \cos \varphi_{J_l} \right) - \frac{1}{2} m I_l I_k.
\end{aligned}　\qquad (3\text{-}156)$$

根据电路节点上的电流连续性原理, 即 $u_{J_l} C_{J_l} - 2n_l e = -u_{c_l} C_{c_l}$, 再利用式 (3-149)、(3-150) 和 (3-154), 可得

$$2n_l e = u_{J_l} C_{J_l} + u_{c_l} C_{c_l} = (C_{J_l} + C_{c_l}) \frac{\hbar}{2e} \dot{\varphi}_{J_l} + C_{c_l} \left(L_l \dot{I}_l + m \dot{I}_k \right),　\qquad (3\text{-}157)$$

式中, n_l 为电荷岛上的净库珀对数. 由式 (3-149)、(3-150)、(3-156) 和 (3-157), 可得到与 φ_{J_l} 和 I_l 正则共轭的广义动量

$$\begin{aligned}
p_{J_l} =& \frac{\partial \mathcal{L}}{\partial \dot{\varphi}_{J_l}} = \frac{\hbar}{2e} \left[(C_{J_l} + C_{c_l}) \frac{\hbar}{2e} \dot{\varphi}_{J_l} + C_{c_l} \left(L_l \dot{I}_l + m \dot{I}_k \right) \right] = n_l \hbar, \\
p_{L_l} =& \frac{\partial \mathcal{L}}{\partial \dot{I}_l} = C_{c_l} L_l \frac{\hbar}{2e} \dot{\varphi}_{J_l} + C_{c_k} m \frac{\hbar}{2e} \dot{\varphi}_{J_k} \\
& + C_{c_l} L_l \left(L_l \dot{I}_l + m \dot{I}_k \right) + C_{c_k} m \left(L_k \dot{I}_k + m \dot{I}_l \right).
\end{aligned}　\qquad (3\text{-}158)$$

值得注意的是, 广义动量 p_{J_l} 与净库珀对数 n_l 成正比, 这一点暗示了对约瑟夫森结进行数–相量子化的可能性. 由式 (3-158), 可得体系的经典哈密顿量

$$H = \sum_l \left(p_{J_l} \dot{\varphi}_{j_l} + p_{L_l} \dot{I}_l \right) - \mathcal{L} = H_J + H_L + H_{int},　\qquad (3\text{-}159)$$

式中, H_J 为两个结的哈密顿量

$$H_J = \sum_l E_{c_l}^{(j)} n_l^2 + E_{J_l} \left(1 - \cos \varphi_{J_l} \right),　\qquad (3\text{-}160)$$

哈密顿量 H_L 与两个耦合谐振子的哈密顿量类似, 即

$$H_L = \sum_l \frac{p_{L_l}^2}{2M_l} + \frac{1}{2} L_l I_l^2 + \frac{1}{2} M_3 p_{L_l} p_{L_k} + \frac{1}{2} m I_l I_k, \tag{3-161}$$

而 H_{int} 为耦合项

$$H_{int} = \sum_l \frac{m}{T_l} n_l p_{L_k} - \frac{L_k}{T_l} n_l p_{L_l}, \tag{3-162}$$

式中

$$E_{c_l}^{(J)} = \frac{2e^2}{C_{J_l}}, \qquad M_l = \frac{g_l g_k}{2(m^2 g_l + L_k^2 g_k)},$$

$$M_3 = -\frac{2m(g_1 L_1 + g_2 L_2)}{g_1 g_2}, \qquad T_l = \frac{C_{J_l}^2 (L_1 L_2 - m^2)}{2e (C_{J_l} + C_{c_l})}, \tag{3-163}$$

$$g_s = \frac{2C_{J_s} C_{c_s} (L_1 L_2 - m^2)^2}{C_{J_s} + C_{c_s}}, \qquad s = l, k. \tag{3-164}$$

由于单个介观 LC 电路能被看作标准的简谐振子, 故可给出经典哈密顿量 H 所对应的玻色算符形式. 通过将 p_{L_l} 和 I_l 用相应的算符 $\hat{p}_{L_l}$ 和 $\hat{I}_l$ 替换, 且 $[\hat{I}_l, \hat{p}_{L_l}] = \mathrm{i}\hbar$, 则体系的哈密顿量 H_L 的玻色算符形式为

$$\begin{aligned}\hat{H}_L &= \hbar\omega_1 \left(\hat{c}_1^\dagger \hat{c}_1 + 1/2\right) + \hbar\omega_2 \left(\hat{c}_2^\dagger \hat{c}_2 + 1/2\right) \\ &\quad + \frac{\hbar (1 - M_1 M_2 \omega_1 \omega_2)}{2\sqrt{M_1 M_2 \omega_1 \omega_2}} \left(\hat{c}_1^\dagger \hat{c}_2^\dagger + \hat{c}_1 \hat{c}_2\right) \\ &\quad + \frac{\hbar (1 + M_1 M_2 \omega_1 \omega_2)}{2\sqrt{M_1 M_2 \omega_1 \omega_2}} \left(\hat{c}_1^\dagger \hat{c}_2 + \hat{c}_1 \hat{c}_2^\dagger\right), \end{aligned} \tag{3-165}$$

式中, $\omega_l = \sqrt{2L_l(m^2 g_l + L_k^2 g_k)/(g_l g_k)}$ 为第 l 个谐振子的特征频率, 而

$$\hat{c}_l^\dagger = \frac{1}{\sqrt{2M_l \hbar \omega_l}}(M_l \omega_l \hat{I}_l - \mathrm{i}\hat{p}_{L_l}), \quad \hat{c}_l = \frac{1}{\sqrt{2M_l \hbar \omega_l}}(M_l \omega_l \hat{I}_l + \mathrm{i}\hat{p}_{L_l}) \tag{3-166}$$

是玻色算符, 满足基本的对易关系 $[\hat{c}_l, \hat{c}_l^\dagger] = 1$.

进一步, 利用式 (3-126)~(3-129), 可把式 (3-159) 中的经典哈密顿量 H_J 和 H_{int} 分别量子化为

$$\hat{H}_J = \sum_l E_{c_l}^{(j)} \hat{n}_l^2 + E_{J_l} \left(1 - \cos \hat{\Phi}_{J_l}\right) \tag{3-167}$$

和

$$\hat{H}_{int} = \left(\frac{m}{T_2}\hat{n}_2 - \frac{L_2}{T_1}\hat{n}_1\right)\mathrm{i}\sqrt{\frac{M_1\hbar\omega_1}{2}}\left(\hat{c}_1^\dagger - \hat{c}_1\right)$$

$$+ \left(\frac{m}{T_1}\hat{n}_1 - \frac{L_1}{T_2}\hat{n}_2\right)\mathrm{i}\sqrt{\frac{M_2\hbar\omega_2}{2}}\left(\hat{c}_2^\dagger - \hat{c}_2\right), \tag{3-168}$$

式中

$$\hat{n}_l = \hat{a}_l^\dagger\hat{a}_l - \hat{b}_l^\dagger\hat{b}_l, \quad \hat{\Phi}_{J_l} = \frac{1}{2\mathrm{i}}\ln\frac{\hat{a}_l - \hat{b}_l^\dagger}{\hat{a}_l^\dagger - \hat{b}_l}. \tag{3-169}$$

下面利用海森伯运动方程推导出修正的约瑟夫森算符方程. 利用式 (3-129) 与 (3-130) 中的对易关系, 可给出每个结的数差算符的演化

$$\frac{\mathrm{d}}{\mathrm{d}t}\hat{n}_l = \frac{1}{\mathrm{i}\hbar}[\hat{n}_l, \hat{H}_J] = -\frac{E_{J_l}}{\hbar}\sin\hat{\Phi}_{J_l}, \tag{3-170}$$

它等价于约瑟夫森电流方程

$$-\frac{\mathrm{d}}{\mathrm{d}t}\left\langle\hat{Q}_l\right\rangle = \frac{2eE_{J_l}}{\hbar}\left\langle\sin\hat{\Phi}_{J_l}\right\rangle = I_l, \quad \hat{Q}_l = 2e(\hat{a}_l^\dagger\hat{a}_l - \hat{b}_l^\dagger\hat{b}_l), \tag{3-171}$$

这恰好是单个约瑟夫森结的电流方程. 类似地, 与库珀对数差算符 $\hat{n}_l$ 正则共轭的相差算符 $\hat{\Phi}_{J_l}$ 在海森伯绘景中的时间演化为

$$\frac{\mathrm{d}\hat{\Phi}_{J_l}}{\mathrm{d}t} = \frac{1}{\mathrm{i}\hbar}[\hat{\Phi}_{J_l}, \hat{H}_J + \hat{H}_{int}]$$

$$= \frac{1}{\hbar}\left(2E_{c_l}^{(j)}\hat{n}_l + \frac{m}{T_l}\hat{p}_{L_k} - \frac{L_k}{T_l}\hat{p}_{L_l}\right). \tag{3-172}$$

可见, 由于 $T_l = C_{J_l}^2\left(L_1L_2 - m^2\right)/\left[2e(C_{J_l} + C_{c_l})\right]$ 的存在, 约瑟夫森结的电压方程受到了电感耦合的影响. 将式 (3-158) 和式 (3-164) 代入式 (3-172) 得到

$$\frac{\mathrm{d}\hat{\Phi}_{J_l}}{\mathrm{d}t} = \frac{2eT_l}{\hbar C_{c_l}(L_lL_k - m^2) + 2e\hbar T_l}\left[2E_{c_l}^{(j)}\hat{n}_l - \frac{C_{c_l}}{T_l}(L_lL_k - m^2)\frac{\mathrm{d}\hat{\phi}_{L_l}}{\mathrm{d}t}\right]. \tag{3-173}$$

这是由电感耦合引起的修正约瑟夫森电压算符方程. 实际上, 可借助海森伯方程推导出法拉第算符方程来验证式 (3-173) 的正确性. 由于

$$\hat{u}_{L_l} = \frac{\mathrm{d}\hat{\phi}_{L_l}}{\mathrm{d}t} = \frac{1}{\mathrm{i}\hbar}[L_l\hat{I}_l + m\hat{I}_k, \hat{H}_L + \hat{H}_{int}]$$

$$= \left(\frac{L_l}{M_l} + mM_3\right)\hat{p}_{L_l} + \left(\frac{m}{M_k} + M_3L_l\right)\hat{p}_{L_k} - \frac{L_lL_k - m^2}{T_l}\hat{n}_l, \tag{3-174}$$

并把式 (3-158) 和式 (3-164) 代入式 (3-174), 可有

$$
\begin{aligned}
\hat{u}_{L_l} &= \frac{\mathrm{d}\hat{\phi}_{L_l}}{\mathrm{d}t} \\
&= \frac{4e^2 T_l}{C_{c_l} C_{J_l}(L_l L_k - m^2)} \hat{n}_l - \frac{\hbar}{2e}\left[1 + \frac{2e T_l}{C_{c_l}(L_l L_k - m^2)}\right]\frac{\mathrm{d}\hat{\Phi}_{J_l}}{\mathrm{d}t},
\end{aligned} \tag{3-175}
$$

它与式 (3-173) 完全相同. 这也说明了 $\mathrm{d}\hat{\phi}_{L_l}/\mathrm{d}t$ 和 $\mathrm{d}\hat{\Phi}_{J_l}/\mathrm{d}t$ 是紧密相关的, 或者说, 伴随着法拉第电压算符方程被修正, 约瑟夫森方程也被修正了. 在式 (3-173) 的两端再次同时对时间 t 进行微分, 可有

$$
\begin{aligned}
\frac{\mathrm{d}^2\hat{\Phi}_{J_l}}{\mathrm{d}t^2} =& \frac{-2e T_l}{\hbar C_{c_l}(L_l L_k - m^2) + 2e\hbar T_l} \\
&\times \left[\frac{2E_{c_1}^{(j)} E_{J_l}}{\hbar}\sin\hat{\Phi}_{J_l} + \frac{C_{c_l}}{T_l}(L_l L_k - m^2)\frac{\mathrm{d}^2\hat{\phi}_{L_l}}{\mathrm{d}t^2}\right].
\end{aligned} \tag{3-176}
$$

可见, 由于第 l 个电感的贡献等价于在电路中增加了一个可控的偏置电压, 故第 l 个结两极板间电压的变化可以通过调节电感 L_l 和电容 C_{c_l} 的偏置电压以及耦合因子 m 来实现.

下面考察当额外的能量 (如光辐射) 作用到第 l 个结上时相差 $\hat{\varphi}_{J_l}$ 随时间的演化情况. 通过对比式 (3-150) 和式 (3-172), 可以看出第一个结两极板间的有效电压为

$$
\hat{u}_{J_1} = \frac{1}{2e}\left(2E_{c_1}^{(j)}\hat{n}_1 + \frac{m}{T_1}\hat{p}_{L_2} - \frac{L_2}{T_1}\hat{p}_{L_1}\right). \tag{3-177}
$$

这样, 在相互作用绘景中, 可以将相应的哈密顿算符取如下形式

$$
\hat{H}_1' = \frac{E_{j_1}}{\hbar}\left(2E_{c_1}^{(j)}\hat{n}_1 + \frac{m}{T_1}\hat{p}_{L_2} - \frac{L_2}{T_1}\hat{p}_{L_1}\right)\sin\hat{\Phi}_{J_1}. \tag{3-178}
$$

实际上, 它为第一个结上约瑟夫森电流在单位时间内做的功. 根据海森伯运动方程, 可以得到

$$
\frac{\mathrm{d}}{\mathrm{d}t}\sin\hat{\Phi}_{J_1} = \frac{1}{\mathrm{i}\hbar}[\sin\hat{\Phi}_{J_1}, \hat{H}_1'] = \frac{E_{c_1}^{(j)} E_{J_1}}{\hbar^2}\sin 2\hat{\Phi}_{J_1} \tag{3-179}
$$

和

$$
\frac{\mathrm{d}}{\mathrm{d}t}\cos\hat{\Phi}_{J_1} = \frac{1}{\mathrm{i}\hbar}[\cos\hat{\Phi}_{J_1}, \hat{H}_1'] = -\frac{2E_{c_1}^{(j)} E_{J_1}}{\hbar^2}\sin^2\hat{\Phi}_{J_1}. \tag{3-180}
$$

这样有

$$
\frac{\mathrm{d}}{\mathrm{d}t}\tan\frac{\hat{\Phi}_{J_1}}{2} = \frac{\mathrm{d}}{\mathrm{d}t}\left(\frac{1 - \cos\hat{\Phi}_{J_1}}{\sin\hat{\Phi}_{J_1}}\right) = \frac{2E_{c_1}^{(j)} E_{J_1}}{\hbar^2}\tan\frac{\hat{\Phi}_{J_1}}{2}, \tag{3-181}
$$

其解为

$$\tan\frac{\hat{\Phi}_{J_1}}{2} = \exp\left\{\frac{2E_{c_1}^{(j)}E_{J_1}}{\hbar^2}t\right\}\tan\frac{\hat{\Phi}_{J_1}(0)}{2}. \tag{3-182}$$

上式表明, 相位差 $\hat{\Phi}_{J_1}$ 随时间的变化与相位差 $\hat{\Phi}_{J_2}$ 无关. 进一步, 在相互作用绘景中, 第二个结的相位差 $\hat{\Phi}_{J_2}$ 随时间的演化

$$\frac{\mathrm{d}}{\mathrm{d}t}\sin\hat{\Phi}_{J_2} = \frac{1}{\mathrm{i}\hbar}\left[\sin\hat{\Phi}_{J_2}, \hat{H}_1'\right] = 0. \tag{3-183}$$

可见, 当外部能量作用到第一个结上时, 第二个结上的相位差 $\hat{\Phi}_{J_2}$ 不随时间改变. 类似地, 当外部能量仅作用于第二个结上时, 利用式 (3-150) 和式 (3-172), 也能得到相应的哈密顿算符

$$\hat{H}_2' = \frac{E_{J_2}}{\hbar^2}\left(2E_{c_2}^{(J)}\hat{n}_2 + \frac{m}{T_2}\hat{p}_{L_1} - \frac{L_1}{T_2}\hat{p}_{L_2}\right)\sin\hat{\Phi}_{J_2} \tag{3-184}$$

和相位差 $\hat{\Phi}_{J_2}$ 随时间的演化

$$\tan\frac{\hat{\Phi}_{J_2}}{2} = \exp\left\{\frac{2E_{c_2}^{(j)}E_{J_2}}{\hbar^2}t\right\}\tan\frac{\hat{\Phi}_{J_2}(0)}{2}. \tag{3-185}$$

可见, 相位差 $\hat{\Phi}_{J_2}$ 的演化与第一个结无关, 而且从形式上来看, 它的演化与相位差 $\hat{\Phi}_{J_1}$ 的演化相同.

参 考 文 献

[1] Landauer R. Spatial variation of currents and fields due to localized scatterers in metallic conduction[J]. IBM Journal of Research and Development, 1957, 1(3): 223-231.

[2] Buot F A. Mesoscopic physics and nanoelectronics: Nanoscience and nanotechnology[J]. Physics Reports, 1993, 234(2-3): 73-174.

[3] García R G. Atomic-scale manipulation in air with the scanning tunneling microscope[J]. Applied Physics Letters, 1992, 60(16): 1960-1962.

[4] Vion D, Aassime A, Cottet A, et al. Manipulating the quantum state of an electrical circuit[J]. Science, 2002, 296(5569): 886-889.

[5] Louisell W H. Quantum Statistical Properties of Radiation[M]. New York: John Wiley, 1973.

[6] Liang X T. Short-time decoherence of Josephson charge qubits in Ohmic and $1/f$ noise environment[J]. Physica C: Superconductivity and its Applications, 2005, 432(3): 231-238.

[7] Feynman R. The Feynman Lectures on Physics[M]. Leighton: Oearson Education, 1965.

[8] Vourdas A. Mesoscopic Josephson junctions in the presence of nonclassical electro-magnetic fields[J]. Physical Review B: Condensed Matter and Materials Physics, 1994, 49(17): 12040-12046.

[9] Fan H Y. Phase state as a cooper-pair number: phase minimum uncertainty state for Josephson junction[J]. International Journal of Modern Physics B, 2003, 17(13): 2599-2608.

[10] Fan H Y, Wang T T, Wang J S. On bosonic magnetic flux operator and bosonic Faraday operator formula[J]. Communications in Theoretical Physics, 2007, 47(6): 1010-1012.

[11] Fan H Y, Wang J S, Meng X G. Quantum state of Josephson junction as Cooper pair number-phase entangled state in the bosonic operator Josephson model[J]. International Journal of Modern Physics B, 2007, 21(21): 3697-3706.

[12] Fan H Y, Liang B L, Wang J S. Number-phase quantization scheme for L-C circuit[J]. Communications in Theoretical Physics, 2007, 48(6): 1038-1040.

[13] Fan H Y, Meng X G. Quantum disentangling operator and squeezed vacuum state's noise of a mesoscopic two-loop LC circuit with mutual inductance[J]. International Journal of Modern Physics B, 2020, 34(12): 2050121.

[14] Meng X G, Wang J S, Zhai Y, et al. Number-phase quantization and deriving energy-level gap of two-LC circuits with mutual-inductance[J]. Chinese Physics Letters, 2008, 25(4): 1205-1208.

[15] Meng X G, Wang J S, Liang B L. Cooper-Pair number-phase quantization for inductance coupling circuit including Josephson junctions[J]. Chinese Physics Letters, 2008, 25(4): 1419-1422.

[16] Meng X G, Wang J S and Liang B L. Quantum theory of a mutual-inductance-coupled LC circuit including Josephson junctions studied via the entangled state representation[J]. Solid State Communications, 2009, 149(45-46): 2027-2031.

[17] Tinkham M. Introduction to Superconductivity[M]. New York: McGraw-Hill, 1996.

[18] Fan H Y, Klauder J R. Eigenvectors of two particles' relative position and total momentum[J]. Physical Review A, 1994, 49(2): 704-707.

[19] Fan H Y, Fan Y. Representations of two-mode squeezing transformations[J]. Physical Review A, 1996, 54(1): 958-960.

[20] Fan H Y, Li C. Invariant 'eigen-operator' of the square of Schrödinger operator for deriving energy-level gap[J]. Physics Letters A, 2004, 321(2): 75-78.

第 4 章　涉及埃尔米特多项式的推广二项式定理与多变量特殊多项式

　　作为一类典型的特殊多项式, 埃尔米特多项式在数学和物理的各个领域都扮演着重要角色, 这是由于它具有一些有意义的基本性质 (如正交性、完备性) 和涉及一些重要的关系式, 如生成函数、多项式乘积、递推关系和微分关系等.

　　单变量埃尔米特多项式可由它的生成函数来定义 [1,2], 即

$$e^{-t^2+2xt} = \sum_{n=0}^{\infty} \frac{t^n}{n!} H_n(x). \tag{4-1}$$

物理上, $H_n(x)$ 可作为量子谐振子的本征态和分数阶傅里叶变换的本征函数 [3]. 而且, 它也能帮助求解算符 Fredholm 方程, 以及耦合谐振子系统和推广角动量系统的本征值问题 [4-6]. 对于双变量情况, 埃尔米特多项式 $H_{n,m}(x,y)$ 定义为 [7]

$$e^{-tt'+tx+t'y} = \sum_{m,n=0}^{\infty} \frac{t^n t'^m}{n!m!} H_{n,m}(x,y), \tag{4-2}$$

且它的偏微分表示和幂级数展开式分别为

$$H_{n,m}(x,y) = \frac{\partial^{n+m}}{\partial t^n \partial t'^m} e^{-tt'+tx+t'y} \bigg|_{t=t'=0}$$
$$= \sum_{l=0}^{\min(m,n)} \binom{n}{l}\binom{m}{l} l!(-1)^l x^{n-l} y^{m-l}. \tag{4-3}$$

多项式 $H_{n,m}(x,y)$ 的物理解释为受迫谐振子动力学中粒子数态的跃迁振幅 [8] 和二维复分数傅里叶变换的本征函数 [3], 同时它对研究 Bargmann 变换、量子纠缠现象和二次指数介质中的 Talbot 效应有重要意义 [9]. 此外, 单、双变量埃尔米特多项式也被应用于导出一些新的渐近公式 [10]、玻色算符恒等式 [11], 以及制备一些能作为关键量子信息源的新非高斯量子态 [12]. 目前, 人们陆续提出了一系列变形的埃尔米特多项式, 如退化埃尔米特多项式 [2]、全纯埃尔米特多项式 [13] 和 q 变形埃尔米特多项式 [14], 并广泛应用于概率论、图论、数论以及数学物理的其他领域.

　　本章利用算符排序方法和连续变量纠缠态表象理论, 把普通的二项式定理推广到涉及埃尔米特多项式情况, 推导出几个涉及埃尔米特多项式的推广二项式定

理 [7]; 在普通的埃尔米特多项式的基础上, 引入两个多变量特殊多项式及其生成函数, 并由此导出一些新的算符恒等式和积分公式 [15]; 最后, 详细讨论推广二项式定理和多变量特殊多项式在处理一些量子光学问题 (如量子态的归一化、光子计数分布和维格纳函数等) 中的具体应用.

4.1 涉及埃尔米特多项式的推广二项式定理及其应用

作为一个初步的代数定理, 二项式定理 (或二项式展开) 在数学物理中有着广泛应用 [16,17]. 根据这个定理, 可把多项式 $(x + y)^n$ 展成涉及 $x^k y^{n-k}$ 的有限维求和形式, 即

$$(x + y)^n = \sum_{k=0}^{n} \binom{n}{k} x^k y^{n-k}, \tag{4-4}$$

式中, $\binom{n}{k}$ 为二项式展开系数. 二项式定理可以推广到 x 和 y 是复数的情况, 还可以引入幂函数的一些导数和负二项式分布的概率质量函数等.

最近, 人们认为有必要发展二项式定理去处理坐标算符 Q 的 n 次幂

$$Q^n = \frac{\left(a + a^\dagger\right)^n}{\sqrt{2^n}} \tag{4-5}$$

的幂级数展开 [18], 式中, $a, a^\dagger$ 分别为玻色湮灭和产生算符, 并满足 $[a, a^\dagger] = 1$. 在这种情况下, 得到如下关系

$$Q^n = \frac{\left(a + a^\dagger\right)^n}{\sqrt{2^n}} \neq \frac{1}{\sqrt{2^n}} \sum_{k=0}^{n} \binom{n}{k} a^k a^{\dagger n-k}. \tag{4-6}$$

实际上, 利用坐标本征态 $|q\rangle$ 的完备性关系

$$\int_{-\infty}^{\infty} \mathrm{d}q \, |q\rangle \langle q| = 1, \quad Q |q\rangle = q |q\rangle \tag{4-7}$$

和有序算符内积分法, 可得到算符 Q^n 的正规乘积展开式

$$
\begin{aligned}
Q^n &= \int_{-\infty}^{\infty} \mathrm{d}q q^n |q\rangle \langle q| \\
&= \int_{-\infty}^{\infty} \frac{\mathrm{d}q}{\sqrt{\pi}} q^n : \mathrm{e}^{-(q-Q)^2} : \\
&= (-\mathrm{i}/2)^n : \mathrm{H}_n (\mathrm{i}Q) : .
\end{aligned}
\tag{4-8}
$$

此式也可通过如下方法证明. 利用 Baker-Hausdorff 公式 [19,20]

$$e^{A+B} = e^A e^B e^{-[A,B]/2} = e^B e^A e^{-[B,A]/2},　\quad\quad\quad (4\text{-}9)$$

等式成立要求算符 A, B 满足 $[[A,B],A] = [[A,B],B] = 0$, 这样有

$$\begin{aligned}
e^{\lambda Q} &= e^{\lambda(a^\dagger+a)/\sqrt{2}} \\
&= e^{\frac{\lambda}{\sqrt{2}}a^\dagger} e^{\frac{\lambda}{\sqrt{2}}a} e^{\frac{1}{4}\lambda^2} \\
&=: e^{\lambda\frac{a^\dagger}{\sqrt{2}} + \lambda\frac{a}{\sqrt{2}} + \frac{1}{4}\lambda^2} : .
\end{aligned} \quad\quad\quad (4\text{-}10)$$

进一步, 利用单变量埃尔米特多项式的生成函数, 可有

$$\begin{aligned}
e^{\lambda Q} &=: e^{\frac{\lambda}{\sqrt{2}}(a^\dagger+a)-(-i\lambda/2)^2} :=: e^{2(-i\lambda/2)(iQ)-(-i\lambda/2)^2} : \\
&= \sum_{n=0}^{\infty} \frac{(-i\lambda/2)^n}{n!} : H_n(iQ) := \sum_{n=0}^{\infty} \frac{\lambda^n}{n!} Q^n.
\end{aligned} \quad\quad\quad (4\text{-}11)$$

通过比较式 (4-11) 中相同项 λ^n 的系数, 式 (4-8) 得证.

下面把双变量埃尔米特多项式插入二项式展开式 (4-4), 得到一个新的推广二项式展开

$$\sum_{l=0}^{m} \binom{m}{l} \tau^{m-l} q^l H_{m-l,l}(x,y),　\quad\quad\quad (4\text{-}12)$$

或者利用两个二项式展开式的乘积

$$\sum_{l=0}^{m} \binom{m}{l} \tau^{m-l} q^l \sum_{k=0}^{n} \binom{n}{k} \sigma^{n-k} p^k　\quad\quad\quad (4\text{-}13)$$

去引入另一个涉及埃尔米特多项式的推广二项式展开式

$$\sum_{l=0}^{m} \binom{m}{l} \tau^{m-l} q^l \sum_{k=0}^{n} \binom{n}{k} \sigma^{n-k} p^k H_{m-l,n-k}(x,y),　\quad\quad\quad (4\text{-}14)$$

式中, τ, q, σ 和 p 为任意的实参数, x, y 为双变量埃尔米特多项式的变量. 进一步, 通过对式 (4-14) 进行推广, 引入涉及两个双变量埃尔米特多项式乘积的求和

$$\sum_{l=0}^{m} \sum_{k=0}^{n} \binom{m}{l} \binom{n}{k} f^l g^k H_{l,k}(\mu,\nu) H_{m-l,n-k}(x,y),　\quad\quad\quad (4\text{-}15)$$

式中, f, g 为任意的实参数, 且 (μ, ν) 为类似 (x, y) 的一对函数变量. 由于涉及双变量埃尔米特多项式的求和在数学上难以计算, 故这里采用量子光学中算符排序方法和连续变量纠缠态表象理论去完成它.

4.1.1 两个引理

为了计算式 (4-12)、(4-14) 和 (4-15) 中的推广二项式求和, 首先推导出两个分别关于 $H_{m,n}(a-b^\dagger, a^\dagger-b)$ 的正规乘积和 $a^{\dagger l}a^k$ 的反正规乘积的有用引理.

引理 1 证明如下算符恒等式

$$H_{m,n}(a-b^\dagger, a^\dagger-b) =: (a-b^\dagger)^m(a^\dagger-b)^n:. \tag{4-16}$$

实际上, 利用连续变量纠缠态 $|\eta\rangle$ 的完备性

$$\int \frac{\mathrm{d}^2\eta}{\pi} |\eta\rangle\langle\eta| = \int \frac{\mathrm{d}^2\eta}{\pi} : \mathrm{e}^{-[\eta-(a-b^\dagger)][\eta^*-(a^\dagger-b)]} : = 1 \tag{4-17}$$

和本征方程

$$(a-b^\dagger)|\eta\rangle = \eta|\eta\rangle, \quad (a^\dagger-b)|\eta\rangle = \eta^*|\eta\rangle, \tag{4-18}$$

可有

$$H_{m,n}(a-b^\dagger, a^\dagger-b) = \int \frac{\mathrm{d}^2\eta}{\pi} H_{m,n}(\eta,\eta^*) : \mathrm{e}^{-[\eta-(a-b^\dagger)][\eta^*-(a^\dagger-b)]} :, \tag{4-19}$$

再利用双变量埃尔米特多项式的积分表达式

$$H_{m,n}(\eta,\eta^*) = \mathrm{i}^{m+n}\mathrm{e}^{|\eta|^2} \int \frac{\mathrm{d}^2z}{\pi} z^n z^{*m} \mathrm{e}^{-|z|^2-\mathrm{i}\eta z-\mathrm{i}\eta^* z^*} \tag{4-20}$$

和有序算符内积分法, 则式 (4-19) 变成

$$\begin{aligned}
&H_{m,n}(a-b^\dagger, a^\dagger-b)\\
=&\mathrm{i}^{m+n}\int \frac{\mathrm{d}^2z}{\pi} z^n z^{*m} : \delta(a^\dagger-b-\mathrm{i}z)\\
&\times \delta(a-b^\dagger-\mathrm{i}z^*)\mathrm{e}^{-|z|^2-(a-b^\dagger)(a^\dagger-b)} :\\
=&: (a-b^\dagger)^m(a^\dagger-b)^n :,
\end{aligned} \tag{4-21}$$

引理 1 得证.

引理 2 证明算符 $a^{\dagger l}a^k$ 的反正规乘积

$$a^{\dagger l}a^k = \vdots H_{l,k}(a^\dagger, a) \vdots. \tag{4-22}$$

注意到反正规乘积符号 $\vdots \ \vdots$ 内算符 a 和 $a^\dagger$ 对易, 这时引入任意的实参数 λ, σ 并利用式 (4-9), 可发现

$$\sum_{l,k=0}^{\infty} \frac{\lambda^l \sigma^k}{l!k!} a^{\dagger l}a^k = \mathrm{e}^{\lambda a^\dagger}\mathrm{e}^{\sigma a}$$

$$= e^{\sigma a} e^{\lambda a^\dagger} e^{[\lambda a^\dagger, \sigma a]}$$

$$= \, \vdots e^{\lambda a^\dagger + \sigma a - \lambda \sigma} \vdots$$

$$= \sum_{l,k=0}^{\infty} \vdots \frac{\lambda^l \sigma^k}{l! k!} \mathrm{H}_{l,k}\left(a^\dagger, a\right) \vdots. \tag{4-23}$$

通过比较式 (4-23) 中相同项 $\lambda^l \sigma^k$ 的系数, 可证明引理 2 成立.

4.1.2　涉及埃尔米特多项式的推广二项式定理

基于上面的两个引理和涉及双变量算符埃尔米特多项式的相关恒等式, 可推导出几个涉及埃尔米特多项式的推广二项式定理. 它们不仅在数学形式上不同于普通的二项式展开式, 还有利于研究某些非高斯纠缠量子态的归一化、非经典性质、纠缠以及退相干等问题.

1. 涉及 $\mathrm{H}_{m-l,l}(x, y)$ 的推广二项式定理

为了计算式 (4-12) 求和, 利用双变量算符埃尔米特多项式 $\mathrm{H}_{m-l,l}(a - b^\dagger, a^\dagger - b)$ 和引理 1, 引入如下算符恒等式

$$\sum_{l=0}^{m} \binom{m}{l} \tau^{m-l} q^l \mathrm{H}_{m-l,l}(a - b^\dagger, a^\dagger - b)$$

$$= \sum_{l=0}^{m} \binom{m}{l} \tau^{m-l} q^l : (a - b^\dagger)^{m-l}(a^\dagger - b)^l :$$

$$= : \left[\tau(a - b^\dagger) + q(a^\dagger - b)\right]^m : . \tag{4-24}$$

进一步, 为了去掉 $: \left[\tau(a - b^\dagger) + q(a^\dagger - b)\right]^m :$ 两端的正规乘积符号 $: :$, 利用单变量埃尔米特多项式 $\mathrm{H}_m(\cdot)$ 的生成函数计算如下求和

$$\sum_{m=0}^{\infty} \frac{s^m}{m!} \mathrm{H}_m\left(\frac{\tau(a - b^\dagger) + q(a^\dagger - b)}{2\sqrt{q\tau}}\right)$$

$$= \exp\left[-s^2 + s\frac{\tau(a - b^\dagger) + q(a^\dagger - b)}{\sqrt{q\tau}}\right]$$

$$= : \exp\left[s\frac{\tau(a - b^\dagger) + q(a^\dagger - b)}{\sqrt{q\tau}}\right] :$$

$$= \sum_{m=0}^{\infty} \frac{s^m}{m!} : \left[\frac{\tau(a - b^\dagger) + q(a^\dagger - b)}{\sqrt{q\tau}}\right]^m : . \tag{4-25}$$

通过比较式 (4-25) 中的第一项和最后一项, 可导出算符恒等式

$$: \left[\frac{\tau(a - b^\dagger) + q(a^\dagger - b)}{\sqrt{q\tau}}\right]^m : = \mathrm{H}_m\left(\frac{\tau(a - b^\dagger) + q(a^\dagger - b)}{2\sqrt{q\tau}}\right). \tag{4-26}$$

这样, 比较式 (4-24) 和 (4-26), 可有

$$\sum_{l=0}^{m} \begin{pmatrix} m \\ l \end{pmatrix} \tau^{m-l} q^l \mathrm{H}_{m-l,l}\big(a - b^\dagger, a^\dagger - b\big)$$
$$= (\sqrt{q\tau})^m \, \mathrm{H}_m \left(\frac{\tau(a - b^\dagger) + q(a^\dagger - b)}{2\sqrt{q\tau}} \right). \tag{4-27}$$

考虑到 $[a - b^\dagger, a^\dagger - b] = 0$, 在式 (4-27) 中作如下代换: $(a - b^\dagger, a^\dagger - b) \to (x, y)$ 和 $(q, \tau) \to (f, g)$, 这样

$$\sum_{l=0}^{m} \begin{pmatrix} m \\ l \end{pmatrix} f^l g^{m-l} \mathrm{H}_{m-l,l}(x, y) = \left(\sqrt{fg}\right)^m \mathrm{H}_m \left(\frac{gx + fy}{2\sqrt{fg}} \right), \tag{4-28}$$

这就是式 (4-12) 的求和结果, 仅与一个单变量埃尔米特多项式 $\mathrm{H}_m(\cdot)$ 有关. 特别地, 当 $f = 1$ 且 $g = 1$ 时, 式 (4-28) 退化为

$$\sum_{l=0}^{m} \begin{pmatrix} m \\ l \end{pmatrix} \mathrm{H}_{m-l,l}(x, y) = \mathrm{H}_m \left(\frac{x + y}{2} \right). \tag{4-29}$$

2. 涉及 $\mathrm{H}_{m-l,n-k}(x, y)$ 的推广二项式定理

现在计算式 (4-14) 的求和结果. 把式 (4-14) 中的 $\mathrm{H}_{m-l,n-k}(x, y)$ 用反正规乘积算符 $:\mathrm{H}_{m-l,n-k}(a^\dagger, a):$ 替换, 并利用引理 2, 得到如下求和

$$\sum_{l=0}^{m} \begin{pmatrix} m \\ l \end{pmatrix} \tau^{m-l} q^l \sum_{k=0}^{n} \begin{pmatrix} n \\ k \end{pmatrix} \sigma^{n-k} p^k \, :\mathrm{H}_{m-l,n-k}(a^\dagger, a):$$
$$= \sum_{l=0}^{m} \begin{pmatrix} m \\ l \end{pmatrix} \tau^{m-l} q^l \sum_{k=0}^{n} \begin{pmatrix} n \\ k \end{pmatrix} \sigma^{n-k} p^k : a^{\dagger m-l} a^{n-k} :$$
$$= : (q + \tau a^\dagger)^m (p + \sigma a)^n : . \tag{4-30}$$

这样, 基于等式 (4-30) 的最后一项, 构造如下求和

$$\sum_{m,n=0}^{\infty} \frac{t^m s^n}{m! n!} : (q + \tau a^\dagger)^m (p + \sigma a)^n : = \mathrm{e}^{t(q + \tau a^\dagger)} \mathrm{e}^{s(p + \sigma a)}. \tag{4-31}$$

利用 Baker-Hausdorff 公式和生成函数 (4-3), 可见式 (4-30) 的第一项求和为

$$\sum_{m,n=0}^{\infty} \frac{t^m s^n}{m!n!} \sum_{l=0}^{m} \binom{m}{l} \tau^{m-l} q^l \sum_{k=0}^{n} \binom{n}{k} \sigma^{n-k} p^k \,\vdots\, \mathrm{H}_{m-l,n-k}(a^\dagger, a)\,\vdots$$

$$=\,\vdots\, e^{s(p+\sigma a)} e^{t(q+\tau a^\dagger)-t\tau s\sigma}\,\vdots$$

$$=\,\vdots\, e^{s\sigma(\frac{p}{\sigma}+a)} e^{t\tau(\frac{q}{\tau}+a^\dagger)-(t\tau)(s\sigma)}\,\vdots$$

$$= \sum_{m,n=0}^{\infty} \frac{(t\tau)^m (s\sigma)^n}{m!n!} \,\vdots\, \mathrm{H}_{m,n}\left(\frac{q}{\tau}+a^\dagger, \frac{p}{\sigma}+a\right)\,\vdots. \tag{4-32}$$

比较式 (4-32) 两端相同项 $t^m s^n$ 的系数, 得到

$$\sum_{l=0}^{m} \binom{m}{l} \tau^{m-l} q^l \sum_{k=0}^{n} \binom{n}{k} \sigma^{n-k} p^k \,\vdots\, \mathrm{H}_{m-l,n-k}(a^\dagger, a)\,\vdots$$

$$=\tau^m \sigma^n \,\vdots\, \mathrm{H}_{m,n}\left(\frac{q}{\tau}+a^\dagger, \frac{p}{\sigma}+a\right)\,\vdots. \tag{4-33}$$

注意到式 (4-33) 的两端都是反正规乘积, 故可在式 (4-33) 中做如下代换: $(a^\dagger, a) \to (x, y)$ 和 $(q/\tau, p/\sigma) \to (f, g)$, 则得到一个新的二项式定理, 即

$$\sum_{l=0}^{m}\sum_{k=0}^{n} \binom{m}{l}\binom{n}{k} f^l g^k \mathrm{H}_{m-l,n-k}(x, y) = \mathrm{H}_{m,n}(f+x, g+y). \tag{4-34}$$

特别地, 令 $f = g = 1$, 可有

$$\sum_{l=0}^{m}\sum_{k=0}^{n} \binom{m}{l}\binom{n}{k} \mathrm{H}_{m-l,n-k}(x, y) = \mathrm{H}_{m,n}(1+x, 1+y). \tag{4-35}$$

3. 涉及 $\mathrm{H}_{l,k}(\mu, \nu)\,\mathrm{H}_{m-l,n-k}(x, y)$ 的推广二项式定理

下面推导出式 (4-15) 中的求和. 为此, 在式 (4-15) 中用反正规乘积算符 $\vdots\,\mathrm{H}_{l,k}(a^\dagger, a)\,\vdots$ 来代替 $\mathrm{H}_{l,k}(\mu, \nu)$, 并利用式 (4-22) 和 (4-34) 进行求和, 得到

$$\sum_{l=0}^{m} \binom{m}{l} \sum_{k=0}^{n} \binom{n}{k} \,\vdots\, \mathrm{H}_{l,k}(a^\dagger, a)\,\vdots\, f^l g^k \mathrm{H}_{m-l,n-k}(x, y)$$

$$= \sum_{l=0}^{m} \binom{m}{l} \sum_{k=0}^{n} \binom{n}{k} : a^{\dagger l} a^k : f^l g^k \mathrm{H}_{m-l,n-k}(x, y)$$

$$=: \mathrm{H}_{m,n}(fa^\dagger + x, ga + y): . \tag{4-36}$$

进一步, 利用式 (4-3) 可有

$$\sum_{m,n=0}^{\infty} \frac{t^m t'^n}{m!n!} : \mathrm{H}_{m,n}\left(fa^\dagger + x, ga + y\right) :$$

$$=: \mathrm{e}^{-tt'+t(fa^\dagger+x)+t'(ga+y)} :$$

$$= \mathrm{e}^{-tt'} \mathrm{e}^{tfa^\dagger} \mathrm{e}^{t'ga} \mathrm{e}^{tx+t'y}$$

$$=: \mathrm{e}^{-tt'(1+fg)+t(fa^\dagger+x)+t'(ga+y)} : \tag{4-37}$$

令 $t\sqrt{1+fg} = s$ 和 $t'\sqrt{1+fg} = s'$, 则式 (4-37) 变为

$$\sum_{m,n=0}^{\infty} \frac{t^m t'^n}{m!n!} : \mathrm{H}_{m,n}\left(fa^\dagger + x, ga + y\right) :$$

$$=: \mathrm{e}^{-ss'+s\frac{fa^\dagger+x}{\sqrt{1+fg}}+s'\frac{ga+y}{\sqrt{1+fg}}} :$$

$$= \sum_{m,n=0}^{\infty} \frac{s^m s'^n}{m!n!} : \mathrm{H}_{m,n}\left(\frac{fa^\dagger+x}{\sqrt{1+fg}}, \frac{ga+y}{\sqrt{1+fg}}\right) :$$

$$= \sum_{m,n=0}^{\infty} \frac{t^m t'^n}{m!n!} (1+fg)^{\frac{m+n}{2}} : \mathrm{H}_{m,n}\left(\frac{fa^\dagger+x}{\sqrt{1+fg}}, \frac{ga+y}{\sqrt{1+fg}}\right) : \tag{4-38}$$

通过比较式 (4-38) 两端相同项 $t^m t'^n$ 的系数, 得到算符恒等式

$$: \mathrm{H}_{m,n}\left(fa^\dagger + x, ga + y\right) :$$

$$= (1+fg)^{\frac{m+n}{2}} : \mathrm{H}_{m,n}\left(\frac{fa^\dagger+x}{\sqrt{1+fg}}, \frac{ga+y}{\sqrt{1+fg}}\right) : \tag{4-39}$$

结合式 (4-36) 和 (4-39), 有

$$\sum_{l=0}^{m} \binom{m}{l} \sum_{k=0}^{n} \binom{n}{k} : \mathrm{H}_{l,k}\left(a^\dagger, a\right) : f^l g^k \mathrm{H}_{m-l,n-k}(x,y)$$

$$= (1+fg)^{\frac{m+n}{2}} : \mathrm{H}_{m,n}\left(\frac{fa^\dagger+x}{\sqrt{1+fg}}, \frac{ga+y}{\sqrt{1+fg}}\right) : \tag{4-40}$$

考虑到式 (4-40) 左右两边的算符都是反正规乘积表示, 可令 $a^\dagger \to \mu, a \to \nu$, 则有

$$\sum_{l=0}^{m} \sum_{k=0}^{n} \binom{m}{l}\binom{n}{k} f^l g^k \mathrm{H}_{l,k}\left(\mu, \nu\right) \mathrm{H}_{m-l,n-k}(x,y)$$

$$= (1+fg)^{\frac{m+n}{2}} \mathrm{H}_{m,n}\left(\frac{f\mu+x}{\sqrt{1+fg}}, \frac{g\nu+y}{\sqrt{1+fg}}\right), \tag{4-41}$$

这恰好是涉及双变量埃尔米特多项式乘积 $H_{l,k}(\mu,\nu)H_{m-l,n-k}(x,y)$ 的推广二项式定理. 进一步, 当 $f = g = 1$ 时, 可有

$$\sum_{l=0}^{m}\sum_{k=0}^{n}\binom{m}{l}\binom{n}{k}H_{l,k}(\mu,\nu)H_{m-l,n-k}(x,y)$$
$$=\sqrt{2^{m+n}}H_{m,n}\left(\frac{\mu+x}{\sqrt{2}},\frac{\nu+y}{\sqrt{2}}\right). \tag{4-42}$$

4.1.3　推广二项式定理的应用

利用最新得到的推广二项式定理 (4-34), 可把多光子扣除压缩态 $a^m b^n$ $\mathrm{e}^{sa^{\dagger}b^{\dagger}+ra^{\dagger}+tb^{\dagger}}|00\rangle$(标记为态 $|\mathrm{sub}\rangle$) 转化为双变量埃尔米特多项式激发压缩态, s,r 和 t 为任意的实参数. 目前, 通过在光学分束器的输出端之一执行条件测量, 可在物理上实现双变量埃尔米特多项式激发压缩态的制备 [21]. 作为一种纠缠信息源, 它能够实现量子隐形传态、量子密钥分发等量子信息任务.

利用 Baker-Hausdorff 公式把算符 $a^m b^n \mathrm{e}^{sa^{\dagger}b^{\dagger}+ra^{\dagger}+tb^{\dagger}}$ 表示为

$$a^m b^n \mathrm{e}^{sa^{\dagger}b^{\dagger}+ra^{\dagger}+tb^{\dagger}}$$
$$= \mathrm{e}^{sa^{\dagger}b^{\dagger}+ra^{\dagger}+tb^{\dagger}}\left(a+sb^{\dagger}+r\right)^m\left(b+sa^{\dagger}+t\right)^n. \tag{4-43}$$

注意到算符 $a+sb^{\dagger}$ 和 $b+sa^{\dagger}$ 相互对易, 则指数型算符 $\mathrm{e}^{\tau(a+sb^{\dagger})+\upsilon(b+sa^{\dagger})}$ 展开为

$$\mathrm{e}^{\tau(a+sb^{\dagger})+\upsilon(b+sa^{\dagger})} = \sum_{m,n=0}^{\infty}\frac{\tau^m\upsilon^n}{m!n!}\left(a+sb^{\dagger}\right)^m\left(b+sa^{\dagger}\right)^n, \tag{4-44}$$

式中 τ,υ 为任意的实参数. 另一方面, 利用 $H_{m,n}(x,y)$ 的生成函数, 则可把算符 $\mathrm{e}^{\tau(a+sb^{\dagger})+\upsilon(b+sa^{\dagger})}$ 表示为

$$\mathrm{e}^{\tau(a+sb^{\dagger})+\upsilon(b+sa^{\dagger})} =: \mathrm{e}^{s\tau\upsilon+\tau(a+sb^{\dagger})+\upsilon(b+sa^{\dagger})}:$$
$$= \sum_{m,n=0}^{\infty}\frac{\tau^m\upsilon^n}{m!n!}(\mathrm{i}s)^{\frac{m+n}{2}}:H_{m,n}\left(\frac{a+sb^{\dagger}}{\sqrt{\mathrm{i}s}},\frac{b+sa^{\dagger}}{\sqrt{\mathrm{i}s}}\right):. \tag{4-45}$$

通过比较式 (4-44) 和 (4-45), 可得到算符 $\left(a+sb^{\dagger}\right)^m\left(b+sa^{\dagger}\right)^n$ 的正规乘积表示, 即

$$\left(a+sb^{\dagger}\right)^m\left(b+sa^{\dagger}\right)^n$$
$$= (\mathrm{i}s)^{\frac{m+n}{2}}:H_{m,n}\left(\frac{a+sb^{\dagger}}{\sqrt{\mathrm{i}s}},\frac{b+sa^{\dagger}}{\sqrt{\mathrm{i}s}}\right):. \tag{4-46}$$

这样, 利用式 (4-34) 中推广的二项式定理, 可有

$$
\left(a + sb^\dagger + r\right)^m \left(b + sa^\dagger + t\right)^n
$$

$$
= \sum_{l=0}^{m} \sum_{k=0}^{n} \binom{m}{l} \binom{n}{k} r^{m-l} t^{n-k} \left(a + sb^\dagger\right)^l \left(b + sa^\dagger\right)^k
$$

$$
= \sum_{l=0}^{m} \sum_{k=0}^{n} \binom{m}{l} \binom{n}{k} (\mathrm{i}s)^{\frac{l+k}{2}} r^{m-l}
$$

$$
\times t^{n-k} : \mathrm{H}_{l,k} \left(\frac{a + sb^\dagger}{\sqrt{\mathrm{i}s}}, \frac{b + sa^\dagger}{\sqrt{\mathrm{i}s}} \right) :
$$

$$
= (\mathrm{i}s)^{\frac{m+n}{2}} : \mathrm{H}_{m,n} \left(\frac{r + a + sb^\dagger}{\sqrt{\mathrm{i}s}}, \frac{t + b + sa^\dagger}{\sqrt{\mathrm{i}s}} \right) : . \tag{4-47}
$$

把式 (4-47) 代入式 (4-43), 把多光子扣除压缩态 $|\mathrm{sub}\rangle$ 改写为一种双变量埃尔米特多项式激发压缩态, 即

$$
|\mathrm{sub}\rangle = \mathrm{e}^{sa^\dagger b^\dagger + ra^\dagger + tb^\dagger} (\mathrm{i}s)^{\frac{m+n}{2}}
$$

$$
\times : \mathrm{H}_{m,n} \left(\frac{r + a + sb^\dagger}{\sqrt{\mathrm{i}s}}, \frac{t + b + sa^\dagger}{\sqrt{\mathrm{i}s}} \right) : |00\rangle
$$

$$
= (\mathrm{i}s)^{\frac{m+n}{2}} \mathrm{H}_{m,n} \left(\frac{r + sb^\dagger}{\sqrt{\mathrm{i}s}}, \frac{t + sa^\dagger}{\sqrt{\mathrm{i}s}} \right) \mathrm{e}^{sa^\dagger b^\dagger + ra^\dagger + tb^\dagger} |00\rangle . \tag{4-48}
$$

可见, 当埃尔米特多项式算符 $\mathrm{H}_{m,n} \left(\frac{r + sb^\dagger}{\sqrt{\mathrm{i}s}}, \frac{t + sa^\dagger}{\sqrt{\mathrm{i}s}} \right)$ 作用到高斯压缩态 $\mathrm{e}^{sa^\dagger b^\dagger + ra^\dagger + tb^\dagger} |00\rangle$ 后, 其输出态为一种新的非高斯纠缠态. 因此, 埃尔米特多项式算符 $\mathrm{H}_{m,n} \left(\frac{r + sb^\dagger}{\sqrt{\mathrm{i}s}}, \frac{t + sa^\dagger}{\sqrt{\mathrm{i}s}} \right)$ 是一种双模非高斯操作. 此外, 由式 (4-48) 易给出态 $|\mathrm{sub}\rangle$ 的密度算符的正规乘积表示

$$
|\mathrm{sub}\rangle \langle \mathrm{sub}| = s^{m+n} : \mathrm{H}_{m,n} \left(\frac{r + sb^\dagger}{\sqrt{\mathrm{i}s}}, \frac{t + sa^\dagger}{\sqrt{\mathrm{i}s}} \right)
$$

$$
\times \mathrm{e}^{sa^\dagger b^\dagger + ra^\dagger + tb^\dagger} \mathrm{H}_{m,n} \left(\frac{r + sb}{\sqrt{-\mathrm{i}s}}, \frac{t + sa}{\sqrt{-\mathrm{i}s}} \right)
$$

$$
\times \mathrm{e}^{-a^\dagger a - b^\dagger b} \mathrm{e}^{sab + ra + tb} : , \tag{4-49}
$$

它为计算态 $|\mathrm{sub}\rangle$ 的归一化因子、EPR 关联和量子隐形传态等提供方便.

另外, 利用推广的二项式定理 (4-28) 和 (4-41) 可以推导出自旋相干态 $|\tau\rangle$ 的维格纳函数及其边缘分布. 利用角动量算符的施温格玻色实现, 归一化的自旋相干态 $|\tau\rangle$ 表示为 [22,23]

$$|\tau\rangle = \mathcal{D} \sum_{n=0}^{2j} \binom{2j}{n}^{1/2} \tau^n |2j-n, n\rangle, \tag{4-50}$$

式中, $\mathcal{D} = (1 + |\tau|^2)^{-j}$ 为归一化因子. 为了导出态 $|\tau\rangle$ 的维格纳函数, 引入式 (1-95) 中双模维格纳算符的纠缠态 $|\eta\rangle$ 表示. 利用 (1-82) 中纠缠态 $|\eta\rangle$ 的展开式以及复共轭关系 $\mathrm{H}_{m,n}^{*}(\epsilon, \epsilon^*) = \mathrm{H}_{n,m}(\epsilon, \epsilon^*)$, 可给出内积 $\langle\eta|\,\tau\rangle$ 为

$$\langle\eta|\,\tau\rangle = \mathcal{D}\mathrm{e}^{-|\eta|^2/2} \sum_{n=0}^{2j} \mathrm{H}_{n,2j-n}(\eta, \eta^*) \frac{(-\tau)^n \sqrt{(2j)!}}{n!(2j-n)!}. \tag{4-51}$$

因此, 利用式 (1-82)、(4-3)、(4-50) 和 (4-51), 可给出态 $|\tau\rangle$ 的维格纳函数为

$$\begin{aligned}
W(\sigma, \gamma) &= \mathrm{tr}[\Delta(\sigma, \gamma)\,|\tau\rangle\,\langle\tau|] \\
&= \frac{\mathcal{D}^2 \mathrm{e}^{-|\sigma|^2}}{(2j)!} \sum_{m,n=0}^{2j} \binom{2j}{m} \binom{2j}{n} (-1)^{m+n} \tau^{*m} \tau^n \\
&\quad \times \frac{\partial^{4j}}{\partial t^{2j-m} \partial t'^m \partial r^n \partial r'^{2j-n}} \int \frac{\mathrm{d}^2\eta}{\pi^3} \exp\Big[-|\eta|^2 + \eta\gamma^* \\
&\quad - \eta^*\gamma - tt' + t(\sigma - \eta) + t'(\sigma^* - \eta^*) \\
&\quad - rr' + r(\sigma + \eta) + r'(\sigma^* + \eta^*) \Big]\Big|_{t=t'=r=r'=0}.
\end{aligned} \tag{4-52}$$

利用积分公式 (1-27) 对复参数 η 进行积分并执行高阶微分运算, 可有

$$\begin{aligned}
W(\sigma, \gamma) &= \frac{\mathcal{D}^2 \mathrm{e}^{-|\sigma|^2 - |\gamma|^2}}{\pi^2 (2j)!} \sum_{m,n=0}^{2j} \binom{2j}{m} \binom{2j}{n} \\
&\quad \times (-1)^{m+n} \tau^{*m} \tau^n \mathrm{H}_{2j-m,2j-n}(\sigma + \gamma, \sigma^* + \gamma^*) \\
&\quad \times \mathrm{H}_{m,n}(\sigma^* - \gamma^*, \sigma - \gamma).
\end{aligned} \tag{4-53}$$

利用新的二项式定理 (4-41), 可把式 (4-53) 改为如下紧凑形式

$$W(\sigma, \gamma) = \frac{\mathrm{e}^{-|\gamma|^2 - |\sigma|^2}}{\pi^2 (2j)!} \mathrm{H}_{2j,2j}(\vartheta, \vartheta^*), \tag{4-54}$$

式中

$$\vartheta = \frac{(\sigma + \gamma) - \tau^*(\sigma^* - \gamma^*)}{\sqrt{1 + |\tau|^2}}.$$

进一步, 利用双变量埃尔米特多项式 $\mathrm{H}_{m,n}(\cdot, \cdot)$ 与拉盖尔多项式 $\mathrm{L}_p^l(\cdot)$ 满足的关系

式 [24]

$$\begin{aligned}
H_{m,n}(\lambda, \lambda^*) &= e^{i(m-n)\theta} H_{m,n}(r,r) \\
&= e^{i(m-n)\theta}(-1)^p p! r^l L_p^l(r^2),
\end{aligned} \tag{4-55}$$

式中, $p = \min(m,n)$ 且 $l = |m-n|$, 可得到

$$W(\sigma, \gamma) = \frac{(-1)^{2j} e^{-|\gamma|^2 - |\sigma|^2}}{\pi^2} L_{2j}\left(|\vartheta|^2\right). \tag{4-56}$$

上式表明, 利用推广二项式定理 (4-41), 可把态 $|\tau\rangle$ 的维格纳函数 $W(\sigma, \gamma)$ 简写为一个拉盖尔多项式的形式. 维格纳函数的这种简单表示能为从相空间角度研究态的非经典性质、纠缠特性和量子隐形传态等提供方便.

下面计算维格纳函数 $W(\sigma, \gamma)$ 的两个边缘分布函数. 利用式 (1-105) 中边缘分布函数和式 (1-82) 中纠缠态 $|\eta\rangle$ 在福克空间中的展开式以及最新引入的二项式定理 (4-28), 可得到维格纳函数 $W(\sigma, \gamma)$ 在 γ 方向的边缘分布

$$\int d^2\sigma W(\sigma, \gamma) = \frac{\mathcal{D}^2 |\tau|^{2j} e^{-|\gamma|^2}}{\pi(2j)!} \left| H_{2j}\left(\frac{\gamma^* - \tau\gamma}{2\sqrt{-\tau}}\right) \right|^2. \tag{4-57}$$

类似地, 利用式 (1-105) 和纠缠态 $|\zeta\rangle$ 在福克空间中的展开式

$$|\zeta\rangle = e^{-|\zeta|^2/2} \sum_{m,n=0}^{\infty} \frac{H_{m,n}(\zeta, \zeta^*)}{\sqrt{m!n!}} |m,n\rangle \tag{4-58}$$

以及推广的二项式定理 (4-28), 可导出维格纳函数 $W(\sigma, \gamma)$ 在 σ 方向的边缘分布

$$\int d^2\gamma W(\sigma, \gamma) = \frac{\mathcal{D}^2 |\tau|^{2j} e^{-|\sigma|^2}}{\pi(2j)!} \left| H_{2j}\left(\frac{\sigma^* + \tau\sigma}{2\sqrt{\tau}}\right) \right|^2. \tag{4-59}$$

式 (4-57) 和 (4-59) 表明, 在 σ-γ 相空间中的维格纳函数 $W(\sigma, \gamma)$ 的边缘分布正比于单变量埃尔米特多项式的模方形式.

4.2 多变量特殊多项式及其生成函数

基于普通的埃尔米特多项式, 下面提出两个新的多变量特殊多项式. 为此, 把式 (4-3) 中的 $(-1)^l$ 和 $x^{n-l} y^{m-l}$ 分别替换为更一般的幂指数 ϑ^l (ϑ 为任意的参数) 和埃尔米特多项式的乘积 $H_{n-l}(x/2) H_{m-l}(y/2)$, 因此有

$$\sum_{l=0}^{\min(n,m)} \binom{n}{l} \binom{m}{l} l! \vartheta^l H_{n-l}\left(\frac{x}{2}\right) H_{m-l}\left(\frac{y}{2}\right). \tag{4-60}$$

对于式 (4-60), 两个有意义的问题自然产生: 它是否对应着一个新的特殊多项式? 若是, 它在量子光学中有什么具体应用? 此外, 当 $x^{n-l}y^{m-l}$ 被双变量埃尔米特多项式乘积 $\mathrm{H}_{n-i,m-j}(x,y)\,\mathrm{H}_{l-i,k-j}(x',y')$ 代替时, 结论又会怎样? 为了解决这些问题并避免对埃尔米特多项式乘积进行求和的复杂性, 将引入一些可对易的叠加算符并充分利用算符排序方法. 实际上, 算符排序方法对量子物理很多方面的发展都起到了重要的推动作用, 如算符积分理论、算符特殊多项式理论以及表象与变换理论.

4.2.1　三变量特殊多项式

根据式 (4-3) 中的 $\mathrm{H}_{n,m}(x,y)$ 的表示, 可把多项式 $\mathcal{H}_{n,m}(x,y;\vartheta)$ 展开为

$$
\begin{aligned}
\mathcal{H}_{n,m}(x,y;\vartheta) &= \frac{\partial^{n+m}}{\partial s^n \partial \tau^m} \exp\left(\vartheta s\tau + sx + \tau y\right)\bigg|_{s=\tau=0} \\
&= \sum_{l=0}^{\min(n,m)} \binom{n}{l}\binom{m}{l} l!\,\vartheta^l x^{n-l} y^{m-l}.
\end{aligned} \tag{4-61}
$$

实际上, 它也是双变量埃尔米特多项式, 因为在式 (4-61) 中作如下代换: $\mathrm{i}\sqrt{\vartheta}s \to s'$ 和 $\mathrm{i}\sqrt{\vartheta}\tau \to \tau'$, 多项式 $\mathcal{H}_{n,m}(x,y;\vartheta)$ 变成 $\mathrm{H}_{n,m}(x,y)$. 假定 $X = \sqrt{2}\,(a+a^\dagger)$ 和 $Y = \sqrt{2}\,(b+b^\dagger)$, 式中, $a^\dagger, b^\dagger$ 为两模系统的玻色产生算符, 注意到 $[X,Y]=0$, 并在式 (4-61) 作代换 $x \to X$ 和 $y \to Y$, 可得到算符恒等式

$$
\begin{aligned}
\mathcal{H}_{n,m}(X,Y;\vartheta) &= \frac{\partial^{n+m}}{\partial s^n \partial \tau^m} \exp\left(\vartheta s\tau + sX + \tau Y\right)\bigg|_{s=\tau=0} \\
&= \sum_{l=0}^{\min(n,m)} \binom{n}{l}\binom{m}{l} l!\,\vartheta^l X^{n-l} Y^{m-l}.
\end{aligned} \tag{4-62}
$$

利用算符 X^n 和 Y^m 的反正规乘积表示

$$
X^n = \vdots \mathrm{H}_n\left(\frac{X}{2}\right)\vdots, \quad Y^m = \vdots \mathrm{H}_m\left(\frac{Y}{2}\right)\vdots, \tag{4-63}
$$

可把式 (4-62) 改写为

$$
\mathcal{H}_{n,m}(X,Y;\vartheta) = \sum_{l=0}^{\min(n,m)} \binom{n}{l}\binom{m}{l} l!\,\vartheta^l \vdots \mathrm{H}_{n-l}\left(\frac{X}{2}\right) \mathrm{H}_{m-l}\left(\frac{Y}{2}\right)\vdots. \tag{4-64}
$$

另一方面, 利用 Baker-Hausdorff 公式, 可给出算符恒等式

$$
\exp\left(\vartheta s\tau + sX + \tau Y\right) = \vdots \exp\left(sX + \tau Y + \vartheta s\tau - s^2 - \tau^2\right)\vdots. \tag{4-65}
$$

这样, 联合式 (4-62)、(4-64) 和 (4-65), 可导出

$$\frac{\partial^{n+m}}{\partial s^n \partial \tau^m} \left. \vdots \exp\left(sX + \tau Y + \vartheta s\tau - s^2 - \tau^2\right) \vdots \right|_{s=\tau=0}$$

$$= \sum_{l=0}^{\min(n,m)} \binom{n}{l} \binom{m}{l} l! \vartheta^l \vdots \mathrm{H}_{n-l}\left(\frac{X}{2}\right) \mathrm{H}_{m-l}\left(\frac{Y}{2}\right) \vdots. \qquad (4\text{-}66)$$

由于式 (4-66) 的两端都处在反正规乘积符号内, 则由反正规乘积排序的性质知, 在式 (4-66) 中可作代换 $X \to x$ 和 $Y \to y$, 并与式 (4-3) 作比较, 得到

$$\exp\left(-s^2 - \tau^2 + \vartheta s\tau + sx + \tau y\right) = \sum_{n,m=0}^{\infty} \frac{s^n \tau^m}{n! m!} \mathfrak{H}_{n,m}\left(x, y; \vartheta\right), \qquad (4\text{-}67)$$

式中

$$\mathfrak{H}_{n,m}\left(x, y; \vartheta\right) = \frac{\partial^{n+m}}{\partial s^n \partial \tau^m} \left. \exp\left(sx + \tau y + \vartheta s\tau - s^2 - \tau^2\right) \right|_{s=\tau=0}$$

$$= \sum_{l=0}^{\min(n,m)} \binom{n}{l} \binom{m}{l} l! \vartheta^l \mathrm{H}_{n-l}\left(\frac{x}{2}\right) \mathrm{H}_{m-l}\left(\frac{y}{2}\right) \qquad (4\text{-}68)$$

为一个新的三变量特殊多项式, 其生成函数为 $\exp(-s^2 - \tau^2 + \vartheta s\tau + sx + \tau y)$.

特殊地, 当 $\vartheta = 0$ 时, 多项式 $\mathfrak{H}_{n,m}\left(x, y; \vartheta\right)$ 变为两个单变量埃尔米特多项式之积, 即 $\mathrm{H}_n\left(x/2\right) \mathrm{H}_m\left(y/2\right)$. 进而, 利用微分恒等式 $\mathrm{H}'_m\left(x\right) = 2m\mathrm{H}_{m-1}\left(x\right)$, 可导出多项式 $\mathfrak{H}_{n,m}\left(x, y; \vartheta\right)$ 关于变量 x, y 的一阶偏微分方程

$$\frac{\partial}{\partial x} \mathfrak{H}_{n,m}\left(x, y; \vartheta\right) = n\mathfrak{H}_{n-1,m}\left(x, y; \vartheta\right),$$

$$\frac{\partial}{\partial y} \mathfrak{H}_{n,m}\left(x, y; \vartheta\right) = m\mathfrak{H}_{n,m-1}\left(x, y; \vartheta\right). \qquad (4\text{-}69)$$

这样, 关于多项式 $\mathfrak{H}_{n,m}\left(x, y; \vartheta\right)$ 的高阶偏微分方程为

$$\frac{\partial^{k+l}}{\partial x^k \partial y^l} \mathfrak{H}_{n,m}\left(x, y; \vartheta\right) = \frac{n! m!}{(n-k)! (m-l)!} \mathfrak{H}_{n-k,m-l}\left(x, y; \vartheta\right), \qquad (4\text{-}70)$$

它在形式上类似于普通的双变量埃尔米特多项式 $\mathrm{H}_{n,m}\left(x, y\right)$ 的高阶偏微分方程.

4.2.2 六变量特殊多项式

为了导出六变量特殊多项式, 首先引入双变量埃尔米特多项式乘积 $\mathcal{H}_{n,l}(x, x'; \nu) \mathcal{H}_{m,k}(y, y'; \upsilon)$, 并把此乘积标记为 $\mathcal{F}_{n,m,l,k}(x, y, x', y'; \nu, \upsilon)$, 其微分表示为

$$\mathcal{F}_{n,m,l,k}(x, y, x', y'; \nu, \upsilon) = \frac{\partial^{m+n}}{\partial s^n \partial \tau^m} \frac{\partial^{l+k}}{\partial s'^l \partial \tau'^k} \exp\left(\nu ss' + \upsilon\tau\tau'\right.$$

$$\left. + sx + s'x' + \tau y + \tau'y'\right)\Big|_{s=s'=\tau=\tau'=0}, \qquad (4\text{-}71)$$

式中, ν, υ 为任意的参数. 再引入组合算符

$$W = a + b^\dagger, \quad Z = a^\dagger + b, \quad W' = c + d^\dagger, \quad Z' = c^\dagger + d, \qquad (4\text{-}72)$$

式中, $a^\dagger, b^\dagger, c^\dagger, d^\dagger$ 分别为四模玻色系统的产生算符, 由于算符 W, Z, W' 和 Z' 相互对易, 故可在式 (4-71) 中作如下代换: $x \to W, y \to Z, x' \to W'$ 和 $y' \to Z'$, 这样式 (4-71) 变为

$$\mathcal{F}_{n,m,l,k}(W, Z, W', Z'; \nu, \upsilon) = \frac{\partial^{m+n}}{\partial s^n \partial \tau^m} \frac{\partial^{l+k}}{\partial s'^l \partial \tau'^k} \exp\left(\nu ss' + \upsilon \tau \tau'\right.$$
$$\left. + sW + s'W' + \tau Z + \tau'Z'\right)\Bigg|_{s=s'=\tau=\tau'=0}$$
$$= \sum_{i,j=0}^{\min(n,m,l,k)} \binom{n}{i}\binom{m}{j}\binom{l}{i}\binom{k}{j}$$
$$\times i! j! \nu^i \upsilon^j W^{n-i} W'^{l-i} Z^{m-j} Z'^{k-j}. \qquad (4\text{-}73)$$

进一步, 利用由算符的 s-编序方法和作为算符对 (W, Z) 或 (W', Z') 共同本征态的连续变量纠缠态导出的算符恒等式[25]

$$W^n Z^m = \, \vdots H_{n,m}(W, Z) \vdots, \quad W'^l Z'^k = \, \vdots H_{l,k}(W', Z') \vdots, \qquad (4\text{-}74)$$

则式 (4-73) 变为

$$\mathcal{F}_{n,m,l,k}(W, Z, W', Z'; \nu, \upsilon) = \sum_{i,j=0}^{\min(n,m,l,k)} \binom{n}{i}\binom{m}{j}\binom{l}{i}\binom{k}{j} i! j!$$
$$\times \nu^i \upsilon^j \vdots H_{n-i,m-j}(W, Z) H_{l-i,k-j}(W', Z') \vdots, \quad (4\text{-}75)$$

它为算符函数 $\mathcal{F}_{n,m,l,k}(W, Z, W', Z'; \nu, \upsilon)$ 的反正规乘积表示. 此外, 利用 Baker-Hausdorff 公式, 可有

$$\exp\left(\nu ss' + \upsilon \tau \tau' + sW + s'W' + \tau Z + \tau'Z'\right)$$
$$= \, \vdots \exp\left(-s\tau - s'\tau' + \nu ss' + \upsilon \tau \tau' + sW\right.$$
$$\left. + s'W' + \tau Z + \tau'Z'\right) \vdots. \qquad (4\text{-}76)$$

通过联合式 (4-73)、(4-75) 和 (4-76), 并在比较后的结果中作如下代换: $W \to x$, $Z \to y, W' \to x'$ 和 $Z' \to y'$, 可得到一个带有四个指标、六个变量的特殊多项式

$$\frac{\partial^{m+n}}{\partial s^n \partial \tau^m} \frac{\partial^{l+k}}{\partial s'^l \partial \tau'^k} \exp\left(-s\tau - s'\tau' + \nu s s'\right.$$

$$\left. + \upsilon \tau \tau' + xs + x's' + y\tau + y'\tau'\right)\bigg|_{s=s'=\tau=\tau'=0}$$

$$= \sum_{i,j=0}^{\min(n,m,l,k)} \binom{n}{i} \binom{m}{j} \binom{l}{i} \binom{k}{j} i!j!$$

$$\times \nu^i \upsilon^j \mathrm{H}_{n-i,m-j}(x,y) \, \mathrm{H}_{l-i,k-j}(x',y')$$

$$\equiv \mathfrak{F}_{n,m,l,k}(x,y,x',y';\nu,\upsilon). \tag{4-77}$$

因此, 它的生成函数为

$$\exp\left(-s\tau - s'\tau' + \nu s s' + \upsilon \tau \tau'\right.$$

$$\left. + xs + x's' + y\tau + y'\tau'\right)$$

$$= \sum_{n,m,l,k=0}^{\infty} \frac{s^n \tau^m s'^l \tau'^k}{n!m!l!k!} \mathfrak{F}_{n,m,l,k}(x,y,x',y';\nu,\upsilon). \tag{4-78}$$

类似地, 利用埃尔米特多项式 $\mathrm{H}_{n,m}(x,y)$ 的微分关系式, 能得到特殊多项式 $\mathfrak{F}_{n,m,l,k}(x,y,x',y';\nu,\upsilon)$ 关于变量 x,y,x' 和 y' 的高阶偏微分方程, 即

$$\frac{\partial^{i+j}}{\partial x^i \partial y^j} \frac{\partial^{i'+j'}}{\partial x'^{i'} \partial y'^{j'}} \mathfrak{F}_{n,m,l,k}(x,y,x',y';\nu,\upsilon)$$

$$= \frac{n!m!l!k!}{(n-i)!(m-j)!(l-i')!(k-j')!}$$

$$\times \mathfrak{F}_{n-i,m-j,l-i',k-j'}(x,y,x',y';\nu,\upsilon). \tag{4-79}$$

4.2.3 新的算符恒等式与积分公式

利用式 (4-68) 和 (4-77) 中的多变量特殊多项式及其生成函数, 可推导出系列新的算符恒等式和积分公式. 通过比较式 (4-64) 和 (4-68), 可得到新的算符恒等式

$$\mathcal{H}_{n,m}(X,Y;\vartheta) = \, \vdots \mathfrak{H}_{n,m}(X,Y;\vartheta) \vdots, \tag{4-80}$$

由此式能导出一些关于多项式 $\mathfrak{H}_{n,m}(x,y;\vartheta)$ 的恒等式. 例如, 利用多项式 $\mathcal{H}_{n,m}(X,Y;\vartheta)$ 的生成函数, 可得到多项式 $\mathcal{H}_{n,m}(X,Y;\vartheta)$ 的递推公式

$$nm\mathcal{H}_{n-1,m-1}(X,Y;\vartheta) - nX\mathcal{H}_{n-1,m}(X,Y;\vartheta) + n\mathcal{H}_{n,m}(X,Y;\vartheta) = 0. \tag{4-81}$$

把式 (4-80) 代入式 (4-81), 可有

$$nm \vdots \mathfrak{H}_{n-1,m-1}(X,Y;\vartheta) \vdots - nX \vdots \mathfrak{H}_{n-1,m}(X,Y;\vartheta) \vdots + n \vdots \mathfrak{H}_{n,m}(X,Y;\vartheta) \vdots = 0. \quad (4\text{-}82)$$

这样, 可得到多项式 $\mathfrak{H}_{n,m}(x,y;\vartheta)$ 的递推关系

$$nm\mathfrak{H}_{n-1,m-1}(x,y;\vartheta) - nx\mathfrak{H}_{n-1,m}(x,y;\vartheta) + n\mathfrak{H}_{n,m}(x,y;\vartheta) = 0, \quad (4\text{-}83)$$

它在形式上与普通的埃尔米特多项式 $\mathrm{H}_{n,m}(x,y)$ 完全相同.

由式 (4-62) 和 (4-67) 可得到

$$\sum_{n,m=0}^{\infty} \frac{s^n \tau^m}{n!m!} \mathfrak{H}_{n,m}(X,Y;\vartheta) = \mathrm{e}^{-s^2-\tau^2+\vartheta s\tau+sX+\tau Y}$$

$$=: \mathrm{e}^{\vartheta s\tau+sX+\tau Y}:$$

$$= \sum_{n,m=0}^{\infty} \frac{s^n \tau^m}{n!m!} : \mathcal{H}_{n,m}(X,Y;\vartheta) :, \quad (4\text{-}84)$$

由上式可得到

$$\mathfrak{H}_{n,m}(X,Y;\vartheta) =: \mathcal{H}_{n,m}(X,Y;\vartheta) :. \quad (4\text{-}85)$$

把式 (4-85) 的两端作用到双模真空态, 可得到一个新的量子态 $\mathcal{H}_{n,m}(\sqrt{2}a^\dagger, \sqrt{2}b^\dagger;$ $\vartheta)|00\rangle$. 利用式 (4-85) 和坐标本征态完备性关系的正规乘积表示, 可给出

$$\mathfrak{H}_{n,m}(X,Y;\vartheta) = \frac{1}{\pi} \iint_{-\infty}^{\infty} \mathrm{d}q_1 \mathrm{d}q_2 : \mathrm{e}^{-(q_1-Q_1)^2-(q_2-Q_2)^2} : \mathfrak{H}_{n,m}(2q_1, 2q_2; \vartheta)$$

$$=: \mathcal{H}_{n,m}(X,Y;\vartheta) :. \quad (4\text{-}86)$$

由此可引入一个新的积分公式

$$\frac{1}{\pi} \iint_{-\infty}^{\infty} \mathrm{d}q_1 \mathrm{d}q_2 \mathrm{e}^{-(q_1-x)^2-(q_2-y)^2} \mathfrak{H}_{n,m}(2q_1, 2q_2; \vartheta) = \mathcal{H}_{n,m}(2x, 2y; \vartheta). \quad (4\text{-}87)$$

另一方面, 在式 (4-67) 中作代换 $x \to \sqrt{\vartheta}W$ 和 $y \to \sqrt{\vartheta^*}Z$, 可得到

$$\mathrm{e}^{-s^2-\tau^2+|\vartheta|s\tau+\sqrt{\vartheta}sW+\sqrt{\vartheta^*}\tau Z} = \sum_{n,m=0}^{\infty} \frac{s^n \tau^m}{n!m!} \mathfrak{H}_{n,m}\left(\sqrt{\vartheta}W, \sqrt{\vartheta^*}Z; \vartheta\right). \quad (4\text{-}88)$$

进一步, 利用 Baker-Hausdorff 公式以及式 (4-1), 式 (4-88) 变成

$$: \mathrm{e}^{-s^2-\tau^2+\sqrt{\vartheta}sW+\sqrt{\vartheta^*}\tau Z} := \sum_{n,m=0}^{\infty} \frac{s^n \tau^m}{n!m!} : \mathrm{H}_n\left(\frac{\sqrt{\vartheta}W}{2}\right) \mathrm{H}_m\left(\frac{\sqrt{\vartheta^*}Z}{2}\right) :. \quad (4\text{-}89)$$

这样, 比较式 (4-88) 和式 (4-89) 可得到如下恒等式

$$\mathfrak{H}_{n,m}\left(\sqrt{\vartheta}W,\sqrt{\vartheta^*}Z;|\vartheta|\right) = \ :\mathrm{H}_n\left(\frac{\sqrt{\vartheta}W}{2}\right)\mathrm{H}_m\left(\frac{\sqrt{\vartheta^*}Z}{2}\right):. \tag{4-90}$$

此外, 根据式 (4-1) 和 (4-68), 得到

$$e^{-s^2-\tau^2+\sqrt{\vartheta}sW+\sqrt{\vartheta^*}\tau Z} = \sum_{n,m=0}^{\infty}\frac{s^n\tau^m}{n!m!}\mathrm{H}_n\left(\frac{\sqrt{\vartheta}W}{2}\right)\mathrm{H}_m\left(\frac{\sqrt{\vartheta^*}Z}{2}\right)$$

$$=: e^{-s^2-\tau^2+|\vartheta|s\tau+\sqrt{\vartheta}sW+\sqrt{\vartheta^*}\tau Z}:$$

$$= \sum_{n,m=0}^{\infty}\frac{s^n\tau^m}{n!m!}:\mathfrak{H}_{n,m}\left(\sqrt{\vartheta}W,\sqrt{\vartheta^*}Z;|\vartheta|\right):, \tag{4-91}$$

由此得到另一个算符恒等式

$$\mathrm{H}_n\left(\frac{\sqrt{\vartheta}W}{2}\right)\mathrm{H}_m\left(\frac{\sqrt{\vartheta^*}Z}{2}\right) = :\mathfrak{H}_{n,m}\left(\sqrt{\vartheta}W,\sqrt{\vartheta^*}Z;|\vartheta|\right): \tag{4-92}$$

或者另一个新的量子态 $\mathfrak{H}_{n,m}\left(\sqrt{\vartheta}b^\dagger,\sqrt{\vartheta^*}a^\dagger;|\vartheta|\right)|00\rangle$. 进一步, 利用纠缠态 $|\eta\rangle$ 的完备性关系, 这里态 $|\eta\rangle$ 满足如下本征方程: $W|\eta\rangle = \eta|\eta\rangle$ 和 $Z|\eta\rangle = \eta^*|\eta\rangle$, 则有

$$\mathrm{H}_n\left(\frac{\sqrt{\vartheta}W}{2}\right)\mathrm{H}_m\left(\frac{\sqrt{\vartheta^*}Z}{2}\right)$$

$$= \int\frac{\mathrm{d}^2\varsigma}{\pi}:e^{-(\eta-W)(\eta^*-Z)}:\mathrm{H}_n\left(\frac{\sqrt{\vartheta}\eta}{2}\right)\mathrm{H}_m\left(\frac{\sqrt{\vartheta^*}\eta^*}{2}\right)$$

$$=:\mathfrak{H}_{n,m}\left(\sqrt{\vartheta}W,\sqrt{\vartheta^*}Z;|\vartheta|\right):, \tag{4-93}$$

由上式可导出另一个新的积分公式

$$\int\frac{\mathrm{d}^2\eta}{\pi}e^{-(\eta-\sigma)(\eta^*-\sigma^*)}\mathrm{H}_n\left(\frac{\sqrt{\vartheta}\eta}{2}\right)\mathrm{H}_m\left(\frac{\sqrt{\vartheta^*}\eta^*}{2}\right)$$

$$=\mathfrak{H}_{n,m}\left(\sqrt{\vartheta}\sigma,\sqrt{\vartheta^*}\sigma^*;|\vartheta|\right). \tag{4-94}$$

实际上, 式 (4-94) 在量子理论中可能有很多应用, 如用于计算相干叠加操作下的真空态 $(ta+ra^\dagger)^m|0\rangle$ 的归一化因子 (详见 4.2.4 节). 同样地, 利用算符排序方法, 也可推导出涉及六变量多项式 $\mathfrak{F}_{n,m,l,k}(x,y,x',y';\nu,\upsilon)$ 的一些新算符恒等式和积分公式. 例如, 通过比较式 (4-75)~(4-77), 可导出算符恒等式

$$\mathcal{F}_{n,m,l,k}(W,Z,W',Z';\nu,\upsilon) = :\mathfrak{F}_{n,m,l,k}(W,Z,W',Z';\nu,\upsilon):. \tag{4-95}$$

4.2.4　多变量特殊多项式的应用

下面利用两个多变量特殊多项式去讨论一些在实验上能够实现的量子态 (如多光子调制压缩真空态、相干叠加操作下的相干态和双变量埃尔米特多项式激发压缩真空态) 的归一化、光子计数分布和维格纳函数等.

1. 归一化

量子态的归一化是量子光学中非常重要的一个问题. 对于量子态的实验制备, 归一化因子用来刻画态的成功制备概率, 并能进一步帮助探讨该量子态的基本性质和物理应用. 这里, 利用最新引入的多变量特殊多项式去计算几个量子态的归一化因子.

理论上, 当把湮灭算符 a(即单光子扣除操作) 重复作用到压缩真空态时, 可实现多光子调制压缩真空态 $a^m S(r) |0\rangle$. 实验上, 借助高透射率的光学分束器能实现单光子扣除操作 [26], 而利用周期极化 KTiOPO$_4$ 晶体能成功制备单光子调制压缩真空态 $aS(r) |0\rangle$[27], 故在单光子扣除操作次数 m 较少的情况下, 多光子调制压缩真空态 $a^m S(r) |0\rangle$ 有可能在目前实验条件下实现制备. 利用算符恒等式

$$a^{\dagger m} a^m = \;\vdots \mathrm{H}_{m,m}(a^\dagger, a) \vdots,\tag{4-96}$$

可给出态 $a^m S(r) |0\rangle$ 的归一化因子

$$N_m = \mathrm{sech}\, r \, \langle 0| \vdots \exp\left(\frac{1}{2} a^2 \tanh r\right)$$
$$\times \mathrm{H}_{m,m}(a^\dagger, a) \exp\left(\frac{1}{2} a^{\dagger 2} \tanh r\right) \vdots |0\rangle.\tag{4-97}$$

把相干态的完备性关系代入式 (4-97), 并利用多项式 $\mathrm{H}_{n,m}(x,y)$ 的生成函数和积分公式 (1-27), 可有

$$N_m = \left.\frac{\partial^{2m}}{\partial s^m \partial \tau^m} \mathrm{e}^{\frac{1}{4}(\tau^2 + s^2)\sinh 2r + \tau s \sinh^2 r}\right|_{s=\tau=0}.\tag{4-98}$$

通过与多项式 $\mathfrak{H}_{n,m}(x,y;\vartheta)$ 的生成函数比较, 可知

$$N_m = \left(-\frac{1}{4}\sinh 2r\right)^m \mathfrak{H}_{m,m}(0,0;-2\tanh r).\tag{4-99}$$

实际上, 通过计算高阶偏微分以及利用勒让德多项式 $\mathrm{P}_m(x)$ 的最新表达式 [28], 归一化因子 N_m 也可表示为勒让德多项式 $\mathrm{P}_m(x)$ 的形式. 因此, 若把归一化因子的两种表达式进行比较, 可给出三变量多项式 $\mathfrak{H}_{n,m}(x,y;\vartheta)$ 和勒让德多项式 $\mathrm{P}_m(x)$ 满足的关系

$$\mathfrak{H}_{m,m}(0,0;-2\tanh r) = m!(\mathrm{i} 2\,\mathrm{sech}\, r)^m \mathrm{P}_m(\mathrm{i}\sinh r).\tag{4-100}$$

特殊地, 当 $m = 0$ 时, $\mathfrak{H}_{0,0}\left(0, 0; -2\tanh r\right) = 1$, 这样 $N_0 = 1$, 如同期望的一样; 而当 $m = 1$ 时, $\mathfrak{H}_{1,1}\left(0, 0; -2\tanh r\right) = -2\tanh r$, 故 $N_1 = \sinh^2 r$, 这恰好为态 $aS\left(r\right)|0\rangle$ 的归一化因子.

另一个例子是相干叠加操作下的相干态 $\left(ta + ra^\dagger\right)^m |\gamma\rangle$, 其中 t, r 为任意高阶相干叠加操作 $\left(ta + ra^\dagger\right)^m$ 中增加操作和扣除操作的比率, 且满足 $t^2 + r^2 = 1$. 理论上, 把相干态 $|\gamma\rangle$ 输入非简并参量放大器, 并在第二个光学分束器的输出端之一执行单光子测量, 可在物理上实现量子态 $\left(ta + ra^\dagger\right)|\gamma\rangle$[29]. 现在把相干叠加操作 $ta + ra^\dagger$ 推广到任意高阶相干叠加操作 $\left(ta + ra^\dagger\right)^m$, 并作用到相干态 $|\gamma\rangle$ 上, 可得到态 $\left(ta + ra^\dagger\right)^m |\gamma\rangle$. 利用算符 $\left(ta + ra^\dagger\right)^m$ 的正规乘积

$$\left(ta + ra^\dagger\right)^m = \left(-\mathrm{i}\sqrt{\frac{rt}{2}}\right)^m : \mathrm{H}_m\left(\mathrm{i}\frac{ta + ra^\dagger}{\sqrt{2rt}}\right) : , \tag{4-101}$$

可把态 $\left(ta + ra^\dagger\right)^m |\gamma\rangle$ 改写为

$$\left(ta + ra^\dagger\right)^m |\gamma\rangle = \left(-\mathrm{i}\sqrt{\frac{rt}{2}}\right)^m \mathrm{H}_m\left(\mathrm{i}\frac{t\gamma + ra^\dagger}{\sqrt{2rt}}\right) |\gamma\rangle . \tag{4-102}$$

这样, 利用相干态 $|\beta\rangle$ 的完备性和多项式 $\mathfrak{H}_{n,m}\left(x, y; \vartheta\right)$ 的生成函数, 则态 $\left(ta + ra^\dagger\right)^m |\gamma\rangle$ 的归一化因子为

$$\begin{aligned}
\mathcal{N}_m &= \left(\frac{rt}{2}\right)^m \int \frac{\mathrm{d}^2\beta}{\pi} \mathrm{e}^{-|\beta|^2 - |\gamma|^2 + \beta^*\gamma + \beta\gamma^*} \\
&\quad \times \mathrm{H}_m\left(-\mathrm{i}\frac{t\gamma^* + r\beta}{\sqrt{2rt}}\right) \mathrm{H}_m\left(\mathrm{i}\frac{t\gamma + r\beta^*}{\sqrt{2rt}}\right) \\
&= \left(\frac{rt}{2}\right)^m \frac{\partial^{2m}}{\partial s^m \partial \tau^m} \mathrm{e}^{-s^2 - \tau^2 + 2rs\tau/t + \varrho s + \varrho^*\tau}\bigg|_{s=\tau=0} \\
&= \left(\frac{rt}{2}\right)^m \mathfrak{H}_{m,m}\left(\varrho, \varrho^*; \frac{2r}{t}\right),
\end{aligned} \tag{4-103}$$

式中, $\varrho = \mathrm{i}\sqrt{2}\left(t\gamma + r\gamma^*\right)/\sqrt{rt}$. 特别地, 当 $m = 0$ 时, $\mathfrak{H}_{0,0}\left(\varrho, \varrho^*; 2r/t\right) = 1$, 这样 $\mathcal{N}_0 = 1$. 对于 $m = 1$ 的情况, $\mathfrak{H}_{1,1}\left(\varrho, \varrho^*; 2r/t\right) = 2r/t + |\varrho|^2$, 因此有

$$\mathcal{N}_1 = r^2 + |t\gamma + r\gamma^*|^2 .$$

另一方面, 当 $\gamma = 0$ 时, 归一化因子 $\mathcal{N}_m$ 变成 $\left(rt/2\right)^m \mathfrak{H}_{m,m}\left(0, 0; 2r/t\right)$, 它为态 $\left(ta + ra^\dagger\right)^m |0\rangle$ 的归一化因子. 实际上, 这个归一化因子也可利用新推导出的积分

公式 (4-94) 给出, 这是由于

$$
\mathrm{H}_m\left(-\mathrm{i}\frac{\sqrt{r}a}{\sqrt{2t}}\right)\mathrm{H}_m\left(\mathrm{i}\frac{\sqrt{r}a^\dagger}{\sqrt{2t}}\right)
$$

$$
=\int\frac{\mathrm{d}^2\alpha}{\pi}:\mathrm{e}^{-(\alpha-a)(\alpha^*-a^\dagger)}\mathrm{H}_m\left(-\mathrm{i}\frac{\sqrt{r}\alpha}{\sqrt{2t}}\right)\mathrm{H}_m\left(\mathrm{i}\frac{\sqrt{r}\alpha^*}{\sqrt{2t}}\right):
$$

$$
=:\mathfrak{H}_{m,m}\left(-\mathrm{i}\frac{\sqrt{2r}}{\sqrt{t}}a,\mathrm{i}\frac{\sqrt{2r}}{\sqrt{t}}a^\dagger;\frac{2r}{t}\right): . \tag{4-104}
$$

此外, 对于双模纠缠量子态 $\mathrm{H}_{n,m}\left(fa^\dagger,gb^\dagger\right)S_2(r)\,|00\rangle$, 式中 $\mathrm{H}_{n,m}\left(fa^\dagger,gb^\dagger\right)$ 为双变量算符埃尔米特多项式, f,g 为任意的实参数, $S_2(r)=\exp[r\left(a^\dagger b^\dagger-ab\right)]$ 为双模压缩算符, 这里利用六变量特殊多项式 $\mathfrak{F}_{n,m,l,k}(x,y,x',y';\nu,\upsilon)$ 去计算此态的归一化因子. 实验上, 把压缩真空态 $S_2(r)\,|00\rangle$ 输入两个可调的并联光学分束器, 并在每一个光学分束器的输出端之一执行多光子条件测量, 可实现态 $\mathrm{H}_{n,m}(fa^\dagger,$ $gb^\dagger)S_2(r)\,|00\rangle$ 的制备 [30]. 量子态 $\mathrm{H}_{n,m}\left(fa^\dagger,gb^\dagger\right)S_2(r)\,|00\rangle$ 的归一化因子表示为

$$
\mathfrak{N}_{n,m}=\mathrm{sech}^2\,r\,\langle 00|\,\mathrm{e}^{ab\tanh r}\mathrm{H}_{n,m}\left(fa,gb\right)\mathrm{H}_{n,m}\left(fa^\dagger,gb^\dagger\right)\mathrm{e}^{a^\dagger b^\dagger\tanh r}\,|00\rangle . \tag{4-105}
$$

把双模相干态 $|\alpha\beta\rangle$ 的完备性关系插入式 (4-105), 并利用积分公式 (1-27), 得到

$$
\mathfrak{N}_{n,m}=\frac{\partial^{n+m}}{\partial s^n\partial\tau^m}\frac{\partial^{n+m}}{\partial s'^n\partial\tau'^m}\exp\left[-\frac{s\tau+s'\tau'}{\mathfrak{f}}\right.
$$

$$
\left.\left.+f^2ss'\cosh^2 r+g^2\tau\tau'\cosh^2 r\right]\right|_{s=\tau=s'=\tau'=0}, \tag{4-106}
$$

式中, $\mathfrak{f}=2/(2-fg\sinh 2r)$. 进一步, 利用六变量特殊多项式 $\mathfrak{F}_{n,m,l,k}(x,y,x',y';$ $\nu,\upsilon)$ 的定义, 则归一化因子 $\mathfrak{N}_{n,m}$ 简化为

$$
\mathfrak{N}_{n,m}=\frac{\mathfrak{F}_{n,m,n,m}\left(0,0,0,0;\mathfrak{f}f^2\cosh^2 r,\mathfrak{f}g^2\cosh^2 r\right)}{\mathfrak{f}^{n+m}}. \tag{4-107}
$$

对于 $r=0, \mathfrak{f}=1, \mathfrak{N}_{n,m}$ 退化为 $\mathfrak{F}_{n,m,n,m}\left(0,0,0,0;f^2,g^2\right)$, 对应于态 $\mathrm{H}_{n,m}(fa^\dagger,$ $gb^\dagger)\,|00\rangle$ 的归一化因子, 而当 $f=g=0$ 时, $\mathfrak{N}_{n,m}=(-1)^{n+m}n!m!$.

2. 光子计数分布

关于完全量子力学意义上的光子计数分布的描述首先由 Kelley 和 Kleiner 给出 [31], 它指的是在某个时间间隔内探测到 n 个光子的统计概率分布. 这里利用多变量特殊多项式去解析研究态 $a^m S(r)\,|0\rangle$ 的光子计数分布和热环境中粒子数态 $|m\rangle$ 的光子计数分布的时间演化.

对于一个单模的量子态 ρ, 计算它的光子计数分布的新公式为

$$\mathcal{P}(n) = \frac{\xi^n}{(\xi - 1)^n} \int \frac{\mathrm{d}^2\alpha}{\pi} \mathrm{e}^{-\xi|\alpha|^2}$$
$$\times \mathrm{L}_n\left(|\alpha|^2\right) \left\langle \sqrt{1 - \xi}\alpha \middle| \rho \middle| \sqrt{1 - \xi}\alpha \right\rangle, \tag{4-108}$$

它实际上与密度算符 ρ 在相干态 $\left|\sqrt{1 - \xi}\alpha\right\rangle$ 中的平均值 (相空间 Q 函数) 有关, ξ 是某个时间间隔内单光子被测量到的概率. 对于理想情况, 即 $\xi = 1$, 则 $\mathcal{P}(n)$ 代表态 ρ 的光子数分布. 利用态 $a^m S(r)|0\rangle$ 的密度算符的正规乘积, 易得平均值 $\left\langle \sqrt{1 - \xi}\alpha \middle| \rho \middle| \sqrt{1 - \xi}\alpha \right\rangle$ 为

$$\left\langle \sqrt{1 - \xi}\alpha \middle| \rho \middle| \sqrt{1 - \xi}\alpha \right\rangle$$
$$= \frac{\mathrm{sech}\, r \tanh^m r}{N_m 2^m} \mathrm{H}_m\left(\varpi\alpha^*\right) \mathrm{H}_m\left(\varpi^*\alpha\right)$$
$$\times \mathrm{e}^{-(1-\xi)|\alpha|^2 + \frac{1-\xi}{2}\left(\alpha^{*2} + \alpha^2\right)\tanh r}, \tag{4-109}$$

式中, $\varpi = \mathrm{i}[(1 - \xi)\tanh r]^{1/2}/2$. 把式 (4-109) 代入 (4-108), 并利用恒等式 (4-55) 以及单、双变量埃尔米特多项式的生成函数, 可有

$$\mathcal{P}(n) = \frac{\xi^n \mathrm{sech}\, r \tanh^m r}{N_m 2^m n!\,(1 - \xi)^n} \frac{\partial^{2m}}{\partial s^m \partial \tau^m} \frac{\partial^{2n}}{\partial s'^n \partial \tau'^n}$$
$$\times \mathrm{e}^{-s^2 - \tau^2 - s'\tau'} \int \frac{\mathrm{d}^2\alpha}{\pi} \mathrm{e}^{-|\alpha|^2 + \frac{1-\xi}{2}\left(\alpha^{*2} + \alpha^2\right)\tanh r}$$
$$\times \mathrm{e}^{2s\varpi\alpha^* + 2\tau\varpi^*\alpha + s'\alpha + \tau'\alpha^*}\bigg|_{s=\tau=s'=\tau'=0}. \tag{4-110}$$

进一步, 利用积分公式

$$\int \frac{\mathrm{d}^2 z}{\pi} \exp\left(\varsigma|z|^2 + \xi z + \eta z^* + g z^2 + h z^{*2}\right)$$
$$= \frac{1}{\sqrt{\varsigma^2 - 4fg}} \exp\left[\frac{-\varsigma\xi\eta + \xi^2 h + \eta^2 g}{\varsigma^2 - 4gh}\right], \tag{4-111}$$

上面的积分公式成立需满足收敛条件 $\mathrm{Re}(\xi \pm g \pm h) < 0$ 和 $\mathrm{Re}\left(\frac{\varsigma^2 - 4gh}{\xi \pm g \pm h}\right) < 0$, 可得到

$$\mathcal{P}(n) = \frac{\xi^n \mathrm{sech}\, r \tanh^m r \omega^{1/2}}{N_m 2^m n!\,(1 - \xi)^n} \frac{\partial^{2m}}{\partial s^m \partial \tau^m} \frac{\partial^{2n}}{\partial s'^n \partial \tau'^n}$$
$$\times \exp\bigg[(\omega - 1)\,s'\tau' + 4\omega|\varpi|^2\,s\tau + 2\omega\varpi^*\tau\tau'$$
$$+ 2\omega\varpi s s' - 4\varepsilon\omega\varpi s\tau' - 4\varepsilon\omega\varpi^* s'\tau - \varepsilon\omega s'^2 - \varepsilon\omega\tau'^2$$
$$- \left(1 + 4\varepsilon\omega\varpi^2\right)s^2 - \left(1 + 4\varepsilon\omega\varpi^{*2}\right)\tau^2\bigg]\bigg|_{s=\tau=s'=\tau'=0}, \tag{4-112}$$

式中

$$\omega = \frac{1}{1 - 4\varepsilon^2}, \qquad \varepsilon = \frac{(\xi - 1)\tanh r}{2}. \tag{4-113}$$

注意到多项式 $\mathfrak{H}_{n,m}(x, y; \vartheta)$ 的定义, 能把式 (4-112) 改写为

$$
\begin{aligned}
\mathcal{P}(n) =& \frac{\xi^n \omega^{1/2} \operatorname{sech} r \tanh^m r}{N_m 2^m n! (1 - \xi)^n} \sum_{l,k,l'k'=0}^{\infty} \frac{\varpi^{k+l'} \varpi^{*l+k'} (2\omega)^{l+k} (-4\omega\varepsilon)^{l'+k'}}{l!k!l'!k'!} \\
& \times \frac{\partial^{2m}}{\partial s^m \partial \tau^m} \frac{\partial^{2n}}{\partial s'^n \partial \tau'^n} s^{k+l'} \tau^{l+k'} s'^{k+k'} \tau'^{l+l'} \\
& \times \exp\Big[(\omega - 1)s'\tau' + 4\omega|\varpi|^2 s\tau - \varepsilon\omega s'^2 - \varepsilon\omega\tau'^2 - \lambda^{-2}s^2 \\
& \quad - \lambda^{*-2}\tau^2 + sx + \tau y + s'x' + y'\tau' \Big]\Big|_{s=\tau=s'=\tau'=x=y=x'=y'=0},
\end{aligned} \tag{4-114}
$$

式中, $\lambda = 1/\sqrt{1 + 4\varpi^2 \omega\varepsilon}$. 为了满足多项式 $\mathfrak{H}_{n,m}(x, y; \vartheta)$ 的定义, 式 (4-114) 增加了指数项 $\exp(sx + \tau y + s'x' + y'\tau')|_{x=y=x'=y'=0}$. 利用式 (4-70) 中多项式 $\mathfrak{H}_{n,m}(x, y; \vartheta)$ 的微分关系, 可有

$$
\begin{aligned}
\mathcal{P}(n) =& \frac{\xi^n \omega^{1/2} \operatorname{sech} r \tanh^m r}{N_m 2^m (1 - \xi)^n |\lambda|^{2m}} n! (m!)^2 (\varepsilon\omega)^n \\
& \times \sum_{l,k,l',k'=0}^{\infty} \frac{\epsilon^{k+l'} \epsilon^{*l+k'} (2\omega)^{l+k} (-4\omega\varepsilon)^{l'+k'}}{l!k!l'!k'!(m-l-k')!} \\
& \times \frac{\mathfrak{H}_{m-k-l', m-l-k'}\left(0,0; 4|\lambda\varpi|^2 \omega\right)}{(m-k-l')!(n-l-l')!(n-k-k')!} \\
& \times \mathfrak{H}_{n-k-k', n-l-l'}\left(0,0; \frac{\omega - 1}{\varepsilon\omega}\right),
\end{aligned} \tag{4-115}
$$

它是态 $a^m S(r)|0\rangle$ 的光子计数分布的解析表达式, 与两个三变量特殊多项式的乘积有关, $\epsilon = \lambda\varpi/\sqrt{\varepsilon\omega}$. 然而, 在已有的文献 [32] 中, 态 $a^m S(r)|0\rangle$ 的光子计数分布 $\mathcal{P}(n)$ 仅能给出不能完成计算的高阶偏微分形式. 当 $m = 0$ 时, 可得到态 $S(r)|0\rangle$ 的光子计数分布

$$\mathcal{P}_{m=0}(n) = \frac{\xi^n \omega^{1/2} (\varepsilon\omega)^n \operatorname{sech} r}{n!(1 - \xi)^n} \mathfrak{H}_{n,n}\left(0, 0; \frac{\omega - 1}{\varepsilon\omega}\right). \tag{4-116}$$

当 $\xi = 1$ 时, $\varepsilon = \varpi = 0$, $\lambda = \omega = 1$, 这样分布 $\mathcal{P}(n)$ 变成态 $a^m S(r)|0\rangle$ 的光子数分布, 如同文献 [32] 中的结论.

另外, 注意到热环境中粒子数态 $|m\rangle$ 的维格纳函数的解析演化表达式为

$$W_m(\alpha, t) = \frac{[2(\bar{n} + 1)\mathcal{T} - 1]^m}{\pi(2\bar{n}\mathcal{T} + 1)^{m+1}} \mathrm{L}_m\left(|\mathfrak{g}\alpha|^2\right) \exp\left(-\frac{2|\alpha|^2}{2\bar{n}\mathcal{T} + 1}\right), \tag{4-117}$$

式中

$$\mathfrak{g} = \frac{2\mathrm{e}^{-\kappa t}}{\sqrt{(2\bar{n}\mathcal{T}+1)\left[1-2\left(\bar{n}+1\right)\mathcal{T}\right]}}, \quad \mathcal{T}=1-\mathrm{e}^{-2\kappa t}, \qquad (4\text{-}118)$$

κ 为衰退率, $\bar{n}$ 为热环境的平均热光子数. 因此, 需要引入与维格纳函数 $W(\alpha)$ 相关的计算光子计数分布的新公式

$$\mathcal{P}(n) = \frac{4\left(-\xi\right)^n}{\left(2-\xi\right)^{n+1}} \int \mathrm{d}^2\alpha \mathrm{e}^{-2\xi|\alpha|^2/(2-\xi)} \mathrm{L}_n\left(\frac{4|\alpha|^2}{2-\xi}\right) W(\alpha). \qquad (4\text{-}119)$$

把式 (4-117) 代入式 (4-119), 并利用得到式 (4-110) 的类似方法, 可给出热环境中粒子数态 $|m\rangle$ 光子计数分布的解析演化公式

$$\begin{aligned}
\mathcal{P}(n,t) = & \frac{4\xi^n\left[1-2\left(\bar{n}+1\right)\mathcal{T}\right]^m}{n!m!\left(2-\xi\right)^{n+1}\left(2\bar{n}\mathcal{T}+1\right)^{m+1}} \frac{\partial^{2n}}{\partial s^n \partial \tau^n} \frac{\partial^{2m}}{\partial s'^m \partial \tau'^m} \mathrm{e}^{-s\tau-s'\tau'} \\
& \times \int \frac{\mathrm{d}^2\alpha}{\pi} \mathrm{e}^{-\mathfrak{g}'|\alpha|^2 + \frac{2(\alpha s + \alpha^* \tau)}{\sqrt{2-\xi}} + \mathfrak{g}\alpha\tau' + \mathfrak{g}\alpha^* s'}\bigg|_{s=\tau=s'=\tau'=0},
\end{aligned} \qquad (4\text{-}120)$$

这里

$$\mathfrak{g}' = \frac{2\xi}{2-\xi} + \frac{2}{2\bar{n}\mathcal{T}+1}. \qquad (4\text{-}121)$$

进一步, 利用六变量特殊多项式 $\mathfrak{F}_{n,m,l,k}(x,y,x',y';\nu,\upsilon)$, 可把随时间演化的光子计数分布 $\mathcal{P}(n,t)$ 简化为

$$\begin{aligned}
\mathcal{P}(n,t) = & \frac{4\xi^n\left[1-2\left(\bar{n}+1\right)\mathcal{T}\right]^m \left[\mathfrak{g}'\left(2-\xi\right)-4\right]^n}{n!m!\left(2-\xi\right)^{2n+1}\left(2\bar{n}\mathcal{T}+1\right)^{m+1} \mathfrak{g}'^{n+m+1}} \\
& \times \left(\mathfrak{g}'-\mathfrak{g}^2\right)^m \mathfrak{F}_{n,n,m,m}\left(0,0,0,0;\mathfrak{h},\mathfrak{h}\right),
\end{aligned} \qquad (4\text{-}122)$$

式中

$$\mathfrak{h} = \frac{2\mathfrak{g}}{\sqrt{\left(\mathfrak{g}'-\mathfrak{g}^2\right)\left[\mathfrak{g}'\left(2-\xi\right)-4\right]}}. \qquad (4\text{-}123)$$

特别地, 当 $t\to\infty$ 时, 有

$$\mathcal{T}\to 1, \quad \mathfrak{g}\to 0, \quad \mathfrak{h}\to 0, \quad \mathfrak{g}'\to\frac{2\xi}{2-\xi}+\frac{2}{2\bar{n}+1}, \qquad (4\text{-}124)$$

则 $\mathcal{P}(n,t)$ 退化为平均热光子数为 $\bar{n}$ 的热场的光子计数分布, 即

$$\mathcal{P}(n,\infty)\to\frac{\left(\xi\bar{n}\right)^n}{\left(\xi\bar{n}+1\right)^{n+1}}. \qquad (4\text{-}125)$$

当 $\xi = 1$ 时, 光子计数分布 $\mathcal{P}(n,t)$ 代表的是热环境中粒子数态 $|m\rangle$ 光子数分布随时间演化规律, 即

$$\mathcal{P}_{\xi=1}(n,t) = \frac{4\left[1 - 2\left(\bar{n}+1\right)\mathcal{T}\right]^m \left(\mathfrak{g}''-4\right)^n \left(\mathfrak{g}''-\mathfrak{g}^2\right)^m}{n!m!\left(2\bar{n}\mathcal{T}+1\right)^{m+1}\mathfrak{g}''^{n+m+1}}$$
$$\times \mathfrak{F}_{n,n,m,m}\left(0,0,0,0;\mathfrak{h}',\mathfrak{h}'\right), \tag{4-126}$$

式中

$$\mathfrak{g}'' = 2 + \frac{2}{2\bar{n}\mathcal{T}+1}, \quad \mathfrak{h}' = \frac{2\mathfrak{g}}{\left(\mathfrak{g}''-\mathfrak{g}^2\right)\left(\mathfrak{g}''-4\right)}. \tag{4-127}$$

进一步, 在式 (4-126) 中取 $t \to \infty$, 则 $\mathfrak{g}'' \to 2 + 2/(2\bar{n}+1)$, $\mathfrak{h}'\to 0$, 这样有

$$\mathcal{P}_{\xi=1}(n,\infty) \to \frac{\bar{n}^n}{\left(\bar{n}+1\right)^{n+1}}, \tag{4-128}$$

即为玻色–爱因斯坦统计分布.

3. 维格纳函数

维格纳函数是一种非常有用的工具, 它能从相空间的角度全面深入地描述非经典态. 利用多变量特殊多项式及其生成函数, 能简化处理一些量子态的维格纳函数, 并为分析它们的非经典性质提供方便. 一般来说, 量子态 ρ 的维格纳函数定义为 $W(\alpha) = \text{tr}[\rho\Delta(\alpha)]^{[33]}$, 式中 $\Delta(\alpha)$ 为单模维格纳函数的相干态表示. 因此, 利用式 (4-102), 把态 $\left(ta + ra^\dagger\right)^m |\gamma\rangle$ 的维格纳函数表示为

$$W(\alpha) = \frac{(rt)^m \mathrm{e}^{2|\alpha|^2-|\gamma|^2}}{2^m \mathcal{N}_m} \int \frac{\mathrm{d}^2\alpha'}{\pi^2} \mathrm{H}_m\left(-\mathrm{i}\frac{t\gamma^* + r\alpha'}{\sqrt{2rt}}\right)$$
$$\times \mathrm{H}_m\left(\mathrm{i}\frac{t\gamma - r\alpha'^*}{\sqrt{2rt}}\right)\mathrm{e}^{-|\alpha'|^2+(2\alpha-\gamma)\alpha'^*-(2\alpha^*-\gamma^*)\alpha'}. \tag{4-129}$$

进一步, 利用 $\mathrm{H}_n(x)$ 的生成函数和积分公式 (1-27), 可有

$$W(\alpha) = \frac{(rt)^m}{\pi 2^m \mathcal{N}_m}\mathrm{e}^{-2|\alpha-\gamma|^2}\frac{\partial^{2m}}{\partial s^m \partial \tau^m}$$
$$\times \exp\left(-s^2 - \tau^2 - \frac{2r}{t}s\tau + \varkappa s + \varkappa^*\tau\right)\Bigg|_{s=\tau=0}$$
$$= \frac{(rt)^m \mathrm{e}^{-2|\alpha-\gamma|^2}}{\pi 2^m \mathcal{N}_m}\mathfrak{H}_{m,m}\left(\varkappa, \varkappa^*; -\frac{2r}{t}\right), \tag{4-130}$$

式中, $\varkappa = \mathrm{i}\sqrt{2}\left(t\gamma - r\gamma^* + 2r\alpha^*\right)/\sqrt{rt}$. 特别地, 当 $m = 0$ 时, $\mathfrak{H}_{0,0}\left(\varkappa, \varkappa^*; -2r/t\right) = 1$, 故 $W_0(\alpha) = \pi^{-1}\mathrm{e}^{-2|\alpha-\gamma|^2}$, 这恰好是相干态 $|\gamma\rangle$ 的维格纳函数. 然而, 对于

$m = 1$, $\mathfrak{H}_{11}\left(\varkappa, \varkappa^{*};-2r/t\right) = |\varkappa|^2 - 2r/t$, 这样有

$$W_1(\alpha) = \frac{|t\gamma - r\gamma^* + 2r\alpha^*|^2 - r^2}{r^2 + |t\gamma + r\gamma^*|^2} W_0(\alpha), \tag{4-131}$$

它与文献 [29] 中的结果完全一致.

为了清晰揭示相干叠加操作 $\left(ta + ra^\dagger\right)^m$ 如何产生相干态 $|\gamma\rangle$ 的非经典性质, 图 4-1 画出了维格纳函数 $W(\alpha)$ 随参数 m, r 和 γ 的变化规律. 结果表明, 维格纳函数 $W(\alpha)$ 的负部体积随着光子增加操作 $a^\dagger$ 的比率 r 的增大而单调增大, 随着相干态 $|\gamma\rangle$ 振幅 γ 的增大而单调减小, 但是随着阶数 m 呈现出不规则变化. 因此, 为了增强态 $\left(ta + ra^\dagger\right)^m |\gamma\rangle$ 的非经典性质, 需要具有较高比率 r 的相干叠加操作和较小振幅 γ 的初始相干态.

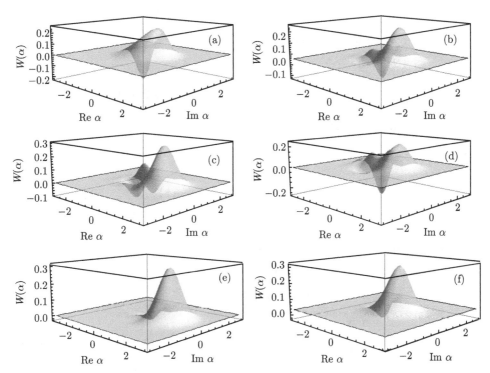

图 4-1　在参数 m, r 和 γ 取不同数值时, 相干叠加操作下的相干态 $\left(ta + ra^\dagger\right)^m |\gamma\rangle$ 的维格纳函数

(a) $m = 1$, $r = 0.5$, $\gamma = 0.2$; (b) $m = 3$, $r = 0.5$, $\gamma = 0.2$; (c) $m = 4$, $r = 0.5$, $\gamma = 0.2$; (d) $m = 3$, $r = 0.5$, $\gamma = 0.1$; (e) $m = 3$, $r = 0.5$, $\gamma = 0.5$; (f) $m = 3$, $r = 0.2$, $\gamma = 0.2$

对于双模量子态 $\mathrm{H}_{n,m}\left(fa^\dagger, gb^\dagger\right) S_2(r) |00\rangle$, 把它所对应的密度算符和相干态

表象中的双模维格纳算符 $\Delta(\alpha,\beta)$ 代入维格纳函数定义, 这样得到

$$
\begin{aligned}
W(\alpha,\beta) =&\, \frac{\mathrm{sech}^2 r}{\pi^2 \mathfrak{N}_{n,m}} \mathrm{e}^{2\left(|\alpha|^2 + |\beta|^2\right)} \iint \frac{\mathrm{d}^2 \alpha' \mathrm{d}^2 \beta'}{\pi^2} \mathrm{H}_{n,m}\left(-f\alpha'^*, -g\beta'^*\right) \mathrm{H}_{n,m}\left(f\alpha', g\beta'\right) \\
&\times \exp\Big[\left(\alpha'\beta' + \alpha'^*\beta'^*\right)\tanh r + 2\left(\alpha\alpha'^* + \beta\beta'^* - |\alpha'|^2\right) \\
&-2\left(|\beta'|^2 + \beta^*\beta' + \alpha^*\alpha'\right)\Big].
\end{aligned}
\tag{4-132}
$$

根据 $\mathrm{H}_{n,m}(x,y)$ 的生成函数, 并利用积分公式 (4-111) 分别对式 (4-132) 中的变量 α', β' 进行积分, 可得到维格纳函数 $W(\alpha,\beta)$ 的解析表达式

$$
\begin{aligned}
W(\alpha,\beta) =&\, \frac{1}{\pi^2 \mathfrak{N}_{n,m}} \mathrm{e}^{2\left(|\beta|^2 - |\alpha|^2\right) - |\mathfrak{G}|^2 \cosh^2 r} \frac{\partial^{n+m}}{\partial s^n \partial \tau^m} \frac{\partial^{n+m}}{\partial s'^n \partial \tau'^m} \\
&\times \exp\Big[-\mathfrak{f}^{-1}\left(s\tau + s'\tau'\right) - g^2 \tau\tau' \cosh^2 r \\
&- f^2 ss' \cosh^2 r - g\mathfrak{G}^* \tau \cosh^2 r - g\mathfrak{G} \tau' \cosh^2 r \\
&+ 2f\cosh r\left(\alpha\cosh r - \beta^* \sinh r\right)s \\
&+ 2f\cosh r\left(\alpha^*\cosh r - \beta \sinh r\right)s'\Big]\Big|_{s=\tau=s'=\tau'=0} \\
=&\, \frac{1}{\pi^2 \mathfrak{N}_{n,m}\mathfrak{f}^{n+m}} \exp\Big[-2\left(|\alpha|^2 + |\beta|^2\right)\cosh 2r + 2\left(\alpha\beta + \alpha^*\beta^*\right)\sinh 2r\Big] \\
&\times \mathfrak{F}_{n,m,n,m}\left(\varrho', \varkappa', \varrho'^*, \varkappa'^*; -f^2\mathfrak{f}\cosh^2 r, -g^2\mathfrak{f}\cosh^2 r\right),
\end{aligned}
\tag{4-133}
$$

式中

$$
\begin{aligned}
\varrho' &= 2f\sqrt{\mathfrak{f}}\cosh r\left(\alpha\cosh r - \beta^*\sinh r\right), \\
\varkappa' &= -g\sqrt{\mathfrak{f}}G^*\cosh^2 r, \quad \mathfrak{G} = 2\alpha\tanh r - 2\beta^*.
\end{aligned}
\tag{4-134}
$$

对于 $r=0$ 的情况, $\mathfrak{f}=1$, $\mathfrak{G}=-2\beta^*$, $\varrho'=2f\alpha$, 且 $\varkappa'=2g\beta$, 则 $W(\alpha,\beta)$ 变成态 $\mathrm{H}_{n,m}\left(fa^\dagger, gb^\dagger\right)|00\rangle$ 的维格纳函数, 即

$$
\begin{aligned}
W_0(\alpha,\beta) =&\, \frac{\mathrm{e}^{-2\left(|\alpha|^2 + |\beta|^2\right)}}{\pi^2 \mathfrak{F}_{n,m,n,m}\left(0,0,0,0; f^2, g^2\right)} \\
&\times \mathfrak{F}_{n,m,n,m}\left(2f\alpha, 2g\beta, 2f\alpha^*, 2g\beta^*; -f^2, -g^2\right).
\end{aligned}
\tag{4-135}
$$

当 $f=g=0$ 时, $\varrho'=\varkappa'=0$ 且 $\mathfrak{f}=1$, 故 $W(\alpha,\beta)$ 简化为

$$
\begin{aligned}
W_{0,0}(\alpha,\beta) =&\, \frac{1}{\pi^2} \exp\Big[-2\left(|\alpha|^2 + |\beta|^2\right)\cosh 2r \\
&+ 2\left(\alpha\beta + \alpha^*\beta^*\right)\sinh 2r\Big],
\end{aligned}
\tag{4-136}
$$

它为双模压缩真空态 $S_2(r)\,|00\rangle$ 的维格纳函数.

同样地, 在图 4-2 中画出了不同参数 f, g, n, m 和 r 对态 $\mathrm{H}_{n,m}\left(fa^{\dagger}, gb^{\dagger}\right)$ $S_2(r)\,|00\rangle$ 的维格纳函数的影响. 可见, 当 $m = n \neq 0$ 时, 维格纳分布 $W(\alpha, \beta)$ 在朝上主峰的两边展现出两个下浸的负值区域, 且这个负值区域随着 $m = n$ 的增大而单调增大, 但随着 $m \neq n$ 或者参数 f, g 的增大呈现出不确定的变化. 此外, 维格纳函数 $W(\alpha, \beta)$ 沿着某个方向被压缩, 且负值区域随着压缩参数 r 的增大而增大. 总之, 参数 $m = n$ 和压缩参数 r 能单调增强态 $\mathrm{H}_{n,m}\left(fa^{\dagger}, gb^{\dagger}\right) S_2(r)\,|00\rangle$ 的非经典性质, 但参数 f, g 和 $m \neq n$ 的增大对它产生了不规则的影响.

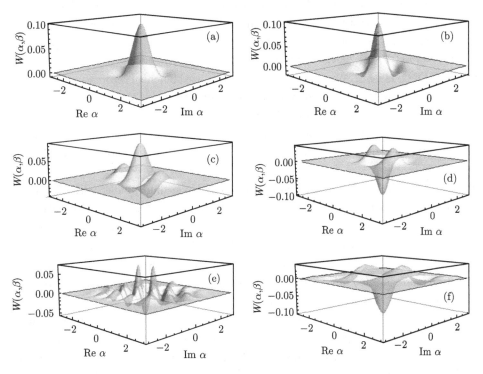

图 4-2　在参数 f, g, n, m 和 r 取不同值时, 态 $\mathrm{H}_{n,m}\left(fa^{\dagger}, gb^{\dagger}\right) S_2(r)\,|00\rangle$ 的维格纳函数
(a) $f = 0.5$, $g = 0.5$, $n = 2$, $m = 2$, $r = 0.2$; (b) $f = 0.5$, $g = 0.5$, $n = 5$, $m = 5$, $r = 0.2$; (c) $f = 0.5$, $g = 0.5$, $n = 5$, $m = 2$, $r = 0.2$; (d) $f = 0.5$, $g = 0.5$, $n = 5$, $m = 4$, $r = 0.2$; (e) $f = 1.5$, $g = 1.5$, $n = 5$, $m = 4$, $r = 0.2$; (f) $f = 0.5$, $g = 0.5$, $n = 5$, $m = 4$, $r = 0.9$

参 考 文 献

[1] Hoffmann S E, Hussin V, Marquette I, et al. Non-classical behaviour of coherent states for systems constructed using exceptional orthogonal polynomials[J]. Journal of Physics A: Mathematical and Theoretical, 2018, 51(8): 085202.

[2]　Hwang K W, Ryoo C S. Differential equations associated with two variable degenerate Hermite polynomials[J]. Mathematics, 2020, 8(2): 228.

[3]　Fan H Y, Fan Y. New eigenmodes of propagation in quadratic graded index media and complex fractional Fourier transform[J]. Communications in Theoretical Physics, 2003, 39(1): 97-100.

[4]　Fan H Y, Klauder J R. Weyl correspondence and P-representation as operator Fredholm equations and their solutions[J]. Journal of Physics A: Mathematical and General, 2006, 39(34): 10849.

[5]　Fan H Y, Chen J. Atomic coherent states studied by virtue of the EPR entangled state and their Wigner functions[J]. The European Physical Journal D, 2003, 23(3): 437-442.

[6]　Meng X G, Wang J S, Fan H Y. Atomic coherent states as the eigenstates of a two-dimensional anisotropic harmonic oscillator in a uniform magnetic field[J]. Modern Physics Letters A, 2009, 24(38): 3129-3136.

[7]　Meng X G, Liu J M, Wang J S, et al. New generalized binomial theorems involving two-variable Hermite polynomials via quantum optics approach and their applications[J]. The European Physical Journal D, 2019, 73(2): 32.

[8]　Fan H Y, Jiang T F. Two-variable Hermite polynomials as time-evolutional transition amplitude for driven harmonic oscillator[J]. Modern Physics Letters B, 2007, 21(8): 475-480.

[9]　Fan H Y, Xu X F. Talbot effect in a quadratic-index medium studied with two-variable Hermite polynomials and entangled states[J]. Optics Letters, 2004, 29(10): 1048-1050.

[10]　Dodonov V V. Asymptotic formulae for two-variable Hermite polynomials[J]. Journal of Physics A: Mathematical and General, 1994, 27(18): 6191-6204.

[11]　Fan H Y, Fan Y. New bosonic operator ordering identities gained by the entangled state representation and two-variable Hermite polynomials[J]. Communications in theoretical physics, 2002, 38(3): 297-300.

[12]　Bergou J A, Hillery M, Yu D Q. Minimum uncertainty states for amplitude-squared squeezing: Hermite polynomial states[J]. Physical Review A, 1991, 43(1), 515-520.

[13]　Górska K, Horzela A, Szafraniec F H. Holomorphic Hermite polynomials in two variables[J]. Journal of Mathematical Analysis and Applications, 2019, 470(2): 750-769.

[14]　Casper W R, Kolb S, Yakimov M. Bivariate continuous q-Hermite polynomials and deformed quantum serre relations[J]. 2020, arXiv: 2002.07895.

[15]　Meng X G, Li K C, Wang J S, et al. Multi-variable special polynomials using an operator ordering method[J]. Frontiers of Physics, 2020, 15(5): 52501.

[16]　Magnus W, Oberhettinger F, Soni R P. Formulas and Theorems for the Special Functions of Mathematical Physics[M]. Berlin: Springer, 1966.

[17]　Neto A F. Spin coherent states, binomial convolution and a generalization of the Möbius function[J]. Journal of Physics A: Mathematical and Theoretical, 2012, 45(39): 395308.

[18] Lande A. Priciples of Quantum Mechanics[M]. UK: Cambridge University Press, 2013.

[19] Bartley T J, Walmsley I A. Directly comparing entanglement-enhancing non-Gaussian operations[J]. New Journal of Physics, 2015, 17(2): 023038.

[20] Wang W H, Cao H X, Chen Z L, et al. Quantitative conditions for time evolution in terms of the von Neumann equation[J]. Science China Physics, Mechanics & Astronomy, 2018, 61(7): 070312.

[21] Zhang H L, Yuan H C, Hu L Y, et al. Synthesis of Hermite polynomial excited squeezed vacuum states from two separate single-mode squeezed vacuum states[J]. Optics Communications, 2015, 356(23): 223-229.

[22] Meng X G, Wang J S, Liang B L. Atomic coherent states as energy eigenstates of a Hamiltonian describing a two-dimensional anisotropic harmonic potential in a uniform magnetic field[J]. Chinese Physics B, 2010, 19(12): 124205.

[23] Fan H Y, Li C, Jiang Z H. Spin coherent states as energy eigenstates of two coupled oscillators[J]. Physics Letters A, 2004, 327(5-6): 416-424.

[24] Temme N M, Toranzo I V, Dehesa J S. Entropic functionals of laguerre and gegenbauer polynomials with large parameters[J]. Journal of Physics A: Mathematical and Theoretical, 2017, 50(21): 215206.

[25] Fan H Y, Klauder J R. Eigenvectors of two particles' relative position and total momentum[J]. Physical Review A, 1994, 49(2): 704-707.

[26] Wenger J, Tualle-Brouri R, Grangier P. Non-Gaussian statistics from individual pulses of squeezed light[J]. Physical Review Letters, 2004, 92(15): 153601.

[27] Wakui K, Takahashi H, Furusawa A, et al. Photon subtracted squeezed states generated with periodically poled $KTiOPO_4$[J]. Optics Express, 2007, 15(6): 3568.

[28] Fan H Y, Meng X G, Wang J S. New form of Legendre polynomials obtained by virtue of excited squeezed state and IWOP technique in quantum optics[J]. Communications in Theoretical Physics, 2006, 46(5): 845-848.

[29] Lee S Y, Nha H. Quantum state engineering by a coherent superposition of photon subtraction and addition[J]. Physical Review, 2010, 82(5): 053812.

[30] Yuan H C, Xu X X, Xu Y J. Generating two-variable Hermite polynomial excited squeezed vacuum states by conditional measurement on beam splitters[J]. Optik, 2018, 172(21): 1034-1039.

[31] Kelley P L, Kleiner W H. Theory of electromagnetic field measurement and photoelectron counting[J]. Physical Review, 1964, 136(2A): A316-A334.

[32] 范洪义, 胡利云. 开放系统量子退相干的纠缠态表象论 [M]. 上海: 上海交通大学出版社, 2010.

[33] Scully M O, Zubairy M S. Quantum Optics[M]. Cambridge: Cambridge University Press, 1997.

第 5 章 若干密度算符主方程的求解

量子退相干是量子信息和量子计算中普遍存在的本质问题, 并给相关信息技术的发展和应用带来了很大困扰. 因此, 相互作用系统的退相干效应受到极大关注. 在相互作用表象下, 开放系统的量子退相干效应可用系统的约化密度算符满足的量子主方程进行描述. 在已有的文献 [1-5] 中, 一般通过求解密度算符的 P-表示或维格纳函数满足的福克–普朗克方程来分析系统的退相干演化规律. 不同于以往的方法, 基于热场动力学理论, 范洪义引入了一种描述系统与其周围环境相互作用的热场纠缠态表象 (系统作为实模, 与系统有相互作用的环境作为虚模), 由此推导出了实、虚模算符满足的算符恒等式 (1-119), 并将关于密度算符的量子主方程转化为相应态矢量满足的方程, 从而成功求解了一系列描述系统发生退相干演化的量子主方程并给出了其解析解 [6].

本章利用热场纠缠态表象去求解几种玻色或费米系统密度算符的量子主方程, 包括描述线性共振力作用下扩散过程 [7]、热库中外场驱使单模谐振腔场 [8]、压缩热库中受线性共振力作用的阻尼谐振子 [9]、受振幅阻尼和热噪声共同影响的克尔介质的玻色主方程 [10], 以及描述振幅阻尼、相位阻尼和热库的费米主方程 [11,12], 并给出含时密度算符的克劳斯算符和表示. 最后, 讨论平移热态的产生机制和统计特性 [13].

5.1 几种玻色量子主方程的解

5.1.1 线性共振力作用下扩散过程的主方程

在量子光学中, 描述线性共振力作用下扩散过程的量子主方程为

$$\frac{\mathrm{d}\rho(t)}{\mathrm{d}t} = \mathrm{i}\lambda\left[a^{\dagger}+a, \rho(t)\right] - k\left[a^{\dagger}a\rho(t) - a^{\dagger}\rho(t)a - a\rho(t)a^{\dagger} + \rho(t)aa^{\dagger}\right], \quad (5\text{-}1)$$

式中, $a(a^{\dagger})$ 为系统的湮灭 (产生) 算符, 参数 λ, k 分别表示共振力的强度和退相干过程中的衰退率. 特殊地, 当 $k = 0$ 时, 系统仅受到线性共振力的作用; 而当 $\lambda = 0$ 时, 主方程 (5-1) 描述光场的单一扩散过程. 为了求解主方程 (5-1), 将充分利用由纠缠态 $|I\rangle$ 建立的算符恒等式 (1-119). 把主方程 (5-1) 的左右两端同时作用到态 $|I\rangle$ 上, 并假设 $|\rho(t)\rangle = \rho(t)|I\rangle$, 可有

$$\frac{\mathrm{d}}{\mathrm{d}t}|\rho(t)\rangle = \mathrm{i}\lambda\left[a^{\dagger}+a, \rho(t)\right]|I\rangle - k\left[a^{\dagger}a\rho(t) - a^{\dagger}\rho(t)a - a\rho(t)a^{\dagger} + \rho(t)aa^{\dagger}\right]|I\rangle$$

$$= \left[i\lambda(a^\dagger + a - \tilde{a} - \tilde{a}^\dagger) - k\left(a^\dagger - \tilde{a}\right)\left(a - \tilde{a}^\dagger\right) \right] |\rho(t)\rangle. \tag{5-2}$$

这样, 方程 (5-2) 的标准解为

$$|\rho(t)\rangle = e^{i\lambda(a-\tilde{a}^\dagger)t} e^{i\lambda(a^\dagger - \tilde{a})t} e^{-k(a^\dagger - \tilde{a})(a - \tilde{a}^\dagger)t} |\rho(0)\rangle, \tag{5-3}$$

式中, $\rho(0)$ 为初始的密度算符, $|\rho(0)\rangle = \rho(0)|I\rangle$. 现在把态 $|\chi\rangle$ 的完备性关系式 (1-111) 代入式 (5-3) 的右边, 并利用本征方程 (1-109), 可得

$$
\begin{aligned}
|\rho(t)\rangle &= \int \frac{\mathrm{d}^2\chi}{\pi} e^{i\lambda t(\chi+\chi^*) - kt|\chi|^2} |\chi\rangle \langle\chi| \rho(0)\rangle \\
&= \int \frac{\mathrm{d}^2\chi}{\pi} : e^{-(1+kt)|\chi|^2 + \chi(a^\dagger - \tilde{a} + i\lambda t) + \chi^*(a - \tilde{a}^\dagger + i\lambda t) - (a - \tilde{a}^\dagger)(a^\dagger - \tilde{a})} : |\rho(0)\rangle \\
&= \frac{1}{1+kt} : e^{\frac{1}{1+kt}(a^\dagger - \tilde{a} + i\lambda t)(a - \tilde{a}^\dagger + i\lambda t) - (a^\dagger - \tilde{a})(a - \tilde{a}^\dagger)} : |\rho(0)\rangle \\
&= \frac{1}{1+kt} : e^{\frac{-kt}{1+kt}(a^\dagger - \tilde{a})(a - \tilde{a}^\dagger) + \frac{i\lambda t}{1+kt}(a - \tilde{a}^\dagger) + \frac{i\lambda t}{1+kt}(a^\dagger - \tilde{a}) - \frac{\lambda^2 t^2}{1+kt}} : |\rho(0)\rangle \\
&= e^{-\frac{\lambda^2 t^2}{1+kt}} e^{\frac{kt}{1+kt} a^\dagger \tilde{a}^\dagger + \frac{i\lambda t}{1+kt}(a^\dagger - \tilde{a}^\dagger)} \left(\frac{1}{1+kt}\right)^{a^\dagger a + \tilde{a}^\dagger \tilde{a} + 1} e^{\frac{kt}{1+kt} \tilde{a} a + \frac{i\lambda t}{1+kt}(a - \tilde{a})} |\rho(0)\rangle,
\end{aligned}
\tag{5-4}
$$

式中利用了真空态投影算符 $|0\rangle\langle0|$ 的正规乘积表示 (1-7) 和算符恒等式 (1-2). 进一步, 利用关系式 (1-119), 把式 (5-4) 改写为

$$
\begin{aligned}
|\rho(t)\rangle &= \frac{1}{1+kt} e^{-\frac{\lambda^2 t^2}{1+kt}} \sum_{m,n=0}^{\infty} \frac{1}{m!n!} \left(\frac{kt}{1+kt}\right)^m a^{\dagger m} e^{\frac{i\lambda t}{1+kt} a^\dagger} \left(\frac{1}{1+kt}\right)^{a^\dagger a} \\
&\quad \times \left(\frac{kt}{1+kt}\right)^n a^n e^{\frac{i\lambda t}{1+kt} a} \rho(0) e^{-\frac{i\lambda t}{1+kt} a^\dagger} a^{\dagger n} \left(\frac{1}{1+kt}\right)^{a^\dagger a} e^{-\frac{i\lambda t}{1+kt} a} a^m |I\rangle.
\end{aligned}
\tag{5-5}
$$

因此, 把式 (5-5) 左右两边的态 $|I\rangle$ 同时去掉, 可得到主方程 (5-1) 的解, 即

$$
\begin{aligned}
\rho(t) &= \frac{1}{1+kt} e^{-\frac{\lambda^2 t^2}{1+kt}} \sum_{m,n=0}^{\infty} \frac{1}{m!n!} \left(\frac{kt}{1+kt}\right)^{m+n} a^{\dagger m} e^{\frac{i\lambda t}{1+kt} a^\dagger} \\
&\quad \times \left(\frac{1}{1+kt}\right)^{a^\dagger a} a^n e^{\frac{i\lambda t}{1+kt} a} \rho(0) e^{-\frac{i\lambda t}{1+kt} a^\dagger} a^{\dagger n} \left(\frac{1}{1+kt}\right)^{a^\dagger a} e^{-\frac{i\lambda t}{1+kt} a} a^m, \tag{5-6}
\end{aligned}
$$

它恰好是关于密度算符 $\rho(t)$ 的无限维算符和表示. 由式 (5-6) 可知, 含时密度算符 $\rho(t)$ 的无限维算符和表示为研究给定初始态 $\rho(0)$ 在这种扩散过程中的演化提

供方便. 对应于密度算符 $\rho(t)$, 若定义克劳斯算符 $M_{m,n}$ 为

$$
M_{m,n} = \frac{1}{\sqrt{m!n!}} e^{-\frac{\lambda^2 t^2}{2(1+kt)}} \left(\frac{kt}{1+kt}\right)^{(m+n)/2}
$$

$$
\times a^{\dagger m} e^{\frac{i\lambda t}{1+kt}a^\dagger} \left(\frac{1}{1+kt}\right)^{a^\dagger a+1/2} a^n e^{\frac{i\lambda t}{1+kt}a}, \tag{5-7}
$$

则式 (5-6) 能进一步被改写为 $\rho(t)$ 的无限维克劳斯算符和表示

$$
\rho(t) = \sum_{m,n=0}^{\infty} M_{m,n}\rho(0)M_{m,n}^\dagger. \tag{5-8}
$$

下面考察克劳斯算符 $M_{m,n}$ 的归一化问题.

$$
\sum_{m,n=0}^{\infty} M_{m,n}^\dagger M_{m,n} = \frac{1}{1+kt} e^{-\frac{\lambda^2 t^2}{1+kt}} \sum_{m,n=0}^{\infty} \frac{1}{m!n!} \left(\frac{kt}{1+kt}\right)^{m+n} e^{-\frac{i\lambda t}{1+kt}a^\dagger}
$$

$$
\times a^{\dagger n} \left(\frac{1}{1+kt}\right)^{a^\dagger a} e^{-\frac{i\lambda t}{1+kt}a} a^m a^{\dagger m} e^{\frac{i\lambda t}{1+kt}a^\dagger} \left(\frac{1}{1+kt}\right)^{a^\dagger a} a^n e^{\frac{i\lambda t}{1+kt}a}
$$

$$
= \frac{1}{1+kt} e^{-\frac{\lambda^2 t^2}{1+kt}} \sum_{n=0}^{\infty} \frac{1}{n!} \left(\frac{kt}{1+kt}\right)^n e^{-\frac{i\lambda t}{1+kt}a^\dagger} a^{\dagger n} \left(\frac{1}{1+kt}\right)^{a^\dagger a}
$$

$$
\times e^{-\frac{i\lambda t}{1+kt}a} : e^{\frac{kta^\dagger a}{1+kt}} : e^{\frac{i\lambda t}{1+kt}a^\dagger} \left(\frac{1}{1+kt}\right)^{a^\dagger a} a^n e^{\frac{i\lambda t}{1+kt}a}. \tag{5-9}
$$

进一步, 利用算符恒等式 (1-34), 则式 (5-9) 变成

$$
\sum_{m,n=0}^{\infty} M_{m,n}^\dagger M_{m,n} = e^{-\frac{\lambda^2 t^2}{1+kt}} \sum_{n=0}^{\infty} \frac{1}{n!} \left(\frac{kt}{1+kt}\right)^n e^{-\frac{i\lambda t}{1+kt}a^\dagger} a^{\dagger n} \left(\frac{1}{1+kt}\right)^{a^\dagger a}
$$

$$
\times e^{-\frac{i\lambda t}{1+kt}a} \left(\frac{1}{1+kt}\right)^{-a^\dagger a} e^{\frac{i\lambda t}{1+kt}a^\dagger} \left(\frac{1}{1+kt}\right)^{a^\dagger a} a^n e^{\frac{i\lambda t}{1+kt}a}. \tag{5-10}
$$

注意到算符公式

$$
e^{\beta a^\dagger a} f(a,a^\dagger) e^{-\beta a^\dagger a} = f(ae^{-\beta}, a^\dagger e^\beta), \tag{5-11}
$$

这样有

$$
\sum_{m,n=0}^{\infty} M_{m,n}^\dagger M_{m,n} = e^{-\frac{\lambda^2 t^2}{1+kt}} \sum_{n=0}^{\infty} \frac{1}{n!} \left(\frac{kt}{1+kt}\right)^n e^{-\frac{i\lambda t}{1+kt}a^\dagger}
$$

$$\times a^{\dagger n} \left(\frac{1}{1+kt} \right)^{a^{\dagger}a} e^{-\frac{i\lambda t}{1+kt}a} e^{i\lambda t a^{\dagger}} a^n e^{\frac{i\lambda t}{1+kt}a}. \tag{5-12}$$

进一步, 利用算符公式

$$e^A e^B = e^B e^A e^{[A,B]}, \tag{5-13}$$

上式成立要求 $[A, B] \neq 0$, 得到

$$\sum_{m,n=0}^{\infty} M_{m,n}^{\dagger} M_{m,n} = \sum_{n=0}^{\infty} \frac{1}{n!} \left(\frac{kt}{1+kt} \right)^n e^{-\frac{i\lambda t}{1+kt}a^{\dagger}}$$

$$\times a^{\dagger n} \left(\frac{1}{1+kt} \right)^{a^{\dagger}a} e^{i\lambda t a^{\dagger}} a^n. \tag{5-14}$$

最后, 利用式 (1-21) 和 (5-11), 得到

$$\sum_{m,n=0}^{\infty} M_{m,n}^{\dagger} M_{m,n} = \sum_{n=0}^{\infty} \frac{1}{n!} \left(\frac{kt}{1+kt} \right)^n e^{-\frac{i\lambda t}{1+kt}a^{\dagger}} a^{\dagger n} \left(\frac{1}{1+kt} \right)^{a^{\dagger}a}$$

$$\times e^{i\lambda t a^{\dagger}} \left(\frac{1}{1+kt} \right)^{-a^{\dagger}a} \left(\frac{1}{1+kt} \right)^{a^{\dagger}a} a^n$$

$$= \sum_{n=0}^{\infty} \frac{1}{n!} \left(\frac{kt}{1+kt} \right)^n a^{\dagger n} \left(\frac{1}{1+kt} \right)^{a^{\dagger}a} a^n$$

$$= \sum_{n=0}^{\infty} \frac{1}{n!} \left(\frac{kt}{1+kt} \right)^n a^{\dagger n} : e^{-\frac{kt}{1+kt}a^{\dagger}a} : a^n$$

$$=: e^{\frac{kt}{1+kt}a^{\dagger}a} e^{-\frac{kt}{1+kt}a^{\dagger}a} : = 1. \tag{5-15}$$

可见, 克劳斯算符 $M_{m,n}$ 是归一化的. 由此得到

$$\mathrm{tr}\rho(t) = \mathrm{tr} \left(\sum_{m,n=0}^{\infty} M_{m,n}\rho(0)M_{m,n}^{\dagger} \right) = \mathrm{tr}\rho(0) = 1, \tag{5-16}$$

上式表明, 克劳斯算符 $M_{m,n}$ 是保迹量子操作, 而且算符 $\rho(t)$ 具有无限维算符和表示.

下面考察相干态 $\rho(0) = |\alpha\rangle\langle\alpha|$ 作为初始态在线性共振力作用下扩散过程中的演化行为. 根据式 (5-6) 可有

$$\rho_{|\alpha\rangle}(t) = \frac{1}{1+kt} e^{\frac{i\lambda t}{1+kt}(\alpha-\alpha^*) - \frac{\lambda^2+kt}{1+kt}} \sum_{m,n=0}^{\infty} \frac{|\alpha|^{2n}}{m!n!} \left(\frac{kt}{1+kt} \right)^{m+n}$$

$$\times\, a^{\dagger m} \mathrm{e}^{\frac{\mathrm{i}\lambda t}{1+kt}a^{\dagger}} \left(\frac{1}{1+kt}\right)^{a^{\dagger}a} |\alpha\rangle\langle\alpha| \left(\frac{1}{1+kt}\right)^{a^{\dagger}a} \mathrm{e}^{-\frac{\mathrm{i}\lambda t}{1+kt}a} a^{m}. \tag{5-17}$$

把算符恒等式

$$\left(\frac{1}{1+kt}\right)^{a^{\dagger}a} |\alpha\rangle = \mathrm{e}^{a^{\dagger}a \ln\frac{1}{1+kt}} |\alpha\rangle = \exp\left(-\frac{|\alpha|^2}{2} + \frac{\alpha a^{\dagger}}{1+kt}\right)|0\rangle \tag{5-18}$$

以及真空态投影算符的正规乘积 (1-7) 代入式 (5-17), 可有态 $\rho_{|\alpha\rangle}(t)$ 的正规乘积表示

$$\rho_{|\alpha\rangle}(t) = \frac{1}{1+kt} \mathrm{e}^{-|\alpha|^2 + \frac{\mathrm{i}\lambda t}{1+kt}(\alpha-\alpha^*) - \frac{\lambda^2+kt}{1+kt}} \sum_{m,n=0}^{\infty} \frac{|\alpha|^{2n}}{m!n!}$$
$$\times \left(\frac{kt}{1+kt}\right)^{m+n} : a^{\dagger m} \mathrm{e}^{\frac{\mathrm{i}\lambda t}{1+kt}a^{\dagger}} \mathrm{e}^{\frac{\alpha a^{\dagger}}{1+kt} + \frac{\alpha^* a}{1+kt} - a^{\dagger}a} \mathrm{e}^{-\frac{\mathrm{i}\lambda t}{1+kt}a} a^{m} :$$
$$= \frac{1}{1+kt} \mathrm{e}^{-|\alpha|^2 + \frac{\mathrm{i}\lambda t}{1+kt}(\alpha-\alpha^*) - \frac{\lambda^2+kt}{1+kt}} \mathrm{e}^{\frac{\mathrm{i}\lambda t+\alpha}{1+kt}a^{\dagger}} : \mathrm{e}^{-\frac{1}{1+kt}a^{\dagger}a} : \mathrm{e}^{\frac{-\mathrm{i}\lambda t+\alpha^*}{1+kt}a}. \tag{5-19}$$

进一步, 由式 (1-21) 得到

$$\rho_{|\alpha\rangle}(t) = \frac{1}{1+kt} \mathrm{e}^{-|\alpha|^2 + \frac{\mathrm{i}\lambda t}{1+kt}(\alpha-\alpha^*) - \frac{\lambda^2+kt}{1+kt}}$$
$$\times \mathrm{e}^{\frac{\mathrm{i}\lambda t+\alpha}{1+kt}a^{\dagger}} \mathrm{e}^{a^{\dagger}a \ln\frac{kt}{1+kt}} \mathrm{e}^{\frac{-\mathrm{i}\lambda t+\alpha^*}{1+kt}a}. \tag{5-20}$$

它实际上是一个多光子增加热态的叠加态. 因此, 当通过线性共振力作用下的扩散过程后, 由于通道噪声的影响, 纯相干态演化为一个混合热叠加态.

5.1.2　热库中外场驱使单模谐振腔场的主方程

对于受谐振主频率为 ω_l 且强度为 λ 的外场驱使的单模腔, 其系统的哈密顿量为 [14, 15]

$$H = \hbar\omega_c a^{\dagger}a - \hbar\lambda(a^{\dagger}\mathrm{e}^{-\mathrm{i}\omega_l t} - a\mathrm{e}^{\mathrm{i}\omega_l t}), \tag{5-21}$$

式中, $a^{\dagger}, a$ 分别为自然频率为 ω_c 的单模腔场的产生算符和湮灭算符. 当这种相互作用系统"浸入"一个热库中时, 系统密度算符的演化遵从量子主方程

$$\frac{\mathrm{d}\rho(t)}{\mathrm{d}t} = \frac{1}{\mathrm{i}\hbar}[H,\rho(t)] + \kappa(\bar{n}+1)\left[2a\rho(t)a^{\dagger} - a^{\dagger}a\rho(t) - \rho(t)a^{\dagger}a\right]$$
$$+ \kappa\bar{n}\left[2a^{\dagger}\rho(t)a - aa^{\dagger}\rho(t) - \rho(t)aa^{\dagger}\right], \tag{5-22}$$

参数 $\kappa, \bar{n}$ 分别代表热库的耗散系数和平均热光子数. 主方程 (5-22) 具有一般性, 这是由于等式右侧描述热库的第二、第三项包含振幅衰退过程 ($\bar{n} \to 0$ 且 κ 保持

有限)[16] 和有限温度下的扩散过程 ($\kappa \to 0$ 且 $\bar{n} \to \infty$, 这样 $\kappa \bar{n}$ 保持有限)[17]. 为了去掉指数 $\mathrm{e}^{\pm \mathrm{i} \omega_l t}$, 利用幺正变换算符 $\mathcal{U}(t) = \exp(-\mathrm{i} \omega_l a^\dagger a t)$ 实现的旋转理论把哈密顿算符 H 转化为 [18]

$$H^R = \mathcal{U}^\dagger(t) H \mathcal{U}(t) - \mathrm{i} \hbar \mathcal{U}^\dagger(t) \frac{\partial \mathcal{U}(t)}{\partial t}. \tag{5-23}$$

这样

$$\frac{\mathrm{d}\rho_u(t)}{\mathrm{d}t} = \frac{1}{\mathrm{i}\hbar}[H^R, \rho_u(t)] + \kappa(\bar{n}+1)\left[2a\rho_u(t)a^\dagger - a^\dagger a \rho_u(t) - \rho_u(t)a^\dagger a\right]$$
$$+ \kappa\bar{n}\left[2a^\dagger \rho_u(t)a - aa^\dagger \rho_u(t) - \rho_u(t)aa^\dagger\right], \tag{5-24}$$

式中

$$\rho_u(t) = \mathcal{U}^\dagger(t)\rho(t)\mathcal{U}(t),$$
$$H^R = \hbar\Delta a^\dagger a - \hbar\lambda(a^\dagger - a), \tag{5-25}$$

其中, $\Delta = \omega_c - \omega_l$ 为受外场控制腔场的有效频率的失谐量. 实际上, 哈密顿算符 H^R 也可描述受不含时线性共振力影响的阻尼谐振子系统. 考虑到对易项 $[\hbar \cdot a^\dagger a, \rho_u]$ 对退相干效应没有影响, 则

$$\frac{\mathrm{d}\rho_u(t)}{\mathrm{d}t} = \mathrm{i}\lambda[a^\dagger - a, \rho_u(t)] + \kappa(\bar{n}+1)[2a\rho_u(t)a^\dagger - a^\dagger a \rho_u(t) - \rho_u(t)a^\dagger a]$$
$$+ \kappa\bar{n}\left[2a^\dagger \rho_u(t)a - aa^\dagger \rho_u(t) - \rho_u(t)aa^\dagger\right]. \tag{5-26}$$

把式 (5-26) 的左右两端同时作用到态 $|I\rangle$ 上, 可有

$$\frac{\mathrm{d}|\rho_u(t)\rangle}{\mathrm{d}t} = \left[\mathrm{i}\lambda(\varkappa^\dagger - \varkappa) + \kappa(a\tilde{a} - a^\dagger \tilde{a}^\dagger + 1) - \kappa(2\bar{n}+1)\varkappa^\dagger \varkappa\right]|\rho_u(t)\rangle, \tag{5-27}$$

其解析解为

$$|\rho_u(t)\rangle = \exp[\mathrm{i}\lambda t(\varkappa^\dagger - \varkappa) + \kappa t(a\tilde{a} - a^\dagger \tilde{a}^\dagger + 1) - \kappa t(2\bar{n}+1)\varkappa^\dagger \varkappa]|\rho(0)\rangle, \tag{5-28}$$

式中, $\varkappa = a - \tilde{a}^\dagger$, $\varkappa^\dagger = a^\dagger - \tilde{a}$, 它们的共同本征态为 $|\chi\rangle$, 并满足本征方程

$$\varkappa|\chi\rangle = \chi|\chi\rangle, \quad \varkappa^\dagger|\chi\rangle = \chi^*|\chi\rangle. \tag{5-29}$$

注意到式 (5-28) 中的算符服从对易关系

$$[a\tilde{a} - a^\dagger \tilde{a}^\dagger, \varkappa^\dagger - \varkappa] = -(\varkappa^\dagger - \varkappa),$$
$$[\varkappa^\dagger \varkappa, \varkappa^\dagger + \varkappa] = 0,$$

$$[a\tilde{a} - a^\dagger\tilde{a}^\dagger, \varkappa^\dagger\varkappa] = -2\varkappa^\dagger\varkappa, \tag{5-30}$$

并重复利用解纠缠公式

$$e^{\lambda(A+\sigma B)} = e^{\lambda A}e^{\frac{\sigma}{\tau}\left(1-e^{-\lambda\tau}\right)B}, \tag{5-31}$$

上式成立要求 $[A, B] = \tau B$, 可有

$$|\rho_u(t)\rangle = \exp[\kappa t(a\tilde{a} - a^\dagger\tilde{a}^\dagger + 1)] \exp\left[\left(\bar{n} + \frac{1}{2}\right)\left(1 - e^{2\kappa t}\right)\varkappa^\dagger\varkappa\right]$$

$$\times \exp\left[-\frac{i\lambda}{\kappa}\left(1 - e^{\kappa t}\right)\left(\varkappa^\dagger - \varkappa\right)\right]|\rho(0)\rangle. \tag{5-32}$$

把式 (5-32) 两边同时投影到纠缠态 $\langle\chi|$ 上, 并利用双模压缩算符 $S(\gamma)$ 在纠缠态 $|\chi\rangle$ 中的自然表示

$$S(\gamma) = \frac{1}{\mu}\int\frac{\mathrm{d}^2\chi}{\pi}\left|\frac{\chi}{\mu}\right\rangle\langle\chi|, \quad \mu = e^\gamma, \tag{5-33}$$

它能把纠缠态 $|\chi\rangle$ 自然压缩为 $|\chi/\mu\rangle$, 即 $S(\gamma)|\chi\rangle = \mu^{-1}|\chi/\mu\rangle$, 这样, 式 (5-32) 能被转化为

$$\langle\chi|\rho_u(t)\rangle = \exp\Bigg[-(\bar{n}+1/2)\left(1-e^{-2\kappa t}\right)|\chi|^2$$

$$+ \frac{i\lambda}{\kappa}\left(1-e^{-\kappa t}\right)(\chi+\chi^*)\Bigg]\langle\chi e^{-\kappa t}|\rho(0)\rangle. \tag{5-34}$$

为了得到 $\rho_u(t)$ 的具体表达式, 利用纠缠态 $|\chi\rangle$ 的完备性把态 $\langle\chi|$ 从内积 $\langle\chi|\rho_u(t)\rangle$ 中"剥离"出来, 即

$$|\rho_u(t)\rangle = \int\frac{\mathrm{d}^2\chi}{\pi}|\chi\rangle\langle\chi|\rho_u(t)\rangle$$

$$= \int\frac{\mathrm{d}^2\chi}{\pi} : \exp\Bigg\{-\left[\bar{n}\left(1-e^{-2\kappa t}\right)+1\right]|\chi|^2 + \bigg[a^\dagger - \tilde{a}e^{-\kappa t}$$

$$+ \frac{i\lambda\left(1-e^{-\kappa t}\right)}{\kappa}\bigg]\chi + \bigg[ae^{-\kappa t} - \tilde{a}^\dagger + \frac{i\lambda\left(1-e^{-\kappa t}\right)}{\kappa}\bigg]\chi^*\Bigg\}$$

$$\times \exp(a^\dagger\tilde{a}^\dagger + a\tilde{a} - a^\dagger a - \tilde{a}^\dagger\tilde{a}) : |\rho(0)\rangle$$

$$= T_1\exp(T_1T_2^2)\exp[(1-T_1)a^\dagger\tilde{a}^\dagger + T_1T_2a^\dagger - T_1T_2\tilde{a}^\dagger]$$

$$\times : \exp[(T_1e^{-\kappa t}-1)(a^\dagger a + \tilde{a}^\dagger\tilde{a})] :$$

$$\times \exp[(1-T_1e^{-2\kappa t})a\tilde{a} + T_1T_2ae^{-\kappa t} - T_1T_2\tilde{a}e^{-\kappa t}]|\rho(0)\rangle, \tag{5-35}$$

式中, 最后一步利用了积分公式 (1-27),

$$T_1 = \frac{1}{\bar{n}\left(1 - \mathrm{e}^{-2\kappa t}\right) + 1}, \quad T_2 = \frac{\mathrm{i}\lambda}{\kappa}\left(1 - \mathrm{e}^{-\kappa t}\right). \tag{5-36}$$

进一步, 利用算符恒等式 (1-21) 和 (1-119), 则式 (5-35) 被改写为

$$
\begin{aligned}
|\rho_u(t)\rangle &= T_1 \mathrm{e}^{T_1 T_2^2} \exp[(1 - T_1)a^\dagger \tilde{a}^\dagger + T_1 T_2 a^\dagger - T_1 T_2 \tilde{a}^\dagger] \\
&\quad \times \exp[(a^\dagger a + \tilde{a}^\dagger \tilde{a})\ln(T_1 \mathrm{e}^{-\kappa t})] \\
&\quad \times \exp[(1 - T_1 \mathrm{e}^{-2\kappa t})a\tilde{a} + T_1 T_2 a\mathrm{e}^{-\kappa t} - T_1 T_2 \tilde{a}\mathrm{e}^{-\kappa t}]\,|\rho(0)\rangle \\
&= T_1 \mathrm{e}^{T_1 T_2^2} \sum_{l,m=0}^{\infty} \frac{(1 - T_1 \mathrm{e}^{-2\kappa t})^l (1 - T_1)^m}{l!m!} a^{\dagger m} \mathrm{e}^{T_1 T_2 a^\dagger} \\
&\quad \times \mathrm{e}^{a^\dagger a \ln(T_1 \mathrm{e}^{-\kappa t})} a^l \mathrm{e}^{T_1 T_2 a \mathrm{e}^{-\kappa t}} \rho(0) \mathrm{e}^{-T_1 T_2 a^\dagger \mathrm{e}^{-\kappa t}} \\
&\quad \times a^{\dagger l} \mathrm{e}^{a^\dagger a \ln(T_1 \mathrm{e}^{-\kappa t})} \mathrm{e}^{-T_1 T_2 a} a^m\,|I\rangle.
\end{aligned}
\tag{5-37}
$$

再把式 (5-37) 左右两端的态 $|I\rangle$ 去掉, 可得到密度算符 $\rho_u(t)$ 的无限维算符和表示

$$
\begin{aligned}
\rho_u(t) &= T_1 \mathrm{e}^{T_1 T_2^2} \sum_{l,m=0}^{\infty} \frac{(1 - T_1 \mathrm{e}^{-2\kappa t})^l (1 - T_1)^m}{l!m!} a^{\dagger m} \mathrm{e}^{T_1 T_2 a^\dagger} \\
&\quad \times \mathrm{e}^{a^\dagger a \ln(T_1 \mathrm{e}^{-\kappa t})} a^l \mathrm{e}^{T_1 T_2 a \mathrm{e}^{-\kappa t}} \rho(0) \mathrm{e}^{-T_1 T_2 a^\dagger \mathrm{e}^{-\kappa t}} \\
&\quad \times a^{\dagger l} \mathrm{e}^{a^\dagger a \ln(T_1 \mathrm{e}^{-\kappa t})} \mathrm{e}^{-T_1 T_2 a} a^m.
\end{aligned}
\tag{5-38}
$$

考虑到

$$\rho(t) = \mathrm{e}^{-\mathrm{i}\omega_l a^\dagger a t} \rho_u(t) \mathrm{e}^{\mathrm{i}\omega_l a^\dagger a t}, \tag{5-39}$$

则密度算符 $\rho(t)$ 的无限维算符和表示为

$$\rho(t) = \sum_{l,m=0}^{\infty} M_{l,m} \rho(0) M_{l,m}^\dagger, \tag{5-40}$$

式中, $M_{l,m}$ 为热库中外场驱使单模谐振腔场的密度算符 $\rho(t)$ 的克劳斯算符, 即

$$
\begin{aligned}
M_{l,m} &= \sqrt{\frac{T_1 \left(1 - T_1 \mathrm{e}^{-2\kappa t}\right)^l (1 - T_1)^m \mathrm{e}^{T_1 T_2^2}}{l!m!}} \\
&\quad \times \mathrm{e}^{-\mathrm{i}\omega_l a^\dagger a t} a^{\dagger m} \mathrm{e}^{-T_1 T_2 a^\dagger} \mathrm{e}^{a^\dagger a \ln(T_1 \mathrm{e}^{-\kappa t})} a^l \mathrm{e}^{-T_1 T_2 a \mathrm{e}^{-\kappa t}}.
\end{aligned}
\tag{5-41}
$$

考虑到热库的一般性, 这里分析几个有意义的特殊情况. 当 $\bar{n} \to 0$ 且 κ 取有限值时, $T_1 \to 1$, 则式 (5-40) 变成

$$\rho(t) = \mathrm{e}^{T_2^2} \sum_{l=0}^{\infty} \frac{(1 - \mathrm{e}^{-2\kappa t})^l}{l!} \mathrm{e}^{-\mathrm{i}\omega_l a^\dagger a t} \mathrm{e}^{T_2 a^\dagger} \mathrm{e}^{a^\dagger a \ln \mathrm{e}^{-\kappa t}}$$
$$\times a^l \mathrm{e}^{T_2 a \mathrm{e}^{-\kappa t}} \rho(0) \mathrm{e}^{-T_2 a^\dagger \mathrm{e}^{-\kappa t}} a^{\dagger l} \mathrm{e}^{a^\dagger a \ln \mathrm{e}^{-\kappa t}} \mathrm{e}^{-T_2 a} \mathrm{e}^{\mathrm{i}\omega_l a^\dagger a t}, \tag{5-42}$$

它表示初始态 $\rho(0)$ 在振幅阻尼通道中外场驱使单模谐振腔场中的演化. 进一步, 令 $\lambda = 0$, 则式 (5-40) 和 (5-42) 分别为态 $\rho(0)$ 在单一热库和振幅阻尼通道中的演化规律. 对于 $\kappa \to 0$ 且 $\bar{n} \to \infty$ 时, $\kappa\bar{n}$ 保持有限, $T_1 \to (1 + 2\mathrm{e}^{-2\kappa t})^{-1}$ 和 $T_2 \to \mathrm{i}\lambda t \mathrm{e}^{-\kappa t}$, 则式 (5-40) 代表初始态 $\rho(0)$ 在有限温度下扩散过程中的演化行为.

同样, 下面证明克劳斯算符 $M_{l,m}$ 是否是归一化的, 即

$$\sum_{l,m=0}^{\infty} M_{l,m}^\dagger M_{l,m} \overset{?}{=} 1. \tag{5-43}$$

把相干态 $|\alpha\rangle$ 的完备性插入式 (5-43), 并利用恒等式

$$\mathrm{e}^{-r a^\dagger a} |\alpha\rangle = \mathrm{e}^{-\frac{1}{2}(1 - \mathrm{e}^{-2r})|\alpha|^2} |\alpha \mathrm{e}^{-r}\rangle, \tag{5-44}$$

可得到

$$\int \frac{\mathrm{d}^2\alpha}{\pi} \sum_{l,m=0}^{\infty} M_{l,m}^\dagger |\alpha\rangle \langle\alpha| M_{l,m}$$
$$= \int \frac{\mathrm{d}^2\alpha}{\pi} \sum_{m=0}^{\infty} \frac{(1 - T_1)^m}{m!} \mathrm{e}^{T_1 T_2^2} \mathrm{e}^{T_1(1 - T_1 \mathrm{e}^{-2\kappa t})|\alpha|^l} \mathrm{e}^{-T_1 T_2 (\alpha + \alpha^*) \mathrm{e}^{-\kappa t}}$$
$$\times \mathrm{e}^{-\mathrm{i}\omega_l a^\dagger a t} a^{\dagger m} \mathrm{e}^{-T_1 T_2 a^\dagger} \mathrm{e}^{-(1 - T_1^2 \mathrm{e}^{-2\kappa t})}$$
$$\times |\alpha T_1 \mathrm{e}^{-\kappa t}\rangle \langle\alpha T_1 \mathrm{e}^{-\kappa t}| \mathrm{e}^{-T_1 T_2 a} a^m \mathrm{e}^{\mathrm{i}\omega_l a^\dagger a t}. \tag{5-45}$$

进一步, 利用相干态 $|\alpha\rangle$ 的正规乘积表示 (1-28) 以及积分公式 (1-27), 可证明克劳斯算符 $M_{l,m}$ 满足归一化条件

$$\sum_{l,m=0}^{\infty} M_{l,m}^\dagger M_{l,m} = 1. \tag{5-46}$$

利用式 (5-46) 中的归一化条件, 类似于推导式 (5-16), 也证明克劳斯算符 $M_{l,m}$ 和 $M_{l,m}^\dagger$ 是保迹量子操作.

同样, 考察初始相干态 $\rho_{|\beta\rangle} = |\beta\rangle\langle\beta|$ 在热库中外场驱使单模谐振腔场中的解析演化规律. 把相干态 $\rho_{|\beta\rangle}$ 代入式 (5-40), 可有

$$
\rho_{|\beta\rangle}(t) = T_1 e^{T_1 T_2^2} \sum_{l,m=0}^{\infty} \frac{\left(1 - T_1 e^{-2\kappa t}\right)^l (1 - T_1)^m}{l!m!}
$$
$$
\times e^{-i\omega_l a^\dagger a t} a^{\dagger m} e^{T_1 T_2 a^\dagger} e^{a^\dagger a \ln(T_1 e^{-\kappa t})} a^l e^{T_1 T_2 a e^{-\kappa t}} |\beta\rangle\langle\beta|
$$
$$
\times e^{-T_1 T_2 a^\dagger e^{-\kappa t}} a^{\dagger l} e^{a^\dagger a \ln(T_1 e^{-\kappa t})} e^{-T_1 T_2 a} a^m e^{i\omega_l a^\dagger a t}
$$
$$
= T_1 e^{\left(1 - T_1 e^{-2\kappa t}\right)|\beta|^2 + T_1 T_2 \beta e^{-\kappa t} - T_1 T_2 \beta^* e^{-\kappa t} + T_1 T_2^2}
$$
$$
\times \sum_{m=0}^{\infty} \frac{(1 - T_1)^m}{m!} e^{-i\omega_l a^\dagger a t} a^{\dagger m} e^{T_1 T_2 a^\dagger} e^{a^\dagger a \ln(T_1 e^{-\kappa t})}
$$
$$
\times |\beta\rangle\langle\beta| e^{a^\dagger a \ln(T_1 e^{-\kappa t})} e^{-T_1 T_2 a} a^m e^{i\omega_l a^\dagger a t}. \tag{5-47}
$$

利用式 (1-7) 和 (5-44), 得到

$$
\rho_{|\beta\rangle}(t) = T_1 e^{-T_1\left(\beta e^{-\kappa t} + T_2\right)\left(\beta^* e^{-\kappa t} - T_2\right)} \sum_{l,m=0}^{\infty} \frac{(1 - T_1)^m}{m!} e^{-i\omega_l a^\dagger a t}
$$
$$
\times a^{\dagger m} e^{T_1\left(\beta e^{-\kappa t} + T_2\right)a^\dagger} |0\rangle\langle0| e^{T_1\left(\beta^* e^{-\kappa t} - T_2\right)a} a^m e^{i\omega_l a^\dagger a t}
$$
$$
= T_1 e^{-T_1\left(\beta e^{-\kappa t} + T_2\right)\left(\beta^* e^{-\kappa t} - T_2\right)} \sum_{m=0}^{\infty} \frac{(1 - T_1)^m}{m!}
$$
$$
\times : a^{\dagger m} e^{T_1 e^{-i\omega_l t}\left(\beta e^{-\kappa t} + T_2\right)a^\dagger} e^{-a^\dagger a} e^{T_1 e^{i\omega_l t}\left(\beta^* e^{-\kappa t} - T_2\right)a} a^m :
$$
$$
= T_1 e^{-T_1\left(\beta e^{-\kappa t} + T_2\right)\left(\beta^* e^{-\kappa t} - T_2\right)} e^{T_1 e^{-i\omega_l t}\left(\beta e^{-\kappa t} + T_2\right)a^\dagger}
$$
$$
\times : e^{-T_1 a^\dagger a} : e^{T_1 e^{i\omega_l t}\left(\beta^* e^{-\kappa t} - T_2\right)a}. \tag{5-48}
$$

进一步, 利用式 (1-21) 并插入粒子数态 $|n\rangle$ 的完备性关系, 可导出

$$
\rho_{|\beta\rangle}(t) = T_1 e^{-T_1\left(\beta e^{-\kappa t} + T_2\right)\left(\beta e^{-\kappa t} - T_2\right)} \sum_{n=0}^{\infty} (1 - T_1)^n
$$
$$
\times e^{T_1 e^{-i\omega_l t}\left(\beta e^{-\kappa t} + T_2\right)a^\dagger} |n\rangle\langle n| e^{T_1 e^{i\omega_l t}\left(\beta^* e^{-\kappa t} - T_2\right)a}. \tag{5-49}
$$

由上式可见, 热噪声和阻尼使得初始态 $\rho_{|\beta\rangle}$ 失去了其相干性并演化为一个新的混合态. 特别地, 当 $\bar{n} \to 0$ 且 κ 保持有限时, $T_1 \to 1$, 式 (5-49) 代表相干态 $\rho_{|\beta\rangle}$ 在振幅阻尼通道中外场驱使单模谐振腔场中的演化, 即

$$
\rho_{|\beta\rangle}(t) = \left| e^{-i\omega_l t}\left(\beta e^{-\kappa t} + T_2\right)\right\rangle\left\langle e^{-i\omega_l t}\left(\beta e^{-\kappa t} + T_2\right)\right|. \tag{5-50}
$$

在此过程中, 初始态 $\rho_{|\beta\rangle}$ 的相干性被部分保留. 而当 $\lambda = 0$ 时, 式 (5-49) 和 (5-50) 分别为初始相干态在热库和振幅阻尼通道中的解析演化.

5.1.3 压缩热库中受线性共振力作用的阻尼谐振子的主方程

考虑受线性共振力控制的阻尼谐振子系统, 其体系哈密顿算符为 $H = \hbar \omega a^\dagger a - \hbar \lambda (a^\dagger + a)$[14,15], 其中, ω, λ 分别代表谐振子的自然频率和线性共振力的强度. 当把这个系统"浸入"压缩热库中时, 其密度算符随时间 t 的演化满足量子主方程

$$
\begin{aligned}
\frac{\mathrm{d}\rho(t)}{\mathrm{d}t} =\ & \mathrm{i}\lambda[a^\dagger - a, \rho(t)] + \kappa(\bar{n} + 1)\left[2a\rho(t)a^\dagger - a^\dagger a\rho(t) - \rho(t)a^\dagger a\right] \\
& + \kappa\bar{n}\left[2a^\dagger\rho(t)a - aa^\dagger\rho(t) - \rho(t)aa^\dagger\right] + \kappa M\left[2a^\dagger\rho(t)a^\dagger\right. \\
& \left. -a^{\dagger 2}\rho(t) - \rho(t)a^{\dagger 2}\right] + \kappa M^*\left[2a\rho(t)a - a^2\rho(t) - \rho(t)a^2\right],
\end{aligned} \tag{5-51}
$$

式中, 参数 M 与压缩热库有关. 当 $M = 0$ 时, 压缩热库中的压缩性质消失, 这样式 (5-51) 为描述热库中受线性共振力作用的阻尼谐振子的主方程 (5-26), 为了得到主方程 (5-51) 的解, 把它的左右两端同时作用到纠缠态 $|I\rangle$ 上并充分利用由纠缠态 $|I\rangle$ 导出的算符恒等式 (1-119), 可有

$$
\begin{aligned}
\frac{\mathrm{d}\,|\rho(t)\rangle}{\mathrm{d}t} =\ & \left[\mathrm{i}\lambda(\varkappa^\dagger - \varkappa) + \kappa(a\tilde{a} - a^\dagger\tilde{a}^\dagger + 1)\right. \\
& \left. -\kappa(2\bar{n} + 1)\varkappa^\dagger\varkappa - \kappa M\varkappa^{\dagger 2} - \kappa M^*\varkappa^2\right]|\rho(t)\rangle,
\end{aligned} \tag{5-52}
$$

其解为

$$
\begin{aligned}
|\rho(t)\rangle =\ & \exp\left\{\mathrm{i}t\lambda(\varkappa^\dagger - \varkappa) + \kappa t(a\tilde{a} - a^\dagger\tilde{a}^\dagger + 1)\right. \\
& \left. -\kappa t(2\bar{n} + 1)\varkappa^\dagger\varkappa - \kappa t M\varkappa^{\dagger 2} - \kappa t M^*\varkappa^2\right\}|\rho(0)\rangle.
\end{aligned} \tag{5-53}
$$

利用式 (5-30) 和对易关系

$$
[\varkappa^{\dagger 2}, \varkappa^\dagger + \varkappa] = 0, \quad [a\tilde{a} - a^\dagger\tilde{a}^\dagger, \varkappa^{\dagger 2}] = -2\varkappa^{\dagger 2}, \tag{5-54}
$$

以及解纠缠公式 (5-31), 则式 (5-53) 变为

$$
\begin{aligned}
|\rho(t)\rangle =\ & \exp[\kappa t(a\tilde{a} - a^\dagger\tilde{a}^\dagger + 1)] \\
& \times \exp\left\{\frac{1}{2}\left(1 - \mathrm{e}^{2\kappa t}\right)\left[(2\bar{n} + 1)\varkappa^\dagger\varkappa + M\varkappa^{\dagger 2} + M^*\varkappa^2\right]\right\} \\
& \times \exp\left[\frac{\mathrm{i}\lambda}{\kappa}\left(1 - \mathrm{e}^{\kappa t}\right)\left(\varkappa^\dagger + \varkappa\right)\right]|\rho(0)\rangle.
\end{aligned} \tag{5-55}
$$

这样, 利用本征方程 (5-29), 则内积 $\langle\chi|\,\rho(t)\rangle$ 可表示为

$$
\langle\chi|\,\rho(t)\rangle = \exp\left[-\left(\bar{n} + 1/2\right)\left(1 - \mathrm{e}^{-2\kappa t}\right)|\chi|^2\right.
$$

$$-\frac{1}{2}\left(1 - \mathrm{e}^{-2\kappa t}\right)\left(M\chi^2 + M^*\chi^{*2}\right)$$

$$+\frac{\mathrm{i}\lambda}{\kappa}\left(1 - \mathrm{e}^{-\kappa t}\right)(\chi + \chi^*)\Big]\left\langle\chi\mathrm{e}^{-\kappa t}\right|\rho(0)\rangle . \tag{5-56}$$

类似于导出式 (5-35), 把态 $|\chi\rangle$ 的完备性关系插入式 (5-56) 可得到

$$|\rho(t)\rangle = \int\frac{\mathrm{d}^2\chi}{\pi}|\chi\rangle\langle\chi|\,\rho(t)\rangle$$

$$= \int\frac{\mathrm{d}^2\chi}{\pi}: \exp\Bigg\{-\left[\bar{n}\left(1 - \mathrm{e}^{-2\kappa t}\right) + 1\right]|\chi|^2 - \frac{1}{2}\left(1 - \mathrm{e}^{-2\kappa t}\right)$$

$$\times\left(M\chi^2 + M^*\chi^{*2}\right) + \left[a^\dagger - \tilde{a}\mathrm{e}^{-\kappa t} + \frac{\mathrm{i}\lambda\left(1 - \mathrm{e}^{-\kappa t}\right)}{\kappa}\right]\chi$$

$$+ \left[a\mathrm{e}^{-\kappa t} - \tilde{a}^\dagger + \frac{\mathrm{i}\lambda\left(1 - \mathrm{e}^{-\kappa t}\right)}{\kappa}\right]\chi^*\Bigg\}$$

$$\times\exp(a^\dagger\tilde{a}^\dagger + a\tilde{a} - a^\dagger a - \tilde{a}^\dagger\tilde{a}):|\rho(0)\rangle . \tag{5-57}$$

进一步, 利用数学积分公式 (4-111), 则导出

$$|\rho(t)\rangle = T_4\exp\left[2\,\mathrm{Re}(T_4^2T_3T_2^2) + \frac{T_4^2T_2^2}{T_1}\right]$$

$$\times\exp\left[\left(1 - \frac{T_4^2}{T_1}\right)a^\dagger\tilde{a}^\dagger + T_4^2T_3^*a^{\dagger 2} + T_4^2T_3\tilde{a}^{\dagger 2} + T_5a^\dagger + T_5^*\tilde{a}^\dagger\right]$$

$$\times:\exp\left[\left(\frac{T_4^2}{T_1}\mathrm{e}^{-\kappa t} - 1\right)(a^\dagger a + \tilde{a}^\dagger\tilde{a})\right]\exp\left(-2T_4^2T_3^*\mathrm{e}^{-\kappa t}a^\dagger\tilde{a}\right)$$

$$\times\exp\left(-2T_4^2T_3\mathrm{e}^{-\kappa t}a\tilde{a}^\dagger\right):\exp\left[\left(1 - \frac{T_4^2\mathrm{e}^{-2\kappa t}}{T_1}\right)a\tilde{a} + T_4^2T_3\mathrm{e}^{-2\kappa t}a^2\right]$$

$$+ T_4^2T_3^*\mathrm{e}^{-2\kappa t}\tilde{a}^2 + T_6a + T_6^*\tilde{a}\Bigg]|\rho(0)\rangle , \tag{5-58}$$

式中, 参数 T_1, T_2 见式 (5-36), 而其他参数分别为

$$T_3 = -\frac{1}{2}\left(1 - \mathrm{e}^{-2\kappa t}\right)M, \qquad T_4 = \left(\frac{1}{T_1^2} - 4\left|T_3\right|^2\right)^{-1/2},$$

$$T_5 = T_2T_4^2\left(2T_3^* + \frac{1}{T_1}\right), \quad T_6 = T_2T_4^2\left(\frac{1}{T_1} + 2T_3\right)\mathrm{e}^{-\kappa t}. \tag{5-59}$$

最后, 把式 (5-58) 左右两边的态 $|I\rangle$ 同时去掉, 可得到主方程 (5-51) 的解, 即

$$\rho(t) = T_4\exp\left[2\,\mathrm{Re}(T_4^2T_3T_2^2) + \frac{T_4^2T_2^2}{T_1}\right]\sum_{l,m,n,r}\left(1 - \frac{T_4^2\mathrm{e}^{-2\kappa t}}{T_1}\right)^l$$

$$\times \frac{(-2T_4^2 T_3 e^{-\kappa t})^m (-2T_4^2 T_3^* e^{-\kappa t})^n \left(1 - \frac{T_4^2}{T_1}\right)^r}{l!m!n!r!} a^{\dagger r} e^{T_4^2 T_3^* a^{\dagger 2}}$$

$$\times e^{T_5 a^\dagger} a^{\dagger n} e^{a^\dagger a \ln\left(\frac{T_4^2}{T_1} e^{-\kappa t} - 1\right)} a^{l+m} e^{T_4^2 T_3 e^{-2\kappa t} a^2} e^{T_6 a} \rho(0) e^{T_6^* a^\dagger}$$

$$\times e^{T_4^2 T_3^* e^{-2\kappa t} a^{\dagger 2}} a^{\dagger l+n} e^{a^\dagger a \ln\left(\frac{T_4^2}{T_1} e^{-\kappa t} - 1\right)} a^m e^{T_5^* a} e^{T_4^2 T_3 a^2} a^r, \tag{5-60}$$

它就是描述压缩热库中受线性共振力作用的阻尼谐振子密度算符的无限维算符和表示. 实际上, 式 (5-60) 也可表示为

$$\rho(t) = \sum_{l,m,n,r} M_{l,m,n,r} \rho(0) \mathfrak{M}_{l,m,n,r}^\dagger, \tag{5-61}$$

式中, 算符 $M_{l,m,n,r}$ 和 $\mathfrak{M}_{l,m,n,r}^\dagger$ 分别为

$$M_{l,m,n,r} = \boldsymbol{N} e^{T_6^* a^\dagger} e^{T_4^2 T_3^* e^{-2\kappa t} a^{\dagger 2}} a^{\dagger l+n} e^{a^\dagger a \ln\left(\frac{T_4^2}{T_1} e^{-\kappa t} - 1\right)}$$

$$\times a^m e^{T_5^* a} e^{T_4^2 T_3 a^2} a^r e^{i\omega_l a^\dagger a t},$$

$$\mathfrak{M}_{l,m,n,r}^\dagger = \boldsymbol{N} e^{-i\omega_l a^\dagger a t} a^{\dagger r} e^{T_4^2 T_3^* a^{\dagger 2}} e^{T_5 a^\dagger} a^{\dagger n}$$

$$\times e^{a^\dagger a \ln\left(\frac{T_4^2}{T_1} e^{-\kappa t} - 1\right)} a^{l+m} e^{T_4^2 T_3 e^{-2\kappa t} a^2} e^{T_6 a}, \tag{5-62}$$

其中

$$\boldsymbol{N} = \exp\left[\operatorname{Re}(T_4^2 T_3 T_2^2) - \frac{T_4^2 T_2^2}{2T_1}\right]\left[\frac{T_4\left(1 - \frac{T_4^2 e^{-2\kappa t}}{T_1}\right)^l}{l!m!n!r!}\right.$$

$$\left.\times \left(-2T_4^2 T_3 e^{-\kappa t}\right)^m \left(-2T_4^2 T_3^* e^{-\kappa t}\right)^n \left(1 - \frac{T_4^2}{T_1}\right)^r\right]^{1/2}. \tag{5-63}$$

显然, 算符 $M_{l,m,n,r}$ 和 $\mathfrak{M}_{l,m,n,r}^\dagger$ 不是厄米共轭的, 但是仍然可以证明它们满足归一化条件 $\sum_{l,m} \mathfrak{M}_{l,m,n,r}^\dagger M_{l,m,n,r} = 1$. 所以, 相比于克劳斯算符 $M_{l,m}$, 它们是更为一般的克劳斯算符和推广意义上的保迹操作. 显然, 当 $M = 0$ 时, 由于 $T_3 = 0, T_4 = T_1, T_5 = T_1 T_2$ 和 $T_6 = T_1 T_2 e^{-\kappa t}$, 式 (5-60) 退化为式 (5-38), 如同期望的那样.

5.1.4　受振幅阻尼和热噪声共同影响的克尔介质的主方程

由于强克尔介质非线性系统在非破坏性测量 [19]、量子计算 [20] 和单粒子探测 [21] 等方面有着重要应用, 但环境噪声对克尔介质非线性强度的减弱作用又是

不可避免的 [22-24], 故噪声克尔介质中光场的非线性相互作用在目前受到广泛关注. 例如, 文献 [25] 和 [26] 分别讨论了振幅阻尼和热环境影响下克尔介质中系统的密度算符、维格纳函数以及光子数分布随时间的解析退相干演化规律; 文献 [27] 研究了在非线性克尔介质和参量振荡器共同作用下相干态的时间演化, 并分析了不同哈密顿量参数下的概率振幅、自相关函数和 Husimi 分布函数; 而文献 [28] 考察了耗散克尔介质中相干态的传输特性, 发现非线性相位噪声限制了具有"类克尔"非线性耗散单模玻色通道上以相位变量传输经典信息的能力.

然而, 以往主要集中讨论单一噪声 (如振幅阻尼 [25]、热噪声 [26] 等) 对克尔介质中光场的非线性作用的影响. 作为重要的推广, Stobińska 及其合作者首先把克尔介质"浸"在振幅阻尼和热噪声同时存在的环境中, 并通过数值求解和分析维格纳函数满足的福克–普朗克方程, 揭示了共同存在的两种噪声对克尔介质中光场的影响 [29]. 与 Stobińska 等的数值求解方法不同, 本小节利用连续变量热场纠缠态表象, 解析求解受振幅阻尼和热噪声共同影响的克尔介质主方程, 并给出含时密度算符的无限维克劳斯算符和表示.

根据马尔科夫近似理论, 当克尔介质受振幅阻尼和热噪声共同影响时, 系统的含时密度算符在相互作用表象中满足如下量子主方程 [29]

$$
\begin{aligned}
\frac{\mathrm{d}\rho(t)}{\mathrm{d}t} = &-\mathrm{i}\kappa[(a^\dagger a)^2, \rho(t)] + \Gamma\left[2a\rho(t)a^\dagger - a^\dagger a\rho(t) - \rho(t)a^\dagger a\right] \\
&+ \Gamma N\left[a\rho(t)a^\dagger + a^\dagger\rho(t)a - a^\dagger a\rho(t) - \rho(t)aa^\dagger\right],
\end{aligned} \tag{5-64}
$$

式中, Γ 为振幅阻尼系数, $N = 1/\left(\mathrm{e}^{\hbar\omega/(kT)} - 1\right)$ 为热库的平均光子数, 参数 $\hbar, \omega, k$ 和 T 分别为普朗克常量、谐振子的频率、玻尔兹曼常量和热场的温度, κ 为与克尔介质的非线性极化率 $\chi^{(3)}$ 有关的非线性常数. 特殊地, 当 $N \to 0$ 且 Γ 为有限值时, 主方程 (5-64) 变成了受振幅阻尼噪声影响的克尔介质的量子主方程

$$
\frac{\mathrm{d}\rho(t)}{\mathrm{d}t} = -\mathrm{i}\kappa[(a^\dagger a)^2, \rho(t)] + \Gamma\left[2a\rho(t)a^\dagger - a^\dagger a\rho(t) - \rho(t)a^\dagger a\right]. \tag{5-65}
$$

当 $\Gamma \to 0$ 且 $N \to \infty$ 时, $\Gamma N (\equiv \varepsilon)$ 为有限值, 主方程 (5-64) 变成受热噪声影响的克尔介质的量子主方程

$$
\frac{\mathrm{d}\rho(t)}{\mathrm{d}t} = -\mathrm{i}\kappa[(a^\dagger a)^2, \rho(t)] + \varepsilon\left[a\rho(t)a^\dagger + a^\dagger\rho(t)a - a^\dagger a\rho(t) - \rho(t)aa^\dagger\right], \tag{5-66}
$$

而当 $\Gamma \to 0$ 且 $N \to 0$ 时, 主方程 (5-64) 退化为描述克尔介质的主方程, 即

$$
\frac{\mathrm{d}\rho(t)}{\mathrm{d}t} = -\mathrm{i}\frac{\kappa}{2}[(a^\dagger a)^2, \rho(t)]. \tag{5-67}
$$

因此, 有必要分析受两种噪声影响的克尔介质中密度算符的解析演化.

把主方程 (5-64) 的两端同时作用到态 $|I\rangle$ 上, 利用算符恒等式 (1-119), 可得到

$$
\begin{aligned}
\frac{\mathrm{d}}{\mathrm{d}t}|\rho(t)\rangle =& \{-\mathrm{i}\kappa[(a^\dagger a)^2, \rho(t)] + \varGamma\left[2a\rho(t)a^\dagger - a^\dagger a\rho(t) - \rho(t)a^\dagger a\right] \\
&+ \varGamma N\left[a\rho(t)a^\dagger + a^\dagger\rho(t)a - a^\dagger a\rho(t) - \rho(t)aa^\dagger\right]\}|I\rangle \\
=& \{-\mathrm{i}\kappa\left[(a^\dagger a)^2 - (b^\dagger b)^2\right] + \varGamma\left(2ab - a^\dagger a - b^\dagger b\right) \\
&+ \varGamma N(ab + a^\dagger b^\dagger - a^\dagger a - bb^\dagger)\}|\rho(0)\rangle.
\end{aligned}
\tag{5-68}
$$

这样, 可直接给出关于态矢量 $|\rho(t)\rangle$ 方程 (5-68) 的解

$$
\begin{aligned}
|\rho(t)\rangle =& \exp\{-\mathrm{i}\kappa t\left[(a^\dagger a)^2 - (b^\dagger b)^2\right] + \varGamma t\left(2ab - a^\dagger a - b^\dagger b\right) \\
&+ N\varGamma t(ab + a^\dagger b^\dagger - a^\dagger a - bb^\dagger)\}|\rho(0)\rangle.
\end{aligned}
\tag{5-69}
$$

引入如下算符

$$
\begin{aligned}
K_+ &= a^\dagger b^\dagger, \quad K_0 = a^\dagger a - b^\dagger b, \\
2K_z &= a^\dagger a + b^\dagger b + 1, \quad K_- = ab.
\end{aligned}
\tag{5-70}
$$

式中, K_+, K_- 和 K_z 构成 SU(1,1) 李代数, 具有对易关系 $[K_-, K_+] = 2K_z$, $[K_z, K_\pm] = \pm K_\pm$, 而 K_0 为卡西米尔算符, 与 SU(1,1) 李代数算符 K_z, $K_\pm$ 均对易, 即 $[K_0, K_\pm] = [K_0, K_z] = 0$. 这样, 利用 SU(1,1) 李代数算符及其满足的对易关系, 可把式 (5-69) 改写成

$$
\begin{aligned}
|\rho(t)\rangle =& \exp\left\{-\mathrm{i}\frac{\kappa}{2}t\left[K_0(2K_z - 1)\right] + \varGamma t\left(2K_- - 2K_z + 1\right)\right. \\
&\left. + \varGamma Nt\left(K_+ - 2K_z + K_-\right)\right\}|\rho_0\rangle \\
=& \exp\left[(\mathrm{i}\kappa K_0 + \varGamma)t\right]\exp\left(\lambda_+ K_+ + \lambda_z K_z + \lambda_- K_-\right)|\rho(0)\rangle,
\end{aligned}
\tag{5-71}
$$

式中

$$
\begin{aligned}
\lambda_+ &= N\varGamma t, \quad \lambda_- = (N+2)\varGamma t, \\
\lambda_z &= -2[(N+1)\varGamma + \mathrm{i}\kappa K_0]t.
\end{aligned}
\tag{5-72}
$$

进一步, 利用涉及 SU(1,1) 李代数的解纠缠定理, 可把指数项 $\exp(\lambda_+ K_+ + \lambda_z K_z + \lambda_- K_-)$ 分解为

$$
\exp\left(\lambda_+ K_+ + \lambda_z K_z + \lambda_- K_-\right)
$$

$$= \exp\left(\Lambda_+ K_+\right) \exp\left(2K_z \ln\sqrt{\Lambda_z}\right) \exp\left(\Lambda_- K_-\right), \tag{5-73}$$

式中

$$\Lambda_\pm = \frac{2\lambda_\pm \sinh\phi}{2\phi\cosh\phi - \lambda_z\sinh\phi},$$

$$\sqrt{\Lambda_z} = \frac{2\phi}{2\phi\cosh\phi - \lambda_z\sinh\phi},$$

$$\phi^2 = \frac{\lambda_z^2}{4} - \lambda_+\lambda_-. \tag{5-74}$$

因此, 式 (5-71) 可表示为

$$|\rho(t)\rangle = \exp\left[(i\kappa K_0 + \Gamma)\,t\right] \exp\left(\Lambda_+ K_+\right)$$

$$\times \exp\left(2K_z \ln\sqrt{\Lambda_z}\right) \exp\left(\Lambda_- K_-\right)|\rho(0)\rangle. \tag{5-75}$$

为了把态 $|I\rangle$ 从式 (5-75) 的两端剥离出来, 把福克态的完备性关系 $\sum_{m,n=0}^{\infty}|m,\tilde{n}\rangle\cdot$ $\langle m,\tilde{n}| = 1$ 插入式 (5-75), 并利用等式 $a^{\dagger i}|m\rangle = \sqrt{(m+i)!/m!}\,|m+i\rangle$, 则式 (5-75) 变为

$$|\rho(t)\rangle = \sum_{l,m,n=0}^{\infty} \frac{\Delta_-^l}{l!}\sqrt{\Delta_z^{m+n+1}}\exp\left[(\Gamma + i\kappa K_0)\,t\right]$$

$$\times \sum_{k=0}^{\infty} \frac{\Delta_+^k}{k!}\left(a^{\dagger}b^{\dagger}\right)^k|m,\tilde{n}\rangle\langle m,\tilde{n}|\,a^l\rho(0)a^{\dagger l}\,|I\rangle$$

$$= \sum_{k,l,m,n=0}^{\infty}\sqrt{\frac{(m+k)!(n+k)!}{m!n!}}\Delta_z^{m+n+1}$$

$$\times \frac{\Delta_+^k \Delta_-^l \Pi}{k!l!}|m+k,\tilde{n}+k\rangle\langle m,\tilde{n}|\,a^l\rho(0)a^{\dagger l}|I\rangle, \tag{5-76}$$

式中, 参数 $\Delta_\pm$, Δ_z 和 Π 分别为

$$\Delta_+ = 2N\Gamma t\Theta_{m,n}\sinh\phi_{m,n}, \quad \Delta_- = 2\left(N+2\right)\Gamma t\Theta_{m,n}\sinh\phi_{m,n},$$

$$\sqrt{\Delta_z} = 2\Theta_{m,n}\phi_{m,n}, \quad \Pi = \exp\left[(\Gamma + i\kappa\left(m-n\right))\,t\right],$$

$$\Theta = \frac{1}{2\phi_{m,n}\cosh\phi_{m,n} + 2t\left[\Gamma\left(N+1\right) + i\kappa\left(m-n\right)\right]\sinh\phi_{m,n}},$$

$$\phi_{m,n} = t\sqrt{\left[\Gamma\left(N+1\right) + i\kappa\left(m-n\right)\right]^2 - N\left(N+2\right)\Gamma^2}. \tag{5-77}$$

进一步, 利用恒等式

$$\langle\tilde{n}|\,I\rangle = \sum_{n=0}^{\infty}\langle\tilde{n}|\,n,\tilde{n}\rangle = |n\rangle, \tag{5-78}$$

可有

$$\langle m, \tilde{n}| \, a^l \rho(0) a^{\dagger l} \, |I\rangle = \langle m| \, a^l \rho(0) a^{\dagger l} \langle \tilde{n} \, |I\rangle = \langle m| \, a^l \rho(0) a^{\dagger l} \, |n\rangle. \qquad (5\text{-}79)$$

利用式 (5-79), 可把式 (5-76) 改写成

$$
\begin{aligned}
|\rho(t)\rangle &= \sum_{k,l,m,n=0}^{\infty} \sqrt{\frac{(m+k)!(n+k)!}{m!n!}} \Delta_z^{m+n+1} \\
&\quad \times \frac{\Delta_+^k \Delta_-^l \, \Pi}{k!l!} |m+k, \tilde{n}+k\rangle \langle m| \, a^l \rho(0) a^{\dagger l} \, |n\rangle \\
&= \sum_{k,l,m,n=0}^{\infty} \sqrt{\frac{(m+k)!(n+k)!}{m!n!}} \Delta_z^{m+n+1} \frac{\Delta_+^k \Delta_-^l \, \Pi}{k!l!} \\
&\quad \times \langle m| \, a^l \rho(0) a^{\dagger l} \, |n\rangle \, |m+k\rangle \langle n+k| \, I\rangle.
\end{aligned}
\qquad (5\text{-}80)
$$

把态 $|I\rangle$ 从式 (5-81) 的左右两端同时去掉, 则得到量子主方程 (5-64) 的标准解, 即

$$\rho(t) = \sum_{k,l,m,n=0}^{\infty} \frac{\Delta_+^k \Delta_-^l \Delta_z^{(m+n+1)/2} \Pi}{k!l!} a^{\dagger k} |m\rangle \langle m| \, a^l \rho(0) a^{\dagger l} \, |n\rangle \langle n| \, a^k. \qquad (5\text{-}81)$$

上式表明, 一旦给定初始态 $\rho(0)$, 易给出任意时刻的密度算符 $\rho(t)$, 并为进一步分析初始态 $\rho(0)$ 的时间演化特性及其非经典性质等提供方便. 实际上, 此解也可表示为无限维克劳斯算符和形式

$$\rho(t) = \sum_{k,l,m,n=0}^{\infty} M_{k,l,m,n} \rho(0) \mathcal{M}_{k,l,m,n}^{\dagger}, \qquad (5\text{-}82)$$

式中

$$M_{k,l,m,n} = \left(\frac{\Delta_+^k \Delta_-^l \Delta_z^{(m+n+1)/2} \Pi}{k!l!} \right)^{1/2} a^{\dagger k} |m\rangle \langle m| \, a^l, \qquad (5\text{-}83)$$

$$\mathcal{M}_{k,l,m,n}^{\dagger} = \left[\left(\frac{\Delta_+^k \Delta_-^l \Delta_z^{(m+n+1)/2} \Pi}{k!l!} \right)^{1/2} a^{\dagger k} |n\rangle \langle n| \, a^l \right]^{\dagger}. \qquad (5\text{-}84)$$

它们虽不是厄米共轭关系, 但满足克劳斯算符的归一化条件 (见式 (5-92)), 故称之为广义克劳斯算符. 特别地, 当 $N \to 0$ 且 Γ 为有限值时, 由于 $\lambda_+ = 0$, $\lambda_- = 2\Gamma t$, $\lambda_z = -2(\Gamma + \mathrm{i}\kappa K_0) t$, 那么有

$$\Delta_+ = 0, \quad \Delta_- = 4\Gamma t \Theta_{m,n} \sinh \phi_{m,n},$$

$$\sqrt{\Delta_z} = 2\Theta_{m,n}\phi_{m,n}, \qquad \phi_{m,n} = \left[\Gamma + \mathrm{i}\kappa\left(m-n\right)\right]t,$$

$$\Theta_{m,n} = \frac{1}{2\phi_{m,n}\cosh\phi_{m,n} + 2t\left[\Gamma + \mathrm{i}\kappa\left(m-n\right)\right]\sinh\phi_{m,n}}, \tag{5-85}$$

式 (5-81) 变成仅受振幅阻尼噪声影响的克尔介质的量子主方程的解析解. 当 $\Gamma \to 0$ 且 $N \to \infty$ 时, 由于 $\varepsilon = \Gamma N$ 为有限值, 这样 $\lambda_+ = \lambda_- = \varepsilon t$, $\lambda_z = -2\left(\varepsilon + \mathrm{i}\kappa K_0\right)t$, 则有

$$\Delta_\pm = 2\varepsilon t\Theta_{m,n}\sinh\phi_{m,n}, \qquad \sqrt{\Delta_z} = 2\Theta_{m,n}\phi_{m,n},$$

$$\phi_{m,n} = t\left[\mathrm{i}2\varepsilon\kappa\left(m-n\right) - \kappa^2\left(m-n\right)^2\right]^{1/2},$$

$$\Pi = \exp\left[\mathrm{i}\kappa\left(m-n\right)t\right],$$

$$\Theta_{m,n} = \frac{1}{2\phi_{m,n}\cosh\phi_{m,n} + 2t\left[\varepsilon + \mathrm{i}\kappa\left(m-n\right)\right]\sinh\phi_{m,n}}. \tag{5-86}$$

因此, 式 (5-81) 退化为仅受热噪声影响的克尔介质的量子主方程的解析解. 而当 $\Gamma \to 0$ 且 $N \to 0$ 时, 由于

$$\lambda_+ = \lambda_- = 0, \qquad \lambda_z = -\mathrm{i}2\kappa K_0 t,$$

$$\Delta_\pm = 0, \qquad \sqrt{\Delta_z} = \exp\left[-\mathrm{i}\kappa t\left(m-n\right)\right] = \Pi^{-1}, \tag{5-87}$$

故式 (5-81) 为克尔介质主方程的解析解, 即

$$\rho(t) = \sum_{m,n=0}^{\infty} \exp\left[-\mathrm{i}\kappa t\left(m^2 - n^2\right)\right]|m\rangle\langle m|\rho(0)|n\rangle\langle n|. \tag{5-88}$$

可见, 初始态 $\rho(0)$ 在克尔介质中不发生退相干效应.

利用等式 $|m\rangle = \left(a^{\dagger m}|0\rangle\right)/\sqrt{m!}$ 和真空态投影算符的正规乘积表示 (1-7), 可有

$$\sum_{k,l,m,n=0}^{\infty} \mathcal{M}_{k,l,m,n}^{\dagger}M_{k,l,m,n}$$

$$= \sum_{k,l,m,n=0}^{\infty} \frac{\Delta_+^k \Delta_-^l \Delta_z^{(m+n+1)/2}\Pi}{k!l!}a^{\dagger l}|n\rangle\langle n|a^k a^{\dagger k}|m\rangle\langle m|a^l$$

$$= \sum_{k,l,m,n=0}^{\infty} \frac{\Delta_+^k \Delta_-^l \Delta_z^{(m+n+1)/2}\Pi}{k!l!m!n!} : a^{\dagger l+n}\mathrm{e}^{-a^{\dagger}a}a^{k+n} : : a^{\dagger k+m}\mathrm{e}^{-a^{\dagger}a}a^{l+m} : . \tag{5-89}$$

把相干态的完备性关系插入式 (5-89) 中, 得到

$$\sum_{k,l,m,n=0}^{\infty} \mathcal{M}_{k,l,m,n}^{\dagger}M_{k,l,m,n}$$

$$= \sum_{k,l,m,n=0}^{\infty} \frac{\Delta_+^k \Delta_-^l \Delta_z^{(m+n+1)/2} \Pi}{k!l!m!n!} \int \frac{\mathrm{d}^2 z}{\pi} |z|^{2k}$$
$$\times z^n z^{*m} a^{\dagger l+n} \mathrm{e}^{-a^\dagger z} |z\rangle \langle z| \mathrm{e}^{-z^* a} a^{l+m}. \tag{5-90}$$

这样, 利用相干态 $|z\rangle$ 的密度算符的正规乘积表示 (1-28) 和积分公式

$$\int \frac{\mathrm{d}^2 z}{\pi} z^k z^{*n} \mathrm{e}^{\lambda|z|^2} = k! \, (-\lambda)^{-(k+1)} \delta_{n,k}, \tag{5-91}$$

可证明广义克劳斯算符满足归一化条件, 即

$$\sum_{k,l,m,n=0}^{\infty} \mathcal{M}_{k,l,m,n}^{\dagger} M_{k,l,m,n}$$
$$= \sum_{m,n=0}^{\infty} \frac{\Delta_z^{(m+n+1)/2} \Pi}{m!n!} \int \frac{\mathrm{d}^2 z}{\pi} \mathrm{e}^{(\Delta_+ - 1)} : (z a^\dagger)^n (z^* a)^m \mathrm{e}^{(\Delta_- - 1)a^\dagger a} :$$
$$= \sum_{n=0}^{\infty} \frac{\Delta_z^{(2n+1)/2} \Pi}{n!} : a^{\dagger n} a^n \mathrm{e}^{(\Delta_- - 1)a^\dagger a} : (1 - \Delta_+)^{-(n+1)}$$
$$= 1. \tag{5-92}$$

这意味着广义克劳斯算符 $\mathcal{M}_{k,l,m,n}^{\dagger}$ 和 $M_{k,l,m,n}$ 为保迹操作.

5.2　几种费米量子主方程的解

对于振幅阻尼过程, 两能级体系密度算符随时间的演化遵从量子主方程[30]

$$\frac{\mathrm{d}\rho(t)}{\mathrm{d}t} = \kappa \left[2\sigma_- \rho(t)\sigma_+ - \sigma_+ \sigma_- \rho(t) - \rho(t)\sigma_+ \sigma_- \right], \tag{5-93}$$

式中, $\sigma_\pm$ 分别是两能级原子的上升 (+) 和下降 (−) 算符, κ 为衰退率. 另一方面, 描述相位阻尼过程的量子主方程为[30]

$$\frac{\mathrm{d}\rho(t)}{\mathrm{d}t} = \kappa \left[2\sigma_+ \sigma_- \rho(t)\sigma_+ \sigma_- - \sigma_+ \sigma_- \rho(t) - \rho(t)\sigma_+ \sigma_- \right]. \tag{5-94}$$

通常, 人们采用密度矩阵法去探讨两能级系统在以上两种退相干过程中的演化问题[30,31]. 若把两能级原子实现的量子比特看作是费米子, 则相应的衰退和激发过程分别对应着费米湮灭算符 f 和费米产生算符 $f^\dagger$, 类似于两能级原子的下降算符 σ_- 和上升算符 σ_+. 这样, 式 (5-93) 和 (5-94) 可改写成费米量子主方程

$$\frac{\mathrm{d}\rho_a(t)}{\mathrm{d}t} = \kappa \left[2f\rho_a(t)f^\dagger - f^\dagger f \rho_a(t) - \rho_a(t)f^\dagger f \right], \tag{5-95}$$

$$\frac{\mathrm{d}\rho_p(t)}{\mathrm{d}t} = \kappa \left[2f^\dagger f \rho_p(t) f^\dagger f - \rho_p(t) f^\dagger f - f^\dagger f \rho_p(t)\right]. \tag{5-96}$$

进一步, 推广到描述热库的费米量子主方程 [32]

$$\frac{\mathrm{d}\rho_t(t)}{\mathrm{d}t} = g \left[2f^\dagger \rho_t(t) f - f f^\dagger \rho_t(t) - \rho_t(t) f f^\dagger\right]$$

$$+ \kappa \left[2f\rho_t(t)f^\dagger - f^\dagger f \rho_t(t) - \rho_t(t) f^\dagger f\right]. \tag{5-97}$$

5.2.1   振幅阻尼过程的费米主方程

把式 (5-95) 同时作用到式 (1-161) 中态 $|I_f\rangle$, 再利用式 (1-162), 可有

$$\frac{\mathrm{d}}{\mathrm{d}t}|\rho_a(t)\rangle = -\kappa(2f\tilde{f} + f^\dagger f + \tilde{f}^\dagger \tilde{f})|\rho_a(t)\rangle, \tag{5-98}$$

式中, $|\rho_a(t)\rangle = \rho_a(t)|I_f\rangle$, 这样它的标准解为

$$|\rho_a(t)\rangle = \exp[-\kappa t(2f\tilde{f} + f^\dagger f + \tilde{f}^\dagger \tilde{f})]|\rho_a(0)\rangle, \tag{5-99}$$

其中, $\rho_a(0)$ 为系统初始的密度算符, $|\rho_a(0)\rangle = \rho_a(0)|I_f\rangle$. 注意到算符 $f\tilde{f}, f^\dagger f$ 和 $\tilde{f}^\dagger \tilde{f}$ 遵循对易关系

$$[f\tilde{f}, f^\dagger f] = [f\tilde{f}, \tilde{f}^\dagger \tilde{f}] = f\tilde{f}, \quad \left[f^\dagger f + \tilde{f}^\dagger \tilde{f}, f\tilde{f}\right] = -2f\tilde{f}, \tag{5-100}$$

并利用算符恒等式 (5-31), 可把式 (5-99) 改写为

$$|\rho_a(t)\rangle = \exp\left[-\kappa t(f^\dagger f + \tilde{f}^\dagger \tilde{f})\right]\exp(-Tf\tilde{f})|\rho_a(0)\rangle, \tag{5-101}$$

式中, $T = 1 - \mathrm{e}^{-2\kappa t}$. 由于

$$\exp(-Tf\tilde{f})|\rho_a(0)\rangle = (1 - Tf\tilde{f})\rho_a(0)|I_f\rangle$$

$$= \left[\rho_a(0) + Tf\rho_a(0)f^\dagger\right]|I_f\rangle, \tag{5-102}$$

则有

$$|\rho_a(t)\rangle = \exp\left[-\kappa t(f^\dagger f + \tilde{f}^\dagger \tilde{f})\right]\left[\rho_a(0) + Tf\rho_a(0)f^\dagger\right]|I_f\rangle$$

$$= \mathrm{e}^{-\kappa t f^\dagger f}\left[\rho_a(0) + Tf\rho_a(0)f^\dagger\right]\mathrm{e}^{-\kappa t f^\dagger f}|I_f\rangle$$

$$= \sum_{n=0}^{1}\frac{T^n}{n!}\mathrm{e}^{-\kappa t f^\dagger f}f^n\rho_a(0)f^{\dagger n}\mathrm{e}^{-\kappa t f^\dagger f}|I_f\rangle. \tag{5-103}$$

若把等式 (5-103) 的左右两边的 $|I_f\rangle$ 去掉, 可得到算符 $\rho_a(t)$ 的有限维算符和表示

$$\rho_a(t) = \sum_{n=0}^{1}\frac{T^n}{n!}\mathrm{e}^{-\kappa t f^\dagger f}f^n\rho_a(0)f^{\dagger n}\mathrm{e}^{-\kappa t f^\dagger f}$$

$$= \sum_{n=0}^{1} M_n \rho_a(0) M_n^\dagger, \tag{5-104}$$

式中, M_n 为对应于振幅阻尼过程中密度算符的克劳斯算符, 即

$$M_0 = \mathrm{e}^{-\kappa t f^\dagger f}, \quad M_1 = \sqrt{T} f. \tag{5-105}$$

进一步, 利用算符关系式

$$\mathrm{e}^{\lambda f^\dagger f} =: \exp[(\mathrm{e}^\lambda - 1) f^\dagger f]:, \quad \mathrm{e}^{\lambda f^\dagger f} f \mathrm{e}^{-\lambda f^\dagger f} = f \mathrm{e}^{-\lambda}, \tag{5-106}$$

可证明克劳斯算符 M_n 满足归一化条件

$$\begin{aligned}
\sum_{n=0}^{1} M_n^\dagger M_n &= \sum_{n=0}^{1} \frac{T^n}{n!} f^{\dagger n} \mathrm{e}^{-2\kappa t f^\dagger f} f^n \\
&= \sum_{n=0}^{1} \frac{T^n}{n!} \mathrm{e}^{2n\kappa t} : f^{\dagger n} f^n : \mathrm{e}^{-2\kappa t f^\dagger f} \\
&=: \mathrm{e}^{(\mathrm{e}^{2\kappa t}-1) f^\dagger f} : \mathrm{e}^{-2\kappa t f^\dagger f} = 1,
\end{aligned} \tag{5-107}$$

由归一化条件可知

$$\mathrm{tr}\rho_a(t) = \mathrm{tr}\left(\sum_{n=0}^{1} M_n \rho_a(0) M_n^\dagger \right) = \mathrm{tr}\rho_a(0) = 1, \tag{5-108}$$

这说明 M_n 是个保迹操作.

对于两能级原子系统, 其基态 ($|0\rangle$) 和激发态 ($|1\rangle$) 分别具有矩阵表示

$$|0\rangle = \begin{pmatrix} 1 \\ 0 \end{pmatrix}, \quad |1\rangle = \begin{pmatrix} 0 \\ 1 \end{pmatrix}, \tag{5-109}$$

这样, 费米算符 f 和 $f^\dagger$ 的矩阵表示分别为

$$f = |0\rangle\langle 1| = \begin{pmatrix} 0 & 1 \\ 0 & 0 \end{pmatrix}, \quad f^\dagger = \begin{pmatrix} 0 & 0 \\ 1 & 0 \end{pmatrix}. \tag{5-110}$$

因此有

$$M_0 = \mathrm{e}^{-\kappa t f^\dagger f} = 1 + f^\dagger f(\mathrm{e}^{-\kappa t} - 1) = \begin{pmatrix} 1 & 0 \\ 0 & \sqrt{1-T} \end{pmatrix} \tag{5-111}$$

和

$$M_1 = \sqrt{T} f = \begin{pmatrix} 0 & \sqrt{T} \\ 0 & 0 \end{pmatrix}, \tag{5-112}$$

这恰好是描述振幅阻尼通道的克劳斯算符的矩阵表示 [16,33,34]. 其中, 算符 $M_0 = \mathrm{e}^{-\kappa t f^{\dagger} f}$ 描述在没有量子跃迁时量子态的演化, 而 $M_1 = \sqrt{T} f$ 指通过释放一个光子实现从激发态 $|1\rangle$ 到基态 $|0\rangle$ 的量子跃迁过程.

5.2.2 相位阻尼过程的费米主方程

类似于式 (5-104) 的推导方法, 把式 (5-96) 的左右两端同时作用到 $|I_f\rangle$, 即

$$
\begin{aligned}
\frac{\mathrm{d}}{\mathrm{d}t} |\rho_p(t)\rangle &= \kappa \left[2 f^{\dagger} f \rho_p(t) f^{\dagger} f - \rho_p(t) f^{\dagger} f - f^{\dagger} f \rho_p(t) \right] |I_f\rangle \\
&= \kappa \left(2 f^{\dagger} f \tilde{f}^{\dagger} \tilde{f} - \tilde{f}^{\dagger} \tilde{f} - f^{\dagger} f \right) |\rho_p(t)\rangle,
\end{aligned}
\tag{5-113}
$$

利用式 (1-161) 和 (1-162), 可得到

$$
\begin{aligned}
|\rho_p(t)\rangle &= \exp\left[-\kappa t (f^{\dagger} f - 2 f^{\dagger} f \tilde{f}^{\dagger} \tilde{f} + \tilde{f}^{\dagger} \tilde{f}) \right] |\rho_p(0)\rangle \\
&= \exp(-\kappa t f^{\dagger} f) \exp(2 \kappa t f^{\dagger} f \tilde{f}^{\dagger} \tilde{f}) \rho_p(0) \exp(-\kappa t \tilde{f}^{\dagger} \tilde{f}) |I_f\rangle \\
&= \exp(-\kappa t f^{\dagger} f) \exp(2 \kappa t f^{\dagger} f \tilde{f}^{\dagger} \tilde{f}) \rho_p(0) \exp(-\kappa t f^{\dagger} f) |I_f\rangle \\
&= \sum_{n=0}^{\infty} \frac{(2\kappa t)^n}{n!} \mathrm{e}^{-\kappa t f^{\dagger} f} (f^{\dagger} f)^n \rho_p(0) (f^{\dagger} f)^n \mathrm{e}^{-\kappa t f^{\dagger} f} |I_f\rangle.
\end{aligned}
\tag{5-114}
$$

那么, 式 (5-96) 的标准解为

$$
\begin{aligned}
\rho_p(t) &= \exp(-\kappa t f^{\dagger} f) \rho_p(0) \exp(-\kappa t f^{\dagger} f) + T f^{\dagger} f \rho_p(0) f^{\dagger} f \\
&= \sum_{n=0}^{1} M_n \rho_p(0) M_n^{\dagger},
\end{aligned}
\tag{5-115}
$$

这恰好是密度算符 $\rho_p(t)$ 的有限维克劳斯算符和表示, 且相应的克劳斯算符为

$$
M_0 = \mathrm{e}^{-\kappa t f^{\dagger} f}, \quad M_1 = \sqrt{T} f^{\dagger} f.
\tag{5-116}
$$

由于克劳斯算符 M_0 和 M_1 仅与 $f^{\dagger} f$ 有关, 故此过程不会发生量子跃迁. 经过简单计算, 可知克劳斯算符 M_n 满足归一化条件

$$
\sum_{n=0}^{1} M_n^{\dagger} M_n = 1.
\tag{5-117}
$$

进一步, 利用式 (5-110) 可把克劳斯算符 M_0 和 M_1 表示为矩阵形式

$$
M_0 = \begin{pmatrix} 1 & 0 \\ 0 & \sqrt{1-T} \end{pmatrix}, \quad M_1 = \sqrt{T} \begin{pmatrix} 0 & 0 \\ 0 & 1 \end{pmatrix}.
\tag{5-118}
$$

由上可见, 量子主方程 (5-95) 和 (5-96) 的解析解适用于求解双态系统 (如两能级原子系统) 在两种退相干通道中的演化. 因此, 下面考察一个两能级原子系统 (用脚标 A 标注). 当原子系统释放一个光子时, 光场 (用脚标 E 标注) 从基态 $|0\rangle_E$ 演化为激发态 $|1\rangle_E$, 而原子从态激发 $|1\rangle_A$ 演化为基态 $|0\rangle_A$. 对于振幅阻尼过程, 当原子系统的初始状态为 $\rho_A(0) = |0\rangle_{AA}\langle 0|$ 时, 由式 (5-104) 可见

$$\rho_A(t) = \sum_{n=0}^{1} \frac{T^n}{n!} e^{-\kappa t f^\dagger f} f^n |0\rangle_{AA}\langle 0| f^{\dagger n} e^{-\kappa t f^\dagger f} = |0\rangle_{AA}\langle 0|, \quad (5\text{-}119)$$

此过程不会发生光子衰退. 再考虑到光场的演化, 可有

$$|0\rangle_A |0\rangle_E \to |0\rangle_A |0\rangle_E. \quad (5\text{-}120)$$

而当原子系统处于激发态 $\rho_A(0) = |1\rangle_{AA}\langle 1|$ 时, 由式 (5-104) 可知原子系统演化为

$$\rho_A(t) = \sum_{n=0}^{1} \frac{T^n}{n!} e^{-\kappa t f^\dagger f} f^n |1\rangle_{AA}\langle 1| f^{\dagger n} e^{-\kappa t f^\dagger f}$$

$$= (1-T) |1\rangle_{AA}\langle 1| + T |0\rangle_{AA}\langle 0|, \quad (5\text{-}121)$$

式中, T 指的是原子系统从激发态 $|1\rangle_A$ 跃迁到基态 $|0\rangle_A$ 的概率. 这样, 由式 (5-121) 很容易理解两能级原子系统在振幅阻尼通道中的退相干过程. 进一步, 得到

$$|1\rangle_A |0\rangle_E \to \sqrt{1-T} |1\rangle_A |0\rangle_E + \sqrt{T} |0\rangle_A |1\rangle_E. \quad (5\text{-}122)$$

显然, T 也是初始态 $|1\rangle_A |0\rangle_E$ 经过振幅阻尼通道后演化为态 $|0\rangle_A |1\rangle_E$ 的概率. 当 $t \to \infty$ 时, 态 $|1\rangle_A |0\rangle_E$ 全部变成态 $|0\rangle_A |1\rangle_E$, 说明经过足够长的时间, 所有的原子都跳回到基态. 同样, 根据式 (5-115) 知, 两能级原子与光场相互作用系统在相位阻尼通道中的演化规律为

$$|0\rangle_A |0\rangle_E \to |0\rangle_A |0\rangle_E, \quad |1\rangle_A |0\rangle_E \to |1\rangle_A |0\rangle_E. \quad (5\text{-}123)$$

上式表明, 经过相位阻尼通道后, 两能级原子与光场相互作用系统保持不变.

5.2.3 费米热库的量子主方程

把式 (5-97) 两端作用到态 $|I_f\rangle$, 并利用式 (1-161) 和 (1-162), 可导出关于态 $|\rho(t)\rangle$ 的演化方程, 即

$$\frac{\mathrm{d}}{\mathrm{d}t} |\rho_t(t)\rangle = \left[g(2f^\dagger \tilde{f}^\dagger - ff^\dagger - \tilde{f}\tilde{f}^\dagger) + \kappa(2\tilde{f}f - f^\dagger f - \tilde{f}^\dagger \tilde{f}) \right] |\rho_t(0)\rangle, \quad (5\text{-}124)$$

则其解为

$$|\rho_t(t)\rangle = \exp\left[g(2f^\dagger\tilde{f}^\dagger - ff^\dagger - \tilde{f}\tilde{f}^\dagger)t + \kappa(2\tilde{f}f - \tilde{f}^\dagger\tilde{f} - f^\dagger f)t\right]|\rho_t(0)\rangle. \quad (5\text{-}125)$$

为了方便求解, 令

$$\mathcal{H} \equiv g(2f^\dagger\tilde{f}^\dagger - ff^\dagger - \tilde{f}\tilde{f}^\dagger)t + \kappa(2\tilde{f}f - \tilde{f}^\dagger\tilde{f} - f^\dagger f)t, \quad (5\text{-}126)$$

这样指数算符 $\exp\mathcal{H}$ 代表费米系统与其周围环境存在量子纠缠. 为了解纠缠费米指数算符 $\exp\mathcal{H}$, 把算符 $\exp\mathcal{H}$ 改写为

$$\exp\mathcal{H} = \mathrm{e}^{(\kappa+g)t}\exp\left(\frac{1}{2}B\Gamma\tilde{B}\right), \quad (5\text{-}127)$$

式中

$$B \equiv (F^\dagger\ \ F) \equiv (f^\dagger\ \tilde{f}^\dagger\ f\ \tilde{f}), \quad \tilde{B} \equiv \begin{pmatrix} \tilde{F}^\dagger \\ \tilde{F} \end{pmatrix}, \quad (5\text{-}128)$$

Γ 为 4×4 矩阵

$$\Gamma \equiv \begin{pmatrix} 2gtJ_2 & (g-\kappa)tI_2 \\ (\kappa-g)tI_2 & 2\kappa tJ_2^T \end{pmatrix},$$

$$I_2 = \begin{pmatrix} 1 & 0 \\ 0 & 1 \end{pmatrix}, \quad J_2 = \begin{pmatrix} 0 & 1 \\ -1 & 0 \end{pmatrix}, \quad J_2^2 = -I_2. \quad (5\text{-}129)$$

另一方面, 把算符 $\exp\mathcal{H}$ 转化为双模费米相干态表示, 即

$$\exp\mathcal{H} = \frac{1}{\sqrt{\det Q}}\iint\prod_{i=1}^{2}\mathrm{d}\bar{\alpha}_i\mathrm{d}\alpha_i\left|\begin{pmatrix} Q & -L \\ -N & P \end{pmatrix}\begin{pmatrix} \alpha \\ \bar{\alpha} \end{pmatrix}\right\rangle\left\langle\begin{pmatrix} \alpha \\ \bar{\alpha} \end{pmatrix}\right|, \quad (5\text{-}130)$$

式中, 双模费米相干态定义为

$$\left|\begin{pmatrix} \alpha \\ \bar{\alpha} \end{pmatrix}\right\rangle = \exp(F^\dagger\alpha - \bar{\alpha}F)|00\rangle,$$

$$\begin{pmatrix} \alpha \\ \bar{\alpha} \end{pmatrix} = (\alpha_1, \alpha_2, \bar{\alpha}_1, \bar{\alpha}_2), \quad (5\text{-}131)$$

其中, $(\alpha, \bar{\alpha})$ 为格拉斯曼数对, 且有

$$\begin{pmatrix} Q & L \\ N & P \end{pmatrix} = \exp(\Gamma\Pi), \quad \Pi = \begin{pmatrix} 0 & I_2 \\ I_2 & 0 \end{pmatrix}. \quad (5\text{-}132)$$

再利用式 (5-129) 和 (5-132), 可得到

$$Q = \frac{g\mathrm{e}^{(g+\kappa)t} + \kappa\mathrm{e}^{-(g+\kappa)t}}{g+\kappa}I_2,$$

$$P = \frac{\kappa\mathrm{e}^{(g+\kappa)t} + g\mathrm{e}^{-(g+\kappa)t}}{g+\kappa}I_2,$$

$$L = \frac{g\left(\mathrm{e}^{(g+\kappa)t} - \mathrm{e}^{-(g+\kappa)t}\right)}{g+\kappa}J_2,$$

$$N = \frac{\kappa\left(\mathrm{e}^{(g+\kappa)t} - \mathrm{e}^{-(g+\kappa)t}\right)}{g+\kappa}J_2^{\mathrm{T}}. \tag{5-133}$$

这样, 利用有序算符内积分法去完成积分 (5-130), 可导出指数算符 $\exp\mathcal{H}$ 的正规乘积表示

$$\exp\mathcal{H} = \sqrt{\det P}\colon \exp\left[\frac{1}{2}F^\dagger\left(LP^{-1}\right)\tilde{F}^\dagger\right.$$
$$\left. + F^\dagger\left(\tilde{P}^{-1} - I\right)\tilde{F} + \frac{1}{2}F\left(P^{-1}N\right)\tilde{F}\right]\colon. \tag{5-134}$$

进一步, 利用算符恒等式

$$\mathrm{e}^{\lambda f^\dagger f} =\colon \exp[(\mathrm{e}^\lambda - 1)f^\dagger f]\colon, \tag{5-135}$$

可得到

$$\exp\mathcal{H} = \sqrt{\det P}\exp\left[\frac{1}{2}F^\dagger\left(LP^{-1}\right)\tilde{F}^\dagger\right]$$
$$\times \exp\left[F^\dagger \ln\tilde{P}^{-1}\tilde{F}\right]\exp\left[\frac{1}{2}F\left(P^{-1}N\right)\tilde{F}\right]. \tag{5-136}$$

把式 (5-128) 和 (5-133) 代入式 (5-136), 可有

$$\exp\mathcal{H} = T_4\exp(T_1 f^\dagger\tilde{f}^\dagger)\exp\left[(\tilde{f}^\dagger\tilde{f} + f^\dagger f)\ln(T_2+1)\right]\exp(T_3\tilde{f}f)$$
$$= T_4(1 + T_1 f^\dagger\tilde{f}^\dagger)(1 + T_2 f^\dagger f)(1 + T_2\tilde{f}^\dagger\tilde{f})(1 + T_3\tilde{f}f)$$
$$= T_4\left(1 + T_2\tilde{f}^\dagger\tilde{f} + T_1 f^\dagger\tilde{f}^\dagger + T_2 f^\dagger f\right.$$
$$\left. + T_2^2 f^\dagger f\,\tilde{f}^\dagger\tilde{f} + T_3\tilde{f}f + T_1 T_3 f^\dagger\tilde{f}^\dagger\tilde{f}f\right), \tag{5-137}$$

式中, 参数 T_1, T_2, T_3 和 T_4 分别为

$$T_1 = \frac{g\mathrm{e}^{2(g+\kappa)t} - g}{\kappa\mathrm{e}^{2(g+\kappa)t} + g}, \quad T_2 = \frac{g+\kappa}{g\mathrm{e}^{-(g+\kappa)t} + \kappa\mathrm{e}^{(g+\kappa)t}} - 1,$$

$$T_3 = \frac{\kappa e^{2(g+\kappa)t} - \kappa}{\kappa e^{2(g+\kappa)t} + g}, \quad T_4 = \frac{g e^{-2(g+\kappa)t} + \kappa}{g + \kappa}. \tag{5-138}$$

进一步, 利用式 (1-162) 和 (5-137), 可把式 (5-125) 改写为

$$|\rho_t(t)\rangle = T_4 \left\{ \rho_t(0) + T_3 f \rho_t(0) f^\dagger + T_1 f^\dagger \rho_t(0) f + T_2 \left[\rho_t(0) f^\dagger f \right. \right.$$
$$\left. \left. + f^\dagger f \rho_t(0) \right] + \left(T_2^2 + T_1 T_3 \right) f^\dagger f \rho_t(0) f^\dagger f \right\} |I\rangle. \tag{5-139}$$

这样, 可给出密度算符 $\rho_t(t)$ 的有限维算符和表示

$$\rho_t(t) = T_4 \left(1 + T_2 f^\dagger f \right) \rho_t(0) \left(1 + T_2 f^\dagger f \right)$$
$$+ T_3 T_4 f \rho_t(0) f^\dagger + T_1 T_4 f^\dagger \rho_t(0) f + T_1 T_3 T_4 f^\dagger f \rho_t(0) f^\dagger f$$
$$= \sum_{m=1}^{4} M_m \rho_t(0) M_m^\dagger, \tag{5-140}$$

式中, M_m 为费米热库的克劳斯算符

$$M_1 = \sqrt{T_3 T_4} f, \quad M_2 = \sqrt{T_1 T_4} f^\dagger,$$
$$M_3 = \sqrt{T_4} \left(1 + T_2 f^\dagger f \right), \quad M_4 = \sqrt{T_1 T_3 T_4} f^\dagger f, \tag{5-141}$$

对于两能级原子系统 (基态 $|0\rangle$ 和激发态 $|1\rangle$), M_1 指的是通过释放一个光子, 原子从激发态 $|1\rangle$ 跃迁到态 $|0\rangle$, 而 M_2 代表与 M_1 恰好相反的量子跃迁, 同时 M_3, M_4 代表在量子态的演化过程中不存在量子跃迁.

进一步, 利用式 (5-110) 中费米算符 f, $f^\dagger$ 的矩阵表示, 可给出克劳斯算符 M_m 的矩阵表示

$$M_1 = \sqrt{T_3 T_4} f = \sqrt{\mathcal{P}} \begin{pmatrix} 0 & \sqrt{\mathfrak{K}} \\ 0 & 0 \end{pmatrix},$$

$$M_2 = \sqrt{T_1 T_4} f^\dagger = \sqrt{1 - \mathcal{P}} \begin{pmatrix} 0 & 0 \\ \sqrt{\mathfrak{K}} & 0 \end{pmatrix},$$

$$M_3 = \sqrt{T_4} \left(1 + T_2 f^\dagger f \right) = \begin{pmatrix} \sqrt{\mathcal{P} + (1 - \mathcal{P})(1 - \mathfrak{K})} & 0 \\ 0 & \sqrt{\dfrac{1 - \mathfrak{K}}{\mathcal{P} + (1 - \mathcal{P})(1 - \mathfrak{K})}} \end{pmatrix},$$

$$M_4 = \sqrt{T_1 T_3 T_4} f^\dagger f = \begin{pmatrix} 0 & 0 \\ 0 & \mathfrak{K} \sqrt{\dfrac{\mathcal{P}(1 - \mathcal{P})}{\mathcal{P} + (1 - \mathcal{P})(1 - \mathfrak{K})}} \end{pmatrix}, \tag{5-142}$$

式中, $\mathcal{P} = \kappa / (g + \kappa)$, $\mathfrak{K} = 1 - e^{-2(g+\kappa)t}$. 同样, 克劳斯算符 M_m 也满足归一化条件

$$\sum_{m=1}^{4} M_m^\dagger M_m = 1. \tag{5-143}$$

通过把如下幺正矩阵

$$
\mathcal{U}_{nm} = \begin{pmatrix} 1 & 0 & 0 & 0 \\ 0 & 1 & 0 & 0 \\ 0 & 0 & \sqrt{\dfrac{\mathcal{P}}{\mathcal{P}+(1-\mathcal{P})(1-\mathcal{P})}} & -\sqrt{\dfrac{(1-\mathcal{P})(1-\mathfrak{K})}{\mathcal{P}+(1-\mathcal{P})(1-\mathfrak{K})}} \\ 0 & 0 & \sqrt{\dfrac{(1-\mathcal{P})(1-\mathfrak{K})}{\mathcal{P}+(1-\mathcal{P})(1-\mathfrak{K})}} & \sqrt{\dfrac{\mathcal{P}}{\mathcal{P}+(1-\mathcal{P})(1-\mathcal{P})}} \end{pmatrix} \qquad (5\text{-}144)
$$

作用到克劳斯算符 M_m, 则有新的克劳斯算符 $\mathcal{M}_n = U_{nm}M_m$, 这里新算符 $\mathcal{M}_n$ 同样满足

$$
\rho_t(t) = \sum_{n=1}^{4} \mathcal{M}_n \rho(0) \mathcal{M}_n^{\dagger}, \quad \sum_{n=1}^{4} \mathcal{M}_n^{\dagger} \mathcal{M}_n = 1, \qquad (5\text{-}145)
$$

式中, 新克劳斯算符 $\mathcal{M}_n$ 分别为

$$
\mathcal{M}_1 = \sqrt{\mathcal{P}} \begin{pmatrix} 0 & \sqrt{\mathfrak{K}} \\ 0 & 0 \end{pmatrix}, \quad \mathcal{M}_2 = \sqrt{1-\mathcal{P}} \begin{pmatrix} 0 & 0 \\ \sqrt{\mathfrak{K}} & 0 \end{pmatrix},
$$

$$
\mathcal{M}_3 = \sqrt{\mathcal{P}} \begin{pmatrix} 1 & 0 \\ 0 & \sqrt{1-\mathfrak{K}} \end{pmatrix}, \quad \mathcal{M}_4 = \sqrt{1-\mathcal{P}} \begin{pmatrix} \sqrt{1-\mathfrak{K}} & 0 \\ 0 & 1 \end{pmatrix}. \qquad (5\text{-}146)
$$

实际上, 式 (5-146) 恰好为广义振幅衰退模的克劳斯算符[35].

　　特殊地, 当与热库有关的参数 g,κ 和 $\bar{n}$ 取一些特殊值时, 费米热库的量子主方程 (5-97) 将变成描述其他费米系统退相干过程的主方程. 例如, 用参数 $\kappa\bar{n}$ 和 $\kappa(\bar{n}+1)$ 分别代替参数 g 和 κ, 这样, 当 $\bar{n} \to 0$ 且 κ 为有限值时, $\mathcal{P} \to 1$, $\mathfrak{K} \to 1-\mathrm{e}^{-2kt}$, 故式 (5-146) 变成振幅衰减过程中克劳斯算符的矩阵表示

$$
\mathcal{M}_1 = \begin{pmatrix} 0 & \sqrt{1-\mathrm{e}^{-2kt}} \\ 0 & 0 \end{pmatrix}, \quad \mathcal{M}_2 = 0,
$$

$$
\mathcal{M}_3 = \begin{pmatrix} 1 & 0 \\ 0 & \sqrt{1-(1-\mathrm{e}^{-2kt})} \end{pmatrix}, \quad \mathcal{M}_4 = 0. \qquad (5\text{-}147)
$$

在此过程中, 原子从激发态 $|1\rangle$ 跃迁到基态 $|0\rangle (\mathcal{M}_1)$. 当 $\kappa \to 0$ 且 $\bar{n} \to \infty$ 时, 即 $\kappa\bar{n}$ 有限, 这样 $\mathcal{P} \to 0$, $\mathfrak{K} \to 1- \mathrm{e}^{-2k\bar{n}t} \equiv \mathfrak{T}$, 式 (5-146) 变成有限温度下费米扩散系统的克劳斯算符的矩阵表示, 即

$$
\mathcal{M}_1 = 0, \quad \mathcal{M}_2 = \begin{pmatrix} 0 & 0 \\ \sqrt{\mathfrak{T}} & 0 \end{pmatrix},
$$

$$\mathcal{M}_3 = \begin{pmatrix} \sqrt{1-\mathfrak{T}} & 0 \\ 0 & 1 \end{pmatrix}, \quad \mathcal{M}_4 = 0. \tag{5-148}$$

在此过程中, 原子仅从基态 $|0\rangle$ 跃迁到激发态 $|1\rangle(\mathcal{M}_2)$.

5.3 平移热态的产生机制及其统计特性

在量子理论中, 由热态所描述的光场是典型的"类经典"光场, 其密度算符为 [36]

$$\rho_{th} = \left(1 - e^{-\hbar\nu/(k_B T)}\right) e^{-\hbar\nu a^\dagger a/(k_B T)}, \tag{5-149}$$

式中, $\hbar$ 为普朗克常量, k_B 为玻尔兹曼常量, T, ν 分别为热场的温度和频率. 利用积分公式 (1-27) 可得到热态密度算符 ρ_{th} 的反正规乘积表示

$$\rho_{th} = \left(e^{\hbar\nu/(k_B T)} - 1\right) \vdots e^{-\left(e^{\hbar\nu/(k_B T)}-1\right)a^\dagger a} \vdots. \tag{5-150}$$

由此反正规乘积表示, 易知 ρ_{th} 在相干态表象中的 P-表示

$$\rho_{th} = \left(e^{\hbar\nu/(k_B T)} - 1\right) \int \frac{\mathrm{d}^2\alpha}{\pi} e^{-\left(e^{\hbar\nu/(k_B T)}-1\right)|\alpha|^2} |\alpha\rangle\langle\alpha|. \tag{5-151}$$

与纯相干态 $|\alpha\rangle$ 比较, 可知指数因子 $e^{-\left(e^{\hbar\nu/(k_B T)}-1\right)|\alpha|^2}$ 代表的是高斯噪声. 基于热态 ρ_{th} 的 P-表示, 引入一种新的混合热态, 即平移热态, 其相应的 P-表示为

$$\rho_d = \left(e^{\hbar\nu/(k_B T)} - 1\right) \int \frac{\mathrm{d}^2\alpha}{\pi} e^{-\left(e^{\hbar\nu/(k_B T)}-1\right)|\alpha-z|^2} |\alpha\rangle\langle\alpha|, \tag{5-152}$$

式中, z 为平移量. 实际上, 态 ρ_d 为介于混合热态 ($z=0$) 和纯相干态 ($T \to 0$) 之间的量子态.

5.3.1 产生机制

下面介绍平移热态 ρ_d 的产生机制, 即当纯相干态作为初始态通过扩散通道时, 其输出态恰好为平移热态. 为了解释这一点, 首先引入描述扩散过程的量子主方程 [37,38]

$$\frac{\mathrm{d}\rho(t)}{\mathrm{d}t} = -\kappa \left[a^\dagger a\rho(t) - a\rho(t)a^\dagger - a^\dagger\rho(t)a + \rho(t)aa^\dagger\right]. \tag{5-153}$$

实际上, 它描述的是量子谐振子 (如选定的高 Q 腔模) 的衰退和激发共同作用的线性过程. 把式 (5-153) 的左右两端同时作用到态 $|I\rangle$ 上, 并注意到实模场 $\rho(t)$

完全独立于虚模场 (其产生算符和湮灭算符分别为 $\tilde{a}^\dagger$, $\tilde{a}$, 满足 $[\rho(t),\tilde{a}]=0$ 和 $[\rho(t),\tilde{a}^\dagger]=0$), 以及算符恒等式 (1-119), 可有

$$
\begin{aligned}
\frac{\mathrm{d}}{\mathrm{d}t}\left|\rho(t)\right\rangle &= -\kappa\left[a^\dagger a\rho(t)-a\rho(t)a^\dagger-a^\dagger\rho(t)a+\rho(t)aa^\dagger\right]\left|I\right\rangle \\
&= -\kappa\left[a^\dagger a\rho(t)-a\tilde{a}\rho(t)-a^\dagger\tilde{a}^\dagger\rho(t)+\tilde{a}\tilde{a}^\dagger\rho(t)\right]\left|I\right\rangle \\
&= -\kappa\left(a^\dagger-\tilde{a}\right)\left(a-\tilde{a}^\dagger\right)\left|\rho(t)\right\rangle.
\end{aligned}
\tag{5-154}
$$

其标准解为

$$
\left|\rho(t)\right\rangle = \exp\left[-\kappa t\left(a^\dagger-\tilde{a}\right)\left(a-\tilde{a}^\dagger\right)\right]\left|\rho(0)\right\rangle.
\tag{5-155}
$$

当把式 (5-155) 投影到纠缠态 $\langle\chi|$ 上, 并利用本征方程 (1-109), 则有

$$
\begin{aligned}
\langle\chi\left|\rho(t)\right\rangle &= \langle\chi|\exp\left[-\kappa t\left(a^\dagger-\tilde{a}\right)\left(a-\tilde{a}^\dagger\right)\right]\left|\rho(0)\right\rangle \\
&= \mathrm{e}^{-\kappa t|\chi|^2}\langle\chi\left|\rho(0)\right\rangle.
\end{aligned}
\tag{5-156}
$$

进一步, 把式 (5-156) 的左右两边同时乘以 $\displaystyle\int\frac{\mathrm{d}^2\chi}{\pi}\left|\chi\right\rangle$, 并利用态 $\left|\chi\right\rangle$ 的完备性 (1-111) 以及有序算符内积分法, 可得到

$$
\begin{aligned}
\left|\rho(t)\right\rangle &= \int\frac{\mathrm{d}^2\chi}{\pi}\mathrm{e}^{-\kappa t|\chi|^2}\left|\chi\right\rangle\langle\chi\left|\rho(0)\right\rangle \\
&= \int\frac{\mathrm{d}^2\chi}{\pi}:\exp\left[-(1+\kappa t)\left|\chi\right|^2+\chi\left(a^\dagger-\tilde{a}\right)\right. \\
&\quad \left.+\chi^*\left(a-\tilde{a}^\dagger\right)^\dagger+a^\dagger\tilde{a}^\dagger+a\tilde{a}-a^\dagger a-\tilde{a}^\dagger\tilde{a}\right]:\left|\rho(0)\right\rangle \\
&= \frac{1}{1+\kappa t}:\exp\left[\frac{\kappa t}{1+\kappa t}\left(a^\dagger\tilde{a}^\dagger+a\tilde{a}-a^\dagger a-\tilde{a}^\dagger\tilde{a}\right)\right]:\left|\rho(0)\right\rangle \\
&= \frac{1}{1+\kappa t}\mathrm{e}^{\frac{\kappa t}{1+\kappa t}a^\dagger\tilde{a}^\dagger}\left(\frac{1}{1+\kappa t}\right)^{a^\dagger a+\tilde{a}^\dagger\tilde{a}}\mathrm{e}^{\frac{\kappa t}{1+\kappa t}a\tilde{a}}\rho(0)\left|I\right\rangle,
\end{aligned}
\tag{5-157}
$$

式中利用了算符恒等式

$$
:\exp\left[\frac{-\kappa t}{1+\kappa t}\left(a^\dagger a+\tilde{a}^\dagger\tilde{a}\right)\right]:=\left(\frac{1}{1+\kappa t}\right)^{a^\dagger a+\tilde{a}^\dagger\tilde{a}}.
\tag{5-158}
$$

注意到, 利用 $[\tilde{a},\rho(0)]=0$ 和 $\tilde{a}\left|I\right\rangle=a^\dagger\left|I\right\rangle$, 可有

$$
\begin{aligned}
\mathrm{e}^{\frac{\kappa t}{1+\kappa t}a\tilde{a}}\rho_0\left|I\right\rangle &= \sum_{n=0}^\infty\frac{1}{n!}\left(\frac{\kappa t}{1+\kappa t}a\right)^n\rho(0)\tilde{a}^n\left|I\right\rangle \\
&= \sum_{n=0}^\infty\frac{1}{n!}\left(\frac{\kappa t}{1+\kappa t}\right)^n a^n\rho(0)a^{\dagger n}\left|I\right\rangle,
\end{aligned}
\tag{5-159}
$$

并考虑到算符 $\tilde{a}^\dagger \tilde{a}$ 与所有的实模场算符都是对易的, 则有

$$
\begin{aligned}
|\rho(t)\rangle &= \frac{1}{1+\kappa t} \mathrm{e}^{\frac{\kappa t}{1+\kappa t} a^\dagger \tilde{a}^\dagger} \left(\frac{1}{1+\kappa t}\right)^{a^\dagger a} \\
&\quad \times \sum_{n=0}^{\infty} \frac{1}{n!} \left(\frac{\kappa t}{1+\kappa t}\right)^n a^n \rho(0) a^{\dagger n} \left(\frac{1}{1+\kappa t}\right)^{\tilde{a}^\dagger \tilde{a}} |I\rangle \\
&= \frac{1}{1+\kappa t} \sum_{m=0}^{\infty} \frac{1}{m!} \left(\frac{\kappa t}{1+\kappa t}\right)^m a^{\dagger m} \left(\frac{1}{1+\kappa t}\right)^{a^\dagger a} \\
&\quad \times \sum_{n=0}^{\infty} \frac{1}{n!} \left(\frac{\kappa t}{1+\kappa t}\right)^n a^n \rho(0) a^{\dagger n} \left(\frac{1}{1+\kappa t}\right)^{a^\dagger a} \tilde{a}^{\dagger m} |I\rangle .
\end{aligned}
\tag{5-160}
$$

最后, 根据算符恒等式 (1-119), 得到

$$
\begin{aligned}
\rho(t)|I\rangle &= \sum_{m,n=0}^{\infty} \frac{1}{m!n!} \frac{(\kappa t)^{m+n}}{(\kappa t+1)^{m+n+1}} \\
&\quad \times a^{\dagger m} \left(\frac{1}{1+\kappa t}\right)^{a^\dagger a} a^n \rho(0) a^{\dagger n} \left(\frac{1}{1+\kappa t}\right)^{a^\dagger a} a^m |I\rangle .
\end{aligned}
\tag{5-161}
$$

这样, 含时密度算符 $\rho(t)$ 的无限维算符和表示为

$$
\rho(t) = \sum_{m,n=0}^{\infty} M_{m,n} \rho(0) M_{m,n}^\dagger,
\tag{5-162}
$$

式中, $M_{m,n}$ 为推广的克劳斯算符, 即

$$
M_{m,n} = \sqrt{\frac{1}{m!n!} \frac{(\kappa t)^{m+n}}{(\kappa t+1)^{m+n+1}}} a^{\dagger m} \left(\frac{1}{1+\kappa t}\right)^{a^\dagger a} a^n .
\tag{5-163}
$$

把初始的纯相干态 $\rho(0) \equiv |z\rangle\langle z|$ 代入式 (5-162), 并利用本征方程 $a|z\rangle = z|z\rangle$, 得到相干态 $|z\rangle$ 在扩散过程中的演化, 即

$$
\begin{aligned}
\rho_{|z\rangle}(t) &= \sum_{m,n=0}^{\infty} \frac{1}{m!n!} \frac{(\kappa t)^{m+n}}{(\kappa t+1)^{m+n+1}} a^{\dagger m} \mathrm{e}^{a^\dagger a \ln \frac{1}{1+\kappa t}} \\
&\quad \times |z|^{2n} |z\rangle\langle z| \mathrm{e}^{a^\dagger a \ln \frac{1}{1+\kappa t}} a^m .
\end{aligned}
\tag{5-164}
$$

再对 n 进行求和, 并利用

$$
\mathrm{e}^{a^\dagger a \ln \frac{1}{1+\kappa t}} |z\rangle = \mathrm{e}^{-\frac{|z|^2}{2} + \frac{z a^\dagger}{1+\kappa t}} |0\rangle = \mathrm{e}^{-\frac{|z|^2}{2}} \left\| \frac{z}{1+\kappa t} \right\rangle ,
\tag{5-165}
$$

式中, 态 $\left\|\dfrac{z}{1+\kappa t}\right\rangle$ 为未归一化的相干态, 则其输出态为

$$
\begin{aligned}
\rho_{|z\rangle}(t) &= \sum_m^\infty \frac{1}{m!}\frac{(\kappa t)^m}{(\kappa t+1)^{m+1}} \mathrm{e}^{\frac{\kappa t}{\kappa t+1}|z|^2} a^{\dagger m} \mathrm{e}^{a^\dagger a \ln\frac{1}{1+\kappa t}} |z\rangle\langle z| \mathrm{e}^{a^\dagger a \ln\frac{1}{1+\kappa t}} a^m \\
&= \sum_m^\infty \frac{1}{m!}\frac{(\kappa t)^m}{(\kappa t+1)^{m+1}} \mathrm{e}^{-\frac{|z|^2}{\kappa t+1}} a^{\dagger m} \left\|\frac{z}{1+\kappa t}\right\rangle\left\langle\frac{z}{1+\kappa t}\right\| a^m \\
&= \sum_m^\infty \frac{1}{m!}\frac{(\kappa t)^m}{(\kappa t+1)^{m+1}} \mathrm{e}^{-\frac{|z|^2}{\kappa t+1}} : a^{\dagger m} a^m \mathrm{e}^{\frac{a^\dagger z}{1+\kappa t}+\frac{az^*}{1+\kappa t}-a^\dagger a} : \\
&= \frac{1}{\kappa t+1} : \exp\left[\frac{-1}{\kappa t+1}\left(|z|^2 - a^\dagger z - az^* + a^\dagger a\right)\right] :.
\end{aligned}
\tag{5-166}
$$

利用有序算符内积分法, 可证明态 $\rho_{|z\rangle}(t)$ 满足归一化条件

$$
\begin{aligned}
\mathrm{tr}\rho_{|z\rangle}(t) &= \frac{1}{\kappa t+1}\int\frac{\mathrm{d}^2\beta}{\pi}\langle\beta|:\exp\left[\frac{-1}{\kappa t+1}\left(|z|^2\right.\right. \\
&\qquad \left.\left.-a^\dagger z - az^* + a^\dagger a\right)\right]:|\beta\rangle \\
&= 1.
\end{aligned}
\tag{5-167}
$$

现在对态 $\rho_{|z\rangle}(t)$ 和式 (5-152) 中态 ρ_d 进行比较. 为此, 利用有序算符内积分法对式 (5-152) 进行积分, 可得到态 ρ_d 的正规乘积表示

$$
\begin{aligned}
\rho_d &= \left(\mathrm{e}^{\hbar\nu/(k_BT)}-1\right)\int\frac{\mathrm{d}^2\alpha}{\pi}\mathrm{e}^{-\left(\mathrm{e}^{\hbar\nu/(k_BT)}-1\right)|\alpha-z|^2}|\alpha\rangle\langle\alpha| \\
&= \left(1-\mathrm{e}^{-\hbar\nu/(k_BT)}\right):\exp\left[-\left(1-\mathrm{e}^{-\hbar\nu/(k_BT)}\right)\right. \\
&\qquad\left.\times\left(|z|^2 - za^\dagger - z^*a + a^\dagger a\right)\right]:.
\end{aligned}
\tag{5-168}
$$

显然, 当满足条件

$$
\kappa t = \frac{1}{\mathrm{e}^{\hbar\nu/(k_BT)}-1}
\tag{5-169}
$$

时, 纯相干态在扩散过程中演化为平移热态 ρ_d.

5.3.2　统计函数的演化

对于态 ρ_d, 由式 (5-152) 可推导出它的平均光子数分布

$$
n_d = \mathrm{tr}\left(\rho_d a^\dagger a\right)
$$

$$= \left(e^{\hbar\nu/(k_B T)} - 1\right) \mathrm{tr}\left[\int \frac{\mathrm{d}^2\alpha}{\pi} e^{-\left(e^{\hbar\nu/(k_B T)}-1\right)|\alpha-z|^2} |\alpha\rangle\langle\alpha|a^\dagger a\right]$$

$$= \left(e^{\hbar\nu/(k_B T)} - 1\right) \int \frac{\mathrm{d}^2\alpha}{\pi} e^{-\left(e^{\hbar\nu/(k_B T)}-1\right)|\alpha-z|^2} |\alpha|^2$$

$$= \frac{1}{e^{\hbar\nu/(k_B T)} - 1} + |z|^2. \tag{5-170}$$

当 $z = 0$ 时, $n_{th} = (e^{\hbar\nu/(k_B T)} - 1)^{-1}$, 对应于热场 ρ_{th} 的平均光子数, 它恰恰是光子数分布的普朗克公式. 当 $T \to 0$ 时, $n_{|z\rangle} = |z|^2$, 它是相干态 $|z\rangle$ 的平均光子数. 此外, 结合式 (5-169) 和 (5-170), 还可得到初始相干态 $|z\rangle$ 的平均光子数在扩散过程中的演化公式

$$n_d(t) = \kappa t + |z|^2. \tag{5-171}$$

显然, 平均光子数 $n_d(t)$ 随时间 t 线性增加, 最终达到无穷大.

进一步, 利用维格纳算符的相干态表示

$$\Delta(\beta, \beta^*) = \int \frac{\mathrm{d}^2\beta'}{\pi^2} |\beta + \beta'\rangle \langle\beta - \beta'| e^{\beta\beta'^* - \beta'\beta^*}, \tag{5-172}$$

式中, $|\beta\rangle$ 为相干态, 且两个不同的相干态的内积为

$$\langle\beta'| \beta\rangle = \exp\left(-\frac{|\beta|^2 + |\beta'|^2}{2} + \beta'^*\beta\right), \tag{5-173}$$

则态 ρ_d 的维格纳函数为

$$W_d(\beta, \beta^*) = \mathrm{tr}[\rho_d \Delta(\beta, \beta^*)]$$

$$= g \int \frac{\mathrm{d}^2\beta'}{\pi^2} \langle\beta - \beta'| : \exp[-g(|z|^2 - z^*a - \beta a^\dagger + a^\dagger a)] : |\beta + \beta'\rangle e^{\beta\beta'^* - \beta'\beta^*}$$

$$= g \int \frac{\mathrm{d}^2\beta'}{\pi^2} \exp\left[-g|z|^2 + gz^*(\beta + \beta') + gz(\beta^* - \beta'^*)\right.$$

$$\left. -g(\beta + \beta')(\beta^* - \beta'^*) - 2|\beta'|^2\right]$$

$$= \frac{1 - e^{-\hbar\nu/(k_B T)}}{\pi\left(1 + e^{-\hbar\nu/(k_B T)}\right)} \exp\left[-\frac{2\left(1 - e^{-\hbar\nu/(k_B T)}\right)}{1 + e^{-\hbar\nu/(k_B T)}}(|\beta|^2 + |z|^2 - z^*\beta - z\beta^*)\right]. \tag{5-174}$$

式中, $g = 1 - e^{-\hbar\nu/(k_B T)}$. 可见, 维格纳函数 $W_d(\beta, \beta^*)$ 具有类似于热态维格纳函数的高斯波包形状, 只是波包的峰不在相空间的中心位置. 特殊地, 当 $z = 0$ 时, $W_d(\beta, \beta^*)$ 退化成热态 ρ_{th} 的维格纳函数

$$W_{th}(\beta, \beta^*) = \frac{1 - e^{-\hbar\nu/(k_B T)}}{\pi\left(1 + e^{-\hbar\nu/(k_B T)}\right)} \exp\left[-\frac{2\left(1 - e^{-\hbar\nu/(k_B T)}\right)}{1 + e^{-\hbar\nu/(k_B T)}}|\beta|^2\right], \tag{5-175}$$

而当 $T \to 0$ 时, $W_d(\beta, \beta^*)$ 退化为相干态 $|z\rangle$ 的维格纳函数

$$W_{|z\rangle}(\beta, \beta^*) = \frac{1}{\pi} \exp\left[-2(|\beta|^2 + |z|^2 - z^*\beta - z\beta^*)\right]. \tag{5-176}$$

同样地, 若把式 (5-169) 代入式 (5-174), 也能得到相干态 $|z\rangle$ 的维格纳函数在扩散过程中的演化公式

$$W_{|z\rangle}(\beta, \beta^*, t) = \frac{1}{\pi(2\kappa t + 1)} \exp\left[-\frac{2}{2\kappa t + 1}(|\beta|^2 + |z|^2 - z^*\beta - z\beta^*)\right]. \tag{5-177}$$

最后推导出态 ρ_d 的冯·诺依曼熵. 给定系统的量子态 ρ, 其冯·诺依曼熵被定义为 [39, 40]

$$\mathcal{S}(\rho) = -\mathrm{tr}\,(\rho \ln \rho). \tag{5-178}$$

由熵的定义式可知, 密度算符 ρ 的自然指数形式对计算熵 $\mathcal{S}(\rho)$ 能提供方便. 为此, 利用算符恒等式

$$e^{\lambda a^\dagger a} =: \exp[(e^\lambda - 1)a^\dagger a]:, \tag{5-179}$$

把式 (5-168) 中的正规乘积符号 : : 去掉, 得到

$$\rho_d = \left(1 - e^{-\hbar\nu/(k_B T)}\right) e^{-\left(1 - e^{-\hbar\nu/(k_B T)}\right)|z|^2}$$
$$\times e^{\left(1 - e^{-\hbar\nu/(k_B T)}\right)za^\dagger} e^{-\hbar\nu a^\dagger a/(k_B T)} e^{\left(1 - e^{-\hbar\nu/(k_B T)}\right)z^*a}. \tag{5-180}$$

进一步, 利用 Baker-Campbell-Hausdorff 算符公式

$$e^A e^B = \exp\left(A + \frac{\mu B + f}{1 - e^{-\mu}} - \frac{f}{\mu}\right), \tag{5-181}$$

上式成立要求 $[A, B] = \mu B + f$, 把式 (5-180) 中的三个自然指数合并为一个自然指数, 即

$$\rho_d = \left(1 - e^{-\hbar\nu/(k_B T)}\right) \exp\left(-\frac{\hbar\nu}{k_B T}|z|^2\right)$$
$$\times \exp\left\{-\frac{\hbar\nu}{k_B T}[a^\dagger a - (za^\dagger + z^*a)]\right\}. \tag{5-182}$$

这样, 态 ρ_d 的自然对数为

$$\ln \rho_d = \ln\left(1 - e^{-\hbar\nu/(k_B T)}\right) - \frac{\hbar\nu}{k_B T}\left[|z|^2 + a^\dagger a - (za^\dagger + z^*a)\right]. \tag{5-183}$$

于是, 态 ρ_d 的熵可表示为

$$\mathcal{S}(\rho_d) = -\mathrm{tr}\,(\rho_d \ln \rho_d)$$

$$= -\ln g + \frac{\hbar\nu}{k_B T}|z|^2 + \frac{\hbar\nu}{k_B T}g\mathrm{e}^{-g|z|^2}\mathrm{tr}G, \tag{5-184}$$

式中

$$G = \mathrm{e}^{gza^\dagger}\mathrm{e}^{a^\dagger a\ln(1-g)}\mathrm{e}^{gz^*a}[a^\dagger a - (za^\dagger + z^*a)]. \tag{5-185}$$

为了得到熵 $\mathcal{S}(\rho_d)$, 首先推导出算符 G 的正规乘积表示以及求迹 $\mathrm{tr}G$. 利用算符恒等式

$$\mathrm{e}^{\eta a}a^{\dagger i}\mathrm{e}^{-\eta a} = (a^\dagger + \eta)^i \tag{5-186}$$

和

$$\mathrm{e}^{a^\dagger a\ln\eta}a^{\dagger i}\mathrm{e}^{-a^\dagger a\ln\eta} = \eta^i a^{\dagger i}, \tag{5-187}$$

算符 G 的正规乘积为

$$\begin{aligned}
G &= \mathrm{e}^{gza^\dagger}[(1-g)a^\dagger + gz^*]\mathrm{e}^{a^\dagger a\ln(1-g)}\mathrm{e}^{gz^*a}(a-z)\\
&\quad - z^*\mathrm{e}^{gza^\dagger}\mathrm{e}^{a^\dagger a\ln(1-g)}\mathrm{e}^{gz^*a}a\\
&=: \mathrm{e}^{gza^\dagger}\mathrm{e}^{-ga^\dagger a}\mathrm{e}^{gz^*a}\left\{(1-g)[a^\dagger a - (za^\dagger + z^*a)] - g|z|^2\right\}:.
\end{aligned} \tag{5-188}$$

这样, 求迹 $\mathrm{tr}G$ 的结果为

$$\begin{aligned}
\mathrm{tr}G &= \int\frac{\mathrm{d}^2\alpha}{\pi}\langle\alpha|:\mathrm{e}^{gza^\dagger}\mathrm{e}^{-ga^\dagger a}\mathrm{e}^{gz^*a}\bigg\{(1-g)\\
&\quad\times[a^\dagger a - (za^\dagger + z^*a)] - g|z|^2\bigg\}:|\alpha\rangle\\
&= \int\frac{\mathrm{d}^2\alpha}{\pi}\exp(-g|\alpha|^2 + gz^*\alpha + gz\alpha^*)\\
&\quad\times\left\{(1-g)[|\alpha'|^2 - (z\alpha'^* + z^*\alpha')] - g|z|^2\right\}\\
&= \frac{\mathrm{e}^{-\hbar\nu/(k_B T)} - |z|^2}{1 - \mathrm{e}^{-\hbar\nu/(k_B T)}}\mathrm{e}^{(1-\mathrm{e}^{-\hbar\nu/(k_B T)})|z|^2}.
\end{aligned} \tag{5-189}$$

最后, 结合式 (5-184) 和 (5-189), 得到态 ρ_d 的熵为

$$\mathcal{S}(\rho_d) = -\ln(1 - \mathrm{e}^{-\hbar\nu/(k_B T)}) + \frac{\hbar\nu}{k_B T}\mathrm{e}^{-\hbar\nu/(k_B T)}, \tag{5-190}$$

则态 ρ_d 的熵仅与热场的温度 T 有关. 显然, 当 $T\to 0$ 时, $\mathcal{S}(\rho_d)\to 0$, 对应于相干态 $|z\rangle$ 光场的熵. 另外, 利用式 (5-169), 易知相干态 $|z\rangle$ 的熵在扩散过程中的演化, 即

$$\mathcal{S}(\rho_{|z\rangle}(t)) = -\ln\frac{1}{1+\kappa t} - \frac{\kappa t}{1+\kappa t}\ln\frac{\kappa t}{1+\kappa t}. \tag{5-191}$$

上式表明, 相干态 $|z\rangle$ 光场的熵 $\mathcal{S}(\rho_{|z\rangle}(t))$ 在扩散过程中是按照关于衰退时间 κt 的自然对数演化的, 与初始相干态 $|z\rangle$ 的振幅无关.

参 考 文 献

[1]   Risken H. The Fokker-Planck Equation: Methods of Solutions and Applications[M]. Berlin: Springer, 1984.

[2]   Gardiner C W. Handbook of Stochastic Methods[M]. Heidelberg: Springer, 1990.

[3]   Haake F. On a non-Markoffian master equation[J]. Zeitschrift für Physik, 1969, 223(4): 353-363.

[4]   Agarwal G S, Wolf E. Calculus for functions of noncommuting operators and general phase-space methods in quantum mechanics. I. mapping theorems and ordering of functions of noncommuting operators[J]. Physical Review D, 1970, 2(10): 2161-2186.

[5]   Schleich W P. Quantum Optics in Phase Space[M]. Berlin: Wiley-VCH, 2001.

[6]   Fan H Y, Hu L Y. Operator-sum representation of density operators as solutions to master equations obtained via the entangled state approach[J]. Modern Physics Letters A, 2008, 22(25): 2435-2468.

[7]   Yao F, Wang J S, Xu T N. Explicit solution of diffusion master equation under the action of linear resonance force via the thermal entangled state representation[J]. Chinese Physics B, 2015, 24(7): 100-103.

[8]   Meng X G, Wang J S, Gao H C. Kraus operator-sum solution to the master equation describing the single-mode cavity driven by an oscillating external field in the heat reservoir[J]. International Journal of Theoretical Physics, 2016, 55(8): 3630-3636.

[9]   Wu W F. Infinitive Operator-sum representation for damping in a squeezed heat reservoir via the thermo entangled state approach[J]. International Journal of Theoretical Physics, 2016, 55(12): 5062-5068.

[10]   孟祥国, 刘钧毅. 受振幅阻尼和热噪声共同影响的克尔介质主方程的解析解 [J]. 聊城大学学报 (自然科学版), 2020, 33(6): 55-59.

[11]   Chen X F, Hou L L. Explicit Kraus operator-sum representations for time-evolution of Fermi systems in amplitude- and phase-decay processes[J]. Canadian Journal of Physics, 2015, 93(11): 1356-1359.

[12]   Meng X G, Wang J S, Fan H Y, et al. Kraus operator solutions to a fermionic master equation describing a thermal bath and their matrix representation[J]. Chinese Journal of Physics, 2016, 24(4): 040302.

[13]   Meng X G, Fan H Y, Wang J S. Generation of a kind of displaced thermal states in the diffusion process and its statistical properties[J]. International Journal of Theoretical Physics, 2018, 57(4): 1202-1209.

[14]   Scully M O, Zubairy M S. Quantum Optics[M]. Cambridge: Cambridge University Press, 1997.

[15]   Restrepo J, Ciuti C, Favero I. Single-polariton optomechanics[J]. Physical Review Letters, 2014, 112(1): 013601.

[16] Kraus K, Böhm A, Dollard J D, et al. States, Effects, and Operations Fundamental Notions of Quantum Theory[M]. Berlin: Springer, 1983.

[17] Peixoto de Faria J G. Time evolution of the classical and quantum mechanical versions of diffusive anharmonic oscillator: an example of Lie algebraic techniques[J]. The European Physical Journal D, 2007, 42(1): 153-162.

[18] Gong Z R, Ian H, Liu Y X, et al. Effective Hamiltonian approach to the Kerr nonlinearity in an optomechanical system[J]. Physical Review A, 2009, 80(6): 065801.

[19] Imoto N, Haus H A, Yamamoto Y. Quantum nondemolition measurement of the photon number via the optical Kerr effect[J]. Physical Review A, 1985, 32(4): 2287-2292.

[20] Turchette Q A, Hood C J, Lange W, et al. Measurement of conditional phase shifts for quantum logic[J]. Physical Review Letters, 1995, 75(25): 4710-4713.

[21] Mohapatra A K, Bason M G, Butscher B, et al. A giant electro-optic effect using polarizable dark states[J]. Nature Physics, 2008, 4(11): 890-894.

[22] Milburn G J, Holmes C A. Quantum coherence and classical chaos in a pulsed parametric oscillator with a Kerr nonlinearity[J]. Physical Review A, 1991, 44(7): 4704-4711.

[23] Yurke B, Stoler D. Generating quantum mechanical superpositions of macroscopically distinguishable states via amplitude dispersion[J]. Physical Review Letters, 1986, 57(1): 13-16.

[24] Bužek V. Time evolution of an anharmonic oscillator in an initial Holstein-Primakoff SU(1,1) coherent state[J]. Physical Review A, 1989, 39(10): 5432-5435.

[25] Hu L Y, Duan Z L, Xu X X, et al. Wigner function evolution in a self-Kerr medium derived by entangled state representation[J]. Journal of Physics A: Mathematical and Theoretical, 2011, 44(19): 195304.

[26] Wu M Y, Lv H Y, Wang J S, et al. Wigner-function evolution and photon-number decay of quantum states in a laser cavity with the Kerr medium[J]. International Journal of Theoretical Physics, 2020, 59(2): 350-360.

[27] Román-Ancheyta R, Berrondo M, Récamier J. Parametric oscillator in a Kerr medium: evolution of coherent states[J]. Journal of the Optical Society of America B, 2015, 32(8): 1651-1655.

[28] Kunz L, Paris M G A, Banaszek K. Noisy propagation of coherent states in a lossy Kerr medium[J]. Journal of the Optical Society of America B, 2018, 35(2): 214-222.

[29] Stobińska M, Milburn G J, Wódkiewicz K. Wigner function evolution of quantum states in the presence of self-Kerr interaction[J]. Physical Review A, 2008, 78(1): 013810.

[30] Carvalho A R R, Mintert F, Palzer S, et al. Entanglement dynamics under decoherence: from qubits to qudits[J]. The European Physical Journal D, 2007, 41(2): 425-432.

[31] Ikram M, Li F L, Zubairy M S. Disentanglement in a two-qubit system subjected to dissipation environments[J]. Physical Review A, 2007, 75(6): 062336.

[32] Al-Qasimi A, James D F V. Sudden death of entanglement at finite temperature[J]. Physical Review A, 2008, 77(1): 012117.

[33] Ma J, Wang X G, Sun C P, et al. Quantum spin squeezing[J]. Physics Reports, 2011, 509(2-3): 89-165.

[34] Hellwig K E, Kraus K. Pure Operations and measurements[J]. Communications in Mathematical Physics, 1969, 11(3): 214-220.

[35] Nielsen M A, Chuang I L. Quantum Computation and Quantum Information[M]. Cambridge: Cambridge University Press, 2000.

[36] Ouyang Y, Wang S, Zhang L J. Quantum optical interferometry via the photon-added two-mode squeezed vacuum states[J]. Journal of the Optical Society of America B, 2016, 33(7): 1373-1381.

[37] Carmichael H J. Statistical Methods in Quantum Optics 1: Master Equations and Fokker-Planck Equations[M]. Berlin: Springer, 1999.

[38] Carmichael H J. Statistical Methods in Quantum Optics 2: Non-classical Fields[M]. Berlin: Springer, 2008.

[39] Chen J H, Fan H Y. Entropy evolution law in a laser process[J]. Annals of Physics, 2013, 334(7): 272-279.

[40] Fan H Y, Wang S, Hu L Y. Evolution of the single-mode squeezed vacuum state in amplitude dissipative channel[J]. Frontiers of Physics, 2014, 9(1): 74-81.

第 6 章 双模纠缠态的非经典性质及其退相干演化

目前, 不论在理论还是实验上, 双模纠缠态作为一类信息源在量子信息的重要任务和关键技术实现过程中具有重要应用. 因此, 双模纠缠态的相空间描述、非经典性质的度量以及在退相干环境的演化情况受到关注. 在量子光学中, 相空间的维格纳函数成为研究光场的重要统计方法 [1-3], 如双模压缩光场, 可利用光子零差正交的边缘分布函数和维格纳函数之间的关系, 并通过测量光学层析图函数来描述 [4-6]. 反之, 通过可测量的正交振幅概率分布的层析图函数的反演能描述量子体系的维格纳函数 [7,8]. 另一方面, 根据密度算符的维格纳函数的定义能建立它与拉东变换之间的对应关系, 且得到的相应光学层析图函数与此维格纳函数有关, 从而使得光学层析图函数也包含量子态密度算符的全部信息. 这样, 量子态的密度算符可根据它的维格纳函数或其拉东变换的重构来得到. 因此, 维格纳函数及其拉东变换在量子光学和量子信息中占有重要的地位. 此外, 在环境诱导的退相干方面, 可观察的维格纳函数部分负性和干涉行为可用来描述体系的退相干规律, 从而实现退相干对非经典性质破坏程度的准确度量 [9,10].

本章充分利用连续变量纠缠态表象及此表象下的维格纳算符, 考察多光子增加压缩真空态 [11,12]、有限维热不变相干态 [13]、有限维对相干态 [14]、双变量埃尔米特多项式态 [15] 以及双模压缩真空态 [16] 等双模纠缠态的概率分布函数, 从而解析和数值分析它们的非经典性质及其在退相干通道中的演化情况.

6.1 多光子增加双模压缩真空态的 Husimi 函数

理论上, 当把压缩算符 $S(r) = \exp[r(a^{\dagger 2} - a^2)/2]$ 作用到单模真空态上时, 可有

$$S(r)|0\rangle = \mathrm{sech}^{1/2} r \exp\left(\frac{1}{2}a^{\dagger 2}\tanh r\right)|0\rangle. \tag{6-1}$$

这样, 多光子增加压缩真空态可表示为

$$a^{\dagger m}S(r)|0\rangle \equiv |r,m\rangle. \tag{6-2}$$

在物理上, 当激发态原子通过处于压缩真空态的腔场时, 其输出态即为多光子增加压缩真空态. 经过简单计算, 可知态 $|r,m\rangle$ 的归一化系数为

$$\langle r,m\,|r,m\rangle = m!\,(\cosh r)^m\,\mathrm{P}_m(\cosh r), \tag{6-3}$$

式中, $P_m(\cdot)$ 为 m 阶勒让德多项式, 其标准定义式为

$$P_m(x) = \sum_{l=0}^{[m/2]} (-1)^l \frac{(2m-2l)!}{2^m l!\,(m-l)!\,(m-2l)!} x^{m-2l} \tag{6-4}$$

或最新表达式为 [17]

$$P_m(x) = x^m \sum_{l=0}^{[m/2]} \frac{m!}{2^{2l}(l!)^2(m-2l)!} \left(1 - \frac{1}{x^2}\right)^l. \tag{6-5}$$

类似地, 当把多光子增加操作作用到具有纠缠特性的双模压缩真空态时, 其输出态为 [11]

$$a^{\dagger n} b^{\dagger m} S_2(r)|00\rangle = \mathrm{sech}\, r\, a^{\dagger n} b^{\dagger m} \exp(a^\dagger b^\dagger \tanh r)|00\rangle \equiv |r,n,m\rangle, \tag{6-6}$$

式中, $S_2(r) = \exp[r(a^\dagger b^\dagger - ab)]$ 为双模压缩算符; $a^\dagger, b^\dagger$ 为双模的产生算符, 它们服从对易关系 $[i,j^\dagger] = \delta_{ij}$ $(i,j=a,b)$. 而且, 归一化系数为

$$\langle r,n,m\,|r,n,m\rangle = n!m!(\cosh^2 r)^n P_m^{(0,\,n-m)}(\cosh 2r), \tag{6-7}$$

式中, $P_m^{(0,\,n-m)}(\cdot)$ 为雅可比多项式, 其标准的展开式为 [11]

$$P_m^{(0,\,n-m)}(\cosh 2r) = (\cosh^2 r)^m \sum_{l=0}^{m} \frac{m!n!}{(l!)^2(m-l)!(n-l)!} (\tanh r)^{2l}. \tag{6-8}$$

6.1.1　雅可比多项式 $P_m^{(0,\,n-m)}(\cdot)$ 的最新表达式

下面通过推导态 $|r,n,m\rangle$ 的归一化系数来给出雅可比多项式 $P_m^{(0,\,n-m)}(\cdot)$ 的最新表达式. 由式 (6-6), 可得到多光子增加双模压缩真空态的归一化系数

$$\langle r,n,m\,|r,n,m\rangle = \mathrm{sech}^2 r\,\langle 00|\, e^{ab\tanh r} b^m a^n a^{\dagger n} b^{\dagger m} e^{a^\dagger b^\dagger \tanh r}|00\rangle. \tag{6-9}$$

利用双模相干态 $|z_1 z_2\rangle$ 的完备性关系

$$\iint \frac{\mathrm{d}^2 z_1 \mathrm{d}^2 z_2}{\pi^2} |z_1 z_2\rangle\langle z_1 z_2| = 1 \tag{6-10}$$

和内积

$$\langle z_1 z_2|\, 00\rangle = \exp\left(-\frac{|z_1|^2 + |z_2|^2}{2}\right), \tag{6-11}$$

把式 (6-9) 改写为

$$\langle r,n,m\,|r,n,m\rangle = \mathrm{sech}^2 r \iint \frac{\mathrm{d}^2 z_1 \mathrm{d}^2 z_2}{\pi^2} |z_1|^{2n} |z_2|^{2m}$$

$$\times \exp[-|z_1|^2 - |z_2|^2 + (z_1 z_2 + z_1^* z_2^*) \tanh r]. \tag{6-12}$$

进一步, 利用积分公式

$$\int \frac{\mathrm{d}^2 z}{\pi} z^n z^{*m} \exp(\zeta |z|^2 + \xi z + \eta z^*)$$

$$= \mathrm{e}^{-\xi\eta/\zeta} \sum_{l=0}^{\min(m,n)} \frac{m! n! \xi^{m-l} \eta^{n-l}}{l! (m-l)! (n-l)! (-\zeta)^{m+n-l+1}}, \quad \operatorname{Re} \zeta < 0 \tag{6-13}$$

和

$$\int \frac{\mathrm{d}^2 z}{\pi} z^{*n} z^k \mathrm{e}^{\lambda|z|^2} = \delta_{n,k} (-)^{k+1} \lambda^{-(k+1)} k!, \tag{6-14}$$

则归一化因子 $\langle r, n, m | r, n, m \rangle$ 为

$$\langle r, n, m | r, n, m \rangle = \operatorname{sech}^2 r \sum_{l=0}^{m} \frac{(m!)^2 (\tanh^2 r)^{m-l}}{l! [(m-l)!]^2} \int \frac{\mathrm{d}^2 z_1}{\pi} |z_1|^{2(m-l+n)} \mathrm{e}^{-|z_1|^2 \operatorname{sech}^2 r}$$

$$= \sum_{l=0}^{m} \frac{(m!)^2 (m+n-l)!}{l! [(m-l)!]^2} (\cosh^2 r)^n (\sinh^2 r)^{m-l}. \tag{6-15}$$

比较式 (6-7) 和式 (6-15), 可得到雅可比多项式 $\mathrm{P}_m^{(0,\ n-m)}(\cdot)$ 的最新表达式

$$\mathrm{P}_m^{(0,\ n-m)}(\cosh 2r) = \sum_{l=0}^{m} \frac{m! (m+n-l)!}{n! l! [(m-l)!]^2} (\sinh^2 r)^{m-l}. \tag{6-16}$$

此表达式在形式上与式 (6-8) 完全不同, 且通过简单的排列组合技术无法证明它们的等价性. 然而, 通过列出两种表达式的对应项, 可发现其结果完全一致. 例如, 由式 (6-8) 和式 (6-16) 都可给出

$$m = 0, \quad \mathrm{P}_0^{(0,\ n)}(\cosh 2r) = 1,$$

$$m = 1, \quad \mathrm{P}_1^{(0,\ n-1)}(\cosh 2r) = 1,$$

$$m = 2, \quad \mathrm{P}_2^{(0,\ n-2)}(\cosh 2r) = 1 + 2(n+1)\sinh^2 r + \frac{(n+1)(n+2)}{2}\sinh^4 r,$$

$$m = 3, \quad \mathrm{P}_3^{(0,\ n-3)}(\cosh 2r) = 1 + 3(n+1)\sinh^2 r + \frac{3(n+1)(n+2)}{2}\sinh^4 r$$
$$+ \frac{(n+1)(n+2)(n+3)}{6}\sinh^6 r,$$

$$m = 4, \quad \mathrm{P}_4^{(0,\ n-4)}(\cosh 2r) = 1 + 4(n+1)\sinh^2 r + 3(n+1)(n+2)\sinh^4 r$$

$$+ \frac{2(n+1)(n+2)(n+3)}{3} \sinh^6 r$$

$$+ \frac{(n+1)(n+2)(n+3)(n+4)}{24} \sinh^8 r. \quad (6\text{-}17)$$

利用多光子增加双模压缩真空态的归一化系数以及雅可比多项式的两种不同形式, 可得到一些新的恒等式和微分公式. 例如, 通过比较式 (6-8) 和式 (6-16), 可得到等式

$$\sum_{l=0}^{m} \binom{m}{l} \left[\binom{n}{l} (\cosh^2 r)^m (\tanh^2 r)^{(m-l)} - \binom{m+n-l}{n} (\sinh r)^{m-l} \right] = 0.$$

$$(6\text{-}18)$$

若令 $x = \sinh^2 r$, 可得到一个关于变量 x 的新恒等式

$$\sum_{l=0}^{m} \binom{m}{l} x^l \left[\binom{n}{l} (1+x)^{m-l} - \binom{m+n-l}{n} x^{m-2l} \right] = 0. \quad (6\text{-}19)$$

若令 $y \to \coth^2 r$, 可把式 (6-15) 改写为

$$\langle r, n, m \,|\, r, n, m \rangle = \sum_{l=0}^{m} \frac{(m!)^2 (m+n-l)!}{l! \, [(m-l)!]^2} \frac{y^n}{(y-1)^{m+n-l}}. \quad (6\text{-}20)$$

通过对式 (6-20) 和

$$\langle r, n, m \,|\, r, n, m \rangle = n! \, (y-1) \, y^m \left(-\frac{\mathrm{d}}{\mathrm{d}y} \right)^m \frac{y^n}{(y-1)^{n+1}} \bigg|_{y \to \coth^2 r} \quad (6\text{-}21)$$

进行比较, 可得到一个新的微分公式

$$\frac{\mathrm{d}^m}{\mathrm{d}y^m} \frac{y^n}{(y-1)^{n+1}} = \sum_{l=0}^{m} (-)^m \frac{(m!)^2 (m+n-l)!}{n! l! \, [(m-l)!]^2} \frac{y^{n-m}}{(y-1)^{m+n-l+1}}. \quad (6\text{-}22)$$

6.1.2　Husimi 函数及其边缘分布

考虑到态 $|r, n, m\rangle$ 为双模非高斯纠缠态, 故利用纠缠 Husimi 算符 $\Delta_h(\sigma, \gamma; \kappa)$ 推导出它的 Husimi 函数. 为此, 首先证明纠缠 Husimi 算符 $\Delta_h(\sigma, \gamma; \kappa)$ 可表示为新的双模压缩相干态 $|\sigma, \gamma; \kappa\rangle$ 的密度算符. 在双模福克空间中, 双模压缩相干态 $|\sigma, \gamma; \kappa\rangle$ 的表达式为 [18]

$$|\sigma, \gamma; \kappa\rangle = S_2(1/\sqrt{\kappa}) D_1(\alpha_1) D_2(\alpha_2) |00\rangle$$

$$= \frac{2\sqrt{\kappa}}{1+\kappa} \exp \left\{ \frac{-1}{1+\kappa} \left[\frac{\kappa}{2} |\sigma|^2 + \frac{|\gamma|^2}{2} - (\kappa\sigma + \gamma) a^\dagger \right. \right.$$

$$+\left(\kappa\sigma^* - \gamma^*\right)b^\dagger + (1-\kappa)\,a^\dagger b^\dagger\Bigg]\Bigg\}|00\rangle\,, \tag{6-23}$$

上式中省略了相位因子 $\dfrac{\mathrm{i}(1-\kappa)}{4(1+\kappa)}(\sigma\gamma^* - \gamma\sigma^*)$, 且 $S_2(1/\sqrt{\kappa})$ 为标准的双模压缩算符

$$S_2\left(\frac{1}{\sqrt{\kappa}}\right) = \exp\left[(ab - a^\dagger b^\dagger)\ln\left(\frac{1}{\sqrt{\kappa}}\right)\right], \tag{6-24}$$

$D_i(\alpha_i) = \exp(\alpha_i a_i^\dagger - \alpha_i^* a_i)$ $(i=a,b)$ 为第 i 模的平移算符, $\alpha_a = \dfrac{1}{2}(\gamma/\sqrt{\kappa} + \sqrt{\kappa}\sigma)$, $\alpha_b = \dfrac{1}{2}(\gamma^*/\sqrt{\kappa} - \sqrt{\kappa}\sigma^*)$. 利用双模真空投影算符的正规乘积 (1-72) 和有序算符内积分法, 以及与纠缠维格纳算符 $\Delta_w(\sigma,\gamma)$ 有关的双模纠缠 Husimi 算符的定义式

$$\Delta_h(\sigma,\gamma;\kappa) = 4\iint \mathrm{d}^2\sigma'\mathrm{d}^2\gamma'\Delta_w(\sigma',\gamma')\exp\left(-\kappa|\sigma'-\sigma|^2 - \frac{|\gamma'-\gamma|^2}{\kappa}\right), \tag{6-25}$$

式中

$$\gamma = \alpha - \beta^*, \quad \rho = \alpha + \beta^*, \quad \alpha = \frac{x_a + \mathrm{i}p_a}{\sqrt{2}}, \quad \beta = \frac{x_b + \mathrm{i}p_b}{\sqrt{2}}, \tag{6-26}$$

且双模纠缠维格纳算符 $\Delta_w(\sigma,\gamma)$ 为

$$\Delta_w(\sigma,\gamma) = \frac{1}{\pi^2} : \exp\left[-(\sigma - a + b^\dagger)(\sigma^* - a^\dagger + b)\right.$$
$$\left. - (a + b^\dagger - \gamma)(a^\dagger + b - \gamma^*)\right] :\,, \tag{6-27}$$

可导出纠缠 Husimi 算符具有如下形式

$$\Delta_h(\sigma,\gamma;\kappa) = \frac{4\kappa}{(1+\kappa)^2} : \exp\left[\frac{-1}{1+\kappa}\left(a + b^\dagger - \gamma\right)\left(a^\dagger + b - \gamma^*\right)\right.$$
$$\left. - \frac{\kappa}{1+\kappa}\left(\sigma - a + b^\dagger\right)\left(\sigma^* - a^\dagger + b\right)\right] :$$
$$= |\sigma,\gamma,\kappa\rangle\langle\sigma,\gamma,\kappa|. \tag{6-28}$$

由式 (6-28) 可见, 纠缠 Husimi 算符 $\Delta_h(\sigma,\gamma;\kappa)$ 可表示为双模压缩相干态 $|\sigma,\gamma,\kappa\rangle$ 的投影算符. 为了利用此纠缠 Husimi 算符推导出态 $|r,n,m\rangle$ 的 Husimi 函数, 首先计算如下内积

$$\langle r,n,m\,|\sigma,\gamma,\kappa\rangle = \frac{2\sqrt{\kappa}}{1+\kappa}\operatorname{sech} r\,\langle 00|\exp(ab\tanh r)b^m a^n \exp\left\{\frac{-1}{1+\kappa}\left[\frac{\kappa|\sigma|^2}{2}\right.\right.$$

$$+ \frac{|\gamma|^2}{2} - (\kappa\sigma + \gamma)\, a^\dagger + (\kappa\sigma^* - \gamma^*)\, b^\dagger + (1 - \kappa)\, a^\dagger b^\dagger \Big] \Big\} |00\rangle$$

$$= \frac{2\sqrt{\kappa}}{1+\kappa} \operatorname{sech} r \, \langle 00| \exp(z_1 z_2 \tanh r) z_2^m z_1^n \iint \frac{\mathrm{d}^2 z_1 \mathrm{d}^2 z_2}{\pi^2} |z_1 z_2\rangle \langle z_1 z_2|$$

$$\times \exp \left\{ \frac{-1}{1+\kappa} \left[\frac{\kappa|\sigma|^2}{2} + \frac{|\gamma|^2}{2} - (\kappa\sigma + \gamma) z_1^* \right.\right.$$

$$\left.\left. + (\kappa\sigma^* - \gamma^*) z_2^* + (1-\kappa) z_1^* z_2^* \right] \right\} |00\rangle$$

$$= \operatorname{sech} r \frac{2\sqrt{\kappa}}{1+\kappa} \exp \left[-\frac{1}{1+\kappa} \left(\frac{\kappa}{2}|\sigma|^2 + \frac{|\gamma|^2}{2} \right) \right]$$

$$\times \int \frac{\mathrm{d}^2 z_1}{\pi} z_1^n \exp \left(-|z_1|^2 + z_1 z_2 \tanh r + \frac{\kappa\sigma + \gamma}{1+\kappa} z_1^* - \frac{1-\kappa}{1+\kappa} z_1^* z_2^* \right)$$

$$\times \int \frac{\mathrm{d}^2 z_2}{\pi} z_2^m \exp \left(-|z_2|^2 - \frac{\kappa\sigma^* - \gamma^*}{1+\kappa} z_2^* \right). \tag{6-29}$$

通过重复利用数学积分公式 (6-13) 分别对复参数 z_1, z_2 进行积分, 可给出态 $|r, n, m\rangle$ 的 Husimi 函数

$$|\langle r, n, m\, |\sigma, \gamma, \kappa\rangle|^2 = \frac{4\kappa \operatorname{sech}^2 r}{(1+\kappa)^2} \exp \left[-\frac{1}{1+\kappa} \left(\kappa|\sigma|^2 + |\gamma|^2 \right) \right]$$

$$\times \left| \sum_{k=0}^{n} \sum_{l=0}^{\min(k,m)} \binom{m}{l} \binom{n}{k} \binom{k}{l} \frac{l!\,(\kappa-1)^k \tanh^{k-l} r}{(1+\kappa)^{n-l-1}} \right.$$

$$\left. \times \frac{(\gamma^* - \kappa\sigma^*)^{m-l} (\kappa\sigma + \gamma)^{n-l}}{[(1+\kappa) - (\kappa-1)\tanh r]^{k+m-l+1}} \right|^2. \tag{6-30}$$

下面给出态 $|r, n, m\rangle$ 的 Husimi 函数的边缘分布. 利用有序算符内积分法对 $\Delta_h(\sigma, \gamma; \kappa)$ 执行 $\mathrm{d}^2\gamma$ 积分, 可有

$$\int \frac{\mathrm{d}^2\gamma}{4\pi} \Delta_h(\sigma, \gamma; \kappa) = \kappa \mathrm{e}^{-\kappa\left[\left(\sigma_1 - \frac{Q_1 - Q_2}{\sqrt{2}}\right)^2 + \left(\sigma_2 - \frac{P_1 + P_2}{\sqrt{2}}\right)^2 \right]}, \tag{6-31}$$

则态 $|r, n, m\rangle$ 的 Husimi 函数在 "σ 方向" 的边缘分布为

$$P(\sigma) = \int \frac{\mathrm{d}^2\gamma}{4\pi} \langle r, n, m| \Delta_h(\sigma, \gamma; \kappa) |r, n, m\rangle$$

$$= \langle r, n, m| \kappa \mathrm{e}^{-\kappa\left[\left(\sigma_1 - \frac{Q_1 - Q_2}{\sqrt{2}}\right)^2 + \left(\sigma_2 - \frac{P_1 + P_2}{\sqrt{2}}\right)^2 \right]} |r, n, m\rangle$$

$$= \langle r,n,m| \int \frac{\mathrm{d}^2\eta}{\pi} \kappa \mathrm{e}^{-\kappa\left[(\sigma_1-\eta_1)^2+(\sigma_2-\eta_2)^2\right]} |\eta\rangle \langle\eta| \, r,n,m\rangle, \tag{6-32}$$

式中利用了纠缠态 $|\eta\rangle$ 的本征方程 (1-69) 及其满足的完备性关系 (1-73). 注意到算符恒等式

$$a^{\dagger n} b^{\dagger m} S_2(r) |00\rangle = S_2(r) c^{\dagger n} d^{\dagger m} |00\rangle, \tag{6-33}$$

这里

$$c^{\dagger n} \equiv S_2^{-1}(r) a^{\dagger n} S_2(r) = \left(a^\dagger \cosh r + b \sinh r\right)^n,$$
$$d^{\dagger m} \equiv S_2^{-1}(r) b^{\dagger m} S_2(r) = \left(b^\dagger \cosh r + a \sinh r\right)^m, \tag{6-34}$$

则内积 $\langle\eta| \, r,n,m\rangle$ 变为

$$\langle\eta| \, r,n,m\rangle = \cosh^{n+m} r \, \langle\eta| S_2(r) a^{\dagger n} b^{\dagger m} |00\rangle. \tag{6-35}$$

再考虑到式 (1-85) 和 (1-86), 可得到

$$\langle\eta| \, r,n,m\rangle = \mu \cosh^{n+m} r \, \langle\mu\eta| a^{\dagger n} b^{\dagger m} |00\rangle. \tag{6-36}$$

利用纠缠态 $|\eta\rangle$ 在福克空间中的展开式 (1-82), 则有

$$\langle\mu\eta| a^{\dagger n} b^{\dagger m} |00\rangle = (-)^m \mathrm{H}_{m,n}(\mu\eta, \mu\eta^*) \exp\left(-\frac{1}{2}|\mu\eta|^2\right). \tag{6-37}$$

这样, 态 $|r,n,m\rangle$ 的 Husimi 函数在 "σ 方向" 的边缘分布为

$$P(\sigma) = \kappa\mu^2 \cosh^{2(m+n)} r \int \frac{\mathrm{d}^2\eta}{\pi} |\mathrm{H}_{m,n}(\mu\eta, \mu\eta^*)|^2 \exp\left(-\mu^2|\eta|^2 - \kappa|\sigma-\eta|^2\right). \tag{6-38}$$

类似地, 对纠缠 Husimi 算符 $\Delta_h(\sigma, \gamma; \kappa)$ 执行 $\mathrm{d}^2\sigma$ 积分, 即

$$\int \frac{\mathrm{d}^2\sigma}{4\pi} \Delta_h(\sigma, \gamma; \kappa) = \frac{1}{\kappa} \mathrm{e}^{-\frac{1}{\kappa}\left[\left(\gamma_1-\frac{Q_1+Q_2}{\sqrt{2}}\right)^2+\left(\gamma_2-\frac{P_1-P_2}{\sqrt{2}}\right)^2\right]}, \tag{6-39}$$

可导出态 $|r,n,m\rangle$ 的 Husimi 函数在 "γ 方向" 的边缘分布

$$\begin{aligned} P(\gamma) &= \int \frac{\mathrm{d}^2\sigma}{4\pi} \langle r,n,m| \Delta_h(\sigma, \gamma; \kappa) |r,n,m\rangle \\ &= \langle r,n,m| \frac{1}{\kappa} \mathrm{e}^{-\frac{1}{\kappa}\left[\left(\gamma_1-\frac{Q_1+Q_2}{\sqrt{2}}\right)^2+\left(\gamma_2-\frac{P_1-P_2}{\sqrt{2}}\right)^2\right]} |r,n,m\rangle \\ &= \langle r,n,m| \int \frac{\mathrm{d}^2\zeta}{\kappa\pi} \mathrm{e}^{-\frac{1}{\kappa}\left[(\gamma_1-\zeta_1)^2+(\gamma_2-\zeta_2)^2\right]} |\zeta\rangle \langle\zeta| \, r,n,m\rangle. \end{aligned} \tag{6-40}$$

进一步, 利用态 $|\zeta\rangle$ 的本征方程 (1-88) 和完备性关系 (1-89), 可导出

$$
P(\gamma) = \frac{\cosh^{2(m+n)} r}{\kappa \mu^2} \int \frac{\mathrm{d}^2 \zeta}{\pi} \left| \mathrm{H}_{m,n} \left(\frac{\zeta}{\mu}, \frac{\zeta^*}{\mu} \right) \right|^2 \exp \left(-\frac{1}{\mu^2} |\zeta|^2 - \frac{1}{\kappa} |\gamma - \zeta|^2 \right).
$$
(6-41)

由式 (6-38) 和 (6-41) 可知, 态 $|r, n, m\rangle$ 的 Husimi 函数的边缘分布恰好为其维格纳函数边缘分布的高斯拓展情况.

6.2　有限维热不变相干态的维格纳函数

根据热场动力学理论, 虚模希尔伯特空间 $\tilde{\mathcal{H}}$ 中的态 $|\tilde{n}\rangle$ 总是伴随于实模希尔伯特空间 $\mathcal{H}$ 光场量子态 $|n\rangle$. 同样地, 此规则也适用于算符, 即虚模空间 $\tilde{\mathcal{H}}$ 的湮灭算符 $\tilde{a}$ 总是与实模空间 $\mathcal{H}$ 中的 a 相伴生. 因此, 热不变相干态可定义为 [19, 20]

$$
|z, q\rangle = \sum_{n=0}^{\infty} B(n, q) |n + q, \tilde{n}\rangle ,
$$
(6-42)

式中

$$
B(n, q) = \frac{C_q |z|^n \exp(\mathrm{i}\phi)}{\sqrt{n!(n+q)!}}, \quad C_q = [(\mathrm{i}|z|)^{-q} \mathrm{J}_q(2\mathrm{i}|z|)]^{-1/2},
$$
(6-43)

其中, z 为复参数, q 为整数,

$$
\mathrm{J}_q(x) = \sum_{n=0}^{\infty} \frac{(-1)^n}{n!(n+q)!} \left(\frac{x}{2} \right)^{q+2n}
$$
(6-44)

为普通的 q 阶贝塞尔函数. 实际上, 态 $|z, q\rangle$ 是根据对易关系 $[Q, a\tilde{a}] = 0$ 构造出来的, 其中 $Q = a^\dagger a - \tilde{a}^\dagger \tilde{a}$ 为 "总" 能量算符, $a\tilde{a}$ 为对湮灭算符, $[a, a^\dagger] = [\tilde{a}, \tilde{a}^\dagger] = 1$, $[\tilde{a}, a^\dagger] = [a, \tilde{a}^\dagger] = 0$. 易证, 态 $|z, q\rangle$ 为算符 $a\tilde{a}$ 和 Q 的共同本征态

$$
a\tilde{a} |z, q\rangle = z |z, q\rangle , \quad Q |z, q\rangle = q |z, q\rangle .
$$
(6-45)

上式表明, 态 $|z, q\rangle$ 不仅包含系统和热库的总能量, 而且还是一个相干态, 故称之为热不变相干态.

6.2.1　有限维热不变相干态

为了得到有限维热不变相干态, 定义如下 SU(2) 李代数的算子

$$
K_+ = \tilde{a}^\dagger a, \quad K_- = a^\dagger \tilde{a}, \quad K_0 = \frac{1}{2}(\tilde{a}^\dagger \tilde{a} - a^\dagger a),
$$
(6-46)

它们服从 SU(2) 李代数

$$[K_+, K_-] = 2K_0, \quad [K_0, K_\pm] = \pm K_\pm, \tag{6-47}$$

式中, $a, \tilde{a}$ 分别是实模光场和虚模光场的湮灭算符, 它们都能把真空态 $|0, \tilde{0}\rangle$ 湮灭. 这样, 可定义幺正算符 $D(\xi) = \exp\left(\xi K_+ - \xi^* K_-\right)$, 其标准的分解式

$$D(\xi) = \exp(\varsigma K_+) \exp\left[K_0 \ln(1 + |\varsigma|^2)\right] \exp(-\varsigma^* K_-), \tag{6-48}$$

式中, $\varsigma = \mathrm{e}^{-\mathrm{i}\phi} \tan\dfrac{\theta}{2}, \xi = \dfrac{\theta}{2}\mathrm{e}^{-\mathrm{i}\phi}$. 利用式 (6-48) 可有

$$\exp(\xi K_+ - \xi^* K_-) a^\dagger \exp(\xi^* K_- - \xi K_+) = a^\dagger \cos\frac{\theta}{2} + \tilde{a}^\dagger \mathrm{e}^{-\mathrm{i}\phi} \sin\frac{\theta}{2},$$

$$\exp(\xi K_+ - \xi^* K_-) \tilde{a}^\dagger \exp(\xi^* K_- - \xi K_+) = \tilde{a}^\dagger \cos\frac{\theta}{2} - a^\dagger \mathrm{e}^{\mathrm{i}\phi} \sin\frac{\theta}{2}. \tag{6-49}$$

当把幺正算符 $D(\xi)$ 作用到双模福克态 $|q, \tilde{0}\rangle$ 上时, 可在福克空间中得到有限维热不变相干态的具体表达式

$$\begin{aligned}
|\xi, q\rangle &= (1 + |\varsigma|^2)^{-q/2} \mathrm{e}^{\varsigma K_+} |q, \tilde{0}\rangle \\
&= \frac{1}{\sqrt{q!}} \left(a^\dagger \cos\frac{\theta}{2} + \tilde{a}^\dagger \mathrm{e}^{-\mathrm{i}\phi} \sin\frac{\theta}{2}\right)^q |0, \tilde{0}\rangle \\
&= \sum_{n=0}^{q} \binom{q}{n}^{1/2} \left(\cos\frac{\theta}{2}\right)^{q-n} \left(\mathrm{e}^{-\mathrm{i}\phi} \sin\frac{\theta}{2}\right)^n |q-n, \tilde{n}\rangle \\
&= (1 + |\varsigma|^2)^{-q/2} \sum_{n=0}^{q} \binom{q}{n}^{1/2} \varsigma^n |q-n, \tilde{n}\rangle,
\end{aligned} \tag{6-50}$$

利用式 (6-50) 以及双模真空态投影算符的正规乘积

$$|0, \tilde{0}\rangle \langle 0, \tilde{0}| =: \mathrm{e}^{-a^\dagger a - \tilde{a}^\dagger \tilde{a}} :, \tag{6-51}$$

可导出有限维热不变相干态的完备性

$$\begin{aligned}
&\sum_{q=0}^{\infty} (q+1) \int \frac{\mathrm{d}\Omega}{4\pi} |\xi, q\rangle \langle \xi, q| \\
&= \sum_{q=0}^{\infty} \frac{q+1}{q!} \int_0^\pi \mathrm{d}\theta \sin\theta \int_0^{2\pi} \mathrm{d}\phi : \left(a^\dagger \cos\frac{\theta}{2} + \tilde{a}^\dagger \mathrm{e}^{-\mathrm{i}\phi} \sin\frac{\theta}{2}\right)^q \\
&\quad \times \left(a \cos\frac{\theta}{2} + \tilde{a}\mathrm{e}^{\mathrm{i}\phi} \sin\frac{\theta}{2}\right)^q \exp(-\tilde{a}^\dagger \tilde{a} - a^\dagger a):
\end{aligned}$$

$$= \sum_{q=0}^{\infty} : \frac{(a^\dagger a + \tilde{a}^\dagger \tilde{a})^q}{q!} \exp(-a^\dagger a - \tilde{a}^\dagger \tilde{a}) := 1, \tag{6-52}$$

式中, $\mathrm{d}\Omega = \sin\theta \mathrm{d}\theta \mathrm{d}\phi$. 这样, 态 $\langle \xi', q |$ 和 $| \xi, q \rangle$ 的内积为

$$\langle \xi', q | \xi, q \rangle = \frac{(1 + \varsigma \varsigma')^q}{(1 + |\varsigma|^2)^{q/2}(1 + |\varsigma'|^2)^{q/2}}, \tag{6-53}$$

表明 $|\xi, q\rangle$ 是非正交的. 仅当 $\varsigma = \varsigma'$ 时, 式 (6-53) 退化为 $\langle q, \xi | \xi, q \rangle = 1$.
　　由于

$$\tilde{a} | \xi, q \rangle = \varsigma a (1 + |\varsigma|^2)^{-q/2} \mathrm{e}^{\varsigma K_+} | q, \tilde{0} \rangle = \varsigma a | \xi, q \rangle, \tag{6-54}$$

这样有

$$\frac{1}{n_a} a^\dagger \tilde{a} | \xi, q \rangle = \varsigma | \xi, q \rangle, \tag{6-55}$$

式中, $n_a = a^\dagger a$ 为实模 $\mathcal{H}$ 空间的粒子数算符. 而且, 利用式 (6-50) 可有

$$a | \xi, q \rangle = \frac{\partial}{\partial a^\dagger} | \xi, q \rangle$$
$$= \frac{q \cos\frac{\theta}{2}}{\sqrt{q!}} \left(a^\dagger \cos\frac{\theta}{2} + \tilde{a}^\dagger \mathrm{e}^{-\mathrm{i}\phi} \sin\frac{\theta}{2} \right)^{q-1} | 0, \tilde{0} \rangle,$$

$$\tilde{a} | \xi, q \rangle = \frac{\partial}{\partial \tilde{a}^\dagger} | \xi, q \rangle$$
$$= \frac{q \mathrm{e}^{-\mathrm{i}\phi} \sin\frac{\theta}{2}}{\sqrt{q!}} \left(a^\dagger \cos\frac{\theta}{2} + \tilde{a}^\dagger \mathrm{e}^{-\mathrm{i}\phi} \sin\frac{\theta}{2} \right)^{q-1} | 0, \tilde{0} \rangle, \tag{6-56}$$

于是有

$$(a^\dagger a + \tilde{a}^\dagger \tilde{a}) | \xi, q \rangle = q | \xi, q \rangle. \tag{6-57}$$

6.2.2　维格纳函数

利用式 (1-108) 中的热场纠缠态 $|\chi\rangle$ 在福克空间中的展开式 [21], 可导出内积

$$\langle \chi | \xi, q \rangle = (1 + |\varsigma|^2)^{-q/2} \, \mathrm{e}^{-|\chi|^2/2} \sum_{n=0}^{q} \mathrm{H}_{\tilde{n}, q-n}(\chi, \chi^*) \frac{\sqrt{q!}(-\varsigma)^n}{n!(q-n)!}. \tag{6-58}$$

在热场纠缠态 $|\chi\rangle$ 表象中, 热维格纳算符 $\Delta_T(\sigma, \gamma)$ 可表示为

$$\Delta_T(\sigma, \gamma) = \int \frac{\mathrm{d}^2 \chi}{\pi^3} | \sigma - \chi \rangle \langle \sigma + \chi | \exp(\chi \gamma^* - \chi^* \gamma), \tag{6-59}$$

式中, σ, γ 为复参数, 其角标 T 代表"热场". 由式 (6-59), 并利用

$$\alpha = \frac{\sigma + \gamma}{2}, \qquad \beta^* = \frac{\gamma - \sigma}{2}, \tag{6-60}$$

可发现热维格纳算符 $\Delta_T(\sigma,\gamma)$ 为分别关于实模系统和虚模环境的两个单模维格纳算符的直积, 即

$$
\Delta_T(\sigma,\gamma) = \pi^{-2}:\exp\left[-2\left(a^\dagger-\alpha^*\right)(a-\alpha)-2\left(\tilde{a}^\dagger-\beta^*\right)(\tilde{a}-\beta)\right]:
$$
$$
= \Delta(\alpha)\otimes\tilde{\Delta}(\beta). \tag{6-61}
$$

利用式 (6-58)、(6-59) 以及双变量埃尔米特多项式的生成函数 (4-3), 可给出态 $|\xi,q\rangle$ 的热维格纳函数

$$
\begin{aligned}
W_T(\sigma,\gamma) &= \frac{1}{(1+|\varsigma|^2)^q}\int\frac{\mathrm{d}^2\chi}{\pi^3}\langle\xi,q|\,\sigma-\chi\rangle\langle\sigma+\chi\,|\xi,q\rangle\exp\left(\chi\gamma^*-\chi^*\gamma\right)\\
&= \frac{\mathrm{e}^{-|\gamma|^2-|\sigma|^2}}{(1+|\varsigma|^2)^q}\sum_{m,n=0}^q\frac{(-)^{m+n}\varsigma^{*m}\varsigma^n q!}{m!n!(q-n)!(q-m)!}\\
&\quad\times\int\frac{\mathrm{d}^2\chi}{\pi^3}\mathrm{H}_{q-m,\tilde{m}}\left(\sigma-\chi,\sigma^*-\chi^*\right)\mathrm{H}_{\tilde{n},q-n}\left(\sigma+\chi,\sigma^*+\chi^*\right)\exp(\chi\gamma^*-\chi^*\gamma)\\
&= \frac{\mathrm{e}^{-|\gamma|^2-|\sigma|^2}}{(1+|\varsigma|^2)^q}\sum_{m,n=0}^q\frac{(-)^{m+n}\varsigma^{*m}\varsigma^n q!}{m!n!(q-n)!(q-m)!}\frac{\partial^{2q}}{\partial t^{q-m}\partial t'^m\partial r^n\partial r'^{q-n}}\\
&\quad\times\int\frac{\mathrm{d}^2\chi}{\pi^3}\exp\left[\chi\gamma^*-\chi^*\gamma-tt'+t(\sigma-\chi)+t'(\sigma-\chi)^*\right.\\
&\quad\left.-rr'+r(\sigma+\chi)+r'(\sigma+\chi)^*\right]\Big|_{t=t'=r=r'=0}\\
&= \frac{\mathrm{e}^{-|\gamma|^2-|\sigma|^2}}{\pi^2(1+|\varsigma|^2)^q}\sum_{m,n=0}^q\frac{(-)^{m+n}\varsigma^{*m}\varsigma^n q!}{m!n!(q-n)!(q-m)!}\\
&\quad\times\mathrm{H}_{q-m,q-n}\left(\gamma+\sigma,\gamma^*+\sigma^*\right)\mathrm{H}_{n,m}\left(\sigma-\gamma,\sigma^*-\gamma^*\right). \tag{6-62}
\end{aligned}
$$

再利用式 (6-60), 可把热维格纳函数 $W_T(\sigma,\gamma)$ 改写为

$$
\begin{aligned}
W_T(\sigma,\gamma) &= \frac{\exp(-2|\alpha|^2)}{\pi^2(1+|\varsigma|^2)^q}\sum_{m,n=0}^q\frac{q!(-)^{m+n}\varsigma^{*m}\varsigma^n}{m!n!(q-n)!(q-m)!}\\
&\quad\times\mathrm{H}_{q-m,q-n}\left(2\alpha,2\alpha^*\right)\mathrm{H}_{n,m}\left(-2\beta,-2\beta^*\right)\exp(-2|\beta|^2). \tag{6-63}
\end{aligned}
$$

这样, 相应的描述系统的维格纳函数为

$$
W(\alpha) = 2\int\mathrm{d}^2\beta\,\langle\xi,q|\,\Delta_T(\sigma,\gamma)\,|\xi,q\rangle. \tag{6-64}
$$

为了计算式 (6-64), 首先计算

$$
2\int\mathrm{d}^2\beta\exp(-2|\beta|^2)\mathrm{H}_{n,m}\left(-2\beta,-2\beta^*\right)
$$

$$= 2\frac{\partial^{m+n}}{\partial s^n \partial s'^m} \exp\left(-ss'\right) \int \mathrm{d}^2\beta \exp(-2\left|\beta\right|^2 - 2\beta s - 2\beta^* s')\bigg|_{s=s'=0}$$

$$= \pi \frac{\partial^{m+n}}{\partial s^n \partial s'^m} \sum_{k=0}^{\infty} \frac{1}{k!} s^k s'^k \bigg|_{s=s'=0}. \tag{6-65}$$

这样, 态 $|\xi, q\rangle$ 的维格纳函数为

$$W\left(\alpha\right) = \frac{\exp(-2\left|\alpha\right|^2)}{\pi(1+\left|\varsigma\right|^2)^q} \sum_{m=0}^{q} \frac{q!\left|\varsigma\right|^{2m}}{[m!(q-m)!]^2} \mathrm{H}_{q-m,q-m}\left(2\alpha, 2\alpha^*\right). \tag{6-66}$$

为了验证式 (6-66) 中结果的正确性, 下面采用另一种方法推导出态 $|\xi, q\rangle$ 的维格纳函数. 由式 (6-50) 和相干态表象下的维格纳算符 $\Delta\left(\alpha\right)$, 可给出态 $|\xi, q\rangle$ 的维格纳函数

$$W\left(\alpha\right) = \langle \xi, q| \Delta\left(\alpha\right) |\xi, q\rangle$$

$$= \frac{1}{(1+\left|\varsigma\right|^2)^q} \sum_{n,m=0}^{q} \binom{q}{n}^{1/2} \binom{q}{m}^{1/2}$$

$$\times \varsigma^n \varsigma^{*m} \langle q-m, \tilde{m}| \Delta\left(\alpha\right) |q-n, \tilde{n}\rangle. \tag{6-67}$$

再利用粒子数态的相干态表示

$$|m, \tilde{n}\rangle = \frac{1}{\sqrt{m!n!}} \frac{\mathrm{d}^{m+n}}{\mathrm{d}z^m \mathrm{d}\tilde{z}^n} |z, \tilde{z}\rangle \bigg|_{z=\tilde{z}=0}, \tag{6-68}$$

这里, $|z, \tilde{z}\rangle = \exp(za^\dagger + \tilde{z}\tilde{a}^\dagger)|0, \tilde{0}\rangle$ 为未归一化的双模相干态, 可导出

$$\langle q-m, \tilde{m}| \Delta\left(\alpha\right) |q-n, \tilde{n}\rangle$$

$$= \frac{1}{\sqrt{(q-n)!(q-m)!n!m!}} \frac{\mathrm{d}^q}{\mathrm{d}z_1^{q-n}\mathrm{d}\tilde{z}_1^n}$$

$$\times \frac{\mathrm{d}^q}{\mathrm{d}z_2^{*q-m}\mathrm{d}\tilde{z}_2^{*m}} \langle z_2, \tilde{z}_2| \Delta\left(\alpha\right) |z_1, \tilde{z}_1\rangle \bigg|_{z_1=\tilde{z}_1=z_2=\tilde{z}_2=0}$$

$$= \frac{\exp(-2\left|\alpha\right|^2)}{\pi\sqrt{(q-n)!(q-m)!n!m!}} \frac{\mathrm{d}^{2q-n-m}}{\mathrm{d}z_1^{q-n}\mathrm{d}z_2^{*q-m}}$$

$$\times \frac{\mathrm{d}^{n+m}}{\mathrm{d}\tilde{z}_1^n\mathrm{d}\tilde{z}_2^{*m}} \exp\left(2z_1\alpha^* + 2z_2^*\alpha - z_1z_2^* + \tilde{z}_1\tilde{z}_2^*\right)\bigg|_{z_1=\tilde{z}_1=z_2=\tilde{z}_2=0}$$

$$= \frac{\exp(-2\left|\alpha\right|^2)}{\pi(q-m)!m!} \frac{\mathrm{d}^{2q-2m}}{\mathrm{d}z_1^{q-m}\mathrm{d}z_2^{*q-m}} \exp\left(2z_1\alpha^* + 2z_2^*\alpha - z_1z_2^*\right)\bigg|_{z_1=z_2=0}$$

$$= \frac{\exp(-2\,|\alpha|^2)}{\pi(q-m)!m!} \mathrm{H}_{q-m,q-m}\,(2\alpha, 2\alpha^*)\,. \tag{6-69}$$

把式 (6-69) 代入式 (6-67) 可知, 式 (6-66) 和 (6-67) 中的维格纳函数 $W(\alpha)$ 完全一致.

下面分析态 $|\xi, q\rangle$ 的维格纳函数 $W(\alpha)$ 随参数 q 和 ς 的变化情况. 当 $q = 0$ 且 ς 取任何值时, 态 $|\xi, q\rangle$ 的维格纳函数的形状类似于真空态的, 即在相空间中心呈圆形峰. 实际上, 此结论可通过式 (6-50) 来验证. 此时, 维格纳函数 $W(\alpha)$ 呈正定高斯性, 故相应态不具有非经典性质. 而当 $\varsigma = 0$ 且 q 为任何值时, 维格纳函数 $W(\alpha)$ 呈规则的变化, 这是因为它是双模粒子数态叠加的维格纳函数.

在图 6-1 中画出了当 $\varsigma = 0.2$ 且态 $q = 2, 3, 4$ 时态 $|\xi, q\rangle$ 的维格纳函数 $W(\alpha)$. 清晰可见, 在相位空间的中心处, 当 q 为奇数时, 存在向下的一个主峰和 $(q-1)/2$ 个次峰; 而当 q 为偶数时, 存在向上的一个主峰和 $q/2$ 个次峰. 因此, 量子干涉效应与双模粒子数之和 q 是息息相关的. 参数 q 越大, 则量子干涉越明显. 而且, 维格纳函数 $W(\alpha)$ 的负值区域也取决于双模粒子数之和 q. 相比于参数 q 取偶数的情况, 奇数 q 对应的态 $|\xi, q\rangle$ 具有更强的非经典性. 对于参数 q 的固定值, 随着参数 ς 增加, 维格纳函数 $W(\alpha)$ 的负值区域逐渐减小, 意味着态 $|\xi, q\rangle$ 的非经典性逐渐减弱. 对于足够大的 ς, 维格纳函数 $W(\alpha)$ 会再次变成类似真空态的高斯分布. 总之, 相空间的维格纳函数 $W(\alpha)$ 能够完全描述态 $|\xi, q\rangle$ 的量子特性.

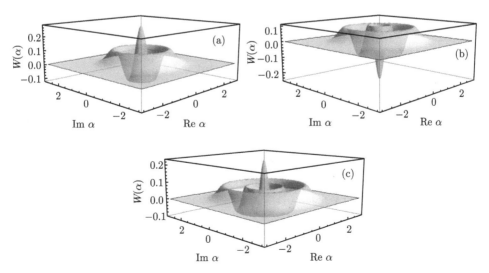

图 6-1 当 $\varsigma = 0.2$ 且 $q = 2$(a), $q = 3$(b) 和 $q = 4$(c) 时, 有限维热相干态 $|\xi, q\rangle$ 的维格纳函数

6.3　有限维对相干态的非经典性质

6.3.1　有限维对相干态

注意到 SU(2) 李代数算子的非线性玻色算符实现

$$Y_+ = \frac{1}{n_a + 1} ab^\dagger, \quad Y_- = a^\dagger b(n_a + 1), \quad Y_0 = \frac{1}{2}(b^\dagger b - a^\dagger a), \tag{6-70}$$

式中, a, b 为双模光场的玻色湮灭算符, $a\,|0,0\rangle = b\,|0,0\rangle = 0$, $n_a = a^\dagger a$ 为 a 模的粒子数算符, 算子 $Y_\pm$ 和 Y_0 服从 SU(2) 李代数, 即

$$[Y_+, Y_-] = 2Y_0, \quad [Y_0, Y_\pm] = \pm Y_\pm. \tag{6-71}$$

这样, 可定义一个幺正演化算符 $\mathfrak{U}(\zeta) = \exp(\zeta Y_+ - \zeta^* Y_-)$, 其标准的分解为

$$\mathfrak{U}(\zeta) = \exp(\tau Y_+) \exp\left[Y_0 \ln(1 + |\tau|^2)\right] \exp(-\tau^* Y_-), \tag{6-72}$$

式中, $\tau = \mathrm{e}^{-\mathrm{i}\phi} \tan\frac{\theta}{2}$, $\zeta = \frac{\theta}{2}\mathrm{e}^{-\mathrm{i}\phi}$. 当把指数型算符 $\mathfrak{U}(\zeta)$ 作用到双模粒子数态 $|q,0\rangle$ 时, 可有如下有限维对相干态 [22]

$$\begin{aligned}
|\zeta, q\rangle &= \mathfrak{U}(\zeta)\,|q,0\rangle \\
&= \mathcal{N}_{\tau,q}^{-1/2} \sum_{n=0}^{q} \tau^n \sqrt{\frac{(q-n)!}{q!n!}}\,|q-n, n\rangle,
\end{aligned} \tag{6-73}$$

式中, $\mathcal{N}_{\tau,q}$ 为归一化因子, 即

$$\mathcal{N}_{\tau,q} = \sum_{n=0}^{q} |\tau|^{2n} \frac{(q-n)!}{q!n!}. \tag{6-74}$$

实际上, 态 $|\zeta, q\rangle$ 满足如下本征方程

$$\left(a^\dagger b + \frac{\zeta^{q+1}(ab^\dagger)^q}{(q!)^2}\right)|\zeta, q\rangle = \zeta\,|\zeta, q\rangle,$$
$$(a^\dagger a + b^\dagger b)\,|\zeta, q\rangle = q\,|\zeta, q\rangle. \tag{6-75}$$

理论上, 有限维对相干态可在处于二维谐波势的囚禁离子振动运动过程中产生.

6.3.2 光子数分布

作为态 $|\zeta, q\rangle$ 的重要量子特征, 其光子数分布函数 $(|\langle n_a, n_b | \zeta, q\rangle|^2)$ 指的是在光场中找到粒子数态 $|n_a, n_b\rangle$ 的概率. 因此, 态 $|\zeta, q\rangle$ 的光子数分布为

$$P(n_a, n_b) = \mathcal{N}_{\tau,q}^{-1} \frac{(q-n_b)!}{q! n_b!} |\tau|^{2n_b} \delta_{q-n_b, n_a}. \tag{6-76}$$

上式表明, 态 $|\zeta, q\rangle$ 的光子数分布受约束条件 $n_a = q - n_b$ 的限制. 换句话说, 在态 $|\zeta, q\rangle$ 中, 仅能找到几个粒子数态 $|n_a, n_b\rangle$ 的概率不为零, 且此时态 $|n_a, n_b\rangle$ 的粒子数之和必须满足约束条件 $n_a + n_b = q$. 而对于 $n_a \neq q - n_b$ 情况, 其光子数分布都为零.

在图 6-2 中画出了态 $|\zeta, q\rangle$ 的光子数分布 $P(n_a, n_b)$ 随参数 q 和 τ 的变化情况. 由图可见, 态 $|\zeta, q\rangle$ 的光子数分布 $P(n_a, n_b)$ 仅在几个粒子数态上不为零, 而在其他粒子数态上均为零, 这是由解析结论中约束条件 $n_a + n_b = q$ 的限制引起的. 对于较小的 q, 当 n_b 取最大值 (或 n_a 取最小值) 时, 光子数分布的概率最大. 随着参数 q 的增加, 更多的光子出现在具有较小 n_b 的粒子数态上, 这样光子数分布的最大值会逐渐减小, 并沿着对角线朝着 n_a 增大的方向移动. 然而, 光子数分布随着参数 τ 的变化规律恰好相反.

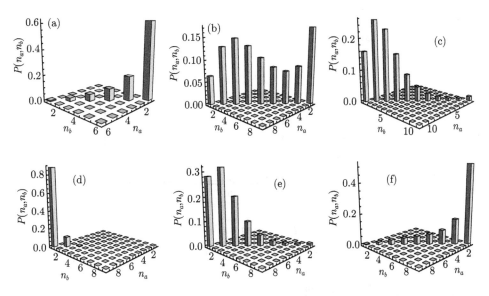

图 6-2　在参数 q, τ 取不同值时, 有限维对相干态 $|\zeta, q\rangle$ 在福克空间中的光子数分布

(a) $q = 5, \tau = 4$; (b) $q = 8, \tau = 4$; (c) $q = 10, \tau = 4$; (d) $q = 8, \tau = 1$; (e) $q = 8, \tau = 3$;

(f) $q = 8, \tau = 5$

6.3.3　纠缠特性

对于一个两粒子纠缠纯态 $|\varphi\rangle_{ab}$, 其施密特分解为 $|\varphi\rangle_{ab}=\sum_{n=1} d_n |\alpha_n\rangle_a |\beta_n\rangle_b$, 式中态 $|\alpha_n\rangle_a, |\beta_n\rangle_b$ 相互正交, 且 d_n 为正实数. 因此, 态 $|\varphi\rangle_{ab}$ 的纠缠度可用约化密度算符的纠缠熵来刻画和度量[23], 即

$$E\left(|\varphi\rangle_{ab}\right) = -\mathrm{tr}(\rho_a \ln \rho_a) = -\sum_{n=1} d_n^2 \log_2 d_n^2, \tag{6-77}$$

式中, $\rho_a = \mathrm{tr}_b\left(|\varphi\rangle_{abab}\langle\varphi|\right)$. 利用式 (6-73) 中态 $|\zeta,q\rangle$ 的施密特分解, 则其纠缠熵可表示为

$$E = -\sum_{n=0}^{q} \frac{(q-n)!\,|\tau|^{2n}}{\mathcal{N}_{\tau,q}q!n!} \log_2 \frac{(q-n)!\,|\tau|^{2n}}{\mathcal{N}_{\tau,q}q!n!}. \tag{6-78}$$

在图 6-3 中给出了态 $|\zeta,q\rangle$ 的纠缠熵在参数 q 取不同值时随参数 τ 的变化规律. 显然, 对于 q 的任何值, 随着 τ 的增加, 态 $|\zeta,q\rangle$ 的纠缠迅速增强, 然后慢慢地减弱, 并在 τ 足够大时, 其纠缠趋近于零. 然而, 对于较大的 q, 纠缠会更慢地趋近于零. 当参数 τ 达到一个阈值时, 其纠缠能达到最大值. 而且, 随着 q 增加, 其纠缠的最大值及其达到最大时的参数 τ 阈值都会增加.

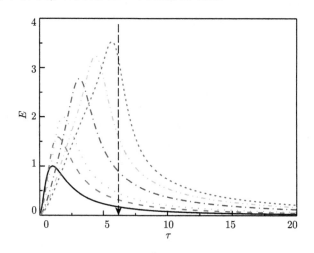

图 6-3　在参数 q 取不同值时, 有限维对相干态 $|\zeta,q\rangle$ 的纠缠熵随参数 τ 的变化情况

曲线从上到下分别取 $q = 12, 9, 6, 4, 2$ 和 1

6.3.4　维格纳函数的部分负性

利用式 (1-95) 中纠缠态 $|\eta\rangle$ 表象中双模维格纳算符的积分表示, 可给出有限维对相干态的维格纳函数 $W(\sigma,\gamma) = \mathrm{tr}[\Delta(\sigma,\gamma)|\zeta,q\rangle\langle\zeta,q|]$. 通过利用式 (1-82) 和

(6-73), 可推导出内积 $\langle \eta \,|\, \zeta, q \rangle$ 为

$$\langle \eta \,|\, \zeta, q \rangle = \mathcal{N}_{\tau,q}^{-1/2} \mathrm{e}^{-|\eta|^2/2} \sum_{n=0}^{q} \frac{(-\tau)^n \mathrm{H}_{q-n,n}\left(\eta^*, \eta\right)}{n! \sqrt{q!}}. \tag{6-79}$$

这样, 有限维对相干态 $|\zeta, q\rangle$ 的维格纳函数 $W(\sigma, \gamma)$ 为

$$W(\sigma, \gamma) = \frac{\mathrm{e}^{-|\sigma|^2}}{\mathcal{N}_{\tau,q}} \sum_{m,n=0}^{q} \frac{(-1)^{m+n} \tau^{*m} \tau^n}{m! n! q!} \int \frac{\mathrm{d}^2 \eta}{\pi^3} \mathrm{H}_{q-m,m}\left(\sigma - \eta, \sigma^* - \eta^*\right)$$
$$\times \mathrm{H}_{n,q-n}\left(\sigma + \eta, \sigma^* + \eta^*\right) \exp\left(-|\eta|^2 + \eta\gamma^* - \eta^*\gamma\right). \tag{6-80}$$

进一步, 利用双变量埃尔米特多项式的幂级数展开式 (4-3) 和积分公式 (1-27), 可得到

$$W(\sigma, \gamma) = \frac{\mathrm{e}^{-|\gamma|^2 - |\sigma|^2}}{\pi^2 \mathcal{N}_{\tau,q}} \sum_{m,n=0}^{q} \frac{(-1)^{m+n} \tau^{*m} \tau^n}{m! n! q!}$$
$$\times \mathrm{H}_{q-m,q-n}\left(\upsilon, \upsilon^*\right) \mathrm{H}_{n,m}\left(\varkappa, \varkappa^*\right), \tag{6-81}$$

式中, $\varkappa = \sigma - \gamma$ 和 $\upsilon = \sigma + \gamma$. 由上可见, 维格纳函数 $W(\sigma, \gamma)$ 与最高阶为 q 阶的双变量埃尔米特多项式有关. 根据多项式 $\mathrm{H}_{m,n}(\cdot, \cdot)$ 的标准定义以及指数项 $(-1)^{m+n}$, 可断定在参数 q 和 τ 取某些值时, 维格纳函数 $W(\sigma, \gamma)$ 在相位空间中出现部分负值区域, 这可作为有限维相干态出现非经典性质的证据.

在图 6-4 中画出了态 $|\zeta, q\rangle$ 的维格纳函数 $W(\sigma, \gamma)$ 在参数 q 和 τ 取不同值时随 $\mathrm{Re}\sigma$(令 $\mathrm{Im}\sigma = \gamma = 0$) 的变化规律. 显然, 在相位空间的中心位置处, 维格纳函数 $W(\sigma, \gamma)$ 在 q 为偶数时有一个向上的主峰, 而在 q 为奇数时有一个向下的主峰. 随着偶数 (或奇数)q 的变化, 其主峰的位置和峰值不会发生改变, 但次峰的个数和位置完全不同. 然而, 所有向下峰的个数恰好为态 $|\zeta, q\rangle$ 的双模光子数之和 q. 直观上, 相对于 q 为偶数的情况, q 为奇数时的维格纳函数的负值区域更大, 意味着具有奇数 q 的态 $|\zeta, q\rangle$ 的非经典性质更强. 而且, 态 $|\zeta, q\rangle$ 的非经典性质随着偶数 (或奇数)q 不会单调地变化.

另一方面, 对于偶数 q 的一个固定值 (如 $q = 4$), 随着参数 τ 的增加, 其向上的主峰保持不变, 但次峰个数和峰值逐渐减小. 当参数 τ 达到某个阈值时, 向下的次峰 (部分负值区域) 甚至会完全消失. 然而, 继续增大 τ 的值, 代表负值区域大小的向下次峰会再次出现. 此结论表明, 随着参数 τ 的增大, 态 $|\zeta, q\rangle$ 的非经典性质先减弱后增强. 特别地, 当参数 τ 足够大或足够小时, 维格纳函数分布几乎相同, 说明两种情况下态 $|\zeta, q\rangle$ 具有相似的非经典性质.

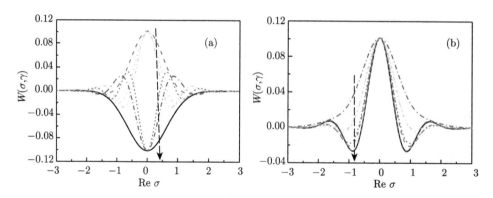

图 6-4　在参数 q, τ 取不同值时, 有限维对相干态 $|\zeta, q\rangle$ 的维格纳函数 $W(\sigma, \gamma)$ 随参数

$\mathrm{Re}\sigma(\mathrm{Im}\sigma = \gamma = 0)$ 的变化曲线

(a) 曲线从上到下分别取 $\tau = 0.5$ 且 $q = 2, 4, 6, 9, 5$ 和 1; (b) 曲线从上到下分别取 $q = 4$ 且 $\tau = 2, 4, 1.2,$

7, 0.5, 0.1, 20 和 100

利用式 (1-105) 中相位空间 σ-γ 中的维格纳函数 $W(\sigma, \gamma)$ 的边缘分布以及式 (1-87) 和 (6-79), 可计算出有限维相干态 $|\zeta, q\rangle$ 的维格纳函数 $W(\sigma, \gamma)$ 在 σ 方向和 γ 方向的边缘分布函数分别为

$$P(\sigma) = \int \mathrm{d}^2\gamma W(\sigma, \gamma) = \frac{1}{\pi} |\langle \eta | \zeta, q\rangle|^2_{\eta = \sigma}$$

$$= \frac{\mathrm{e}^{-|\sigma|^2}}{\pi \mathcal{N}_{\tau, q} q!} \left| \sum_{n=0}^{q} \frac{(-\tau)^n \mathrm{H}_{q-n, n}(\sigma^*, \sigma)}{n!} \right|^2 \tag{6-82}$$

和

$$P(\gamma) = \frac{\mathrm{e}^{-|\gamma|^2}}{\pi \mathcal{N}_{\tau, q} q!} \left| \sum_{n=0}^{q} \frac{\tau^n \mathrm{H}_{q-n, n}(\gamma^*, \gamma)}{n!} \right|^2. \tag{6-83}$$

可见, 边缘分布函数 $P(\sigma)$ 和 $P(\gamma)$ 都与双变量埃尔米特多项式有关.

图 6-5 给出了边缘分布函数 $P(\sigma)$ 和 $P(\gamma)$ 随参数 q 和 τ 的变化曲线. 由图可见, 边缘分布函数 $P(\sigma)$(或 $P(\gamma)$) 以 $\mathrm{Re}\sigma = 0$ (或 $\mathrm{Re}\gamma = 0$) 为对称轴呈完全对称性分布, 故随着 $\mathrm{Re}\sigma$(或 $\mathrm{Re}\gamma$) 的增大不会单调性改变. 对于一个固定的 τ 值和任何的 q 值, 边缘分布 $P(\sigma)$ 的峰值和谷值以及 $P(\gamma)$ 的谷值随着 q 的增加都会先增加后减小, 而边缘分布 $P(\gamma)$ 的峰值则总是在减小. 而且, 最大的边缘分布概率总是随着 q 的增大而向较大的 $|\mathrm{Re}\sigma|$(或 $|\mathrm{Re}\gamma|$) 方向移动.

另一方面, 对于给定一个 q 值和任意的 τ 值, 边缘分布 $P(\sigma)$(或 $P(\gamma)$) 也是对称的, 且随着 $\mathrm{Re}\sigma$(或 $\mathrm{Re}\gamma$) 也不会呈现单调的变化. 具体来说, 随着参数 τ 的增大, 边缘分布 $P(\sigma)$ 的峰值先减小后增大, 但谷值的变化恰好相反. 然而, $P(\gamma)$

的峰值先增加后减小, 且在谷的附近出现了一系列小的峰, 这一结构不同于边缘分布 $P(\sigma)$. 此外, 当 τ 足够小或足够大时, 边缘分布 $P(\sigma)$(或 $P(\gamma)$) 十分相似.

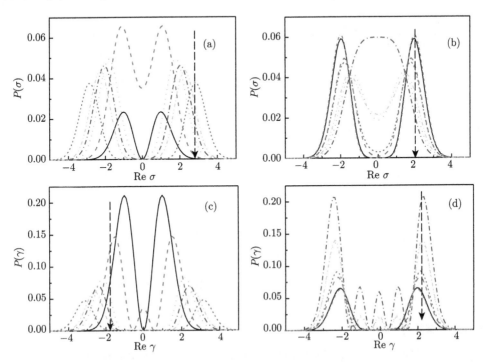

图 6-5　在参数 q, τ 取不同值时, 有限维对相干态 $|\zeta, q\rangle$ 的维格纳函数 $W(\sigma, \gamma)$ 的边缘分布
$P(\sigma)$(或 $P(\gamma)$) 随参数 $\mathrm{Re}\sigma$ (或 $\mathrm{Re}\gamma$) 的变化曲线

(a) 曲线从上到下分别取 $\tau = 0.5$ 且 $q = 9, 6, 5, 4, 2$ 和 1; (b) 曲线从上到下分别取 $q = 4$ 且 $\tau = 100, 0.1,$
$20, 0.5, 7, 4, 1.2$ 和 2; (c) 曲线从上到下分别取 $\tau = 0.5$ 且 $q = 2, 1, 4, 5, 6$ 和 9; (d) 曲线从上到下分别取
$q = 4$ 且 $\tau = 2, 4, 1.2, 7, 0.5, 20, 0.1$ 和 100

6.4　双变量埃尔米特多项式态的非经典性质及其退相干特性

理论上, 作为振幅平方压缩的有意义推广, 范洪义等首先提出了关于变量 Z_1 和 Z_2 的和频压缩的概念, 其中变量 Z_1 和 Z_2 分别为 [24]

$$Z_1 = \frac{1}{2}(a^\dagger b^\dagger + ab), \quad Z_2 = \frac{\mathrm{i}}{2}(a^\dagger b^\dagger - ab), \tag{6-84}$$

上式服从不等式 $\Delta Z_1 \Delta Z_2 \geqslant \frac{1}{4}\langle N_1 + N_2 + 1\rangle$. 如果某个量子态满足条件 $(\Delta Z_i)^2 < \frac{1}{4}\langle N_1 + N_2 + 1\rangle$ $(i = 1, 2)$, 说明此态沿 Z_i 方向产生和频压缩. 这样, 由最小不确

定关系 $\Delta Z_1 \Delta Z_2 = \langle N_1 + N_2 + 1 \rangle /4$ 决定的最小不确定态满足下面的本征方程

$$(Z_1 + i\varepsilon Z_2)|n, m, \varepsilon\rangle = \beta |n, m, \varepsilon\rangle. \tag{6-85}$$

不失一般性, 这里仅仅考虑 $\varepsilon \geqslant 1$, 从而 $\beta = (\varepsilon^2 - 1)^{1/2}(m + n + 1)/2$, 其中 m, n 为非负的整数. 经过严格的计算, 可知态 $|n, m, \varepsilon\rangle$ 在福克空间表示为

$$|n, m, \varepsilon\rangle = C_{m,n}(\varepsilon) S_2(r) \mathrm{H}_{m,n}(fa^\dagger, fb^\dagger)|00\rangle, \tag{6-86}$$

式中, $S_2(r) = \exp[r(a^\dagger b^\dagger - ab)]$ 为双模的压缩算符, $\tanh r = [(\varepsilon - 1)/(\varepsilon + 1)]^{1/2}$ 且 $f^2 = -(\varepsilon^2 - 1)^{1/2}/\varepsilon$, 归一化因子 $C_{m,n}^{-2}(\varepsilon)$ 为

$$C_{m,n}^{-2}(\varepsilon) = \sum_{l=0}^{\min(m,n)} \binom{m}{l} \binom{n}{l} m!n! |f|^{2(m+n-2l)}, \tag{6-87}$$

而

$$\mathrm{H}_{m,n}(fa^\dagger, fb^\dagger) = \sum_{l=0}^{\min(m,n)} \frac{(-1)^l m!n! f^{m+n-2l}}{l!(l-m)!(l-n)!} a^{\dagger m - l} b^{\dagger n - l} \tag{6-88}$$

为关于变量 $(fa^\dagger, fb^\dagger)$ 的 (m, n) 阶双变量埃尔米特多项式, 因此态 $|n, m, \varepsilon\rangle$ 也被称为双变量埃尔米特多项式态.

6.4.1　维格纳函数及其边缘分布

利用纠缠态 $|\eta\rangle$ 表象下双模维格纳算符的积分表示 (1-95), 纠缠态 $|\eta\rangle$ 表象中双模压缩算符 (1-85), 以及维格纳算符 $\Delta(\sigma, \gamma)$ 遵从的压缩变换

$$
\begin{aligned}
& S_2^{-1}(r) \Delta(\sigma, \gamma) S_2(r) \\
& = \mu^2 \int \frac{\mathrm{d}^2 \eta}{\pi^3} |\mu(\gamma - \eta)\rangle \langle \mu(\gamma + \eta)| \exp(\eta \sigma^* - \eta^* \sigma) \\
& = \Delta(\sigma/\mu, \mu\gamma),
\end{aligned} \tag{6-89}
$$

可计算出双变量埃尔米特多项式态 $|n, m, \varepsilon\rangle$ 的维格纳函数的解析表达式

$$
\begin{aligned}
W(\sigma, \gamma) = & \frac{C_{m,n}^2(\varepsilon)}{\pi^2} \sum_{k=0}^m \sum_{l=0}^n \frac{(m!n!)^2 \left(-|f|^2\right)^{k+l}}{k!l![(m-k)!(n-l)!]^2} \\
& \times |\mathrm{H}_{m-k,n-l}(B, C)|^2 \exp\left(-\mu^2|\gamma|^2 - \frac{|\sigma|^2}{\mu^2}\right), \tag{6-90}
\end{aligned}
$$

上式利用了 $\mathrm{H}_{m,n}(x, x^*)$ 的微分关系

$$\frac{\partial^{k+l}}{\partial x^k \partial x^{*l}} \mathrm{H}_{m,n}(x, x^*) = \frac{m!n!}{(m-k)!(n-l)!} \mathrm{H}_{m-k,n-l}(x, x^*), \tag{6-91}$$

且参数 $B = (\sigma/\mu + \mu\gamma)^*$, $C = f(\sigma/\mu - \mu\gamma)$. 显然, 因为 $\mathrm{H}_{m-k,n-l}(B,C)$ 的出现, 相空间中的维格纳函数 $W(\sigma,\gamma)$ 为非高斯函数. 特殊地, 当 $m = n = 0$ 时, 维格纳函数 $W(\sigma,\gamma)$ 退化为

$$W(\alpha,\beta; m = n = 0) = \frac{1}{\pi^2} \exp\left\{2\left[(\alpha\beta + \alpha^*\beta^*)\sinh 2r \right.\right.$$
$$\left.\left. - (|\alpha|^2 + |\beta|^2)\cosh 2r\right]\right\}, \tag{6-92}$$

这恰恰对应着双模压缩真空态的维格纳函数. 而当 $m = 0$ 且 $n \neq 0$ 时, 注意到 $\mathrm{H}_{0,n}(x,y) = y^n$ 和 $C_{0,n}^{-2}(\varepsilon) = n!f^{2n}$, 式 (6-90) 变成双模压缩数态的维格纳函数

$$W(\sigma,\gamma; m = 0) = \frac{(-1)^n}{\pi^2}\mathrm{L}_n\left(\left|\frac{\sigma}{\mu} - \mu\gamma\right|^2\right)\left(-\mu^2|\gamma|^2 - \frac{|\sigma|^2}{\mu^2}\right), \tag{6-93}$$

式中, $\mathrm{L}_n(\cdot)$ 为 n 阶的拉盖尔多项式. 可见, 双模压缩数态的维格纳函数为拉盖尔–高斯函数.

下面计算双变量埃尔米特多项式态 $|n,m,\varepsilon\rangle$ 的维格纳函数的边缘分布. 根据式 (6-86) 可直接得到内积

$$\langle\eta|S_2(r)\mathrm{H}_{m,n}(fa^\dagger, fb^\dagger)|00\rangle$$
$$= \mu\left(\sqrt{1-f^2}\right)^{m+n}\mathrm{H}_{m,n}(R\eta^*, -R\eta)\exp(-\mu^2|\eta|^2/2), \tag{6-94}$$

因此, 维格纳函数 $W(\sigma,\gamma)$ 在"σ 方向"的边缘分布的紧凑形式为

$$\int \mathrm{d}^2\gamma W(\sigma,\gamma) = \frac{C_{m,n}^2(\varepsilon)\mu^2(1-f^2)^{m+n}}{\pi}$$
$$\times |\mathrm{H}_{m,n}(R\sigma^*, -R\sigma)|^2\exp(-\mu^2|\sigma|^2). \tag{6-95}$$

另一方面, 因为压缩算符 $S_2(r)$ 在纠缠态 $|\xi\rangle$ 表象中表示为

$$S_2(r) = \mu\int\frac{\mathrm{d}^2\xi}{\pi}|\mu\xi\rangle\langle\xi|, \tag{6-96}$$

且满足关系 $S_2(r)|\xi\rangle = \mu|\mu\xi\rangle$. 这样, 类似于推导式 (6-95), 可得到维格纳函数 $W(\sigma,\gamma)$ 在"γ 方向"的边缘分布

$$\int \mathrm{d}^2\sigma W(\sigma,\gamma) = \frac{C_{m,n}^2(\varepsilon)(1+f^2)^{m+n}}{\pi\mu^2}|\mathrm{H}_{m,n}(S\gamma^*, S\gamma)|^2\exp\left(-\frac{|\gamma|^2}{\mu^2}\right). \tag{6-97}$$

6.4.2　层析图函数

对于任何的双模量子态, 与维格纳函数 $W(\sigma, \gamma)$ 有关的层析图函数定义为 [25]

$$T(\eta, \tau_1, \tau_2) = \pi \iint \mathrm{d}^2 \sigma \mathrm{d}^2 \gamma \delta(\eta_1 - \mu_1 \gamma_1 - \nu_1 \sigma_2)$$
$$\times \delta(\eta_2 - \nu_2 \gamma_2 - \mu_2 \sigma_1) W(\sigma, \gamma), \tag{6-98}$$

式中, $\tau_i (i = 1, 2)$ 为复参数, $\tau_i = |\tau_i| \mathrm{e}^{i\theta} = \mu_i + \mathrm{i}\nu_i$. 考虑到维格纳算符 $\Delta(\sigma, \gamma)$ 和纠缠态 $|\eta, \tau_1, \tau_2\rangle$ 的投影算符存在关系

$$|\eta, \tau_1, \tau_2\rangle \langle \eta, \tau_1, \tau_2| = \pi \iint \mathrm{d}^2 \sigma \mathrm{d}^2 \gamma \delta(\eta_1 - \mu_1 \gamma_1 - \nu_1 \sigma_2)$$
$$\times \delta(\eta_2 - \nu_2 \gamma_2 - \mu_2 \sigma_1) \Delta(\sigma, \gamma). \tag{6-99}$$

上式表明, 恰好存在纠缠态 $|\eta, \tau_1, \tau_2\rangle$ 使得维格纳算符 $\Delta(\sigma, \gamma)$ 和纠缠态的密度矩阵 $|\eta, \tau_1, \tau_2\rangle \langle \eta, \tau_1, \tau_2|$ 满足拉东变换. 这里, 纠缠态 $|\eta, \tau_1, \tau_2\rangle$ 在双模福克空间中表示为

$$|\eta, \tau_1, \tau_2\rangle = D \exp \left(D_1 + D_2 a^\dagger + D_3 b^\dagger \right.$$
$$\left. + D_4 a^\dagger b^\dagger - D_5 a^{\dagger 2} - D_5 b^{\dagger 2} \right) |00\rangle, \tag{6-100}$$

式中

$$D = \frac{1}{\sqrt{|\tau_1 \tau_2|}}, \qquad D_1 = -\frac{\eta_1^2}{2|\tau_1|^2} - \frac{\eta_2^2}{2|\tau_2|^2},$$
$$D_2 = \frac{\eta_1}{\tau_1^*} + \frac{\eta_2}{\tau_2^*}, \qquad D_3 = -\frac{\eta_1}{\tau_1^*} + \frac{\eta_2}{\tau_2^*},$$
$$D_4 = \frac{1}{2}(\mathrm{e}^{i2\theta_1} - \mathrm{e}^{i2\theta_2}), \qquad D_5 = \frac{1}{4}(\mathrm{e}^{i2\theta_1} + \mathrm{e}^{i2\theta_2}). \tag{6-101}$$

这样, 态 $|n, m, \varepsilon\rangle$ 的层析图函数可写为

$$T(\eta, \tau_1, \tau_2) = |\langle \eta, \tau_1, \tau_2 | n, m, \varepsilon \rangle|^2, \tag{6-102}$$

这意味着任何双模量子态的层析图函数都能被看成此量子态的波函数在纠缠态 $\langle \eta, \tau_1, \tau_2|$ 中的模方形式. 为了得到态 $|n, m, \varepsilon\rangle$ 的层析图函数, 利用把任意算符转化为反正规乘积表示的积分公式 (1-33)[26], 推导出双模压缩算符 $S_2(r)$ 的反正规乘积表示

$$S_2(r) = \mathrm{sech}\, r \vdots \exp\left[(1 - \mathrm{sech}\, r)(a^\dagger a + b^\dagger b) + \tanh r(a^\dagger b^\dagger - ab) \right] \vdots. \tag{6-103}$$

结合式 (6-86)、(6-100) 和 (6-103), 则态 $|n, m, \varepsilon\rangle$ 的层析图函数振幅为

$$
\langle \eta, \tau_1, \tau_2 | n, m, \varepsilon \rangle = C_{m,n}(\varepsilon) D \operatorname{sech} r \langle 00| \exp(D_1 + D_2^* a + D_3^* b + D_4^* ab
$$

$$
- D_5^* a^2 - D_5^* b^2) \vdots \exp[(1 - \operatorname{sech} r)(a^\dagger a + b^\dagger b)
$$

$$
+ (a^\dagger b^\dagger - ab) \tanh r] \vdots \mathrm{H}_{m,n}(f a^\dagger, f b^\dagger) |00\rangle . \tag{6-104}
$$

把双模相干态 $|\alpha, \beta\rangle$ 的完备性关系代入式 (6-104) 并分别对 α 和 β 作积分, 得到

$$
\langle \eta, \tau_1, \tau_2 | n, m, \varepsilon \rangle
$$

$$
= \frac{C_{m,n}(\varepsilon) D e^{D_1 + K_1}}{\sqrt{K_0}} \sum_{l=0}^{\min(m,n)} \frac{(-)^l m! n! f^{m+n-2l}}{l! (m-l)! (n-l)!}
$$

$$
\times \frac{\partial^{m+n-2l}}{\partial \lambda^{m-l} \partial \sigma^{n-l}} \exp \left(-K_2 \lambda^2 - K_3 \sigma^2 + K_4 \lambda \sigma + K_5 \lambda + K_6 \sigma \right) \bigg|_{\lambda=\sigma=0} , \tag{6-105}
$$

式中

$$
G = \cosh r - D_4^* \sinh r, \qquad K_0 = G^2 - 4D_5^{*2} \tanh^2 r,
$$

$$
K_1 = \frac{G(\eta_2^2 \tau_1^2 - \eta_1^2 \tau_2^2) \sinh r - 2D_5^*(\eta_2^2 \tau_1^2 + \eta_1^2 \tau_2^2) \sinh^2 r}{K_0 \tau_1^2 \tau_2^2} ,
$$

$$
K_2 = D_5^* \cosh^2 r + \frac{1}{4K_0} \left[2G(D_4^* - \tanh r)/\sinh r \right.
$$

$$
\left. + (D_4^* - \tanh r)^2 + 4D_5^{*2} \right] D_5^* \sinh^2 2r,
$$

$$
K_3 = \frac{D_5^*}{K_0}, \qquad K_4 = \frac{G(D_4^* - \tanh r) \cosh r + 2D_5^{*2} \sinh 2r}{K_0} ,
$$

$$
K_5 = D_2^* \cosh r + \frac{1}{K_0} \left[2D_5^*(2D_2^* D_5^* \sinh r - GD_3^*) \right.
$$

$$
\left. + (D_4^* - \tanh r)(GD_2^* - 2D_3^* D_5^* \sinh r) \right] \sinh 2r,
$$

$$
K_6 = \frac{GD_3^* - 2D_2^* D_5^* \sinh r}{K_0} . \tag{6-106}
$$

进一步, 利用多变量特殊多项式的生成函数 (4-68), 得到态 $|n, m, \varepsilon\rangle$ 的层析图函数振幅为

$$
\langle \eta, \tau_1, \tau_2 | n, m, \varepsilon \rangle = \frac{C_{m,n}(\varepsilon) D e^{D_1 + K_1}}{\sqrt{K_0}} \sum_{l=0}^{\min(m,n)} \frac{(-)^l m! n! f^{m+n-2l}}{l! (m-l)! (n-l)!}
$$

$$
\times \sqrt{K_2^{m-l} K_3^{n-l}} \, \mathfrak{H}_{m-l,n-l} \left(\frac{K_5}{\sqrt{K_2}}, \frac{K_6}{\sqrt{K_3}}; \frac{K_4}{\sqrt{K_2 K_3}} \right) . \tag{6-107}
$$

由上式可见, 一旦测量出纠缠态 $\langle \eta, \tau_1, \tau_2 |$ 表象中波函数 $|n, m, \varepsilon\rangle$ 的模方形式, 即可得到态 $|n, m, \varepsilon\rangle$ 的层析图函数. 特殊地, 对于 $m = n = 0$, 式 (6-107) 变成

$$\langle \eta, \tau_1, \tau_2 \,|\, n, m, \varepsilon\rangle = \frac{D}{\sqrt{K_0}} \exp(D_1 + K_1), \tag{6-108}$$

这对应着双模压缩真空态的光学层析图函数的振幅.

6.4.3　热通道中的退相干特性

在相互作用表象中, 描述热环境的约化密度算符的量子主方程为 [27]

$$\frac{\mathrm{d}\rho(t)}{\mathrm{d}t} = \sum_{i=a,b} \kappa(\bar{n}+1)[2i\rho(t)i^\dagger - i^\dagger i\rho(t) - \rho(t)i^\dagger i]$$
$$+ \kappa\bar{n}[2i^\dagger\rho(t)i - ii^\dagger\rho(t) - \rho(t)ii^\dagger], \tag{6-109}$$

式中, κ 为耗散系数, $\bar{n}$ 为环境的热平均光子数. 这里, 假设两个热环境模的耗散系数 κ 和热平均光子数 $\bar{n}$ 相同. 利用热场纠缠态 $|\chi\rangle$ 表象以及纠缠态 $|I\rangle$ 下系统实模的算符和环境虚模的算符之间的对应关系 (1-119), 可导出密度算符的无限维克劳斯算符和表示

$$\rho(t) = \sum_{m,n,r,s=0}^{\infty} M_{m,n,r,s}\rho(0)M_{m,n,r,s}^\dagger, \tag{6-110}$$

式中, $\rho(0)$ 为初始量子态的密度算符, 且克劳斯算符为

$$M_{m,n,r,s} = \frac{1}{\bar{n}\mathcal{T}+1}\sqrt{\frac{T_1^{r+s+m+n}}{m!n!r!s!}\left(\frac{\bar{n}+1}{\bar{n}}\right)^{m+n}}$$
$$\times a^{\dagger r}b^{\dagger s}\mathrm{e}^{(a^\dagger a + b^\dagger b)\ln T_2}a^m b^n, \tag{6-111}$$

式中, $T_1 = \bar{n}\mathcal{T}/(\bar{n}\mathcal{T}+1)$, $T_2 = \mathrm{e}^{-\kappa t}/(\bar{n}\mathcal{T}+1)$. 由于克劳斯算符 $M_{m,n,r,s}$ 中存在因子 $\mathcal{T} = 1 - \mathrm{e}^{-2\kappa t}$, 故密度算符 $\rho(t)$ 会随着时间 t 发生退相干行为. 由式 (6-110) 中的含时密度算符 $\rho(t)$ 可知, 任意双模量子态的维格纳函数在热环境中的解析演化可表达为如下积分

$$W(\alpha, \beta, t) = \frac{4}{(2\bar{n}+1)^2\mathcal{T}^2}\iint \frac{\mathrm{d}^2\alpha'\mathrm{d}^2\beta'}{\pi^2} W(\alpha', \beta', 0)$$
$$\times \exp\left[-\frac{2}{(2\bar{n}+1)\mathcal{T}}(|\alpha - \alpha'\mathrm{e}^{-\kappa t}|^2 + |\beta - \beta'\mathrm{e}^{-\kappa t}|^2)\right], \tag{6-112}$$

式中, $W(\alpha', \beta', 0)$ 为初始的维格纳函数.

若把式 (6-90) 中的维格纳函数 $W(\sigma, \gamma)$ 作为初始维格纳函数代入式 (6-112)，并利用积分公式 (4-111)，最终得到双变量埃尔米特多项式态的维格纳函数在热环境的解析演化公式

$$
\begin{aligned}
W(\alpha, \beta, t) = {} & \frac{C_{m,n}^2(\varepsilon) A_1^2 g_1^{m+n}}{\pi^2 A_2 A_3} \sum_{k=0}^{m} \sum_{l=0}^{n} \frac{(m!n!)^2}{k!l![(m-k)!(n-l)!]^2} \\
& \times \left(\frac{g_2}{g_1}\right)^k \left(\frac{g_3}{g_1}\right)^l \left| \mathrm{H}_{m-k,n-l}\left(\frac{g_4}{\sqrt{g_1}}, \frac{g_5}{\sqrt{g_1}}\right) \right|^2 \\
& \times \exp\left[A_1\left(\frac{A_1}{A_3}\mathrm{e}^{-2\kappa t} - 1\right)(|\alpha|^2 + |\beta|^2) \right. \\
& \left. + \frac{2A_1^2 \sinh 2r}{A_2 A_3}(\alpha\beta + \alpha^*\beta^*)\mathrm{e}^{-2\kappa t} \right].
\end{aligned} \tag{6-113}
$$

比较式 (6-90) 和式 (6-113) 可见，$W(\alpha, \beta, t)$ 为一个比初始态的维格纳函数 $W(\rho, \gamma)$ 更为复杂的非高斯形式，其中参数分别为

$$
A_1 = \frac{2}{(2\bar{n}+1)\mathcal{T}}, \qquad A_2 = A_1\mathrm{e}^{-2\kappa t} + 2(\sinh^2 r + \cosh^2 r),
$$

$$
A_3 = A_2 - \frac{4\sinh^2 2r}{A_2}, \qquad A_4 = \left(\frac{4\cosh^2 r}{A_2} - 1\right)\sinh r,
$$

$$
A_5 = \left(1 - \frac{4\sinh^2 r}{A_2}\right)\cosh r, \qquad A_6 = \frac{2A_1}{A_2}\sinh 2r\mathrm{e}^{-\kappa t}\alpha + A_1\mathrm{e}^{-\kappa t}\beta^* \tag{6-114}
$$

和

$$
\begin{aligned}
g_1 = {} & 1 + \frac{2f^2}{A_2}\sinh 2r - \frac{4f^2 A_4 A_5}{A_3}, \\
g_2 = {} & \frac{4|f|^2}{A_2}\cosh^2 r + \frac{4|f|^2 A_4^2}{A_3} - |f|^2, \\
g_3 = {} & \frac{4|f|^2}{A_2}\sinh^2 r + \frac{4|f|^2 A_5^2}{A_3} - |f|^2, \\
g_4 = {} & \frac{2fA_1\cosh r}{A_2 A_3}(4A_4\sinh r + A_3)\alpha^*\mathrm{e}^{-\kappa t} + \frac{2fA_1 A_4}{A_3}\beta\mathrm{e}^{-\kappa t}, \\
g_5 = {} & \frac{2fA_1\sinh r}{A_2 A_3}(4A_5\cosh r - A_3)\alpha\mathrm{e}^{-\kappa t} + \frac{2fA_1 A_5}{A_3}\beta^*\mathrm{e}^{-\kappa t}.
\end{aligned} \tag{6-115}
$$

下面讨论三种有意义的特殊情况. 当 $m = n = 0$ 时，式 (6-113) 退化成

$$
W(\alpha, \beta, t) = \frac{A_1^2}{\pi^2 A_2 A_3}\exp\left[A_1\left(\frac{A_1}{A_3}\mathrm{e}^{-2\kappa t} - 1\right)(|\alpha|^2 + |\beta|^2)\right.
$$

$$+ \frac{2A_1^2 \sinh 2r}{A_2 A_3}(\alpha\beta + \alpha^*\beta^*)\mathrm{e}^{-2\kappa t}\Bigg], \tag{6-116}$$

它为热环境下双模压缩真空态的高斯维格纳函数的演化公式. 对于 $\bar{n} \to 0$, 式 (6-113) 变成振幅耗散通道中维格纳函数演化. 对于初始时刻 $\kappa t = 0$, 注意到

$$\mathcal{T} = 0, \quad g_1 = 1, \quad g_2 = g_3 = -\left|f\right|^2,$$
$$g_4 = 2f \cosh r \alpha^* - 2f \sinh r \beta,$$
$$g_5 = 2f \cosh r \beta^* - 2f \sinh r \alpha, \tag{6-117}$$

式 (6-113) 恰好退化为双变量埃尔米特多项式态的维格纳函数 (6-90). 对于极限情况 $\kappa t \to \infty$, 注意到

$$\mathcal{T} \to 1, \quad A_1 \to 2/(2\bar{n}+1),$$
$$A_2 \to 2\cosh 2r, \quad A_3 \to 2\,\mathrm{sech}\,2r,$$
$$A_4 \to \sinh r\,\mathrm{sech}\,2r, \quad A_5 \to \cosh r\,\mathrm{sech}\,2r,$$
$$g_4 \to 0, \quad g_5 \to 0, \tag{6-118}$$

并利用雅可比多项式的最新表达式 (6-16), 这样式 (6-113) 退化成

$$W(\alpha, \beta, \infty) = \frac{1}{\pi^2(2\bar{n}+1)^2} \exp\left[-\frac{2}{(2\bar{n}+1)}(|\alpha|^2 + |\beta|^2)\right], \tag{6-119}$$

它为双模热场的维格纳函数. 进而, 对于 $\bar{n} = 0$, $W(\alpha, \beta, \infty)$ 变成真空态的维格纳函数. 它们完全独立于双变量埃尔米特多项式的阶数 m, n 和压缩参数 r. 因此, 当双变量埃尔米特多项式态作为初始态输入热通道时, 通道中的热噪声会完全消除量子态的非经典性质, 并使之最终退化成具有热通道特征的经典热场.

根据式 (6-113), 图 6-6 画出了在给定参数 n, m 和 r 情况下且当 $\bar{n}$ 和 κt 取不同值时热通道中的维格纳函数. 通过分析图 6-6 可知, 随着退相干时间 κt 的增加, 关于双变量埃尔米特多项式态的退相干特征归纳如下: ① 原先向上的主峰逐渐消失, 同时两个新的向上主峰在短时间内形成, 这种多峰结构的改变导致量子干涉效应的变化; ② 维格纳函数的部分负性慢慢减弱, 同时两个向上主峰之间量子干涉结构逐渐合并, 这意味着热噪声引起了非经典性质的丢失; ③ 经过足够长的时间, 维格纳函数退化成正定且高斯的热态的维格纳函数, 如同上面讨论的那样.

为了看清楚图 6-6 中维格纳函数部分负值区域 (态的非经典性质) 的变化规律, 利用维格纳函数的负部体积计算公式 [28]

$$\delta = \frac{1}{2}\iint \mathrm{d}q\mathrm{d}p\,[|W(p,q)| - W(p,q)], \tag{6-120}$$

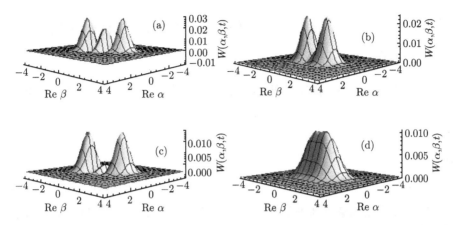

图 6-6 在给定 $n = 3$, $m = 1$ 和 $r = 0.2$ 的情况下, 对于 $\bar{n}$, κt 的不同取值, 热通道中双变量埃尔米特多项式态维格纳函数 $W(\alpha, \beta, t)$ 的演化规律

(a) $\bar{n} = 0$ 且 $\kappa t = 0.1$; (b) $\bar{n} = 0$ 且 $\kappa t = 0.5$; (c) $\bar{n} = 0.8$ 且 $\kappa t = 0.1$; (d) $\bar{n} = 0.8$ 且 $\kappa t = 0.5$

在图 6-7 中画出了当 m 取不同值时维格纳函数的负部体积随 $\bar{n}$ 和 κt 的变化关系. 由图 6-7 中可见, 随着参数 $\bar{n}$ 或 κt 的增大, 负部体积会单调地减小, 当 $\bar{n}$(或 κt) 足够大时, 负部体积会全部消失. 这个结果也恰好验证了上面的结论: 热噪声引起了双变量埃尔米特多项式态的非经典性质的逐渐丢失, 最终退化为具有正定性和高斯性的经典热态. 另一方面, 图 6-6 给出双变量埃尔米特多项式态在具有较大 $\bar{n}$ 值的热通道中退相干过程会更快. 根据式 (6-109) 可以从本质上理解这一点, 因为 $\bar{n}$ 越大, 热通道中的噪声越强. 更有意义的是, 通过比较图 6-7(a) 和 (b) 发现, 热噪声比振幅耗散能引起更快的退相干.

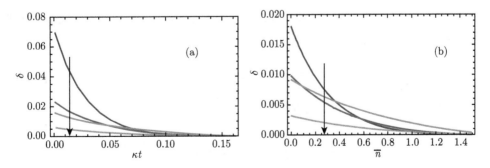

图 6-7 (a) 在给定 $\bar{n} = 0.8$, $n = 3$ 和 $r = 0.2$ 的情况下, 维格纳纳函数 $W(\alpha, \beta, t)$ 的负部体积随参数 κt 的变化关系 (曲线从上到下分别取 $m = 0, 1, 4$ 和 3); (b) 在给定 $\kappa t = 0.1$, $n = 3$ 和 $r = 0.2$ 的情况下, 维格纳函数 $W(\alpha, \beta, t)$ 的负部体积随参数 $\bar{n}$ 的变化关系 (曲线从上到下分别取 $m = 0, 4, 1$ 和 3)

6.5　振幅衰减通道中双模压缩真空态的退相干特性

6.5.1　振幅衰减通道量子主方程的解

在相互作用表象中, 描述振幅衰减通道的约化密度算符的量子主方程为 [27]

$$\frac{\mathrm{d}\rho(t)}{\mathrm{d}t} = L_a + L_b, \tag{6-121}$$

式中

$$L_i = \kappa\left(2i\rho(t)i^\dagger - i^\dagger i\rho(t) - \rho(t)i^\dagger i\right), \quad i = a, b, \tag{6-122}$$

同样, 假设双模振幅衰减通道的耗散系数 κ 相同. 注意到模 a 和模 b 相互独立, 故主方程 (6-121) 的解可表示成关于模 a 和模 b 的两个独立主方程解的直积形式. 为此, 首先用热场纠缠态表象去求解描述单模 (如 a 模) 振幅衰减通道的量子主方程. 利用热场纠缠态 $|\chi\rangle$ 表象以及纠缠态 $|I\rangle$ 下系统实模算符和环境虚模算符之间的对应关系

$$a \Leftrightarrow \tilde{a}^\dagger, \quad a^\dagger \Leftrightarrow \tilde{a}, \quad a^\dagger a \Leftrightarrow \tilde{a}^\dagger \tilde{a}, \tag{6-123}$$

把 a 模的量子主方程作用到态 $|I\rangle$, 则有

$$\frac{\mathrm{d}|\rho_a(t)\rangle}{\mathrm{d}t} = \kappa\left(2a\tilde{a} - a^\dagger a - \tilde{a}^\dagger \tilde{a}\right)|\rho_a(t)\rangle. \tag{6-124}$$

因此, 式 (6-124) 的标准解为

$$|\rho_a(t)\rangle = \exp\left[\kappa t\left(2a\tilde{a} - a^\dagger a - \tilde{a}^\dagger \tilde{a}\right)\right]|\rho_a(0)\rangle. \tag{6-125}$$

注意到算符对易关系 $[a\tilde{a}, a^\dagger a] = [a\tilde{a}, \tilde{a}^\dagger \tilde{a}] = \tilde{a}a$ 和 $[a^\dagger a + \tilde{a}^\dagger \tilde{a}, a\tilde{a}] = -2\tilde{a}a$, 再利用算符恒等式 (5-31) 可得到

$$\mathrm{e}^{-2\kappa t\left(\frac{a^\dagger a + \tilde{a}^\dagger \tilde{a}}{2} - a\tilde{a}\right)} = \mathrm{e}^{-\kappa t\left(a^\dagger a + \tilde{a}^\dagger \tilde{a}\right)}\mathrm{e}^{\mathcal{T}a\tilde{a}}, \tag{6-126}$$

式中, $\mathcal{T} = 1 - \mathrm{e}^{-2\kappa t}$. 把式 (6-126) 代入式 (6-125), 可有

$$|\rho_a(t)\rangle = \sum_{n=0}^{\infty} \frac{\mathcal{T}^n}{n!}\mathrm{e}^{-\kappa t a^\dagger a}a^n\rho_a(0)a^{\dagger n}\mathrm{e}^{-\kappa t a^\dagger a}|I\rangle. \tag{6-127}$$

把态 $|I\rangle$ 从等式 (6-127) 的左右两边同时去掉, 可得到算符 $\rho_a(t)$ 的无限维算符和表示

$$\rho_a(t) = \sum_{n=0}^{\infty} \frac{\mathcal{T}^n}{n!}\mathrm{e}^{-\kappa t a^\dagger a}a^n\rho_a(0)a^{\dagger n}\mathrm{e}^{-\kappa t a^\dagger a}. \tag{6-128}$$

因此, 描述双模振幅衰减通道的主方程 (6-121) 的解为

$$\rho(t) = \sum_{m,n=0}^{\infty} \mathcal{M}_{m,n}\rho(0)\mathcal{M}_{m,n}^{\dagger},\qquad(6\text{-}129)$$

式中, $\mathcal{M}_{m,n}$ 为对应于密度算符 $\rho(t)$ 的克劳斯算符

$$\mathcal{M}_{m,n} \equiv \sqrt{\frac{\mathcal{T}^{m+n}}{m!n!}}\, \mathrm{e}^{-\kappa t\left(a^{\dagger}a+b^{\dagger}b\right)}a^{n}b^{m}.\qquad(6\text{-}130)$$

进一步, 利用关于算符 i 的恒等式

$$\mathrm{e}^{\lambda i^{\dagger}i}i\,\mathrm{e}^{-\lambda i^{\dagger}i} = \mathrm{e}^{-\lambda}i,\qquad(6\text{-}131)$$

可证明克劳斯算符 $\mathcal{M}_{m,n}$ 满足归一化条件

$$\sum_{m,n}\mathcal{M}_{m,n}^{\dagger}\mathcal{M}_{m,n} = \sum_{m,n}\frac{\mathcal{T}^{m+n}}{m!n!}\mathrm{e}^{2(m+n)\kappa t}$$

$$\times : a^{\dagger n}a^{n}b^{\dagger m}b^{m} : \mathrm{e}^{-2\kappa t\left(a^{\dagger}a+b^{\dagger}b\right)}$$

$$= I.\qquad(6\text{-}132)$$

6.5.2 双模压缩真空态在振幅衰减通道中的演化

1. 密度算符的演化

通过把幺正压缩算符 $S\left(r\right) = \mathrm{e}^{r\left(a^{\dagger}b^{\dagger}-ab\right)}$ 作用到双模真空态上, 可得到双模压缩真空态

$$\rho\left(0\right) = \mathrm{sech}^{2}\,r\,\mathrm{e}^{a^{\dagger}b^{\dagger}\tanh r}\left|00\right\rangle\left\langle00\right|\mathrm{e}^{ab\tanh r},\qquad(6\text{-}133)$$

把式 (6-133) 代入式 (6-129), 可有

$$\rho\left(t\right) = \mathrm{sech}^{2}\,r\sum_{m,n=0}^{\infty}\frac{\mathcal{T}^{n+m}}{n!m!}\mathrm{e}^{-\kappa t\left(a^{\dagger}a+b^{\dagger}b\right)}a^{n}b^{m}$$

$$\times\,\mathrm{e}^{a^{\dagger}b^{\dagger}\tanh r}\left|00\right\rangle\left\langle00\right|\mathrm{e}^{ab\tanh r}a^{\dagger n}b^{\dagger m}\mathrm{e}^{-\kappa t\left(a^{\dagger}a+b^{\dagger}b\right)}.\qquad(6\text{-}134)$$

为了简化式 (6-134), 利用算符恒等式

$$\left[i,f(i,i^{\dagger})\right] = \frac{\partial}{\partial i^{\dagger}}f(i,i^{\dagger})\qquad(6\text{-}135)$$

把 $a^{n}b^{m}\mathrm{e}^{a^{\dagger}b^{\dagger}\tanh r}\left|00\right\rangle$ 改写为

$$a^{n}b^{m}\mathrm{e}^{a^{\dagger}b^{\dagger}\tanh r}\left|00\right\rangle = a^{n}\left(a^{\dagger}\tanh r\right)^{m}\mathrm{e}^{a^{\dagger}b^{\dagger}\tanh r}\left|00\right\rangle.\qquad(6\text{-}136)$$

再利用算符恒等式 [29]

$$a^n a^{\dagger m} = (-\mathrm{i})^{m+n} : \mathrm{H}_{m,n}\left(\mathrm{i}a^\dagger, \mathrm{i}a\right) :, \tag{6-137}$$

式中, $\mathrm{H}_{m,n}(\cdot,\cdot)$ 为双变量埃尔米特多项式, 把式 (6-136) 改写为

$$a^n b^m \mathrm{e}^{a^\dagger b^\dagger \tanh r} |00\rangle$$

$$= (-\mathrm{i})^{m+n} \tanh^m r : \sum_{l=0}^{\min(m,n)} \frac{(-1)^l m! n!}{l!(m-l)!(n-l)!}$$

$$\times \left(\mathrm{i}a^\dagger\right)^{m-l} (\mathrm{i}a)^{n-l} : \mathrm{e}^{a^\dagger b^\dagger \tanh r} |00\rangle$$

$$= \tanh^m r \sum_{l=0}^{\min(m,n)} \frac{m! n! a^{\dagger m-l} a^{n-l}}{l!(m-l)!(n-l)!} \mathrm{e}^{a^\dagger b^\dagger \tanh r} |00\rangle. \tag{6-138}$$

进一步, 利用算符恒等式 (6-135), 可有

$$a^n b^m \mathrm{e}^{a^\dagger b^\dagger \tanh r} |00\rangle$$

$$= \tanh^m r \sum_{l=0}^{\min(m,n)} \frac{m! n! a^{\dagger m-l} \left(b^\dagger \tanh r\right)^{n-l}}{l!(m-l)!(n-l)!} \mathrm{e}^{a^\dagger b^\dagger \tanh r} |00\rangle$$

$$= (-\mathrm{i})^{m+n} \tanh^m r \mathrm{H}_{m,n}\left(\mathrm{i}a^\dagger, \mathrm{i}b^\dagger \tanh r\right) \mathrm{e}^{a^\dagger b^\dagger \tanh r} |00\rangle, \tag{6-139}$$

由上式可见, 多光子扣除压缩真空态 $a^n b^m \mathrm{e}^{a^\dagger b^\dagger \tanh r} |00\rangle$ 可表示为双变量埃尔米特多项式激发压缩态 $\mathrm{H}_{m,n}\left(\mathrm{i}a^\dagger, \mathrm{i}b^\dagger \tanh r\right)\mathrm{e}^{a^\dagger b^\dagger \tanh r}|00\rangle$, 式中 $\mathrm{H}_{m,n}\left(\mathrm{i}a^\dagger, \mathrm{i}b^\dagger \tanh r\right)$ 为以算符 $a^\dagger, b^\dagger$ 为变量的双变量埃尔米特多项式算符. 这为研究态 $a^n b^m \mathrm{e}^{a^\dagger b^\dagger \tanh r}|00\rangle$ 的非经典性质和具体应用提供了新的思路.

把式 (6-139) 代入式 (6-134), 并利用真空投影算符的正规乘积表示 (1-72), 可得到

$$\rho(t) = \mathrm{sech}^2 r : \sum_{m,n=0}^{\infty} \frac{\mathcal{T}^{n+m} \tanh^{2m} r}{n! m!}$$

$$\times \mathrm{H}_{m,n}\left(\mathrm{i}a^\dagger \mathrm{e}^{-\kappa t}, \mathrm{i}b^\dagger \mathrm{e}^{-\kappa t}\tanh r\right) \mathrm{e}^{\left(a^\dagger b^\dagger + ab\right)\mathrm{e}^{-2\kappa t}\tanh r}$$

$$\times \mathrm{H}_{m,n}\left(-\mathrm{i}a\mathrm{e}^{-\kappa t}, -\mathrm{i}b\mathrm{e}^{-\kappa t}\tanh r\right)\mathrm{e}^{-a^\dagger a - b^\dagger b} :. \tag{6-140}$$

进一步, 利用两个双变量埃尔米特多项式乘积的生成函数

$$\sum_{m,n=0}^{\infty} \frac{t^n s^m}{m! n!} \mathrm{H}_{m,n}(\xi, \eta) \mathrm{H}_{m,n}(\sigma, \kappa)$$

$$= \frac{1}{1 - st} \exp\left(\frac{s\sigma\xi + t\eta\kappa - st\sigma\kappa - st\xi\eta}{1 - st}\right), \tag{6-141}$$

可得到密度算符 $\rho(t)$ 的紧凑形式

$$\rho(t) = \text{ß}_1 : \exp\left\{\text{ß}_2\left(a^\dagger a + b^\dagger b\right) + \text{ß}_3\left(ab + a^\dagger b^\dagger\right)\right\} :, \tag{6-142}$$

式中

$$\text{ß}_1 = \frac{\mathcal{A}}{\cosh^2 r}, \qquad \text{ß}_2 = \mathcal{A}\left(\mathcal{T}\tanh^2 r - 1\right),$$
$$\text{ß}_3 = \mathcal{A}e^{-2\kappa t}\tanh r, \qquad \mathcal{A} = \left(1 - \mathcal{T}^2 \tanh^2 r\right)^{-1}. \tag{6-143}$$

值得指出的是, 利用式 (6-142) 中密度算符 $\rho(t)$ 的正规乘积表示, 很容易计算出光子数分布、维格纳函数和光学层析图函数在振幅衰减通道中的演化行为, 从而准确度量态 $\rho(t)$ 的非经典性质.

为了验证上面推导结果的正确性, 这里来证明 $\text{tr}\rho(t) = 1$. 利用相干态的完备性关系 $\pi^{-2}\int \text{d}^2\alpha\text{d}^2\beta\, |\alpha,\beta\rangle\langle\alpha,\beta| = 1$, 于是有

$$\text{tr}\rho(t) = \text{ß}_1 \iint \frac{\text{d}^2\alpha\text{d}^2\beta}{\pi^2}\langle\alpha,\beta| : \exp\left\{\text{ß}_2(a^\dagger a + b^\dagger b)\right.$$
$$\left. + \text{ß}_3\left(ab + a^\dagger b^\dagger\right)\right\} : |\alpha,\beta\rangle \tag{6-144}$$
$$= \frac{\text{sech}^2 r}{1 - \mathcal{T}\tanh^2 r}\int \frac{\text{d}^2\beta}{\pi}\exp\left(\frac{\tanh^2 r - 1}{1 - \mathcal{T}\tanh^2 r}|\beta|^2\right)$$
$$= 1, \tag{6-145}$$

在最后一步利用了积分公式 (1-27). 进一步, 利用算符恒等式 (1-21), 则式 (6-142) 变为

$$\rho(t) = \text{ß}_1 \exp\left(\text{ß}_3 a^\dagger b^\dagger\right)\exp\left[\left(a^\dagger a + b^\dagger b\right)\ln\left(\text{ß}_2+1\right)\right]\exp\left(\text{ß}_3 ab\right). \tag{6-146}$$

由式 (6-133) 和 (6-146) 可见, 经历振幅衰减通道后, 压缩数由 $\tanh r$ 变为 $\mathcal{A}e^{-2\kappa t}\tanh r$, 而真空态 $|00\rangle\langle00|$ 变为 $\exp\left[\left(a^\dagger a + b^\dagger b\right)\ln\left(\frac{\mathcal{T}e^{-2\kappa t}\tanh^2 r}{1 - \mathcal{T}^2 \tanh^2 r}\right)\right]$. 因此, 在振幅衰减噪声的作用下, 态 $\rho(t)$ 变成了一个还存在一定纠缠和压缩特性的混合态. 由于 $\mathcal{T} = 1 - e^{-2\kappa t}$ 且 $\mathcal{T} > \mathcal{T}^2 \tanh^2 r$, 因此有

$$\frac{e^{-2\kappa t}}{1 - \mathcal{T}^2 \tanh^2 r} < 1. \tag{6-147}$$

上式表明, 随着衰退时间 κt 的增大, 初始压缩态的压缩数逐渐减小.

此外, 当 $\kappa t = 0$ 时, 由于 $\mathcal{T} = 0$, $\mathcal{B}_1 = \mathrm{sech}^2 r$, $\mathcal{B}_2 = -1$, $\mathcal{B}_3 = \tanh r$, 故式 (6-146) 变成了双模压缩态的密度算符 (6-133). 而当 $\kappa t \to \infty$ 时, 由于 $\mathcal{T} \to 1$, $\mathcal{B}_1 = -\mathcal{B}_2 \to 1$, $\mathcal{B}_3 \to 0$, 故 $\rho(t)$ 完全失去了它的纠缠和压缩, 从而如期退化成了真空态.

2. 光子数分布的演化

对于双模压缩真空态, 其光子数分布可表示为 $p(m, n, t) = \mathrm{tr}[\rho(t)|m, n\rangle\langle m, n|]$. 因此, 利用式 (6-142) 中的正规乘积表示以及双模粒子数态的相干态表示

$$|m, n\rangle = \frac{1}{\sqrt{m! n!}} \frac{\partial^{m+n}}{\partial\alpha^m \partial\beta^n} |\alpha, \beta\rangle\Big|_{m=n=0}, \tag{6-148}$$

可有

$$p(m, n, t) = \frac{\mathcal{B}_1}{m! n!} \frac{\partial^{2(m+n)}}{\partial\alpha^m \partial\beta^n \partial\alpha'^{*m} \partial\beta'^{*n}} \exp\{(\mathcal{B}_2 + 1)$$
$$\times (\alpha\alpha'^* + \beta\beta'^*) + \mathcal{B}_3(\alpha\beta + \alpha'^*\beta'^*)\}\Big|_{\alpha, \beta, \alpha', \beta'=0}. \tag{6-149}$$

通过在式 (6-149) 中求解高阶微分运算, 可有

$$p(m, n, t) = \frac{\mathcal{B}_1}{n! m!} \frac{\partial^{2(m+n)}}{\partial\alpha^m \partial\beta^n \partial\alpha'^{*m} \partial\beta'^{*n}} \sum_{l, j, k, p=0}^{\infty} \mathcal{B}_3^{j+p}$$
$$\times \frac{(\mathcal{B}_2 + 1)^{l+k}}{l! k! j! p!} \alpha^{l+j} \beta^{j+k} (\alpha'^*)^{l+p} (\beta'^*)^{k+p}\Big|_{\alpha, \beta, \alpha', \beta'=0}$$
$$= \mathcal{B}_1 \sum_{p=0}^{\min(m, n)} \frac{m! n! (\mathcal{B}_2 + 1)^{m+n-2p} \mathcal{B}_3^{2p}}{(p!)^2 (m-p)! (n-p)!}. \tag{6-150}$$

假定 $m \leqslant n$ 并利用雅可比多项式 $\mathrm{P}_m^{(\alpha, \beta)}(\cdot)$ 的标准定义, 可把式 (6-150) 改写为如下紧凑形式

$$p(m, n, t) = \mathcal{B}_3^{n+1} \mathcal{T}^{m+n} \mathrm{e}^{-2(m-1)\kappa t} \mathrm{sech}^2 r$$
$$\times \tanh^{2m+n-1} r \mathrm{P}_m^{(0, n-m)} \left(\frac{1 + \mathcal{T}^2 \tanh^2 r}{1 - \mathcal{T}^2 \tanh^2 r}\right), \tag{6-151}$$

这里使用了恒等式 $\mathrm{P}_m^{(\alpha, \beta)}(-x) = (-1)^m \mathrm{P}_m^{(\beta, \alpha)}(x)$. 由式 (6-151) 可见, 振幅衰减通道中压缩真空态的光子数分布的解析演化与雅可比多项式 $\mathrm{P}_m^{(0,\, n-m)}(\cdot)$ 有关. 式 (6-150) 中含时光子数分布的级数展开对于分析 $p(m, n, t)$ 的变化来说是非常方便的, 故这里推导出几个特殊情况. 对于初始时刻 $\kappa t = 0(\mathcal{T} = 0)$, 式 (6-150) 变成了双模压缩真空态的光子数分布

$$p\left(m,n,0\right)=\mathrm{sech}^2\,r\lim_{\mathcal{T}\to 0}\sum_{p=0}^{\min(m,n)}\frac{m!n!\left(\tanh r\right)^{2m+2n-2p}\mathcal{T}^{m+n-2p}}{\left(p!\right)^2\left(m-p\right)!\left(n-p\right)!}$$

$$=\begin{cases}\mathrm{sech}^2\,r\tanh^{2n}r, & m=n\\ 0, & m\neq n\end{cases}. \tag{6-152}$$

上式表明, 仅当 $m=n$ 时, 光子数分布不为零, 且光子数分布会随着压缩参数 r 的增加而减小. 当 $\kappa t\to\infty(\mathcal{T}\to 1)$ 时, 可有 $p\left(m,n,\infty\right)=0$, 即与振幅耗散环境作用足够长的时间后, 系统不再具有任何光子, 从而变成了真空态, 如同密度算符演化得到的结果.

图 6-8 画出了振幅衰减通道中双模压缩真空态光子数分布随参数 r 和 κt 的变化情况. 由图可见, 对于较小的压缩 r, 在输出的混合态中找到较小的粒子数态

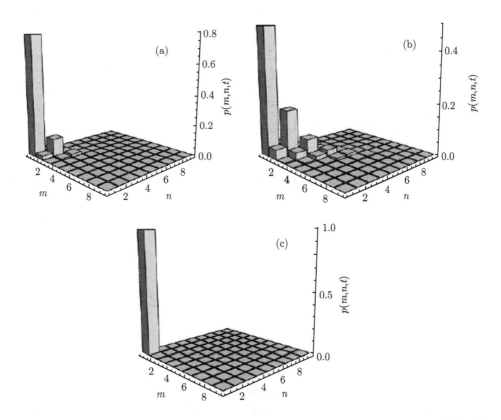

图 6-8   在参数 r 和 κt 取不同值时, 振幅衰减通道中双模压缩真空态光子数分布的演化规律

(a) $r=0.5$, $\kappa t=0.1$; (b) $r=0.9$, $\kappa t=0.1$; (c) $r=0.9$, $\kappa t=3$

的概率较大, 且随着 r 增大, 这个概率逐渐变小, 这是因为更多的粒子出现在较大的粒子数态上. 此结论来源于压缩真空态 $\mathrm{e}^{a^\dagger b^\dagger \tanh r}|00\rangle = \sum_{l=0}^{\infty}\tanh^l r\,|ll\rangle$ 中的系数 $\tanh^l r$ 随着 r 的增加会不断变大. 而且, 找到任何粒子数态 (除了 $|00\rangle$) 的概率随着 κt 的增大而逐渐减小. 对于极限情况 $\kappa t \to \infty$, 由于振幅衰减噪声的影响, 找到粒子数态 $|00\rangle$ 的概率为 1, 而其他的都为零, 如同上面的解析结果.

3. 维格纳函数的演化

利用式 (6-142) 中密度算符 $\rho(t)$ 的正规乘积表示和相干态表象下的双模维格纳算符 $\Delta(\alpha,\beta)$, 可得到振幅衰减通道中双模压缩真空态的维格纳函数

$$
\begin{aligned}
&W(\alpha,\beta;t)\\
&= \text{\ss}_1 \mathrm{e}^{2(|\alpha|^2+|\beta|^2)}\iint \frac{\mathrm{d}^2\gamma\,\mathrm{d}^2\zeta}{\pi^4}\exp\Big[(\text{\ss}_3\zeta - 2\alpha^*)\gamma - \mathcal{B}|\gamma|^2\\
&\quad + (\text{\ss}_3\zeta^* + 2\alpha)\gamma^* - \mathcal{B}|\zeta|^2 - 2(\zeta\beta^* - \zeta^*\beta)\Big],
\end{aligned}
\tag{6-153}
$$

式中, γ,ζ 为双模相干态 $|\gamma,\zeta\rangle$ 的振幅, 且

$$
\mathcal{B} = \frac{1 + (1 - 2\mathcal{T})\mathcal{T}\tanh^2 r}{1 - \mathcal{T}^2\tanh^2 r}.
\tag{6-154}
$$

再利用积分公式 (4-111), 可有

$$
W(\alpha,\beta,t) = \frac{\text{\ss}_1}{\pi^2(\mathcal{B}^2 - \text{\ss}_3^2)}\exp\Bigg[-\frac{4|\text{\ss}_3\alpha - \mathcal{B}\beta^*|^2}{\mathcal{B}(\mathcal{B}^2 - \text{\ss}_3^2)} - \frac{2(2-\mathcal{B})|\alpha|^2 - 2\mathcal{B}|\beta|^2}{\mathcal{B}}\Bigg].
\tag{6-155}
$$

特别地, 当 $\kappa t = 0$ 和 $\kappa t \to \infty$ 时, 式 (6-155) 分别变为

$$
W(\alpha,\beta,0) = \pi^{-2}\mathrm{e}^{-2(|\alpha|^2+|\beta|^2)\cosh 2r + 2(\beta\alpha + \beta^*\alpha^*)\sinh 2r}
\tag{6-156}
$$

和

$$
W(\alpha,\beta,\infty) \to \pi^{-2}\mathrm{e}^{-2(|\alpha|^2+|\beta|^2)},
\tag{6-157}
$$

它们分别对应着双模压缩真空态和真空态的维格纳函数.

在图 6-9 中画出了振幅衰减通道中双模压缩真空态维格纳函数随参数 r 和 κt 的变化曲线. 显然, 此态在相空间中呈现明显的压缩. 对于较大的压缩 r, 峰沿着对角线方向被进一步压缩, 即压缩越大, 在振幅衰减通道中非经典性衰退得越慢.

换言之, 较大压缩 r 能导致更长的退相干时间. 然而, 随着 κt 增加, 压缩会快速恶化, 故它只能够在一定程度上抑制退相干. 对于 $\kappa t \to \infty$, 维格纳函数完全变成真空态的正定高斯分布.

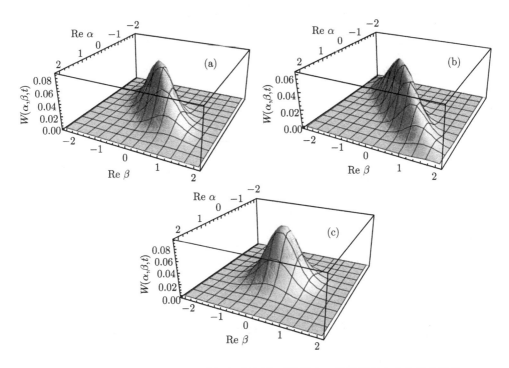

图 6-9　在参数 r 和 κt 取不同值时, 振幅衰减通道中双模压缩真空态维格纳函数 $W(\alpha, \beta, t)$ 的演化规律

(a) $r = 0.5$, $\kappa t = 0.1$; (b) $r = 0.9$, $\kappa t = 0.1$; (c) $r = 0.9$, $\kappa t = 3$

下面考察振幅衰减通道中维格纳函数 $W(\alpha, \beta, t)$ 的边缘分布随时间的演化情况. 为此, 将式 (6-146) 代入计算算符反正规乘积的积分公式 (1-33), 并利用内积 $\langle -\alpha, -\beta | \alpha, \beta \rangle = \mathrm{e}^{-2(|\alpha|^2 + |\beta|^2)}$, 先推导出含时密度算符 $\rho(t)$ 的反正规乘积表示

$$\rho(t) = h_1 \vdots \exp\left[h_2\left(a^\dagger a + b^\dagger b\right) + h_3\left(ab + a^\dagger b^\dagger\right)\right] \vdots, \tag{6-158}$$

式中

$$
\begin{aligned}
h_1 &= \mathcal{C}\mathcal{B}_1, \quad h_2 = \mathcal{C}\left[(\mathcal{B}_2 + 1)\,\mathcal{B}_2 - \mathcal{B}_3^2\right], \\
h_3 &= \mathcal{C}\mathcal{B}_3, \quad \mathcal{C} = \left[(\mathcal{B}_2 + 1)^2 - \mathcal{B}_3^2\right]^{-1}.
\end{aligned}
\tag{6-159}
$$

这样, 利用式 (6-158) 和双模相干态 $|\alpha, \beta\rangle$ 的完备性关系, 可得到

$$
\begin{aligned}
&\langle\eta|\,\rho\,(t)\,|\eta\rangle \\
&= h_1 \mathrm{e}^{-|\eta|^2} \iint \frac{\mathrm{d}^2\alpha \mathrm{d}^2\beta}{\pi^2} \exp\left(\eta^*\alpha - \eta\beta + \eta\alpha^* - \eta^*\beta^*\right) \\
&\quad\times \exp\left[(h_2-1)\left(|\alpha|^2 + |\beta|^2\right) + (h_3+1)\left(\alpha\beta + \alpha^*\beta^*\right)\right] \\
&= \varkappa(h_1, h_2, h_3) \mathrm{e}^{\varrho(h_1, h_2, h_3)|\eta|^2},
\end{aligned}
\tag{6-160}
$$

式中

$$
\begin{aligned}
\varkappa(h_1, h_2, h_3) &= \frac{h_1}{(h_2 + h_3)(h_2 - h_3 - 2)}, \\
\varrho(h_1, h_2, h_3) &= \frac{h_2 - h_3}{h_3 - h_2 + 2}.
\end{aligned}
\tag{6-161}
$$

再利用式 (1-105), 可给出维格纳函数 $W(\sigma, \gamma, t)$ 在 "σ 方向" 的边缘分布的紧凑形式

$$
\int \mathrm{d}^2\gamma W(\sigma, \gamma, t) = \pi^{-1} \varkappa(h_1, h_2, h_3) \mathrm{e}^{\varrho(h_1, h_2, h_3)|\sigma|^2}.
\tag{6-162}
$$

类似地, 也可得到维格纳函数 $W(\sigma, \gamma, t)$ 在 "γ 方向" 的边缘分布

$$
\int \mathrm{d}^2\sigma W(\sigma, \gamma, t) = \pi^{-1} \varkappa(h_1, h_2, -h_3) \mathrm{e}^{\varrho(h_1, h_2, -h_3)|\gamma|^2}.
\tag{6-163}
$$

4. 层析图函数的演化

利用式 (6-99) 和式 (6-158), 可把振幅衰减通道中的双模压缩态的光学层析图函数的演化表示为

$$
\begin{aligned}
T(\eta, \tau_1, \tau_2; t) &= h_1 \langle\eta, \tau_1, \tau_2|\, h_1 \vdots \exp\left[h_2(a^\dagger a + b^\dagger b)\right. \\
&\quad \left. + h_3\left(ab + a^\dagger b^\dagger\right)\right] \vdots |\eta, \tau_1, \tau_2\rangle.
\end{aligned}
\tag{6-164}
$$

把相干态 $|\alpha, \beta\rangle$ 的完备性关系代入式 (6-164) 并利用积分公式 (4-111) 分别对参数 α, β 进行积分, 可有

$$
\begin{aligned}
T(\eta, \tau_1, \tau_2; t) &= \frac{h_1 g^2}{\sqrt{c_1\left(c_2^2 - 4|c_4|^2\right)}} \exp\left[-\frac{(h_2-1)|g_2|^2}{c_1}\right. \\
&\quad \left. +2\mathrm{Re}\left(\frac{c_1 g_1 - g_2^2 g_5^*}{c_1} + \frac{c_3^2 c_4^*}{c_2^2 - 4|c_4|^2}\right) - \frac{c_2|c_3|^2}{c_2^2 - 4|c_4|^2}\right],
\end{aligned}
\tag{6-165}
$$

式中, 参数 c_1, c_2, c_3 和 c_4 分别为

$$c_1 = (h_2 - 1)^2 - 4|g_5|^2,$$

$$c_2 = \frac{(h_2 - 1)\left(c_1 - |g_4 + h_3|^2\right)}{c_1},$$

$$c_3 = \frac{c_1 g_3^* - (g_4^* + h_3)[g_2(h_2 - 1) + 2c_1 g_2^* g_5]}{c_1},$$

$$c_4 = -\frac{c_1 g_5^* + g_5(g_4^* + h_3)^2}{c_1}. \tag{6-166}$$

特殊地, 对于 $\kappa t = 0$, 由于 $h_1 \to -\csc h^2 r$, $h_2 \to 1$, $h_3 \to -\coth r$, 则式 (6-165) 变成了双模压缩态的光学层析图函数. 而对于极限情况 $\kappa t \to \infty$, 式 (6-165) 变成了真空态的层析图函数, 即 $T(\eta, \tau_1, \tau_2; \infty) = g^2 e^{2g_1}$, 为一个典型的高斯分布.

参 考 文 献

[1] Dodonov V V, Man'ko V I. Theory of Nonclassical States of Light[M]. London and New York: CRC Press, 2003.

[2] Schleich W P. Quantum Optics in Phase Space[M]. Berlin: Wiley-VCH, 2001.

[3] Carmichael H J. Statistical Methods in Quantum Optics 2: Non-Classical Fields[M]. New York: Springer, 2007.

[4] Wigner E. On the quantum correction for thermodynamic equilibrium[J]. Physical Review, 1932, 40(5): 749-759.

[5] Agarwal G S, Wolf E. Calculus for functions of noncommuting operators and general phase-space methods in quantum mechanics. I. mapping theorems and ordering of functions of noncommuting operators[J]. Physical Review D, 1970, 2(10): 2161-2186.

[6] Hillery M, O'Connell R F, Scully M O, et al. Distribution functions in physics: Fundamentals[J]. Physics Reports, 1984, 106(3): 121-167.

[7] Vogel K, Risken H. Determination of quasiprobability distributions in terms of probability distributions for the rotated quadrature phase[J]. Physical Review A, 1989, 40(5): 2847-2849.

[8] Smithey D T, Beck M, Raymer M G, et al. Measurement of the Wigner distribution and the density matrix of a light mode using optical homodyne tomography: Application to squeezed states and the vacuum [J]. Physical Review Letters, 1993, 70(9): 1244-1247.

[9] Dodonov V V, de Souza L A. Decoherence of superpositions of displaced number states[J]. Journal of Optics B: Quantum and Semiclassical Optics, 2005, 7(12): S490-S499.

[10] Dodonov V V, de Souza L A. Decoherence of multicomponent symmetrical superpositions of displaced quantum states[J]. Journal of Physics A: Mathematical and Theoretical, 2007, 40(46): 13955-13974.

[11] Meng X G, Wang J S, Liang B L. Two-mode excited squeezed vacuum state and its properties[J]. Communications in Theoretical Physics, 2008, 49(5): 1299-1304.

[12] Meng X G, Wang J S, Liang B L. Husimi functions of excited squeezed vacuum states[J]. Communications in Theoretical Physics, 2009, 52(3): 487-492.

[13] Meng X G, Wang J S, Liang B L. A new finite-dimensional thermal coherent state and its Wigner distribution function[J]. Chinese Physics B, 2011, 20(1): 014204.

[14] Liu J M, Meng X G. Finite-dimensional pair coherent state engendered via the nonlinear Bose operator realization and its Wigner phase-space distributions[J]. Chinese Physics B, 2019, 28(12): 124206.

[15] Meng X G, Wang Z, Wang J S, et al. Wigner function, optical tomography of two-variable Hermite polynomial state, and its decoherence effects studied by the entangled-state representations[J]. Journal of the Optical Society of America B, 2013, 30(6): 1614-1622.

[16] Meng X G, Wang J S, Liang B L, et al. Evolution of a two-mode squeezed vacuum for amplitude decay via continuous-variable entangled state approach[J]. Frontiers of Physics, 2018, 13(5): 130322.

[17] Fan H Y, Meng X G, Wang J S. New form of Legendre polynomials obtained by virtue of excited squeezed state and IWOP technique in quantum optics[J]. Communications in Theoretical Physics, 2006, 46(5): 845-848.

[18] Fan H Y, Guo Q. Entangled Husimi operator as a pure state density matrix of two-mode squeezed coherent state[J]. Physics Letters A, 2006, 358(3): 203-210.

[19] Xu X F, Fan H Y. On the thermo-invariant coherent state in thermo field dynamics[J]. Modern Physics Letters A, 2006, 21(11): 911-918.

[20] Xu X F, Zhu X Q. Wigner function of thermo-ionvariant coherent state[J]. Chinese Physics Letters, 2008, 25(8): 2762-2765.

[21] Fan H Y, Fan Y. New representation of thermal states in thermal field dynamics[J]. Physics Letters A, 1998, 246(3-4): 242-246.

[22] Obada A S F, Khalil E M. Generation and some non-classical properties of a finite dimensional pair coherent state[J]. Optics Communications, 2006, 260(1): 19-24.

[23] Bennett C H, Bernstein H J, Popescu S, et al. Concentrating partial entanglement by local operations[J]. Physical Review A, 1996, 53(4): 2046-2052.

[24] Fan H Y, Ye X. Hermite polynomial states in two-mode Fock space[J]. Physics Letters A, 1993, 175(6): 387-390.

[25] Fan H Y, Lu H L, Fan Y. Newton-Leibniz integration for ket-bra operators in quantum mechanics and derivation of entangled state representations[J]. Annals of Physics, 2006, 321(2): 480-494.

[26] Mehta C L. Diagonal coherent-state representation of quantum operators[J]. Physical Review Letters, 1967, 18(18): 752-754.

[27] Gardiner C W, Zoller P. Quantum Noise[M]. Berlin: Springer, 2000.

[28] Kenfack A, Zyczkowski K. Negativity of the Wigner function as an indicator of non-classicality[J]. Journal of Optics B: Quantum and Semiclassical Optics, 2004, 6(10): 396-404.

[29] Magnus W, Oberhettinger F, Soni R P. Formulas and Theorems for the Special Functions of Mathematical Physics[M]. Berlin: Springer, 1966.

第 7 章 新型纠缠态的构造及其应用

历史上, 关于纠缠的思想, 首先在爱因斯坦、波多尔斯基和罗森的论文中出现 [1]. 目前, 作为量子信息处理中的重要资源, 量子纠缠被广泛应用于量子密钥分发、量子编码、量子隐形传态等量子信息过程. 正如狄拉克所说 [2]: "当在量子力学中解决具体问题时, 可以采用相应的表象使问题所涉及的较重要的抽象量的表示尽可能简单, 则可以减少其工作量."因此, 为了方便解决不同的动力学问题, 各种不同的量子力学表象被陆续引入 [3]. 例如, 在双模福克空间中引入两粒子相对坐标 $Q_1 - Q_2$ 和总动量 $P_1 + P_2$ 的共同本征态, 即两粒子纠缠态 $|\eta\rangle$(其具体表达式见式 (1-68)), 它的提出有助于研究光学分数傅里叶变换、分数汉克尔变换和光学维格纳变换. 此外, 热场纠缠态、相干纠缠态和构建广义相空间表象的纠缠态等也被陆续引入, 并详细讨论它们在量子光学和量子信息中的具体应用 [4-6]. 这些研究工作在一定程度上丰富和发展了连续变量纠缠态表象理论.

本章引入几种相互对易的线性组合算符对, 并采用有序算符内积分法, 构建几种新的连续变量两体纠缠态, 包括作为 $AQ_1 + BP_2$ 和 $CQ_2 + DP_1$ 共同本征态的参量化纠缠态、参量化相干纠缠态和双复变量纠缠态, 并讨论它们的性质、理论制备方案以及在构造新的量子态、压缩算符和量子力学变换 (如压缩变换、拉东变换及其逆变换) 等方面的应用 [7-9].

7.1 作为 $AQ_1 + BP_2$ 和 $CQ_2 + DP_1$ 共同本征态的参量化纠缠态

7.1.1 参量化纠缠态 $|\eta_1, \eta_2\rangle$ 的具体表达式

在量子光学中, 算符 $\mu Q + \nu P(\mu$ 和 ν 是任意实数) 表示坐标算符 Q 和动量算符 P 的所有可能线性组合. 对于一个双模关联系统, 可引入两个厄米算符 $AQ_1 + BP_2$ 和 $CQ_2 + DP_1$ 作为正交分量, 其中 A, B, C 和 D 是任意的实数. 显然, 当 $AD - BC = 0$ 时, 算符 $AQ_1 + BP_2$ 和 $CQ_2 + DP_1$ 是对易的, 即

$$[AQ_1 + BP_2, \quad CQ_2 + DP_1] = 0. \tag{7-1}$$

由此可知, 厄米算符 $AQ_1 + BP_2$ 和 $CQ_2 + DP_1$ 在双模福克空间中存在共同本征态, 记为 $|\eta_1, \eta_2\rangle$. 由于共同本征态 $|\eta_1, \eta_2\rangle$ 的形式完全依赖于线性参数 A, B, C 和 D, 故称其为参量化纠缠态.

为了得到双模福克空间中态 $|\eta_1, \eta_2\rangle$ 的具体表达式, 将充分利用 $AQ_1 + BP_2$ 与 $CQ_2 + DP_1$ 的外尔对应规则和双模维格纳算符的拉东变换 [10]. 其中, 双模维格纳算符的纠缠态 $|\eta\rangle$ 表示为

$$\Delta(\sigma, \gamma) = \int \frac{\mathrm{d}^2 \eta}{\pi^3} |\sigma - \eta\rangle \langle \sigma + \eta| \mathrm{e}^{\eta \gamma^* - \eta^* \gamma}, \tag{7-2}$$

式中, $\gamma = \alpha - \beta^*$, $\sigma = \alpha + \beta^*$, $\alpha = (q_1 + \mathrm{i} p_1)/\sqrt{2}$ 和 $\beta = (q_2 + \mathrm{i} p_2)/\sqrt{2}$. 而根据外尔对应规则, 算符 $AQ_1 + BP_2$ 和 $CQ_2 + DP_1$ 的外尔对应函数分别为 $Aq_1 + Bp_2$ 和 $Cq_2 + Dp_1$. 这样, 维格纳算符 $\Delta(\sigma, \gamma)$ 的拉东变换可表示为

$$|\eta_1, \eta_2\rangle \langle \eta_1, \eta_2| = \iiiint_{-\infty}^{\infty} \mathrm{d}p_1' \mathrm{d}q_1' \mathrm{d}p_2' \mathrm{d}q_2' \delta\left[\eta_1 - (Cq_2' + Dp_1')\right]$$
$$\times \delta\left[\eta_2 - (Aq_1' + Bp_2')\right] \Delta(\sigma, \gamma). \tag{7-3}$$

进一步, 利用有序算符内积分法对维格纳算符 $\Delta(\sigma, \gamma)$ 进行积分, 可得其正规乘积表示

$$\Delta(\sigma, \gamma) = \frac{1}{\pi^2} : \prod_{i=1}^{2} \mathrm{e}^{-(q_i - Q_i)^2 - (p_i - P_i)^2} : . \tag{7-4}$$

这样, 可将式 (7-3) 改写为

$$|\eta_1, \eta_2\rangle \langle \eta_1, \eta_2| = \iiiint_{-\infty}^{\infty} \frac{\mathrm{d}p_1' \mathrm{d}q_1' \mathrm{d}p_2' \mathrm{d}q_2'}{\pi^2} \delta\left[\eta_1 - (Cq_2' + Dp_1')\right]$$
$$\times \delta\left[\eta_2 - (Aq_1' + Bp_2')\right] : \prod_{i=1}^{2} \mathrm{e}^{-\left(q_i' - Q_i'\right)^2 - \left(p_I' - P_i'\right)^2} : . \tag{7-5}$$

进一步, 利用 δ 函数的筛选性先将积分符号去掉, 再根据双模真空投影算符的正规乘积表示将式 (7-5) 的右边部分进行拆解, 使其变为 $h(a_i^\dagger) |00\rangle \langle 00| h(a_i)$ 的形式. 这样, 可得到态 $|\eta_1, \eta_2\rangle$ 在双模福克空间中的具体表示

$$|\eta_1, \eta_2\rangle = \left[\pi^2 \left(A^2 + B^2\right) \left(C^2 + D^2\right)\right]^{-1/4} \exp\left\{-\frac{\eta_1^2}{2\left(A^2 + B^2\right)}\right.$$
$$-\frac{\eta_2^2}{2\left(C^2 + D^2\right)} + \frac{\sqrt{2}}{AC + BD}\left[(C\eta_1 + \mathrm{i}B\eta_2)a_1^\dagger + (A\eta_2 + \mathrm{i}D\eta_1)a_2^\dagger\right]$$
$$\left.+\frac{BD - AC}{2(AC + BD)}\left(a_1^{\dagger 2} + a_2^{\dagger 2}\right) - \mathrm{i}\frac{AD + BC}{AC + BD}a_1^\dagger a_2^\dagger\right\} |00\rangle. \tag{7-6}$$

利用玻色对易关系

$$[\hat{a}_i, \hat{a}_j^\dagger] = \delta_{ij}, \quad [\hat{a}_i, f(\hat{a}_i, \hat{a}_i^\dagger)] = \frac{\partial}{\partial \hat{a}_i^\dagger} f(\hat{a}_i, \hat{a}_i^\dagger), \quad i, j = 1, 2 \tag{7-7}$$

可导出

$$a_1 |\eta_1, \eta_2\rangle = \frac{\sqrt{2}(C\eta_1 + iB\eta_2) + (BD - AC)\, a_1^\dagger - i\,(AD + BC)\, a_2^\dagger}{AC + BD} |\eta_1, \eta_2\rangle, \quad (7\text{-}8)$$

$$a_2 |\eta_1, \eta_2\rangle = \frac{\sqrt{2}(A\eta_2 + iD\eta_1) + (BD - AC)\, a_2^\dagger - i\,(AD + BC)\, a_1^\dagger}{AC + BD} |\eta_1, \eta_2\rangle. \quad (7\text{-}9)$$

结合式 (7-8) 和 (7-9), 可有

$$(A\hat{Q}_1 + B\hat{P}_2) |\eta_1, \eta_2\rangle = \eta_1 |\eta_1, \eta_2\rangle, \quad\quad\quad (7\text{-}10)$$

$$(C\hat{Q}_2 + D\hat{P}_1) |\eta_1, \eta_2\rangle = \eta_2 |\eta_1, \eta_2\rangle. \quad\quad\quad (7\text{-}11)$$

上式表明, 参量化纠缠态 $|\eta_1, \eta_2\rangle$ 为算符 $AQ_1 + BP_2$ 和 $CQ_2 + DP_1$ 的共同本征态. 进一步, 利用式 (7-6) 可证明态 $|\eta_1, \eta_2\rangle$ 具有如下完备性

$$\iint_{-\infty}^{\infty} \mathrm{d}\eta_1 \mathrm{d}\eta_2 |\eta_1, \eta_2\rangle \langle \eta_1, \eta_2| = 1 \quad\quad\quad (7\text{-}12)$$

和正交性

$$\langle \eta_1', \eta_2' | \eta_1, \eta_2\rangle = \delta\left(\eta_1' - \eta_1\right) \delta\left(\eta_2' - \eta_2\right). \quad\quad\quad (7\text{-}13)$$

7.1.2　由态 $|\eta_1, \eta_2\rangle$ 导出压缩变换

利用参量化纠缠态 $|\eta_1, \eta_2\rangle$, 可推导出新的压缩算符和压缩态. 为此, 构造如下不对称 ket-bra 积分型算符:

$$S = \frac{1}{\sqrt{k}} \iint_{-\infty}^{\infty} \mathrm{d}\eta_1 \mathrm{d}\eta_2 |\eta_1, \eta_2/k\rangle \langle \eta_1, \eta_2|, \quad\quad\quad (7\text{-}14)$$

其中, $k = e^r$ 是压缩参数. 把式 (7-6) 代入式 (7-14), 并利用有序算符内积分法对其进行积分, 可得到

$$S = \mathrm{sech}^{1/2}\, r : \exp\left\{ \frac{\sigma}{2} \tanh r [(Aa_2 - iBa_1)^2 - (Aa_2^\dagger + iBa_1^\dagger)^2] \right.$$
$$\left. + \sigma(\mathrm{sech}\, r - 1)(Aa_2^\dagger + iBa_1^\dagger)(Aa_2 - iBa_1) \right\} :, \quad\quad\quad (7\text{-}15)$$

式中

$$\sigma = \frac{C^2 + D^2}{(AC + BD)^2}, \quad \mathrm{sech}\, r = \frac{2k}{1 + k^2}, \quad \tanh r = \frac{k^2 - 1}{k^2 + 1}. \quad\quad\quad (7\text{-}16)$$

利用算符恒等式

$$\exp(fa^\dagger a) =: \exp\left[(e^f - 1)a^\dagger a\right] :, \quad\quad\quad (7\text{-}17)$$

式 (7-15) 可改写为

$$
\begin{aligned}
S = {} & \exp\left[-\frac{\sigma}{2}(Aa_2^\dagger + \mathrm{i}Ba_1^\dagger)^2 \tanh r\right] \\
& \times \exp\left[\sigma(Aa_2^\dagger + \mathrm{i}Ba_1^\dagger)(Aa_2 - \mathrm{i}Ba_1)\ln\operatorname{sech} r\right]\exp\left[\frac{\sigma}{2}(Aa_2 - \mathrm{i}Ba_1)^2 \tanh r\right].
\end{aligned}
$$
$$(7\text{-}18)$$

可见, 算符 S 完全不同于通常的压缩算符 $S_2(r) = \exp[r(a_1 a_2 - a_1^\dagger a_2^\dagger)]$. 由式 (7-14) 可知, 算符 S 很自然地将态 $|\eta_1, \eta_2\rangle$ 压缩为 $|\eta_1, \eta_2/k\rangle$, 即

$$
S|\eta_1, \eta_2\rangle = \frac{1}{\sqrt{k}}|\eta_1, \eta_2/k\rangle. \tag{7-19}
$$

显然, 把压缩算符 S 作用到真空态 $|00\rangle$ 上, 可得到

$$
S|00\rangle = \operatorname{sech}^{1/2} r\,\exp\left[\frac{\sigma}{2}(\mathrm{i}Ba_1^\dagger + Aa_2^\dagger)^2 \tanh r\right]|00\rangle, \tag{7-20}
$$

表明态 $S|00\rangle$ 是一个新的双模压缩态. 若将单模压缩态和真空态分别输入非对称分束器的两输入端, 其输出态为压缩态 $S|00\rangle$[11]. 利用式 (7-18) 以及 Baker-Hausdorff 公式 (1-24), 可导出压缩算符 S 所引起的新压缩变换

$$
\begin{aligned}
Sa_1 S^{-1} &= a_1 + \frac{\mathrm{i}B(\cosh r - 1)}{A^2 + B^2}(Aa_2 - \mathrm{i}Ba_1) + \mathrm{i}B\sigma(\mathrm{i}Ba_1^\dagger + Aa_2^\dagger)\sinh r, \\
Sa_2 S^{-1} &= a_2 + \frac{A(\cosh r - 1)}{A^2 + B^2}(Aa_2 - \mathrm{i}Ba_1) + A\sigma(\mathrm{i}Ba_1^\dagger + Aa_2^\dagger)\sinh r. \quad (7\text{-}21)
\end{aligned}
$$

进而, 由以上两式可得到

$$
\begin{aligned}
S(AQ_1 + BP_2)S^{-1} &= (AQ_1 + BP_2) + \frac{2\,(\mathrm{e}^r - 1)\,AB}{A^2 + B^2}(BQ_1 + AP_2), \\
S(CQ_2 + DP_1)S^{-1} &= (CQ_2 + DP_1) + (\mathrm{e}^r - 1) \\
&\quad \times \frac{(AC + BD)}{A^2 + B^2}(AQ_2 + BP_1). \quad (7\text{-}22)
\end{aligned}
$$

7.1.3 由态 $|\eta_1, \eta_2\rangle$ 导出拉东变换及其逆变换

根据量子光学层析图理论知, 维格纳算符的拉东变换及其逆变换有助于重构量子态的维格纳函数[12,13]. 经证明发现, 投影算符 $|\eta, \eta_2\rangle\langle\eta_1, \eta_2|$ 正好是纠缠态表象下维格纳算符 $\Delta(\sigma, \gamma)$ 的拉东变换[14]. 因此, 对任何双模关联态 $|\varPhi\rangle$ 的维格纳函数 $W(\sigma, \gamma)$, 可通过可测量的概率分布 $|\langle\phi|\eta_1, \eta_2\rangle|^2$ 的逆拉东变换来重构.

根据外尔编序规则, 算符 $|\eta_1, \eta_2\rangle\langle\eta_1, \eta_2|$ 与其经典对应函数 $h(\sigma, \gamma; \eta_1, \eta_2)$ 满足

$$
|\eta_1, \eta_2\rangle\langle\eta_1, \eta_2| = \iint \mathrm{d}^2\sigma\mathrm{d}^2\gamma\, h(\sigma, \gamma; \eta_1, \eta_2)\Delta(\sigma, \gamma), \tag{7-23}
$$

即投影算符 $|\eta_1, \eta_2\rangle \langle \eta_1, \eta_2|$ 与其对应的经典函数 $h(\sigma, \gamma; \eta_1, \eta_2)$ 通过一个以纠缠态表象下维格纳算符 $\Delta(\sigma, \gamma)$ 为积分核的双重积分相联系. 而对于投影算符 $|\eta_1, \eta_2\rangle \cdot \langle \eta_1, \eta_2|$, 它的经典对应函数 $h(\sigma, \gamma; \eta_1, \eta_2)$ 为

$$h(\sigma, \gamma; \eta_1, \eta_2) = 4\pi^2 \mathrm{tr}\left[\Delta(\sigma, \gamma) |\eta, \eta_2\rangle \langle \eta_1, \eta_2|\right]$$

$$= 4 \int \frac{\mathrm{d}^2 \eta}{\pi} \langle \eta_1, \eta_2| \sigma - \eta\rangle \langle \sigma + \eta| \eta_1, \eta_2\rangle \mathrm{e}^{\eta\gamma^* - \eta^*\gamma}. \quad (7\text{-}24)$$

把相干态的完备性关系式插入内积 $\langle \eta | \eta_1, \eta_2\rangle$, 并利用式 (7-2) 和 (7-6), 得到

$$\langle \eta | \eta_1, \eta_2\rangle = [\pi^2 X^2 (A^2 + B^2)(C^2 + D^2)]^{-1/4} \exp\left\{-\frac{1}{X} |\eta|^2 \right.$$
$$- \frac{T + \mathrm{i}MT + 2SN}{X}\eta + \frac{S + \mathrm{i}SM + 2NT}{X}\eta^* + \frac{N}{X}\left(\eta^2 + \eta^{*2}\right)$$
$$\left. - \frac{\eta_1^2}{2(A^2 + B^2)} - \frac{\eta_2^2}{2(C^2 + D^2)} + \frac{ST(1 + \mathrm{i}M) + N(S^2 + T^2)}{X}\right\},$$
$$(7\text{-}25)$$

式中, 参数 X, M, N, S 和 T 分别为

$$X = \frac{\mathrm{i}4AD}{AC + BD}, \quad M = \frac{AD + BC}{AC + BD},$$
$$N = \frac{BD - AC}{2(AC + BD)}, \quad S = \frac{\sqrt{2}(C\eta_1 + \mathrm{i}B\eta_2)}{AC + BD},$$
$$T = \frac{\sqrt{2}(A\eta_2 + \mathrm{i}D\eta_1)}{AC + BD}. \quad (7\text{-}26)$$

因此, 利用式 (7-24) 和 (7-25), 可有

$$h(\sigma, \gamma; \eta_1, \eta_2) = 4AD\delta(2BD\sigma_2 - \sqrt{2}D\eta_1 - \sqrt{2}B\eta_2 + 2AD\gamma_1)$$
$$\times \delta(-2AC\sigma_1 + \sqrt{2}C\eta_1 - \sqrt{2}A\eta_2 + 2AD\gamma_2). \quad (7\text{-}27)$$

把式 (7-27) 代入式 (7-23), 得到

$$|\eta_1, \eta_2\rangle \langle \eta_1, \eta_2| = 4AD \iint \mathrm{d}^2\gamma \mathrm{d}^2\sigma \delta(2BD\sigma_2 - \sqrt{2}D\eta_1 - \sqrt{2}B\eta_2 + 2AD\gamma_1)$$
$$\times \delta(-2AC\sigma_1 + \sqrt{2}C\eta_1 - \sqrt{2}A\eta_2 + 2AD\gamma_2)\Delta(\sigma, \gamma). \quad (7\text{-}28)$$

上式表明, 维格纳算符 $\Delta(\sigma, \gamma)$ 的拉东变换恰好是投影算符 $|\eta_1, \eta_2\rangle \langle \eta_1, \eta_2|$. 对于任何双模关联态 $|\Phi\rangle$(或 $\rho = |\Phi\rangle \langle \Phi|$), 则有

$$|\langle \Phi | \eta_1, \eta_2\rangle|^2 = 4AD \iint \mathrm{d}^2\gamma \mathrm{d}^2\sigma \delta(2BD\sigma_2 - \sqrt{2}D\eta_1 - \sqrt{2}B\eta_2 + 2AD\gamma_1)$$

$$\times \delta(-2AC\sigma_1 + \sqrt{2}C\eta_1 - \sqrt{2}A\eta_2 + 2AD\gamma_2)W(\sigma, \gamma), \quad (7\text{-}29)$$

通过式 (7-29) 与拉东变换的标准定义作比较可知, $W(\sigma, \gamma)$ 的拉东变换恰恰是双模关联态 $|\Phi\rangle$ 的波函数在纠缠态 $|\eta_1, \eta_2\rangle$ 中的模方形式.

下面推导出维格纳算符 $\Delta(\sigma, \gamma)$ 的逆拉东变换. 由式 (7-28) 可知, 投影算符 $|\eta_1, \eta_2\rangle\langle\eta_1, \eta_2|$ 的傅里叶变换

$$\iint_{-\infty}^{\infty} \mathrm{d}\eta_1' \mathrm{d}\eta_2' |\eta_1', \eta_2'\rangle \langle\eta_1', \eta_2'| \exp\left(-\mathrm{i}\zeta_1\eta_1' - \mathrm{i}\zeta_2\eta_2'\right)$$

$$= \pi \iint \mathrm{d}^2\gamma \mathrm{d}^2\sigma \Delta(\sigma, \gamma) \exp\left\{-\mathrm{i}\zeta_1\left[\frac{A(\sigma_1 + \gamma_1)}{\sqrt{2}} + \frac{B(\sigma_2 - \gamma_2)}{\sqrt{2}}\right]\right.$$

$$\left. -\mathrm{i}\zeta_2\left[\frac{D(\sigma_2 + \gamma_2)}{\sqrt{2}} + \frac{C(\gamma_1 - \sigma_1)}{\sqrt{2}}\right]\right\}. \quad (7\text{-}30)$$

式 (7-30) 的右边可以看作是维格纳算符 $\Delta(\sigma, \gamma)$ 的一个特殊傅里叶变换. 通过给出它的逆傅里叶变换, 可得到式 (7-28) 的逆拉东变换, 即

$$\Delta(\sigma, \gamma) = \frac{1}{(2\pi)^4} \iint_{-\infty}^{\infty} \frac{\mathrm{d}\eta_1' \mathrm{d}\eta_2'}{\pi} \int_{-\infty}^{\infty} \mathrm{d}\zeta_1' |\zeta_1'|$$

$$\times \int_{-\infty}^{\infty} \mathrm{d}\zeta_2' |\zeta_2'| \int_0^\pi \mathrm{d}\theta_1 \int_0^\pi \mathrm{d}\theta_2 |\eta_1', \eta_2'\rangle\langle\eta_1', \eta_2'|$$

$$\times \exp\left\{-\mathrm{i}\zeta_1'\left[\frac{\eta_1'}{\sqrt{A^2 + B^2}} - \frac{\gamma_1 + \sigma_1}{\sqrt{2}}\cos\theta_1 - \frac{\sigma_2 - \gamma_2}{\sqrt{2}}\sin\theta_1\right]\right.$$

$$\left. -\mathrm{i}\zeta_2'\left[\frac{\eta_2'}{\sqrt{C^2 + D^2}} - \frac{\sigma_2 + \gamma_2}{\sqrt{2}}\cos\theta_2 - \frac{\gamma_1 - \sigma_1}{\sqrt{2}}\sin\theta_2\right]\right\}, \quad (7\text{-}31)$$

其中

$$\zeta_1' = \zeta_1\sqrt{A^2 + B^2}, \quad \zeta_2' = \zeta_2\sqrt{C^2 + D^2},$$

$$\cos\theta_1 = \frac{A}{\sqrt{A^2 + B^2}}, \quad \sin\theta_1 = \frac{B}{\sqrt{A^2 + B^2}},$$

$$\cos\theta_2 = \frac{D}{\sqrt{C^2 + D^2}}, \quad \sin\theta_2 = \frac{C}{\sqrt{C^2 + D^2}}. \quad (7\text{-}32)$$

由式 (7-31), 易得

$$W(\sigma, \gamma) = \frac{1}{(2\pi)^4} \iint_{-\infty}^{\infty} \frac{\mathrm{d}\eta_1' \mathrm{d}\eta_2'}{\pi} \int_{-\infty}^{\infty} \mathrm{d}\zeta_1' |\zeta_1'|$$

$$\times \int_{-\infty}^{\infty} \mathrm{d}\zeta_2' |\zeta_2'| \int_0^\pi \mathrm{d}\theta_1 \int_0^\pi \mathrm{d}\theta_2 |\langle\Phi|\eta_1', \eta_2'\rangle|^2$$

$$\times \exp \left\{ -\mathrm{i}\zeta_1' \left[\frac{\eta_1'}{\sqrt{A^2 + B^2}} - \frac{\gamma_1 + \sigma_1}{\sqrt{2}} \cos\theta_1 - \frac{\sigma_2 - \gamma_2}{\sqrt{2}} \sin\theta_1 \right] \right.$$

$$\left. -\mathrm{i}\zeta_2' \left[\frac{\eta_2'}{\sqrt{C^2 + D^2}} - \frac{\sigma_2 + \gamma_2}{\sqrt{2}} \cos\theta_2 - \frac{\gamma_1 - \sigma_1}{\sqrt{2}} \sin\theta_2 \right] \right\}. \tag{7-33}$$

上式表明, 一旦给定 $|\langle \Phi | \eta_1, \eta_2 \rangle|^2$ 中的参数 A, B, C 和 D, 就可通过可测量的概率分布 $|\langle \Phi | \eta_1, \eta_2 \rangle|^2$ 的逆拉东变换来重构态 $|\Phi\rangle$ 的维格纳函数 $W(\sigma, \gamma)$.

7.2　参量化相干纠缠态

注意到线性组合算符 $\mu P_a - \nu P_b$ 和 $\nu a + \mu b$ 满足对易关系 $[\mu P_a - \nu P_b, \nu a + \mu b] = 0$, 可构造如下正规乘积内积分结果为 1 的高斯型算符

$$\int_{-\infty}^{\infty} \frac{\mathrm{d}p}{\sqrt{\pi}} \int \frac{\mathrm{d}^2\alpha}{2\pi} : \exp \left\{ - \left(p - \frac{\mu P_a - \nu P_b}{\lambda} \right)^2 \right.$$

$$\left. -\frac{1}{2} \left[\alpha^* - \frac{\sqrt{2}}{\lambda}(\nu a^\dagger + \mu b^\dagger) \right] \left[\alpha - \frac{\sqrt{2}}{\lambda}(\nu a + \mu b) \right] \right\} :$$

$$= \int_{-\infty}^{\infty} \frac{\mathrm{d}p}{\sqrt{\pi}} \int \frac{\mathrm{d}^2\alpha}{2\pi} |\alpha, p\rangle_{\mu,\nu\,\mu,\nu} \langle \alpha, p| = 1, \tag{7-34}$$

式中, α 为复参数, μ 和 ν 为相互独立的实参数, 并取 $\lambda = \sqrt{\mu^2 + \nu^2}$. 这样, 可得到新的量子态 $|\alpha, p\rangle_{\mu,\nu}$

$$|\alpha, p\rangle_{\mu,\nu} = \exp \left[-\frac{|\alpha|^2}{4} - \frac{p^2}{2} + \frac{1}{\sqrt{2}\lambda}(\nu\alpha + \mathrm{i}2\mu p)a^\dagger \right.$$

$$\left. + \frac{1}{\sqrt{2}\lambda}(\mu\alpha - \mathrm{i}2\nu p)b^\dagger + \frac{1}{2\lambda^2}(\mu a^\dagger - \nu b^\dagger)^2 \right] |00\rangle. \tag{7-35}$$

特殊地, 当 $\mu = -\nu$ 时, 态 $|\alpha, p\rangle_{\mu,\nu}$ 简化为

$$|\alpha, p\rangle = \exp \left[-\frac{|\alpha|^2}{4} - \frac{p^2}{2} - \frac{1}{2}(\alpha - \mathrm{i}2p)a^\dagger \right.$$

$$\left. + \frac{1}{2}(\alpha + \mathrm{i}2p)b^\dagger + \frac{1}{4}(a^\dagger + b^\dagger)^2 \right] |00\rangle. \tag{7-36}$$

经过简单计算, 发现态 $|\alpha, p\rangle_{\mu,\nu}$ 满足如下本征方程

$$(\mu P_a - \nu P_b)|\alpha, p\rangle_{\mu,\nu} = \lambda p |\alpha, p\rangle_{\mu,\nu},$$

$$(\nu a + \mu b)|\alpha, p\rangle_{\mu,\nu} = \frac{\lambda\alpha}{\sqrt{2}} |\alpha, p\rangle_{\mu,\nu}. \tag{7-37}$$

上式表明, 态 $|\alpha, p\rangle_{\mu,\nu}$ 拥有相干态和纠缠态的部分特征. 而且, 也能证明态 $|\alpha, p\rangle_{\mu,\nu}$ 具有如下相互正交性质

$$_{\mu,\nu}\langle \alpha', p' | \alpha, p\rangle_{\mu,\nu} = \sqrt{\pi} \exp\left(-\frac{|\alpha|^2}{4} - \frac{|\alpha'|^2}{4} + \frac{\alpha \alpha'^*}{2}\right) \delta(p - p'). \tag{7-38}$$

上式表明, 关于参数 α 的指数项 $\mathrm{e}^{-\left(|\alpha|^2 + |\alpha'|^2 - 2\alpha\alpha'^*\right)/4}$ 类似于通常相干态的正交特征, 而关于参数 p 的狄拉克函数项 $\delta(p - p')$ 类似于纠缠态的正交特征, 故称之为相干纠缠态. 根据式 (7-34) 和 (7-35) 也能发现, 态 $|\alpha, p\rangle_{\mu,\nu}$ 的完备集合能构成一个具有部分正交特性的量子力学表象.

考虑到态 $|\alpha, p\rangle_{\mu,\nu}$ 与任意参数 μ 和 ν 完全相关, 因此引入非对称的光学分束器作为实验装置去制备它 [15]. 把理想的零动量本征态 $|p = 0\rangle_a \equiv \exp\left(a^{\dagger 2}/2\right)|0\rangle_a$ 和真空态 $|0\rangle_b$ 分别输入非对称分束器的两个输入端进行叠加, 其中非对称分束器的作用用带有自由相位 θ 的算符 $B(\theta) = \exp[\theta(a^{\dagger}b - ab^{\dagger})/2]$ 来表征, 当取 $\theta = 2\arccos(\mu/\lambda)$ 时, 分束器的输出态为

$$B(\theta)|p = 0\rangle_a \otimes |0\rangle_b = \exp\left[\frac{1}{2\lambda^2}(\mu a^{\dagger} - \nu b^{\dagger})^2\right]|00\rangle. \tag{7-39}$$

进一步, 当把两束由平移算符 $D_a(\epsilon_a)$ 和 $D_b(\epsilon_b)$ 表征的本振激光束作用到输出态 (7-39) 时, 其最终输出态即为理想的参量化相干纠缠态

$$D_a(\epsilon_a)D_b(\epsilon_b)\exp\left[\frac{1}{2\lambda^2}(\mu a^{\dagger} - \nu b^{\dagger})^2\right]|00\rangle = |\alpha, p\rangle_{\mu,\nu}, \tag{7-40}$$

式中

$$\epsilon_a = \frac{\nu\alpha + \mathrm{i}\mu p}{\sqrt{2}\lambda}, \qquad \epsilon_b = \frac{\mu\alpha - \mathrm{i}\nu p}{\sqrt{2}\lambda}. \tag{7-41}$$

特殊地, 当 $\mu = -\nu$ 时, 态 $|\alpha, p\rangle_{\mu,\nu}$ 退化成 $|\alpha, p\rangle$. 根据以上产生方案, 并利用由算符 $B(\pi/2)$ 表征的对称光学分束器可制备相干纠缠态 $|\alpha, p\rangle$.

7.2.1 由态 $|\alpha, p\rangle_{\mu,\nu}$ 的叠加导出新的纠缠态

考虑到 "类经典" 相干态的线性叠加可产生具有显著量子效应 (如二阶压缩、高阶压缩和亚泊松统计分布等) 的奇偶相干 [16,17]. 受此启发, 这里讨论纠缠态 $|\alpha, p\rangle_{\mu,\nu}$ 的可能叠加态. 利用式 (7-35), 并对态 $|\alpha, p\rangle_{\mu,\nu}$ 执行 $\mathrm{d}\alpha_2$ 积分, 可有

$$\frac{1}{2\sqrt{\pi}}\int_{-\infty}^{\infty} \mathrm{d}\alpha_2 |\alpha = \alpha_1 + \mathrm{i}\alpha_2, p\rangle_{\mu,\nu}$$

$$= \exp\left\{-\frac{\alpha_1^2}{4} - \frac{p^2}{2} + \frac{1}{\sqrt{2}\lambda}\left[(\nu\alpha_1 + \mathrm{i}2\mu p)a^{\dagger} + (\mu\alpha_1 - \mathrm{i}2\nu p)b^{\dagger}\right]\right.$$

$$+ \frac{1}{2\lambda^2} \left[(\mu^2 - \nu^2)(a^{\dagger 2} - b^{\dagger 2}) - 4\mu\nu a^{\dagger} b^{\dagger} \right] \Big\} |00\rangle$$

$$= |\alpha_1, p\rangle_{\mu,\nu}. \tag{7-42}$$

实际上, 它是对易算符 $\nu Q_a + \mu Q_b$ 和 $\mu P_a - \nu P_b$ 的共同本征态, 即

$$(\nu Q_a + \mu Q_b) |\alpha_1, p\rangle_{\mu,\nu} = \frac{\lambda \alpha_1}{2} |\alpha_1, p\rangle_{\mu,\nu},$$

$$(\mu P_a - \nu P_b) |\alpha_1, p\rangle_{\mu,\nu} = \lambda p |\alpha_1, p\rangle_{\mu,\nu}. \tag{7-43}$$

可见, 态 $|\alpha = \alpha_1 + \mathrm{i}\alpha_2, p\rangle_{\mu,\nu}$ 沿 α_2 轴叠加可推导出已有的参量化纠缠态 [18], 即

$$|\xi\rangle = \exp \left\{ - \frac{|\xi|^2}{2} + \frac{1}{\sqrt{2}\lambda} [(\nu + \mu)\xi + (\nu - \mu)\xi^*] a^{\dagger} \right.$$

$$+ \frac{1}{\sqrt{2}\lambda} [(\nu + \mu)\xi^* - (\nu - \mu)\xi] b^{\dagger}$$

$$\left. + \frac{1}{2\lambda^2} \left[(\mu^2 - \nu^2)(a^{\dagger 2} - b^{\dagger 2}) - 4\mu\nu a^{\dagger} b^{\dagger} \right] \right\} |00\rangle, \qquad . \tag{7-44}$$

式中, $\xi = \xi_1 + \mathrm{i}\xi_2$. 通过比较式 (7-42) 和式 (7-44), 可得到态 $\int_{-\infty}^{\infty} \mathrm{d}\alpha_2 \, |\alpha = \alpha_1 + \mathrm{i}\alpha_2, p\rangle_{\mu,\nu}$ 和态 $|\xi\rangle$ 之间满足关系

$$\int_{-\infty}^{\infty} \mathrm{d}\alpha_2 \, |\alpha = \alpha_1 + \mathrm{i}\alpha_2, p\rangle_{\mu,\nu} = 2\sqrt{\pi} \exp\left(- \frac{\alpha_1^2}{8} \right) \left| \xi = \frac{1}{2}\alpha_1 + \mathrm{i}p \right\rangle. \tag{7-45}$$

另外, 通过对纠缠态 $|\alpha, p\rangle_{\mu,\nu}$ 作傅里叶变换

$$|\beta, q\rangle_{\mu,\nu} = \int_{-\infty}^{\infty} \frac{\mathrm{d}p}{\sqrt{2\pi}} \mathrm{e}^{\mathrm{i}qp} \int \frac{\mathrm{d}^2 \alpha}{4\pi} |\alpha, p\rangle_{\mu,\nu} \exp[(\alpha^* \beta - \alpha \beta^*)/4]$$

$$= \exp\left[- \frac{q^2}{2} - \frac{|\beta|^2}{4} + \frac{1}{\sqrt{2}\lambda}(\beta\nu - 2\mu q)a^{\dagger} \right.$$

$$\left. + \frac{1}{\sqrt{2}\lambda}(\beta\mu + 2\nu q)b^{\dagger} - \frac{1}{2\lambda^2}(\mu a^{\dagger} - \nu b^{\dagger})^2 \right] |00\rangle, \tag{7-46}$$

可发现态 $|\beta, q\rangle_{\mu,\nu}$ 为组合算符 $\nu Q_b - \mu Q_a$ 和 $\nu a + \mu b$ 的共同本征态, 即

$$(\nu Q_a - \mu Q_b) |\beta, q\rangle_{\mu,\nu} = \lambda q |\beta, q\rangle_{\mu,\nu},$$

$$(\nu a + \mu b) |\beta, q\rangle_{\mu,\nu} = \frac{\lambda \beta}{\sqrt{2}} |\beta, q\rangle_{\mu,\nu}, \tag{7-47}$$

这恰好为文献 [19] 引进的另一个相干纠缠态. 利用有序算符内积分法, 也可证明态 $|\beta, q\rangle_{\mu,\nu}$ 具有完备性

$$\int \frac{\mathrm{d}^2\beta}{2\pi} \int_{-\infty}^{\infty} \frac{\mathrm{d}q}{\sqrt{\pi}} |\beta, q\rangle_{\mu,\nu\mu,\nu} \langle \beta, q| = 1, \tag{7-48}$$

说明纠缠态 $|\alpha, p\rangle_{\mu,\nu}$ 的共轭纠缠态 $|\beta, q\rangle_{\mu,\nu}$ 的完备集合也能构成一个量子力学表象.

7.2.2 由态 $|\alpha, p\rangle_{\mu,\nu}$ 导出单–双模组合压缩算符

由式 (1-84) 可见, 通过在纠缠态 $|\eta\rangle$ 表象中作经典酉变换 $\eta \to \eta/k$, 可导出双模压缩算符 $S_2(k)$. 因此, 在相干纠缠态 $|\alpha, p\rangle_{\mu,\nu}$ 中作酉变换 $p \to p/k$, 构造如下非对称 ket-bra 算符积分

$$S_{\mu,\nu}(k) = \int_{-\infty}^{\infty} \frac{\mathrm{d}p}{\sqrt{k\pi}} \int \frac{\mathrm{d}^2\alpha}{2\pi} |\alpha, p/k\rangle_{\mu,\nu\mu,\nu} \langle \alpha, p|, \tag{7-49}$$

再利用算符恒等式 (1-21)[18,19], 可直接得到

$$S_{\mu,\nu}(k) = \mathrm{sech}^{1/2} \gamma \exp\left(\frac{\tanh\gamma}{2} R^{\dagger 2}\right)$$
$$\times \exp\left(R^{\dagger} R \ln \mathrm{sech}\,\gamma\right) \exp\left(-\frac{\tanh\gamma}{2} R^2\right), \tag{7-50}$$

式中, $R^{\dagger} = (\mu a^{\dagger} - \nu b^{\dagger})/\lambda$, 这样指数项 $\exp(\tanh\gamma R^{\dagger 2}/2)$ 中同时出现 $a^{\dagger 2}$ 和 $a^{\dagger}b^{\dagger}$, 故 $S_{\mu,\nu}(k)$ 被称为单–双模组合压缩算符. 利用式 (7-38) 和 (7-49), 可证明 $S_{\mu,\nu}(k)$ 为幺正算符, 即

$$S_{\mu,\nu}(k)S_{\mu,\nu}^{\dagger}(k) = \iint_{-\infty}^{\infty} \frac{\mathrm{d}p\mathrm{d}p'}{k\pi} \iint \frac{\mathrm{d}^2\alpha\mathrm{d}^2\alpha'}{4\pi^2} |\alpha, p/k\rangle_{\mu,\nu\ \mu,\nu} \langle \alpha, p| \alpha', p'\rangle_{\mu,\nu\mu,\nu} \langle \alpha', p'/k|$$
$$= \int_{-\infty}^{\infty} \frac{\mathrm{d}p}{k\sqrt{\pi}} \iint \frac{\mathrm{d}^2\alpha\mathrm{d}^2\alpha'}{4\pi^2} |\alpha, p/k\rangle_{\mu,\nu\mu,\nu} \langle \alpha', p'/k|$$
$$\times \exp\left(-\frac{|\alpha|^2}{4} - \frac{|\alpha'|^2}{4} + \frac{\alpha^*\alpha'}{2}\right)$$
$$= 1 = S_{\mu,\nu}^{\dagger}(k)S_{\mu,\nu}(k). \tag{7-51}$$

同时, 算符 $S_{\mu,\nu}(k)$ 能把态 $|\alpha, p\rangle_{\mu,\nu}$ 自然地压缩为

$$S_{\mu,\nu}(k) |\alpha, p\rangle_{\mu,\nu} = \int_{-\infty}^{\infty} \frac{\mathrm{d}p'}{\sqrt{k\pi}} \int \frac{\mathrm{d}^2\alpha'}{2\pi} |\alpha', p'/k\rangle_{\mu,\nu\mu,\nu} \langle \alpha', p'| \alpha, p\rangle_{\mu,\nu}$$

$$= \frac{1}{\sqrt{k}} \int \frac{\mathrm{d}^2 \alpha'}{2\pi} \, |\alpha', p'/k\rangle_{\mu,\nu} \exp\left(-\frac{|\alpha|^2}{4} - \frac{|\alpha'|^2}{4} + \frac{\alpha\alpha'^*}{2}\right)$$

$$= \frac{1}{\sqrt{k}} |\alpha, p/k\rangle_{\mu,\nu}. \tag{7-52}$$

根据算符 $S_{\mu,\nu}(k)$ 的幺正性以及 Baker-Hausdroff 算符公式, 得到

$$S_{\mu,\nu}(k) Q_a S_{\mu,\nu}^{-1}(k) = \frac{1}{\lambda^2}[(\mu^2 \mathrm{e}^{-\gamma} + \nu^2)Q_a - \mu\nu(\mathrm{e}^{-\gamma} - 1)Q_b], \tag{7-53}$$

$$S_{\mu,\nu}(k) Q_b S_{\mu,\nu}^{-1}(k) = \frac{1}{\lambda^2}[(\nu^2 \mathrm{e}^{-\gamma} + \mu^2)Q_b - \mu\nu(\mathrm{e}^{-\gamma} - 1)Q_a]. \tag{7-54}$$

这样, 在压缩变换下, 双模光场的两个正交分量分别为

$$S_{\mu,\nu}(k)(Q_a + Q_b) S_{\mu,\nu}^{-1}(k) = \frac{1}{\lambda^2}[(\mu + \nu)(\nu Q_a + \mu Q_b)$$
$$+ (\mu - \nu)\mathrm{e}^{-\gamma}(\mu Q_a - \nu Q_b)], \tag{7-55}$$

$$S_{\mu,\nu}(k)(P_a + P_b) S_{\mu,\nu}^{-1}(k) = \frac{1}{\lambda^2}[(\mu + \nu)(\nu P_a + \mu P_b)$$
$$+ (\mu - \nu)\mathrm{e}^{\gamma}(\mu P_a - \nu P_b)]. \tag{7-56}$$

为了更清晰地揭示算符 $S_{\mu,\nu}(k)$ 所引起的压缩行为, 引入如下单–双模组合压缩态

$$S_{\mu,\nu}^{-1}(k) |00\rangle = \mathrm{sech}^{1/2} \gamma \exp\left[-\frac{\tanh\gamma}{2\lambda^2}(\mu a^\dagger - \nu b^\dagger)^2\right] |00\rangle, \tag{7-57}$$

在压缩态 $S_{\mu,\nu}^{-1}(k) |00\rangle$ 下, 双模光场正交分量的期望值为

$$\langle 00| S_{\mu,\nu}(k)(Q_a + Q_b) S_{\mu,\nu}^{-1}(k) |00\rangle = 0, \tag{7-58}$$

$$\langle 00| S_{\mu,\nu}(k)(P_a + P_b) S^{-1}(k) |00\rangle = 0, \tag{7-59}$$

则其量子涨落和最小不确定关系分别为

$$\begin{aligned}
\Delta(Q_a + Q_b)^2 &= \langle 00| S_{\mu,\nu}(k)(Q_a + Q_b)^2 S_{\mu,\nu}^{-1}(k) |00\rangle \\
&= \frac{1}{2}(1 + \mathrm{e}^{-2\gamma}) + \frac{\mu\nu}{\lambda^2}(1 - \mathrm{e}^{-2\gamma}), \\
\Delta(P_a + P_b)^2 &= \langle 00| S_{\mu,\nu}(k)(P_a + P_b)^2 S_{\mu,\nu}^{-1}(k) |00\rangle \\
&= \frac{1}{2}(1 + \mathrm{e}^{2\gamma}) + \frac{\mu\nu}{\lambda^2}(1 - \mathrm{e}^{2\gamma})
\end{aligned} \tag{7-60}$$

和

$$\Delta(Q_a + Q_b)^2 \Delta(P_a + P_b)^2$$

$$= \frac{1}{4\lambda^4}[2(\lambda^4 + 4\mu^2\nu^2) + (\mu^2 - \nu^2)^2(e^{2\gamma} + e^{-2\gamma})]. \tag{7-61}$$

特殊地, 当 $\mu = -\nu$ 时, 压缩态 $S_{\mu,\nu}^{-1}(k)|00\rangle$ 变成另一个单–双模组合压缩

$$S^{-1}(k)|00\rangle = \text{sech}^{1/2}\,\gamma \exp\left[-\frac{\tanh\gamma}{4}(a^\dagger + b^\dagger)^2\right]|00\rangle. \tag{7-62}$$

这样, 式 (7-60) 和 (7-61) 分别退化成

$$\Delta(Q_a + Q_b)^2 = \langle 00|\,S(k)(Q_a + Q_b)^2 S^{-1}(k)\,|00\rangle = e^{-2\gamma},$$
$$\Delta(P_a + P_b)^2 = \langle 00|\,S(k)(P_a + P_b)^2 S^{-1}(k)\,|00\rangle = e^{2\gamma}, \tag{7-63}$$

$$\Delta(Q_a + Q_b)^2 \Delta(P_a + P_b)^2 = 1. \tag{7-64}$$

可见, 压缩态 $S^{-1}(k)|00\rangle$ 光场的两个正交分量的量子涨落仅与压缩参数 γ 有关. 当 $\gamma > 0$ 时, 态 $S^{-1}(k)|00\rangle$ 的量子涨落在 $Q_a + Q_b$ 分量上减弱, 而在 $P_a + P_b$ 分量上相应地增强. 当 $\lambda^2 \geqslant -2\mu\nu$ 时, 由式 (7-60) 可有

$$\Delta(Q_a + Q_b)^2 = \left(\frac{1}{2} - \frac{\mu\nu}{\lambda^2}\right)e^{-2\gamma} + \left(\frac{1}{2} + \frac{\mu\nu}{\lambda^2}\right) \geqslant e^{-2\gamma}, \tag{7-65}$$

$$\Delta(P_a + P_b)^2 = \left(\frac{1}{2} - \frac{\mu\nu}{\lambda^2}\right)e^{2\gamma} + \left(\frac{1}{2} + \frac{\mu\nu}{\lambda^2}\right) \leqslant e^{2\gamma}, \tag{7-66}$$

表明态 $S_{\mu,\nu}^{-1}(k)|00\rangle$ 在 $Q_a + Q_b$ 分量上展现出比态 $S^{-1}(k)|00\rangle$ 更强的量子涨落, 而在 $P_a + P_b$ 分量上则更弱一些.

此外, 利用态 $|\alpha, p\rangle_{\mu,\nu}$ 可导出一些算符恒等式. 考虑如下指数型算符

$$O = \exp[g(\nu a + \mu b)^2]\exp[h(\mu P_a - \nu P_b)^2], \tag{7-67}$$

把态 $|\alpha, p\rangle_{\mu,\nu}$ 的完备性关系式插入式 (7-67), 并利用有序算符内积分法, 得到算符 O 的正规乘积表示

$$O = \int \frac{\mathrm{d}^2\alpha}{2\pi} \int_{-\infty}^{\infty} \frac{\mathrm{d}p}{\sqrt{\pi}} \exp[g(\nu a + \mu b)^2]\,|\alpha, p\rangle_{\mu,\nu\,\mu,\nu}\langle \alpha, p|\exp[h(\mu P_a - \nu P_b)^2]$$

$$= \int \frac{\mathrm{d}^2\alpha}{2\pi} \int_{-\infty}^{\infty} \frac{\mathrm{d}p}{\sqrt{\pi}} \exp\left(\frac{1}{2}g\lambda^2\alpha^2\right)|\alpha, p\rangle_{\mu,\nu\,\mu,\nu}\langle \alpha, p|\exp(h\lambda^2 p^2)$$

$$= \frac{1}{\sqrt{1 - h\lambda^2}} : \exp\left[\frac{h}{2(h\lambda^2 - 1)}(\mu a^\dagger - \nu b^\dagger)^2 + \frac{h}{1 - h\lambda^2}(\mu a^\dagger - \nu b^\dagger)\right.$$

$$\left. \times(\mu a - \nu b) + \frac{h}{2(h\lambda^2 - 1)}(\mu a - \nu b)^2 + g(\nu a + \mu b)^2\right] :, \tag{7-68}$$

进一步, 利用式 (1-21), 可得到

$$O = \frac{1}{\sqrt{1 - h\lambda^2}} \exp\left[\frac{h(\mu a^\dagger - \nu b^\dagger)^2}{2(h\lambda^2 - 1)}\right]$$

$$\times \exp\left[\frac{(\mu a^\dagger - \nu b^\dagger)(\mu a - \nu b)}{\lambda^2} \ln \frac{1}{1 - h\lambda^2}\right]$$

$$\times \exp\left[\frac{h(\mu a - \nu b)^2}{2(h\lambda^2 - 1)} + g(\nu a + \mu b)^2\right]. \tag{7-69}$$

特殊地, 令 $g = 0$, 则有

$$\exp[h(\mu P_a - \nu P_b)^2] = \frac{1}{\sqrt{1 - h\lambda^2}} \exp\left[\frac{h(\mu a^\dagger - \nu b^\dagger)^2}{2(h\lambda^2 - 1)}\right] \exp\left[(\mu a^\dagger - \nu b^\dagger)\right.$$

$$\left. \times \frac{(\mu a - \nu b)}{\lambda^2} \ln \frac{1}{1 - h\lambda^2}\right] \exp\left[\frac{h(\mu a - \nu b)^2}{2(h\lambda^2 - 1)}\right]. \tag{7-70}$$

把算符 $\exp[h(\mu P_a - \nu P_b)^2]$ 的展开式作用到双模真空态上, 也可得到一个单–双模组合压缩态, 即

$$\exp[h(\mu P_a - \nu P_b)^2] |00\rangle = \frac{1}{\sqrt{1 - h\lambda^2}} \exp\left[\frac{h(\mu a^\dagger - \nu b^\dagger)^2}{2(h\lambda^2 - 1)}\right] |00\rangle. \tag{7-71}$$

通过把式 (7-57) 和 (7-71) 分别与式 (7-39) 进行比较可知, 将单模压缩态和真空态分别输入非对称光学分束器的两个输入端, 则可以在其输出端制备出压缩态 $S_{\mu,\nu}^{-1}(k) |00\rangle$ 和 $\exp[h(\mu P_a - \nu P_b)^2] |00\rangle$.

7.3　双复变量纠缠态

为了引入双复变量纠缠态表象, 构造如下正规乘积排序的高斯型算符

$$: \exp\left\{-|\beta_1|^2 - |\beta_2|^2 + \frac{1}{\sqrt{2}}\left[\beta_1(a_1^\dagger + a_2) + \beta_2(a_2^\dagger + a_1)\right]\right.$$

$$+ \frac{1}{\sqrt{2}}\left[\beta_1^*(a_1 + a_2^\dagger) + \beta_2^*(a_2 + a_1^\dagger)\right] - (a_1^\dagger + a_2)(a_2^\dagger + a_1)\right\} :$$

$$= O(\beta_1, \beta_2), \tag{7-72}$$

式中, β_1, β_2 为复参量. 利用有序算符内积分法以及数学积分公式 (1-27), 可有

$$\int \frac{\mathrm{d}^2\beta_1}{\pi} O(\beta_1, \beta_2)$$

$$=: \exp\left\{-|\beta_2|^2 + \frac{1}{\sqrt{2}}\left[\beta_2(a_2^\dagger + a_1) + \beta_2^*(a_2 + a_1^\dagger)\right]\right.$$

$$-\frac{1}{2}(a_1^\dagger + a_2)(a_2^\dagger + a_1)\Big\}: \equiv O(\beta_2), \qquad (7\text{-}73)$$

这样有

$$\iint \frac{\mathrm{d}^2\beta_1 \mathrm{d}^2\beta_2}{\pi^2} O(\beta_1, \beta_2) = \int \frac{\mathrm{d}^2\beta_2}{\pi} O(\beta_2) = 1. \qquad (7\text{-}74)$$

利用双模真空态投影算符的正规乘积表示 (1-72), 则式 (7-72) 中的 $O(\beta_1, \beta_2)$ 可分解为一个投影算符, 即

$$O(\beta_1, \beta_2) = |\beta_1, \beta_2\rangle \langle \beta_1, \beta_2|, \qquad (7\text{-}75)$$

式中, $|\beta_1, \beta_2\rangle$ 为一个新的纠缠态

$$|\beta_1, \beta_2\rangle = \exp\left(-\frac{|\beta_1|^2 + |\beta_2|^2}{2} + \frac{\beta_1 + \beta_2^*}{\sqrt{2}}a_1^\dagger + \frac{\beta_1^* + \beta_2}{\sqrt{2}}a_2^\dagger - a_1^\dagger a_2^\dagger\right)|00\rangle, \quad (7\text{-}76)$$

它在形式上与之前的纠缠态完全不同.

7.3.1 态 $|\beta_1, \beta_2\rangle$ 的性质

当把湮灭算符 a_1, a_2 分别作用到态 $|\beta_1, \beta_2\rangle$ 上时, 可发现态 $|\beta_1, \beta_2\rangle$ 恰好为对易算符 $(a_1 + a_2^\dagger)$ 和 $(a_2 + a_1^\dagger)$ 的共同本征态, 并满足如下本征方程

$$(a_1 + a_2^\dagger)|\beta_1, \beta_2\rangle = \frac{1}{\sqrt{2}}(\beta_1 + \beta_2^*)|\beta_1, \beta_2\rangle,$$

$$(a_2 + a_1^\dagger)|\beta_1, \beta_2\rangle = \frac{1}{\sqrt{2}}(\beta_1^* + \beta_2)|\beta_1, \beta_2\rangle. \qquad (7\text{-}77)$$

若把组合算符 $(Q_1 + Q_2)$ 和 $(P_1 - P_2)$ 作用到态 $|\beta_1, \beta_2\rangle$ 上, 则由式 (7-77) 可知

$$(Q_1 + Q_2)|\beta_1, \beta_2\rangle = \mathrm{Re}\,(\beta_1 + \beta_2)|\beta_1, \beta_2\rangle,$$

$$(P_1 - P_2)|\beta_1, \beta_2\rangle = \mathrm{Im}\,(\beta_1 - \beta_2)|\beta_1, \beta_2\rangle. \qquad (7\text{-}78)$$

利用式 (7-77), 可导出如下关系式

$$\langle \beta_1', \beta_2'|\,(a_1 + a_2^\dagger)\,|\beta_1, \beta_2\rangle = \frac{1}{\sqrt{2}}(\beta_1 + \beta_2^*)\langle \beta_1', \beta_2'\,|\beta_1, \beta_2\rangle$$

$$= \frac{1}{\sqrt{2}}(\beta_1' + \beta_2^{*\prime})\langle \beta_1', \beta_2'\,|\beta_1, \beta_2\rangle, \qquad (7\text{-}79)$$

故态 $|\beta_1, \beta_2\rangle$ 具有正交性

$$\langle \beta_1', \beta_2'\,|\beta_1, \beta_2\rangle = \pi^2 \delta^{(2)}(\beta_1 + \beta_2^* - \beta_1' - \beta_2^{*\prime}). \qquad (7\text{-}80)$$

另外, 由式 (7-74) 可知, 态 $|\beta_1, \beta_2\rangle$ 具有完备性, 其集合能够组成一个新的量子力学表象.

利用傅里叶变换及其逆变换, 以坐标本征态为基矢, 态 $|\beta_1, \beta_2\rangle$ 的施密特分解为

$$|\beta_1, \beta_2\rangle = M \int_{-\infty}^{\infty} \mathrm{d}q \, |q\rangle_1 \otimes |\mathrm{Re}\,(\beta_1 + \beta_2^*) - q\rangle_2$$
$$\times \exp[\mathrm{i}\,\mathrm{Im}\,(\beta_1 + \beta_2^*)\, q], \tag{7-81}$$

式中

$$M = \exp\left[\frac{-\mathrm{i}2\,\mathrm{Re}\,(\beta_1 + \beta_2^*)\,\mathrm{Im}\,(\beta_1 + \beta_2^*) - |\beta_1 - \beta_2^*|^2}{4}\right] \tag{7-82}$$

且 $|q\rangle_i$ 为 i 模的坐标本征矢, 即

$$|q\rangle_i = \pi^{-1/4} \exp\left(-\frac{q^2}{2} + \sqrt{2}qa_i^\dagger - \frac{1}{2}a_i^{\dagger 2}\right)|0\rangle, \quad i = 1, 2. \tag{7-83}$$

由标准的施密特分解理论知 [20], 态 $|\beta_1, \beta_2\rangle$ 确实为一种新的纠缠态. 下面给出态 $|\beta_1, \beta_2\rangle$ 的理论产生方案 [15]. 把单模压缩真空态 $|p = 0\rangle_1 = \mathrm{e}^{a_1^{\dagger 2}/2}|0\rangle_1$ 和 $|q = 0\rangle_2 = \mathrm{e}^{-a_2^{\dagger 2}/2}|0\rangle_2$ 分别输入带有自由相位 θ 的对称光学分数器 $B = \exp\left[\theta(a_1^\dagger a_2 - a_1 a_2^\dagger)/2\right]$ 的两个输入端, 并使之叠加. 当取 $\theta = \pi/2$ 时, 其输出态为

$$B|p = 0\rangle_1 \otimes |q = 0\rangle_2 = \mathrm{e}^{-a_1^\dagger a_2^\dagger}|00\rangle = |\beta_1 = 0, \beta_2 = 0\rangle. \tag{7-84}$$

这样, 把由平移算符 $D[(\beta_1 + \beta_2^*)/\sqrt{2}]$ 表征的本振激光束作用到输出态 $|\beta_1 = 0, \beta_2 = 0\rangle$ 时, 其最终输出态为理想的双复变量纠缠态, 即

$$D\left(\frac{\beta_1 + \beta_2^*}{\sqrt{2}}\right)|\beta_1 = 0, \beta_2 = 0\rangle = \exp\left(\frac{|\beta_1 - \beta_2^*|^2}{4}\right)|\beta_1, \beta_2\rangle. \tag{7-85}$$

7.3.2　态 $|\beta_1, \beta_2\rangle$ 的具体应用

把态 $|\beta_1, \beta_2\rangle$ 作为被积函数, 并对其变量 β_1 进行积分, 可有

$$\int \frac{\mathrm{d}^2\beta_1}{2\pi} |\beta_1, \beta_2\rangle = \exp\left(-\frac{|\beta_2|^2}{2} + \frac{\beta_2^*}{\sqrt{2}}a_1^\dagger + \frac{\beta_2}{\sqrt{2}}a_2^\dagger\right)|00\rangle$$
$$= |\beta_2^*, \beta_2\rangle_c, \tag{7-86}$$

式中, $|\beta_2^*, \beta_2\rangle_c$ 为振幅分别为 β_2^*, β_2 的双模相干态. 同样地, 当对态 $|\beta_1, \beta_2\rangle$ 中的 β_2 进行积分时, 可得到另一个双模相干态

$$\int \frac{\mathrm{d}^2\beta_2}{2\pi} |\beta_1, \beta_2\rangle = |\beta_1, \beta_1^*\rangle_c. \tag{7-87}$$

可见, 对态 $|\beta_1, \beta_2\rangle$ 沿着 β_1(或 β_2) 轴进行叠加后, 可得到双模相干态. 若对态 $|\beta_1, \beta_2\rangle$ 中变量 β_1 和 β_2 先后积分, 可得到

$$\iint \frac{\mathrm{d}^2\beta_1 \mathrm{d}^2\beta_2}{4\pi^2} |\beta_1, \beta_2\rangle = \mathrm{e}^{a_1^\dagger a_2^\dagger} |00\rangle = |\eta = 0\rangle, \tag{7-88}$$

可见, 对态 $|\beta_1, \beta_2\rangle$ 沿着 β_1 和 β_2 两个方向同时叠加, 可得到两粒子纠缠态 $|\eta = 0\rangle$.

另外, 利用有序算符内积分法, 引入一个新的算符

$$V = \iint \frac{\mathrm{d}^2\beta_1 \mathrm{d}^2\beta_2}{\pi^2} |\beta_1, \beta_2\rangle_{\beta_1=\beta_2, \beta_2=\beta_1} \langle \beta_1, \beta_2|$$

$$=: \exp[-(a_1^\dagger - a_2^\dagger)(a_1 - a_2)]:, \tag{7-89}$$

它能把纠缠态 $|\beta_1, \beta_2\rangle$ 转化为另一个纠缠态

$$V|\beta_1, \beta_2\rangle = |\beta_1, \beta_2\rangle_{\beta_1=\beta_2, \beta_2=\beta_1}. \tag{7-90}$$

作为纠缠态 $|\beta_1, \beta_2\rangle$ 的重要应用, 还可以导出一些新的压缩算符和压缩态. 通过引入如下非对称 ket-bra 积分

$$S(\beta_1/\mu, \beta_2/\mu) = \iint \frac{\mathrm{d}^2\beta_1 \mathrm{d}^2\beta_2}{\pi^2} |\beta_1/\mu, \beta_2/\mu\rangle \langle \beta_1, \beta_2|, \tag{7-91}$$

并利用有序算符内积分法, 可得到

$$S(\beta_1/\mu, \beta_2/\mu) = \left(\frac{2\mu^2}{\mu^2+1}\right)^2 : \exp\left[\frac{1-\mu^2}{\mu^2+1} a_1^\dagger a_2^\dagger \right.$$

$$\left. + \left(\frac{2\mu}{\mu^2+1} - 1\right)(a_1^\dagger a_1 + a_2^\dagger a_2) - \frac{1-\mu^2}{\mu^2+1} a_1 a_2\right]:. \tag{7-92}$$

利用式 (1-20) 以及算符恒等式 (1-21) 去掉式 (7-92) 的正规乘积排序符号, 得到

$$S(\beta_1/\mu, \beta_2/\mu) = \mu^2 \operatorname{sech}^2 r \exp\left(-a_1^\dagger a_2^\dagger \tanh r\right)$$

$$\times \exp\left[(a_1^\dagger a_1 + a_2^\dagger a_2) \ln \operatorname{sech} r\right] \exp\left(a_1 a_2 \tanh r\right), \tag{7-93}$$

可见, 新的压缩算符 $S(\beta_1/\mu, \beta_2/\mu)$ 不同于通常的压缩算符 $S(r) = \exp[r(a_1 a_2 - a_1^\dagger a_2^\dagger)]$. 进一步, 引入另一个非对称 ket-bra 积分

$$S(\beta_1/\mu_1, \beta_2/\mu_2) = \iint \frac{\mathrm{d}^2\beta_1 \mathrm{d}^2\beta_2}{\pi^2} |\beta_1/\mu_1, \beta_2/\mu_2\rangle \langle \beta_1, \beta_2|$$

$$= \frac{4\mu_1^2\mu_2^2}{(\mu_1^2+1)(\mu_2^2+1)} \exp\left[\frac{1-\mu_1^2\mu_2^2}{(\mu_1^2+1)(\mu_2^2+1)} a_1^\dagger a_2^\dagger\right]$$

$$\times \exp\left[\left(a_1^\dagger a_1 + a_2^\dagger a_2\right) \ln \frac{(\mu_1 + \mu_2)(1 + \mu_1 \mu_2)}{(\mu_1^2 + 1)(\mu_2^2 + 1)}\right]$$

$$\times \exp\left[-\frac{1 - \mu_1^2 \mu_2^2}{(\mu_1^2 + 1)(\mu_2^2 + 1)} a_1 a_2\right], \tag{7-94}$$

这是一个不同于普通算符 $S(r)$ 的更为复杂的新压缩算符. 特殊地, 当 $\mu_1 = \mu$ 且 $\mu_2 = 1$ 时, 可有

$$S(\beta_1/\mu, \beta_2) = \mu \operatorname{sech} r \exp\left(-\frac{1}{2} a_1^\dagger a_2^\dagger \tanh r\right)$$

$$\times \exp\left[\left(a_1^\dagger a_1 + a_2^\dagger a_2\right) \ln \frac{1 + \operatorname{sech} r}{2}\right] \exp\left(\frac{1}{2} a_1 a_2 \tanh r\right). \tag{7-95}$$

而当 $\mu_1 = \mu_2 = \mu$ 时, 有

$$S(\beta_1/\mu_1, \beta_2/\mu_2) = S(\beta_1/\mu, \beta_2/\mu). \tag{7-96}$$

由式 (7-80) 和 (7-94) 可知, 算符 $S(\beta_1/\mu_1, \beta_2/\mu_2)$ 能把态 $|\beta_1, \beta_2\rangle$ 自然地压缩为

$$S(\beta_1/\mu_1, \beta_2/\mu_2) |\beta_1, \beta_2\rangle$$

$$= \iint \frac{\mathrm{d}^2 \beta_1' \mathrm{d}^2 \beta_2'}{\pi^2} |\beta_1'/\mu_1, \beta_2'/\mu_2\rangle \langle\beta_1', \beta_2'| \beta_1, \beta_2\rangle$$

$$= |\beta_1/\mu_1, \beta_2/\mu_2\rangle. \tag{7-97}$$

这样, 可得到一个新的压缩态

$$S(\beta_1/\mu_1, \beta_2/\mu_2) |00\rangle = \frac{4\mu_1^2 \mu_2^2 (\mu_1 + \mu_2)(1 + \mu_1 \mu_2)}{(\mu_1^2 + 1)^2 (\mu_2^2 + 1)^2}$$

$$\times \exp\left[\frac{1 - \mu_1^2 \mu_2^2}{(\mu_1^2 + 1)(\mu_2^2 + 1)} a_1^\dagger a_2^\dagger\right] |00\rangle. \tag{7-98}$$

此外, 利用纠缠态 $|\beta_1, \beta_2\rangle$ 推导出量子光学中常用的一些算符的正规乘积表示, 如算符 $(a_1 + a_2^\dagger)^m (a_2 + a_1^\dagger)^n$. 把式 (7-74) 中态 $|\beta_1, \beta_2\rangle$ 的完备性关系代入此算符, 并利用有序算符内积分法, 可导出

$$(a_1 + a_2^\dagger)^m (a_2 + a_1^\dagger)^n$$

$$= \frac{1}{\sqrt{2^{m+n}}} \iint \frac{\mathrm{d}^2 \beta_1 \mathrm{d}^2 \beta_2}{\pi^2} (\beta_1 + \beta_2^*)^m (\beta_1^* + \beta_2)^n |\beta_1, \beta_2\rangle \langle\beta_1, \beta_2|$$

$$= \frac{1}{\sqrt{2^{m+n}}} \sum_{l,k} \binom{m}{l} \binom{n}{k} \iint \frac{\mathrm{d}^2 \beta_1 \mathrm{d}^2 \beta_2}{\pi^2} \beta_1^l \beta_2^{*m-l} \beta_1^{*k} \beta_2^{n-k}$$

$$\times : \exp(-|\beta_1|^2 - |\beta_2|^2 + Y\beta_1 + Y^\dagger \beta_1^* + Y^\dagger \beta_2 + Y\beta_2^*$$
$$- a_1^\dagger a_2^\dagger - a_1 a_2 - a_1^\dagger a_1 - a_2^\dagger a_2) :$$
$$= \left(\frac{1}{i\sqrt{2}}\right)^{m+n} \sum_{l,k} \binom{m}{l} \binom{n}{k}$$
$$\times : H_{k,l}\left(iY, iY^\dagger\right) H_{n-k,m-l}\left(iY, iY^\dagger\right) : , \tag{7-99}$$

式中, $Y = \left(a_2 + a_1^\dagger\right)/\sqrt{2}$, 且利用了数学积分公式 (6-13) 和双变量埃尔米特多项式的级数展开 (4-3). 进一步, 利用涉及埃尔米特多项式的推广二项式定理 (4-42), 可导出

$$(a_1 + a_2^\dagger)^m (a_2 + a_1^\dagger)^n$$
$$= (-i)^{m+n} : H_{n,m}\left(i\sqrt{2}\left(a_2 + a_1^\dagger\right), i\sqrt{2}\left(a_1 + a_2^\dagger\right)\right) : . \tag{7-100}$$

参 考 文 献

[1] Einstein A, Podolsky B, Rosen N. Can quantum-mechanical description of physical reality be considered complete?[J]. Physical Review, 1935, 47(10): 777-780.

[2] Dirac P A M. 量子力学原理 [M]. 4 版. 北京: 科学出版社, 2008.

[3] Fan H Y. Entangled states, squeezed states gained via the route of developing Dirac's symbolic method and their applications[J]. International Journal of Modern Physics B, 2004, 18(10-11): 1387-1455.

[4] Hu L Y, Fan H Y, Lu H L. Explicit state vector for Torres-Vega-Frederick phase space representation and its statistical behavior[J]. The Journal of Chemical Physics, 2008, 128(5): 054101.

[5] Meng X G, Wang J S, Fan H Y. New bipartite coherent-entangled state in two-mode Fock space and its applications[J]. Optics Communications, 2011, 284(7): 2070-2074.

[6] Meng X G, Wang J S, Zhang X Y, et al. New parameterized entangled state representation and its applications[J]. Journal of Physics B: Atomic, Molecular and Optical Physics, 2011, 44(16): 165506.

[7] 徐天牛, 王继锁, 姚飞. 由参量化纠缠态表象推导出新的压缩变换和 Radon 变换 [J]. 量子光学学报, 2015, 21(3): 197-201.

[8] Luo W W, Meng X G, Guo Q, et al. New parameterized coherent-entangled state representation and its applications[J]. International Journal of Theoretical Physics, 2013, 52(7): 2255-2262.

[9] Yang M, Wang J S, Meng X G. A new kind of bipartite entangled state and some of its applications[J]. International Journal of Theoretical Physics, 2011, 50(11): 3348-3356.

[10] Fan H Y. Newton-Leibniz integration for ket-bra operators in quantum mechanics (IV)—Integrations within Weyl ordered product of operators and their applications[J]. Annals of Physics, 2008, 323(2): 500-526.

[11] Sudarshan E C G. Equivalence of semiclassical and quantum mechanical descriptions of statistical light beams[J]. Physical Review Letters, 1963, 10(7): 277-279.

[12] Smithey D T, Beck M, Raymer M G, et al. Measurement of the Wigner distribution and the density matrix of a light mode using optical homodyne tomography: Application to squeezed states and the vacuum [J]. Physical Review Letters, 1993, 70(9): 1244-1247.

[13] Carmichael H J. Statistical Methods in Quantum Optics 2: Non-Classical Fields[M]. New York: Springer, 2007.

[14] Fan H Y, Lu H L, Fan Y. Newton-Leibniz integration for ket-bra operators in quantum mechanics and derivation of entangled state representations[J]. Annals of Physics, 2006, 321(2): 480-494.

[15] Cochrane P T, Milburn G J. Teleportation with the entangled states of a beam splitter[J]. Physical Review A, 2001, 64(6): 062312.

[16] Dodonov V V, Malkin I A, Man'ko V I. Even and odd coherent states and excitations of a singular oscillator[J]. Physica, 1974, 72(3): 597-615.

[17] Bužek V, Vidiella-Barranco A, Knight P L. Superpositions of coherent states: Squeezing and dissipation[J]. Physical Review A, 1992, 45(9): 6570-6585.

[18] Fan H Y, Ye X. Common eigenstates of two particles' center-of-mass coordinates and mass-weighted relative momentum[J]. Physical Review A, 1995, 51(4): 3343-3346.

[19] Hu L Y, Fan H Y. A new bipartite coherent-entangled state generated by an asymmetric beamsplitter and its applications[J]. Journal of Physics B: Atomic, Molecular and Optical Physics, 2007, 40(11): 2099-2103.

[20] Preskill J. Quantum Information and Computation[M]. Pasadena: California Institute of Technology, 1998.

第 8 章 s-参量化维格纳算符理论

最近, 推广的相位空间技术在量子光学和量子信息中有一些重要应用. 作为相空间中一类重要的准概率分布函数, 维格纳函数定义为维格纳算符 [1,2]

$$\Delta(p,q) = \int_{-\infty}^{\infty} \mathrm{d}y \, \mathrm{e}^{-\mathrm{i}py} \left| q - \frac{1}{2}y \right\rangle \left\langle q + \frac{1}{2}y \right|. \tag{8-1}$$

在量子态 ρ 中的期望值, 即 $\mathrm{tr}[\rho\Delta(p,q)]$, 式中, 态 $|q\rangle$ 为坐标算符 Q 的本征态, 它在福克空间中表示为

$$|q\rangle = \pi^{-1/4} \exp\left(-\frac{q^2}{2} + \sqrt{2}qa^\dagger - \frac{a^{\dagger 2}}{2} \right) |0\rangle, \tag{8-2}$$

$|0\rangle$ 为真空态, 能被玻色算符 a 湮灭, $[a, a^\dagger] = 1$. 对于维格纳算符 $\Delta(p,q)$, 其另一种表示为

$$\Delta(p,q) = \frac{1}{4\pi^2} \iint_{-\infty}^{\infty} \mathrm{d}y\mathrm{d}u \, \mathrm{e}^{\mathrm{i}u(q-Q)+\mathrm{i}y(p-P)}, \tag{8-3}$$

式中, Q, P 分别为坐标算符和动量算符, $[Q,P] = \mathrm{i}(\hbar = 1)$. 在外尔量子化方案中, 维格纳算符 $\Delta(p,q)$ 作为积分核出现, 即

$$H(P,Q) = \iint_{-\infty}^{\infty} \mathrm{d}q\mathrm{d}p\Delta(p,q)h(p,q), \tag{8-4}$$

式中, $h(p,q)$ 为算符 $H(P,Q)$ 的经典外尔对应函数 [3]. 然而, 外尔量子化方案并不具有唯一性. 本章通过推广相空间中维格纳算符的原始定义, 引入一系列涉及参数 s 的维格纳算符 [4], 建立 s-参量化外尔量子化方案及其编序公式 [5,6]. 此外, 还将给出量子态的层析图函数与其波函数的新关系 [7], 量子力学纯态表象与混合态表象间的积分变换 [8], 以及谐波晶体的简正坐标 [9].

8.1 s-参量化外尔量子化方案及其编序公式

下面给出一种可能的 s-参量化维格纳算符

$$\Omega_s(p,q) = \frac{1}{4\pi^2} \iint_{-\infty}^{\infty} \mathrm{d}y\mathrm{d}u \, \mathrm{e}^{\mathrm{i}u(q-Q)+\mathrm{i}y(p-P)+\mathrm{i}\frac{s}{2}yu}, \tag{8-5}$$

对于每一个积分核 $\Omega_s(p,q)$, 脚标 s(实参数) 代表着一类推广的维格纳算符, 对应着一种算符编序规则. 利用坐标 $|q\rangle$ 表象, 可把 $\Omega_s(p,q)$ 改写为

$$\Omega_s(p,q) = \frac{1}{2\pi}\int_{-\infty}^{\infty}\mathrm{d}y e^{-\mathrm{i}py}e^{\mathrm{i}\frac{s+1}{2}yP}|q\rangle\langle q|e^{\mathrm{i}\frac{1-s}{2}yP}$$

$$= \frac{1}{2\pi}\int_{-\infty}^{\infty}\mathrm{d}y e^{-\mathrm{i}py}\left|q - \frac{s+1}{2}y\right\rangle\left\langle q + \frac{1-s}{2}y\right|. \tag{8-6}$$

特殊地, 当 $s=0$ 时, 上式如期退化为式 (8-1). 当 $s=1$ 时, 利用 Baker-Hausdorff 算符公式, 则式 (8-6) 变为

$$\Omega_{s=1}(p,q) = \frac{1}{4\pi^2}\iint_{-\infty}^{\infty}\mathrm{d}y\mathrm{d}u e^{\mathrm{i}y(p-P)}e^{\mathrm{i}u(q-Q)}$$

$$= \delta(p-P)\delta(q-Q). \tag{8-7}$$

然而, 当 $s=-1$ 时, 算符 $\Omega_s(p,q)$ 变为

$$\Omega_{s=-1}(p,q) = \frac{1}{4\pi^2}\iint_{-\infty}^{\infty}\mathrm{d}y\mathrm{d}u e^{\mathrm{i}u(q-Q)}e^{\mathrm{i}y(p-P)}$$

$$= \delta(q-Q)\delta(p-P). \tag{8-8}$$

这里, 给出推广的 *s*-参量化外尔量子化方案

$$H(P,Q) = \iint_{-\infty}^{\infty}\mathrm{d}q\mathrm{d}p\Omega_s(p,q)h_s(p,q), \tag{8-9}$$

它预示着新的 *s*-参量化算符编序规则. 当 $s=1, -1$ 和 0 时, 它分别为 P-Q 算符编序 (所有的动量算符 P 都在坐标算符 Q 的左侧, 这种编序的算符标记为 $\mathfrak{P}$)、Q-P 算符编序 (所有的坐标算符 Q 都在动量算符 P 的左侧, 这种编序的算符标记为 $\mathfrak{Q}$) 和外尔编序 (这种编序的算符标记为 $\vdots\ \vdots$).

8.1.1   经典外尔对应函数 $h_s(p,q)$

利用式 (8-6), 可得到

$$\mathrm{tr}\left[\Omega_s(p,q)\,\Omega_{-s}(p',q')\right]$$

$$= \frac{1}{4\pi^2}\mathrm{tr}\left\{\int_{-\infty}^{\infty}\mathrm{d}y e^{-\mathrm{i}py}\left|q - \frac{s+1}{2}y\right\rangle\left\langle q + \frac{1-s}{2}y\right|\right.$$

$$\left.\times\int_{-\infty}^{\infty}\mathrm{d}y' e^{-\mathrm{i}p'y'}\left|q' - \frac{-s+1}{2}y'\right\rangle\left\langle q' + \frac{1+s}{2}y'\right|\right\}$$

$$= \frac{1}{4\pi^2}\int_{-\infty}^{\infty}\mathrm{d}y e^{-\mathrm{i}py}\int_{-\infty}^{\infty}\mathrm{d}y' e^{-\mathrm{i}p'y'}\mathrm{tr}\left|q - \frac{s+1}{2}y\right\rangle\left\langle q' + \frac{1+s}{2}y'\right|$$

$$\times\,\delta\left(q+\frac{1-s}{2}y-q'+\frac{-s+1}{2}y'\right)$$

$$=\frac{1}{4\pi^2}\int_{-\infty}^{\infty}\mathrm{d}y\mathrm{e}^{-\mathrm{i}py}\int_{-\infty}^{\infty}\mathrm{d}y'\mathrm{e}^{-\mathrm{i}p'y'}\delta\left[q'-q+\frac{1+s}{2}\left(y+y'\right)\right]$$

$$\times\,\delta\left[q-q'+\frac{1-s}{2}\left(y+y'\right)\right]$$

$$=\frac{1}{2\pi^2\left(1-s\right)}\int_{-\infty}^{\infty}\mathrm{d}y\mathrm{e}^{-\mathrm{i}py}\mathrm{e}^{\mathrm{i}p'\left[\frac{2(q'-q)}{1-s}+y\right]}\delta\left[\left(q'-q\right)\frac{2}{1-s}\right]$$

$$=\frac{1}{2\pi}\delta\left(q'-q\right)\delta\left(p'-p\right).\tag{8-10}$$

由此可见

$$h_s\left(p,q\right)=2\pi\mathrm{tr}\left[\Omega_{-s}\left(p,q\right)H\left(P,Q\right)\right],\tag{8-11}$$

这里, $h_s\left(p,q\right)$ 为算符 $H\left(P,Q\right)$ 的推广经典外尔对应函数. 利用有序算符内积分法, 可得到

$$\Omega_s\left(p,q\right)=\frac{1}{4\pi^2}:\iint_{-\infty}^{\infty}\mathrm{d}y\mathrm{d}u\mathrm{e}^{-\frac{1}{4}\left(y^2+u^2\right)+\mathrm{i}u(q-Q)+\mathrm{i}y(p-P)+\mathrm{i}\frac{s}{2}yu}:$$

$$=\frac{1}{2\pi\sqrt{\pi}}:\int_{-\infty}^{\infty}\mathrm{d}u\mathrm{e}^{-\frac{1}{4}u^2+\mathrm{i}u(q-Q)-\left(p-P+\frac{s}{2}u\right)^2}:$$

$$=\frac{1}{2\pi\sqrt{\pi}}:\int_{-\infty}^{\infty}\mathrm{d}u\mathrm{e}^{-\frac{1}{4}u^2\left(1+s^2\right)+\mathrm{i}u[q-Q+\mathrm{i}s(p-P)]-(p-P)^2}:$$

$$=\frac{1}{\pi\sqrt{\left(1+s^2\right)}}:\exp\left\{-\frac{1}{1+s^2}\right.$$

$$\left.\times\left[(q-Q)^2+2\mathrm{i}s(q-Q)(p-P)+(p-P)^2\right]\right\}:.\tag{8-12}$$

此式为算符 $\Omega_s\left(p,q\right)$ 的正规乘积表示. 当 $s=0$ 时, $\Omega_{s=0}\left(p,q\right)$ 恰好为式 (8-1) 中维格纳算符 $\Delta\left(p,q\right)$ 的正规乘积表示

$$\Omega_{s=0}\left(p,q\right)\equiv\Delta\left(p,q\right)=\frac{1}{\pi}:\mathrm{e}^{-(q-Q)^2-(p-P)^2}:.\tag{8-13}$$

例如, 当 $H\left(P,Q\right)=Q^mP^r$ 时, 利用式 (8-6) 和 (8-11) 可给出

$$2\pi\mathrm{tr}\left[\Omega_{-s}\left(p,q\right)Q^mP^r\right]$$

$$=\int_{-\infty}^{\infty}\mathrm{d}y\mathrm{e}^{-\mathrm{i}py}\left\langle q+\frac{1+s}{2}y\right|Q^mP^r\left|q-\frac{1-s}{2}y\right\rangle$$

$$=\frac{1}{2\pi}\int_{-\infty}^{\infty}\mathrm{d}y\mathrm{e}^{-\mathrm{i}py}\left(q+\frac{1+s}{2}y\right)^m\left\langle q+\frac{1+s}{2}y\right|P^r\left|q-\frac{1-s}{2}y\right\rangle.\tag{8-14}$$

利用动量本征态 $|p'\rangle$ 的完备性关系 $\int_{-\infty}^{\infty}\mathrm{d}p'\,|p'\rangle\,\langle p'|=1$, 可有

$$
\left\langle q+\frac{1+s}{2}y\,\right|P^r\left|q-\frac{1-s}{2}y\right\rangle
$$

$$
=\iint_{-\infty}^{\infty}\mathrm{d}p''\mathrm{d}p'\left\langle q+\frac{1+s}{2}y\,\middle|\,p'\right\rangle\langle p'|\,P^r\,|p''\rangle\left\langle p''\,\middle|\,q-\frac{1-s}{2}y\right\rangle
$$

$$
=\frac{1}{2\pi}\iint_{-\infty}^{\infty}\mathrm{d}p''\mathrm{d}p'p'^r\delta\left(p''-p'\right)
$$

$$
\times\exp\left[\mathrm{i}p'\left(q+\frac{1+s}{2}y\right)-\mathrm{i}p''\left(q-\frac{1-s}{2}y\right)\right]
$$

$$
=\frac{1}{2\pi}\int_{-\infty}^{\infty}\mathrm{d}p'\mathrm{e}^{\mathrm{i}p'y}p'^r.\tag{8-15}
$$

把式 (8-15) 代入式 (8-14), 可给出算符 Q^mP^r 的 *s*-参量化外尔经典对应函数, 即

$$
2\pi\mathrm{tr}\left[\Omega_{-s}\left(p,q\right)Q^mP^r\right]
$$

$$
=\frac{1}{2\pi}\int_{-\infty}^{\infty}\mathrm{d}y\mathrm{e}^{-\mathrm{i}py}\left(q+\frac{1+s}{2}y\right)^m\int_{-\infty}^{\infty}\mathrm{d}p'\mathrm{e}^{\mathrm{i}p'y}p'^r
$$

$$
=\int_{-\infty}^{\infty}\mathrm{d}y\mathrm{e}^{-\mathrm{i}py}\left(q+\frac{1+s}{2}y\right)^m\left(-\mathrm{i}\frac{\partial}{\partial y}\right)^r\delta\left(y\right)
$$

$$
=\left(\mathrm{i}\frac{\partial}{\partial y}\right)^r\left[\mathrm{e}^{-\mathrm{i}py}\left(q+\frac{1+s}{2}y\right)^m\right]\Bigg|_{y=0}
$$

$$
=\sum_{j=0}^{r}\binom{r}{j}\left[\left(\mathrm{i}\frac{\partial}{\partial y}\right)^{r-j}\mathrm{e}^{-\mathrm{i}py}\right]\left(\mathrm{i}\frac{\partial}{\partial y}\right)^j\left(q+\frac{1+s}{2}y\right)^m\Bigg|_{y=0}
$$

$$
=\sum_{j=0}^{r}\binom{r}{j}p^{r-j}\mathrm{e}^{-\mathrm{i}py}\sum_{l=0}^{m}\binom{m}{l}q^{m-l}\left(\mathrm{i}\frac{\partial}{\partial y}\right)^j\left(\frac{1+s}{2}y\right)^l\Bigg|_{y=0}
$$

$$
=\sum_{j=0}^{r}\binom{r}{j}\sum_{l=0}^{m}\binom{m}{l}p^{r-j}q^{m-l}\left(\frac{1+s}{2}\right)^l\mathrm{i}^j\delta_{j,l}l!
$$

$$
=\sum_{j=0}^{r}\binom{r}{j}\binom{m}{j}j!p^{r-j}q^{m-j}\left(\mathrm{i}\frac{1+s}{2}\right)^j.\tag{8-16}
$$

特殊地, 当 $s=-1$ 时, 在式 (8-16) 的右侧仅能取 $j=0$, 故有

$$
2\pi\mathrm{tr}\left[\Omega_{-s=1}\left(p,q\right)Q^mP^r\right]=q^mp^r,\tag{8-17}
$$

这也意味着

$$
Q^mP^r=\iint_{-\infty}^{\infty}\mathrm{d}q\mathrm{d}pq^mp^r\delta\left(q-Q\right)\delta\left(p-P\right).\tag{8-18}
$$

当 $s=1$ 时, 式 (8-16) 变为

$$2\pi\mathrm{tr}\left[\Omega_{-s=-1}\left(p,q\right)Q^mP^r\right]=\sum_{j=0}\binom{r}{j}\binom{m}{j}j!p^{r-j}q^{m-j}\mathrm{i}^j,\qquad(8\text{-}19)$$

故有算符 Q^mP^r 的 P-Q 编序表示, 即

$$\begin{aligned}Q^mP^r&=\iint_{-\infty}^{\infty}\mathrm{d}q\mathrm{d}p\sum_{j=0}\binom{r}{j}\binom{m}{j}j!p^{r-j}q^{m-j}\mathrm{i}^j\delta\left(p-P\right)\delta\left(q-Q\right)\\&=\sum_{j=0}\mathrm{i}^j\binom{r}{j}\binom{m}{j}j!P^{r-j}Q^{m-j},\end{aligned}\qquad(8\text{-}20)$$

特殊地, 当 $m=r=1$ 时, 式 (8-20) 变成了 $QP=PQ+\mathrm{i}\ (\hbar=1)$.

下面考察线性组合算符 $\varLambda=2^{-m}\sum_l\binom{m}{l}Q^lP^rQ^{m-l}$ 的 s-参量化经典外尔对应函数. 把此算符代入式 (8-11), 可得到

$$\begin{aligned}K&\equiv 2\pi\mathrm{tr}\left[\Omega_{-s}\left(p,q\right)\varLambda\right]\\&=2^{-m}\sum_l\binom{m}{l}\int_{-\infty}^{\infty}\mathrm{d}y\left\langle q+\frac{1+s}{2}y\right|P^r\left|q-\frac{1-s}{2}y\right\rangle\\&\quad\times\left(q+\frac{1+s}{2}y\right)^l\left(q-\frac{1-s}{2}y\right)^{m-l}\mathrm{e}^{-\mathrm{i}py}\\&=\int_{-\infty}^{\infty}\mathrm{d}y\left(q+\frac{sy}{2}\right)^m\left\langle q+\frac{1+s}{2}y\right|P^r\left|q-\frac{1-s}{2}y\right\rangle.\end{aligned}\qquad(8\text{-}21)$$

把式 (8-15) 代入式 (8-21) 并完成此积分, 可有

$$\begin{aligned}K&=2\pi\int_{-\infty}^{\infty}\mathrm{d}y\left(q+\frac{sy}{2}\right)^m\mathrm{e}^{-\mathrm{i}py}\int_{-\infty}^{\infty}\mathrm{d}p'\mathrm{e}^{\mathrm{i}p'y}p'^r\\&=\sum_l\binom{m}{l}q^{m-l}\left(\frac{s}{2}\right)^l\int_{-\infty}^{\infty}\mathrm{d}p'p'^r\int_{-\infty}^{\infty}\mathrm{d}yy^l\mathrm{e}^{\mathrm{i}(p'-p)y}\\&=\sum_l\binom{m}{l}q^{m-l}\left(\frac{s}{2}\right)^l\int_{-\infty}^{\infty}\mathrm{d}p'p'^r\left(\mathrm{i}\frac{\partial}{\partial p}\right)^l\delta\left(p-p'\right)\\&=\sum_l\binom{m}{l}\binom{r}{l}\left(\mathrm{i}\frac{s}{2}\right)^lq^{m-l}p^{r-l}.\end{aligned}\qquad(8\text{-}22)$$

这样就定义了推广的 s-参量化外尔量子化方案

$$2^{-m}\sum_l\binom{m}{l}Q^lP^rQ^{m-l}$$

$$= \iint_{-\infty}^{\infty} \mathrm{d}q\mathrm{d}p\, \Omega_s\left(p,q\right) \sum_l \binom{m}{l}\binom{r}{l}\left(\mathrm{i}\frac{s}{2}\right)^l q^{m-l}p^{r-l}. \tag{8-23}$$

对于特殊情况 $s = 0$, 由于仅存在 $l = 0$ 的情况, 则得到算符 Λ 的经典外尔对应函数

$$2\pi\mathrm{tr}\left[\Omega_{s=0}\left(p,q\right)2^{-m}\sum_l\binom{m}{l}Q^lP^rQ^{m-l}\right] = q^mp^r,$$

这预示着算符的外尔编序规则为

$$\iint_{-\infty}^{\infty} \mathrm{d}q\mathrm{d}p\,\Delta\left(p,q\right)q^mp^r = \frac{1}{2^m}\sum_l\binom{m}{l}Q^lP^rQ^{m-l}, \tag{8-24}$$

故 $q^mp^r \to \Lambda = \frac{1}{2^m}\sum_l\binom{m}{l}Q^lP^rQ^{m-l}$ 为外尔编序表示, 即

$$2^{-m}\sum_l\binom{m}{l}Q^lP^rQ^{m-l}$$

$$= 2^{-m}\,\vdots\,\sum_l\binom{m}{l}Q^lP^rQ^{m-l}\,\vdots$$

$$= \,\vdots\, Q^mP^r\,\vdots\,, \tag{8-25}$$

外尔编序用符号 $\vdots\ \vdots$ 进行标记, 且在此符号内玻色算符对易. 当 $s = 1$ 时, 可有算符 Λ 的 *P-Q* 编序表示, 即

$$2^{-m}\sum_l\binom{m}{l}Q^lP^rQ^{m-l}$$

$$= \iint_{-\infty}^{\infty} \mathrm{d}q\mathrm{d}p\,\delta\left(p-P\right)\delta\left(q-Q\right)\sum_l\binom{m}{l}\binom{r}{l}\left(\frac{\mathrm{i}}{2}\right)^l q^{m-l}p^{r-l}$$

$$= \sum_l\binom{m}{l}\binom{r}{l}\left(\frac{\mathrm{i}}{2}\right)^l P^{r-l}Q^{m-l}, \tag{8-26}$$

而当 $s = -1$ 时, 有

$$2^{-m}\sum_l\binom{m}{l}Q^lP^rQ^{m-l}$$

$$= \iint_{-\infty}^{\infty} \mathrm{d}q\mathrm{d}p\,\delta\left(q-Q\right)\delta\left(p-P\right)\sum_l\binom{m}{l}\binom{r}{l}\left(\frac{-\mathrm{i}}{2}\right)^l q^{m-l}p^{r-l}$$

$$= \sum_l\binom{m}{l}\binom{r}{l}\left(-\frac{\mathrm{i}}{2}\right)^l Q^{m-l}P^{r-l}, \tag{8-27}$$

它为算符 Λ 的 *Q-P* 编序表示.

8.1.2 算符 $\Omega_s(p,q)$ 的外尔编序形式

注意到算符 $\mathrm{e}^{\mathrm{i}u(q-Q)+\mathrm{i}y(p-P)}$ 本身已经是外尔编序形式, 则

$$\mathrm{e}^{\mathrm{i}u(q-Q)+\mathrm{i}y(p-P)} = \vdots\, \mathrm{e}^{\mathrm{i}u(q-Q)+\mathrm{i}y(p-P)}\, \vdots, \tag{8-28}$$

那么

$$\Omega_{s=0}(p,q) = \Delta(p,q) = \frac{1}{4\pi^2}\iint_{-\infty}^{\infty}\mathrm{d}y\mathrm{d}u\, \vdots\, \mathrm{e}^{\mathrm{i}u(q-Q)+\mathrm{i}y(p-P)}\, \vdots$$
$$= \vdots\, \delta(q-Q)\,\delta(p-P)\, \vdots. \tag{8-29}$$

这样, 算符 $\Omega_s(p,q)$ 的外尔编序表示为

$$\Omega_s(p,q) \equiv \frac{1}{4\pi^2}\iint_{-\infty}^{\infty}\mathrm{d}y\mathrm{d}u\, \vdots\, \mathrm{e}^{\mathrm{i}u(q-Q)+\mathrm{i}y(p-P)+\mathrm{i}\frac{s}{2}yu}\, \vdots$$
$$= \frac{1}{2\pi}\int_{-\infty}^{\infty}\mathrm{d}u\, \vdots\, \mathrm{e}^{\mathrm{i}u(q-Q)}\delta\left(p-P+\frac{s}{2}u\right)\, \vdots$$
$$= \frac{1}{\pi s}\, \vdots\, \mathrm{e}^{-\mathrm{i}\frac{2}{s}(q-Q)(p-P)}\, \vdots. \tag{8-30}$$

当 $s=-1$ 时, 有

$$\Omega_{s=-1}(p,q) = \frac{-1}{\pi}\, \vdots\, \mathrm{e}^{\mathrm{i}2(q-Q)(p-P)}\, \vdots. \tag{8-31}$$

另一方面, 由式 (8-5) 可见

$$\Omega_{s=-1}(p,q) = \frac{1}{4\pi^2}\iint_{-\infty}^{\infty}\mathrm{d}y\mathrm{d}u\,\mathrm{e}^{\mathrm{i}u(q-Q)+\mathrm{i}y(p-P)-\mathrm{i}\frac{1}{2}yu}$$
$$= \frac{1}{4\pi^2}\iint_{-\infty}^{\infty}\mathrm{d}y\mathrm{d}u\,\mathrm{e}^{\mathrm{i}u(q-Q)}\mathrm{e}^{\mathrm{i}y(p-P)}$$
$$= \delta(q-Q)\,\delta(p-P), \tag{8-32}$$

这样, 可给出把维格纳算符 $\Delta(p',q')$ 转化为算符 $\delta(q-Q)\,\delta(p-P)$ 的积分变换, 即

$$\delta(q-Q)\,\delta(p-P) = \frac{-1}{\pi}\, \vdots\, \mathrm{e}^{\mathrm{i}2(q-Q)(p-P)}\, \vdots$$
$$= \frac{-1}{\pi}\iint_{-\infty}^{\infty}\mathrm{d}p'\mathrm{d}q'\Delta(p',q')\,\mathrm{e}^{\mathrm{i}2(q-q')(p-p')}, \tag{8-33}$$

其逆变换为

$$\frac{-1}{\pi}\iint_{-\infty}^{\infty}\mathrm{d}p\mathrm{d}q\delta(q-Q)\,\delta(p-P)\,\mathrm{e}^{-2\mathrm{i}(q-q')(p-p')} = \Delta(p',q'). \tag{8-34}$$

另一方面, 当 $s = 1$ 时, 有

$$
\begin{aligned}
\Omega_{s=1}\left(p,q\right) &= \frac{1}{4\pi^2}\iint_{-\infty}^{\infty}\mathrm{d}y\mathrm{d}u\,\mathrm{e}^{\mathrm{i}u(q-Q)+\mathrm{i}y(p-P)+\mathrm{i}\frac{1}{2}yu} \\
&= \frac{1}{4\pi^2}\iint_{-\infty}^{\infty}\mathrm{d}y\mathrm{d}u\,\mathrm{e}^{\mathrm{i}y(p-P)}\mathrm{e}^{\mathrm{i}u(q-Q)} \\
&= \delta\left(p-P\right)\delta\left(q-Q\right).
\end{aligned}
\tag{8-35}
$$

这样有

$$
\delta\left(p-P\right)\delta\left(q-Q\right) = \frac{1}{\pi}\iint_{-\infty}^{\infty}\mathrm{d}p'\mathrm{d}q'\Delta\left(p',q'\right)\mathrm{e}^{-2\mathrm{i}\left(q-q'\right)\left(p-p'\right)},
\tag{8-36}
$$

及其逆变换

$$
\frac{1}{\pi}\iint_{-\infty}^{\infty}\mathrm{d}p'\mathrm{d}q'\mathrm{e}^{2\mathrm{i}\left(q-q'\right)\left(p-p'\right)}\delta\left(p-P\right)\delta\left(q-Q\right) = \Delta\left(p',q'\right).
\tag{8-37}
$$

由式 (8-30) 可知, 算符 $\Omega_s\left(p,q\right)$ 的经典外尔对应函数为 $\frac{1}{\pi s}\mathrm{e}^{-\mathrm{i}\frac{2}{s}\left(q-q'\right)\left(p-p'\right)}$. 因此, 利用式 (8-4) 和 (8-13), 可导出

$$
\begin{aligned}
\Omega_s\left(p,q\right) &= \frac{1}{\pi^2 s}\iint_{-\infty}^{\infty}\mathrm{d}p'\mathrm{d}q'\mathrm{e}^{-\mathrm{i}\frac{2}{s}\left(q-q'\right)\left(p-p'\right)}:\mathrm{e}^{-\left(q'-Q\right)^2-\left(p'-P\right)^2}: \\
&= \frac{1}{\pi\sqrt{1+s^2}}:\exp\left\{-\frac{1}{1+s^2}\right. \\
&\qquad\left.\times\left[\left(q-Q\right)^2+2\mathrm{i}s\left(q-Q\right)\left(p-P\right)+\left(p-P\right)^2\right]\right\}:.
\end{aligned}
\tag{8-38}
$$

8.1.3 算符 $\Omega_s\left(\alpha\right)$ 的正规乘积表示

令 $z = \left(u+\mathrm{i}y\right)/\sqrt{2}$ 和 $\alpha = \left(q+\mathrm{i}p\right)/\sqrt{2}$, 并利用有序算符内积分法, 可有

$$
\begin{aligned}
\Omega_s\left(\alpha\right) &= \frac{1}{2\pi^2}\int\mathrm{d}^2z\,\mathrm{e}^{\mathrm{i}z^*\left(\alpha-a\right)-\mathrm{i}z\left(a^\dagger-\alpha^*\right)+\frac{s}{4}\left(z^2-z^{*2}\right)} \\
&= \frac{1}{2\pi^2}\int\mathrm{d}^2z:\mathrm{e}^{-\frac{1}{2}|z|^2-\mathrm{i}z\left(a^\dagger-\alpha^*\right)+\mathrm{i}z^*\left(\alpha-a\right)+\frac{s}{4}\left(z^2-z^{*2}\right)}: \\
&= \frac{1}{\pi\sqrt{1+s^2}}:\exp\left\{\frac{1}{1+s^2}\right. \\
&\qquad\left.\times\left[-2\left(a-\alpha\right)\left(a^\dagger-\alpha^*\right)+s\left(a^\dagger-\alpha^*\right)^2-s\left(a-\alpha\right)^2\right]\right\}: \\
&= \frac{1}{\pi\sqrt{1+s^2}}\mathrm{e}^{\frac{s}{1+s^2}\left(a^\dagger-\alpha^*\right)^2}
\end{aligned}
$$

$$\times : \exp\left\{-2\left(a-\alpha\right)\left(a^\dagger-\alpha^*\right)\frac{1}{1+s^2}\right\} : \mathrm{e}^{\frac{-s}{1+s^2}(a-\alpha)^2}, \qquad (8\text{-}39)$$

式中

$$: \exp\left\{-\left(a-\alpha\right)\left(a^\dagger-\alpha^*\right)\frac{2}{1+s^2}\right\} :$$
$$= \exp\left[\left(a^\dagger-\alpha^*\right)\left(a-\alpha\right)\ln\frac{s^2-1}{1+s^2}\right]. \qquad (8\text{-}40)$$

利用式 (8-11), 可得到相干态投影算符的 s-参量经典对应函数为

$$2\pi\left\langle z\right|\Omega_{-s}\left(\alpha\right)\left|z\right\rangle = 2\pi\mathrm{tr}\left[\left|z\right\rangle\left\langle z\right|\Omega_{-s}\left(\alpha\right)\right]$$
$$= \frac{2}{\sqrt{1+s^2}}\exp\left\{\frac{-s\left[\left(z^*-\alpha^*\right)^2-\left(z-\alpha\right)^2\right]-2\left(z-\alpha\right)\left(z^*-\alpha^*\right)}{1+s^2}\right\}$$
$$= \frac{2}{\sqrt{1+s^2}}\exp\left\{-\frac{1}{1+s^2}\left[(q-u)^2-2\mathrm{i}s(q-u)(p-y)+(p-y)^2\right]\right\}, \quad (8\text{-}41)$$

于是有

$$\left|z\right\rangle\left\langle z\right| = \frac{2}{\sqrt{1+s^2}}\iint_{-\infty}^{\infty}\mathrm{d}p\mathrm{d}q\Omega_s\left(\alpha\right)$$
$$\times \exp\left\{-\frac{1}{1+s^2}\left[(q-u)^2-2\mathrm{i}s(q-u)(p-y)+(p-y)^2\right]\right\}. \qquad (8\text{-}42)$$

当 $s=1$ 时, $\Omega_{s=1}\left(\alpha\right)=\delta\left(p-P\right)\delta\left(q-Q\right)$, 把它代入式 (8-42) 得到 $\left|z\right\rangle\left\langle z\right|$ 的 P-Q 编序

$$\left|z\right\rangle\left\langle z\right| = \sqrt{2}\mathfrak{P}\exp\left\{-\frac{1}{2}\left[(q-Q)^2-2\mathrm{i}(q-Q)(p-P)+(p-P)^2\right]\right\}\mathfrak{P}. \quad (8\text{-}43)$$

当 $s=-1$ 时, $\Omega_{s=-1}\left(\alpha\right)=\delta\left(q-Q\right)\delta\left(p-P\right)$, 并把它代入式 (8-42), 可有 $\left|z\right\rangle\left\langle z\right|$ 的 Q-P 编序

$$\left|z\right\rangle\left\langle z\right| = \sqrt{2}\mathfrak{Q}\exp\left\{-\frac{1}{2}\left[(q-Q)^2+2\mathrm{i}(q-Q)(p-P)+(p-P)^2\right]\right\}\mathfrak{Q}. \quad (8\text{-}44)$$

当 $s=0$ 时, 可给出 $\left|z\right\rangle\left\langle z\right|$ 的外尔编序

$$\left|z\right\rangle\left\langle z\right| = 2\begin{smallmatrix}\vdots\\ \vdots\end{smallmatrix}\exp\left[-(q-Q)^2-(p-P)^2\right]\begin{smallmatrix}\vdots\\ \vdots\end{smallmatrix}. \qquad (8\text{-}45)$$

特殊地, 当 $z=0$ 时, 式 (8-45) 变为

$$\left|0\right\rangle\left\langle 0\right| = 2\begin{smallmatrix}\vdots\\ \vdots\end{smallmatrix}\exp\left(-Q^2-P^2\right)\begin{smallmatrix}\vdots\\ \vdots\end{smallmatrix} = 2\begin{smallmatrix}\vdots\\ \vdots\end{smallmatrix}\exp\left(-2a^\dagger a\right)\begin{smallmatrix}\vdots\\ \vdots\end{smallmatrix}. \qquad (8\text{-}46)$$

根据式 (8-44), 也可得到算符 $|0\rangle\langle 0|$ 的 Q-P 编序

$$
|0\rangle\langle 0| = \sqrt{2}\mathrm{e}^{-\frac{1}{2}Q^2}\mathfrak{Q}\left[\exp\left(-\mathrm{i}QP\right)\right]\mathrm{e}^{-\frac{1}{2}P^2}
$$
$$
= \sqrt{2}\mathrm{e}^{-\frac{1}{2}Q^2}\sum_{n=0}^{\infty}\frac{(-\mathrm{i})^n Q^n P^n}{n!}\mathrm{e}^{-\frac{1}{2}P^2}, \tag{8-47}
$$

上式的正确性可由

$$
\langle q|0\rangle\langle 0|p\rangle = \sqrt{2}\langle q|\mathrm{e}^{-\frac{1}{2}Q^2}\sum_n\frac{(-\mathrm{i})^n Q^n P^n}{n!}\mathrm{e}^{-\frac{1}{2}P^2}|p\rangle
$$
$$
= \sqrt{2}\mathrm{e}^{-\frac{1}{2}p^2-\frac{1}{2}q^2}\exp\left(-\mathrm{i}qp\right)\frac{1}{\sqrt{2\pi}}\mathrm{e}^{\mathrm{i}pq}
$$
$$
= \frac{1}{\sqrt{\pi}}\mathrm{e}^{-\frac{1}{2}\left(p^2+q^2\right)} \tag{8-48}
$$

来验证.

8.1.4　新的 *s*-参量化编序公式

现在推导出计算任意算符的 *s*-参量化编序的公式. 由式 (8-42)~(8-45), 可给出算符 $|z\rangle\langle z|$ 的 *s*-参量化编序

$$
|z\rangle\langle z| = \frac{2}{\sqrt{(1+s^2)}}\mathfrak{S}\exp\left\{-\frac{1}{1+s^2}\right.
$$
$$
\left.\times\left[(q-Q)^2+2\mathrm{i}s(q-Q)(p-P)+(p-P)^2\right]\right\}\mathfrak{S}, \tag{8-49}
$$

式中, $\mathfrak{S}\cdots\mathfrak{S}$ 表明在 *s*-参量化编序内玻色算符对易, 或者

$$
|z\rangle\langle z| = \frac{2}{\sqrt{1+s^2}}\mathfrak{S}\exp\left\{\frac{-s\left[\left(z^*-a^\dagger\right)^2-(z-a)^2\right]-2(z-a)\left(z^*-a^\dagger\right)}{1+s^2}\right\}\mathfrak{S}. \tag{8-50}
$$

利用算符 ρ 的 P-表示 [10,11]

$$
\rho = \int_{-\infty}^{\infty}\frac{\mathrm{d}^2z}{\pi}P(z)|z\rangle\langle z|, \tag{8-51}
$$

式中

$$
P(z) = \mathrm{e}^{|z|^2}\int_{-\infty}^{\infty}\frac{\mathrm{d}^2\beta}{\pi}\langle-\beta|\rho|\beta\rangle\mathrm{e}^{|\beta|^2+\beta^*z-\beta z^*}, \tag{8-52}
$$

以及式 (8-50), 可有

$$
\rho = \frac{2}{\sqrt{1+s^2}}\int\frac{\mathrm{d}^2z}{\pi}\mathrm{e}^{|z|^2}\int\frac{\mathrm{d}^2\beta}{\pi}\langle-\beta|\rho|\beta\rangle\mathrm{e}^{|\beta|^2+\beta^*z-\beta z^*}
$$

$$\times \mathfrak{S} \exp \left\{ \frac{-s\left[(z^* - a^\dagger)^2 - (z-a)^2\right] - 2(z-a)(z^* - a^\dagger)}{1+s^2} \right\} \mathfrak{S}$$

$$= \frac{2}{\sqrt{1+s^2}} \int_{-\infty}^{\infty} \frac{\mathrm{d}^2\beta}{\pi} \langle -\beta | \rho | \beta \rangle \mathrm{e}^{|\beta|^2} \int_{-\infty}^{\infty} \frac{\mathrm{d}^2 z}{\pi} \mathrm{e}^{\frac{s^2-1}{s^2+1}|z|^2 + \beta^* z - \beta z^*}$$

$$\times \mathfrak{S} \exp \left\{ \frac{-s\left[(z^* - a^\dagger)^2 - (z-a)^2\right] + 2za^\dagger + 2az^* - 2a^\dagger a}{1+s^2} \right\} \mathfrak{S}. \quad (8\text{-}53)$$

利用 s-参量化编序算符内的积分法以及积分公式 (4-111), 可得到

$$\rho = \frac{2}{\sqrt{1+s^2}} \mathfrak{S} \int \frac{\mathrm{d}^2\beta}{\pi} \langle -\beta | \rho | \beta \rangle \exp \left\{ \frac{1}{1+s^2} \right.$$

$$\times \left[2s^2 |\beta|^2 + s\beta^2 - s\beta^{*2} + 2(\beta^* - s\beta)a \right.$$

$$\left. - 2(\beta + s\beta^*)a^\dagger + 2a^\dagger a - sa^{\dagger 2} + sa^2 \right] \right\} \mathfrak{S}, \quad (8\text{-}54)$$

此式为把给定算符排列为 s-参量化编序的计算公式. 当 $s = 0$ 时, 式 (8-54) 变为算符的外尔编序公式

$$\rho = \frac{2}{\sqrt{1+s^2}} \stackrel{:}{:} \int_{-\infty}^{\infty} \frac{\mathrm{d}^2\beta}{\pi} \langle -\beta | \rho | \beta \rangle \exp \left(2\beta^* a - 2\beta a^\dagger + 2a^\dagger a \right) \stackrel{:}{:}. \quad (8\text{-}55)$$

特殊地, 当 ρ 为单位算符时, 由于 $\langle -\beta | 1 | \beta \rangle = \mathrm{e}^{-2|\beta|^2}$, 把它代入式 (8-54) 导致

$$\frac{2}{\sqrt{1+s^2}} \int \frac{\mathrm{d}^2\beta}{\pi} \mathfrak{S} \exp \left\{ \frac{1}{1+s^2} [-2|\beta|^2 + s\beta^2 - s\beta^{*2}] \right.$$

$$\left. + 2(\beta^* - s\beta)a - 2(\beta + s\beta^*)a^\dagger + 2a^\dagger a - sa^{\dagger 2} + sa^2 \right] \right\} \mathfrak{S}$$

$$= 1, \quad (8\text{-}56)$$

这也验证了式 (8-54) 的正确性.

8.2 一类新的 s-参量化维格纳算符及其参数 s 的物理意义

由于外尔量子化方案并不唯一, 其形式取决于作为积分核的维格纳算符的形式. 因此, 下面引入一类更一般的 s-参量化维格纳算符, 即

$$\frac{1}{8\pi^2} \sqrt{\frac{4+s^2}{1+s^2}} \iint_{-\infty}^{\infty} \mathrm{d}y \mathrm{d}u \mathrm{e}^{\mathrm{i}u(q-Q) + \mathrm{i}y(p-P) + \mathrm{i}\frac{s}{2}yu} \equiv \Omega_s(p,q), \quad (8\text{-}57)$$

式中, s 为一个复参数. 对于 s 的不同值, Ω_s 为一系列不同的维格纳算符, 即 Ω_s 为一类推广的 s-参量化维格纳算符.

注意到

$$Q = \frac{a + a^\dagger}{\sqrt{2}}, \qquad P = \frac{a - a^\dagger}{\sqrt{2}\mathrm{i}}, \tag{8-58}$$

并利用有序算符内积分法, 可在正规乘积符号 $:\ :$ 内完成积分 (8-57), 即

$$\begin{aligned}
\Omega_s(p,q) &= \frac{1}{8\pi^2}\sqrt{\frac{4+s^2}{1+s^2}} : \iint_{-\infty}^{\infty} \mathrm{d}y\,\mathrm{d}u\, e^{-\frac{1}{4}\left(y^2+u^2\right)+\mathrm{i}u(q-Q)+\mathrm{i}y(p-P)+\mathrm{i}\frac{s}{2}yu} : \\
&= \frac{1}{4\pi\sqrt{\pi}}\sqrt{\frac{4+s^2}{1+s^2}} : \int_{-\infty}^{\infty} \mathrm{d}u\, e^{-\frac{u^2}{4}+\mathrm{i}u(q-Q)-\left(p-P+\frac{s}{2}u\right)^2} : \\
&= \frac{1}{4\pi\sqrt{\pi}}\sqrt{\frac{4+s^2}{1+s^2}} : \int_{-\infty}^{\infty} \mathrm{d}u\, e^{-\frac{u^2}{4}\left(1+s^2\right)+\mathrm{i}u\left[q-Q+\frac{\mathrm{i}s}{2}(p-P)\right]-(p-P)^2} : \\
&= \frac{\sqrt{4+s^2}}{2\pi\left(1+s^2\right)} : \exp\left\{-\frac{1}{1+s^2}\left[(q-Q)^2\right.\right. \\
&\quad \left.\left. +\mathrm{i}s(q-Q)(p-P)+(p-P)^2\right]\right\} : .
\end{aligned} \tag{8-59}$$

当 $s = 0$ 时, $\Omega_s(p,q)$ 变为式 (8-13) 中普通的维格纳算符 $\Delta(p,q)$ 的正规乘积表示.

根据式 (8-59), 维格纳算符 $\Omega_s(p,q)$ 沿 p 方向和 q 方向的边缘分布分别为

$$\int_{-\infty}^{\infty} \mathrm{d}p\,\Omega_s(p,q) = \frac{1}{\sqrt{\pi}}\sqrt{\frac{4+s^2}{4\left(1+s^2\right)}} : \exp\left\{-\frac{4+s^2}{4\left(1+s^2\right)}(p-P)^2\right\} : \tag{8-60}$$

和

$$\int_{-\infty}^{\infty} \mathrm{d}q\,\Omega_s(p,q) = \frac{1}{\sqrt{\pi}}\sqrt{\frac{4+s^2}{4\left(1+s^2\right)}} : \exp\left\{-\frac{4+s^2}{4\left(1+s^2\right)}(q-Q)^2\right\} : . \tag{8-61}$$

这样有

$$\iint_{-\infty}^{\infty} \mathrm{d}p\,\mathrm{d}q\,\Omega_s(p,q) = 1. \tag{8-62}$$

若把式 (8-62) 作为一个完备性关系, 则任意算符 $H(P,Q)$ 都能展开为

$$H(P,Q) = \iint_{-\infty}^{\infty} \mathrm{d}p\,\mathrm{d}q\,\Omega_s(p,q)\,h_s(p,q), \tag{8-63}$$

它是算符 $H(P,Q)$ 与其经典对应函数 $h_s(p,q)$ 之间满足的推广外尔对应. 利用式 (8-57) 和 Baker-Hausdorff 算符公式, 可有

$$\frac{4\left(1+s^2\right)}{4+s^2}\mathrm{tr}\left[\Omega_s(p,q)\,\Omega_{-s}(p',q')\right]$$

$$= \frac{1}{16\pi^4} \iint_{-\infty}^{\infty} \mathrm{d}y\mathrm{d}u e^{\mathrm{i}u(q-Q)+\mathrm{i}y(p-P)+\mathrm{i}\frac{s}{2}yu}$$

$$\times \iint_{-\infty}^{\infty} \mathrm{d}y'\mathrm{d}u' e^{\mathrm{i}u'(q'-Q)+\mathrm{i}y'(p'-P)-\mathrm{i}\frac{s}{2}y'u'}$$

$$= \frac{1}{2\pi} \delta\left(q-q'\right)\delta\left(p-p'\right). \tag{8-64}$$

这样, 可得到任意算符 $H(P,Q)$ 的经典对应函数 $h_s(p,q)$, 即

$$h_s(p,q) = \frac{8\pi(1+s^2)}{4+s^2} \mathrm{tr}\left[H(P,Q)\,\Omega_{-s}(p,q)\right]. \tag{8-65}$$

把式 (8-59) 与统计学中随机变量的高斯双变量正态分布函数的标准形式

$$\frac{1}{2\pi\sigma_1\sigma_2\sqrt{1-\tau^2}}: \exp\left\{-\frac{1}{2(1-\tau^2)}\right.$$

$$\left.\times\left[\frac{(q-Q)^2}{\sigma_1^2} - \frac{2\tau(q-Q)(p-P)}{\sigma_1\sigma_2} + \frac{(p-P)^2}{\sigma_2^2}\right]\right\}: \tag{8-66}$$

进行比较 (τ 为关联系数, $\tau\sigma_1\sigma_2$ 为协方差), 可见

$$\sigma_1 = \sigma_2 = \sqrt{\frac{2(1+s^2)}{4+s^2}}, \qquad \tau = -\frac{\mathrm{i}s}{2}, \tag{8-67}$$

这里, $-\mathrm{i}s/2$ 的值代表的是两个正交观测量之间的相关性. 这样, 可有

$$\int_{-\infty}^{\infty} \mathrm{d}pp\Omega_s(p,q) = P, \qquad \int_{-\infty}^{\infty} \mathrm{d}qq\Omega_s(p,q) = Q \tag{8-68}$$

和

$$\iint_{-\infty}^{\infty} \mathrm{d}p\mathrm{d}q : (q-Q)(p-P)\Omega_s(p,q) := -\frac{\mathrm{i}s(1+s^2)}{4+s^2}, \tag{8-69}$$

其中, $-\mathrm{i}s(1+s^2)/(4+s^2)$ 的值恰好为协方差. 因此, 在这个量子化方案中, 参数 s 在两个正交观测量 Q 和 P 的相关性上扮演着重要角色.

下面给出维格纳算符 Ω_s 的其他两种表示. 令

$$u = \frac{z+z^*}{\sqrt{2}}, \qquad y = \frac{z-z^*}{\sqrt{2}\mathrm{i}}, \qquad \alpha = \frac{q+\mathrm{i}p}{\sqrt{2}}, \tag{8-70}$$

这样有 $\Omega_s(p,q) \rightarrow \Omega_s(\alpha)$, 利用式 (8-57), 可见

$$\Omega_s(\alpha) = \frac{1}{8\pi^2}\sqrt{\frac{4+s^2}{1+s^2}} \int \mathrm{d}^2z e^{\mathrm{i}z^*(a-\alpha)-\mathrm{i}z\left(a^\dagger-\alpha^*\right)+\frac{s}{4}\left(z^2-z^{*2}\right)}$$

$$= \frac{1}{4\pi^2}\sqrt{\frac{4+s^2}{1+s^2}} \int \mathrm{d}^2z : e^{-\frac{1}{2}|z|^2-\mathrm{i}z\left(a^\dagger-\alpha^*\right)+\mathrm{i}z^*(a-\alpha)+\frac{s}{4}\left(z^2-z^{*2}\right)} :$$

$$= \frac{\sqrt{4+s^2}}{2\pi} : \exp\left\{\frac{1}{1+s^2}\right.$$

$$\left.\times \left[-2(a-\alpha)(a^\dagger - \alpha^*) + s(a^\dagger - \alpha^*)^2 - s(a-\alpha)^2\right]\right\} :$$

$$= \frac{\sqrt{4+s^2}}{2\pi} e^{\frac{s}{1+s^2}(a^\dagger - \alpha^*)^2} : \exp\left\{\frac{-2(a-\alpha)(a^\dagger - \alpha^*)}{1+s^2}\right\} : e^{\frac{-s}{1+s^2}(a-\alpha)^2},$$

$$\tag{8-71}$$

这恰好是 $\Omega_s(p,q)$ 的玻色算符表示. 例如, 相干态的推广维格纳函数为

$$\langle z| \Omega_s(\alpha) |z\rangle = \frac{\sqrt{4+s^2}}{2\pi}$$

$$\times \exp\left\{\frac{s\left[(z^*-\alpha^*)^2 - (z-\alpha)^2\right] - 2(z-\alpha)(z^*-\alpha^*)}{1+s^2}\right\}.$$

$$\tag{8-72}$$

最后给出维格纳算符 $\Omega_s(p,q)$ 在坐标表象中的表示. 利用式 (8-57), 可有

$$\sqrt{\frac{4(1+s^2)}{4+s^2}} \Omega_s(p,q)$$

$$= \frac{1}{4\pi^2} \iint_{-\infty}^{\infty} dy du\, e^{-ipy} e^{iu\left(q-Q-\frac{s}{2}y\right)} e^{iyP} e^{-iyu/2}$$

$$= \frac{1}{4\pi^2} \int_{-\infty}^{\infty} dy\, e^{-ipy} e^{i\frac{1}{2}yP} \int_{-\infty}^{\infty} du\, e^{iu\left(q-Q-\frac{s}{2}y\right)} e^{i\frac{1}{2}yP}$$

$$= \frac{1}{2\pi} \int_{-\infty}^{\infty} dy\, e^{-ipy} e^{i\frac{1}{2}yP} \delta\left(q-Q-\frac{s}{2}y\right) e^{i\frac{1}{2}yP}$$

$$= \frac{1}{2\pi} \int_{-\infty}^{\infty} dy\, e^{-ipy} e^{i\frac{s+1}{2}yP} \delta(q-Q) e^{i\frac{1-s}{2}yP}. \tag{8-73}$$

再利用

$$\delta(q-Q) = |q\rangle\langle q| \tag{8-74}$$

和

$$P|q\rangle = i\frac{d}{dq}|q\rangle, \tag{8-75}$$

可导出

$$\Omega_s(p,q) = \frac{1}{4\pi}\sqrt{\frac{4+s^2}{1+s^2}} \int_{-\infty}^{\infty} dy\, e^{-ipy} e^{i\frac{s+1}{2}yP} |q\rangle\langle q| e^{i\frac{1-s}{2}yP}$$

$$= \frac{1}{4\pi} \sqrt{\frac{4+s^2}{1+s^2}} \int_{-\infty}^{\infty} \mathrm{d}y \mathrm{e}^{-\mathrm{i}py} \left| q - \frac{s+1}{2} y \right\rangle \left\langle q + \frac{1-s}{2} y \right|. \tag{8-76}$$

当 $s = 0$ 时, 式 (8-76) 如期退化为式 (8-1). 为了检查式 (8-76) 的正确性, 利用式 (1-7) 和 (8-3) 以及有序算符内积分法, 可导出

$$\Omega_s(p,q) = \pi^{-1/2} \sqrt{\frac{4+s^2}{4(1+s^2)}} \int_{-\infty}^{\infty} \mathrm{d}y \mathrm{e}^{-\mathrm{i}py}$$

$$\times : \exp\left[-q^2 - \frac{s+1}{4} y + \sqrt{2} \left(q - \frac{s+1}{2} y \right) a^\dagger - \frac{a^{\dagger 2}}{2} \right] :$$

$$= \frac{\sqrt{4+s^2}}{2\pi(1+s^2)} : \exp\left\{ -\frac{1}{1+s^2} \right.$$

$$\left. \times \left[(q-Q)^2 + \mathrm{i}s(q-Q)(p-P) + (p-P)^2 \right] \right\} :, \tag{8-77}$$

它与式 (8-59) 完全一致.

8.3　量子态的层析图函数与其波函数的新关系

量子层析成像是一种重要的理论和方法 [12-14], 即利用量子物体的投影来推断它的"形状"(量子态的维格纳函数 $W(p,q)$). 量子物体的投影用零差检测测量的正交分布来刻画, 实际上它是用一个一维的三角形函数来描述物体 (维格纳函数) 被"取样"的线. 平行光束几何形状的投影具有一个连续参数 θ 的特点, 即

$$\iint_{-\infty}^{\infty} \mathrm{d}p' \mathrm{d}q' \delta(x - q' \cos\theta - p' \sin\theta) W(p', q'), \tag{8-78}$$

与 q' 轴的夹角为 θ, 与原点的垂直距离为 x, 它对应一个旋转正交算符 $X_\theta = \left(a\mathrm{e}^{-\mathrm{i}\theta} + \mathrm{e}^{\mathrm{i}\theta} a^\dagger \right)/\sqrt{2}$. 历史上, 拉东构造了一种精确的卷积反投影方法, 即从量子物体的投影得到它的维格纳函数. 因此在知道正交分布的情况下, 量子态的维格纳函数能被重构. 进一步, 通过把旋转正交相位拓展为菲涅耳变换正交相位 ($\lambda Q + \nu P$)[15], 这里 $[Q, P] = \mathrm{i}\hbar$ 且 λ, ν 为任意的参数, 可发现维格纳算符 $\Delta(p, q)$ 的拉东变换恰好是纯态的密度算符 $|x\rangle_{\lambda,\nu}{}_{\lambda,\nu}\langle x|$, 即

$$\iint_{-\infty}^{\infty} \mathrm{d}p \mathrm{d}q \delta(x - \lambda q - \nu p) \Delta(p, q) = |x\rangle_{\lambda,\nu}{}_{\lambda,\nu}\langle x|, \tag{8-79}$$

式中, 态 $|x\rangle_{\lambda,\nu}$ 为正交算符 ($\lambda Q + \nu P$) 的本征态, 即

$$(\lambda Q + \nu P)|x\rangle_{\lambda,\nu} = x|x\rangle_{\lambda,\nu}. \tag{8-80}$$

因此, 量子态 $|\psi\rangle$ 的层析图函数为

$$|\langle \psi \,|x\rangle_{\lambda,\nu}|^2 = \iint_{-\infty}^{\infty} \mathrm{d}p\mathrm{d}q\delta(x - \lambda q - \nu p)W(p,q),\tag{8-81}$$

式中, $W(p,q)$ 为态 $|\psi\rangle$ 的维格纳函数. 本小节, 在量子态的层析图函数及其波函数之间建立一种新的关系, 即推导出波函数 $|\psi\rangle$ 的量子层析图函数与坐标表象下的波函数 $\langle q\,|\psi\rangle$ 或动量表象下的波函数 $\langle p\,|\psi\rangle$ 之间的关系.

8.3.1　由中介表象实现的拉东变换及其逆变换

由于 $Q\,|q\rangle = q\,|q\rangle$,

$$|q\rangle\langle q| = \frac{1}{\sqrt{\pi}} : \mathrm{e}^{-(q-Q)^2} :\tag{8-82}$$

和 $P\,|p\rangle = p\,|p\rangle$,

$$|p\rangle\langle p| = \frac{1}{\sqrt{\pi}} : \mathrm{e}^{-(p-P)^2} : ,\tag{8-83}$$

以及式 (8-13) 中维格纳算符的正规乘积表示, 则其边缘分布函数为

$$\int_{-\infty}^{\infty} \mathrm{d}q\Delta(p,q) = |p\rangle\langle p| = \delta(p - P),$$
$$\int_{-\infty}^{\infty} \mathrm{d}p\Delta(p,q) = |q\rangle\langle q| = \delta(q - Q).\tag{8-84}$$

那么, 对算符 $\Delta(p,q)$ 的积分如何实现算符 $\delta(x - \lambda Q - \nu P)$?

注意到算符 $\mathrm{e}^{\lambda Q + \nu P}$ 的外尔编序

$$\mathrm{e}^{\lambda Q + \nu P} = \begin{array}{c}\vdots\\ \vdots\end{array} \mathrm{e}^{\lambda Q + \nu P} \begin{array}{c}\vdots\\ \vdots\end{array}\tag{8-85}$$

和维格纳算符 $\Delta(q,p)$ 的外尔编序表示 [16]

$$\Delta(q,p) = \begin{array}{c}\vdots\\ \vdots\end{array} \delta(q - Q)\delta(p - P) \begin{array}{c}\vdots\\ \vdots\end{array},\tag{8-86}$$

这样, 可有

$$\delta(x - \lambda Q - \nu P)$$
$$= \frac{1}{\sqrt{2\pi}} \int_{-\infty}^{\infty} \mathrm{d}y \mathrm{e}^{\mathrm{i}y(x - \lambda Q - \nu P)}$$
$$= \frac{1}{\sqrt{2\pi}} \begin{array}{c}\vdots\\ \vdots\end{array} \int_{-\infty}^{\infty} \mathrm{d}y \mathrm{e}^{\mathrm{i}y(x - \lambda Q - \nu P)} \begin{array}{c}\vdots\\ \vdots\end{array}$$
$$= \begin{array}{c}\vdots\\ \vdots\end{array} \delta(x - \lambda Q - \nu P) \begin{array}{c}\vdots\\ \vdots\end{array}$$

$$= \iint_{-\infty}^{\infty} \mathrm{d}p\mathrm{d}q \, \vdots \, \delta(q-Q)\delta(p-P) \, \vdots \, \delta(x-\lambda q-\nu p). \tag{8-87}$$

那么, 利用式 (8-4) 和 (8-13), 有

$$\delta(x-\lambda Q-\nu P)$$
$$= \iint_{-\infty}^{\infty} \mathrm{d}p\mathrm{d}q\delta(x-\lambda q-\nu p)\Delta(q,p)$$
$$= \frac{1}{\pi} \iint_{-\infty}^{\infty} \mathrm{d}p\mathrm{d}q\delta(x-\lambda q-\nu p): \mathrm{e}^{-(q-Q)^2-(p-P)^2}:$$
$$= [\pi(\lambda^2+\nu^2)]^{-\frac{1}{2}}: \exp\left[\frac{-1}{\lambda^2+\nu^2}(x-\lambda Q-\nu P)^2\right]:. \tag{8-88}$$

利用式 (8-58) 和 (1-7), 可得到

$$[\pi(\lambda^2+\nu^2)]^{-\frac{1}{2}}: \exp\left[\frac{-1}{\lambda^2+\nu^2}(x-\lambda Q-\nu P)^2\right]: = |x\rangle_{\lambda,\nu\lambda,\nu}\langle x|, \tag{8-89}$$

式中

$$|x\rangle_{\lambda,\nu} = [\pi(\lambda^2+\nu^2)]^{-\frac{1}{4}}\exp\left[-\frac{x^2}{2(\lambda^2+\nu^2)}\right.$$
$$\left.+\sqrt{2}a^\dagger\frac{x}{\lambda-\mathrm{i}\nu}-\frac{\lambda+\mathrm{i}\nu}{2(\lambda-\mathrm{i}\nu)}a^{\dagger 2}\right]|0\rangle, \tag{8-90}$$

这里, 态 $|x\rangle_{\lambda,\nu\lambda,\nu}\langle x|$ 为一个纯态的密度算符, 它恰好为维格纳算符 $\Delta(q,p)$ 的拉东变换

$$\iint_{-\infty}^{\infty} \mathrm{d}p\mathrm{d}q\delta(x-\lambda q-\nu p)\Delta(q,p) = |x\rangle_{\lambda,\nu\lambda,\nu}\langle x|. \tag{8-91}$$

通过证明发现, 态 $|x\rangle_{\lambda,\nu}$ 满足本征方程 (8-80) 和完备性关系

$$\int_{-\infty}^{\infty} \mathrm{d}x|x\rangle_{\lambda,\nu\lambda,\nu}\langle x|$$
$$= [\pi(\lambda^2+\nu^2)]^{-\frac{1}{2}}\int_{-\infty}^{\infty} \mathrm{d}x: \exp\left[\frac{-1}{\lambda^2+\nu^2}(x-\lambda Q-\nu P)^2\right]:$$
$$= 1, \tag{8-92}$$

这样, 态 $|x\rangle_{\lambda,\nu}$ 的集合能构成一个量子力学表象. 因此, 维格纳函数 $W = \langle\psi|\Delta(p, x)|\psi\rangle$ 的拉东变换恰好是中介表象下的波函数 $|\psi\rangle$ 的模方, 即

$$\iint_{-\infty}^{\infty} \mathrm{d}p\mathrm{d}q\delta(x-\lambda q-\nu p)W(p,x) = |_{\lambda,\nu}\langle x|\psi\rangle|^2. \tag{8-93}$$

接下来, 给出式 (8-91) 的逆变换. 由于算符恒等式

$$
\mathrm{e}^{-\mathrm{i}(\lambda Q+\nu P)g} = \vdots\, \mathrm{e}^{-\mathrm{i}(\lambda Q+\nu P)g}\, \vdots\,, \tag{8-94}
$$

以及

$$
\begin{aligned}
\mathrm{e}^{-\mathrm{i}(\lambda Q+\nu P)g} &= \int_{-\infty}^{\infty} \mathrm{d}x\, |x\rangle_{\lambda,\nu\lambda,\nu}\, \langle x|\, \mathrm{e}^{-\mathrm{i}xg} \\
&= \iint_{-\infty}^{\infty} \mathrm{d}p\mathrm{d}q\, \mathrm{e}^{-\mathrm{i}(\lambda q+\nu p)g}\Delta(p,q),
\end{aligned} \tag{8-95}
$$

这样, 令

$$
\begin{aligned}
g &= \frac{g'}{\sqrt{\lambda^2+\nu^2}}, \quad \cos\theta = \frac{\lambda}{\sqrt{\lambda^2+\nu^2}}, \\
\sin\theta &= \frac{v}{\sqrt{\lambda^2+\nu^2}}, \quad (\lambda q+\nu p)g = g'\left(q\cos\theta + p\sin\theta\right),
\end{aligned} \tag{8-96}
$$

并把式 (8-95) 作为维格纳算符 $\Delta(p,q)$ 的二维傅里叶变换, 可导出其逆变换为

$$
\begin{aligned}
\Delta(p,q) = \frac{1}{4\pi^2}\int_{-\infty}^{\infty}\mathrm{d}x'\int_{-\infty}^{\infty}\mathrm{d}g'|g'|\int_{0}^{\pi}\mathrm{d}\theta\,|x'\rangle_{\lambda,\nu\lambda,\nu}\,\langle x'| \\
\times \exp\left[-\mathrm{i}g'\left(\frac{x'}{\sqrt{\lambda^2+\nu^2}} - q\cos\theta - p\sin\theta\right)\right].
\end{aligned} \tag{8-97}
$$

由上可知, 利用有序算符内积分法, 可以处理维格纳算符的拉东变换及其逆变换.

8.3.2　量子态的层析图函数与坐标 (动量) 表象下波函数的关系

利用维格纳算符 $\Delta(q,p)$ 的原始定义

$$
\begin{aligned}
\Delta(q,p) &= \iint_{-\infty}^{\infty}\frac{\mathrm{d}u\mathrm{d}v}{4\pi^2}\, \vdots\, \mathrm{e}^{\mathrm{i}(Q-q)u+\mathrm{i}(P-p)v}\, \vdots \\
&= \iint_{-\infty}^{\infty}\frac{\mathrm{d}u\mathrm{d}v}{4\pi^2}\, \mathrm{e}^{\mathrm{i}(Q-q)u+\mathrm{i}(P-p)v}
\end{aligned} \tag{8-98}
$$

和 Baker-Hausdorff 算符公式, 可把维格纳算符 $\Delta(q,p)$ 改写为它的 $\mathfrak{P}$-编序表示, 即

$$
\begin{aligned}
\Delta(q,p) &= \mathfrak{P}\left[\iint_{-\infty}^{\infty}\frac{\mathrm{d}u\mathrm{d}v}{4\pi^2}\mathrm{e}^{\mathrm{i}(P-p)v}\mathrm{e}^{\mathrm{i}(Q-q)u}\mathrm{e}^{-\frac{1}{2}uv}\right] \\
&= \mathfrak{P}\left[\int_{-\infty}^{\infty}\frac{\mathrm{d}v}{2\pi}\mathrm{e}^{\mathrm{i}(P-p)v}\delta\left(Q-q-\frac{v}{2}\right)\right] \\
&= \frac{1}{\pi}\mathfrak{P}\left[\mathrm{e}^{\mathrm{i}2(P-p)(Q-q)}\right],
\end{aligned} \tag{8-99}
$$

在维格纳算符 $\mathfrak{P}$-编序内, 算符 P 和 Q 对易. 把式 (8-99) 代入式 (8-91) 可给出

$$
\begin{aligned}
|x\rangle_{\lambda,\nu\lambda,\nu}\langle x| &= \stackrel{\vdots}{\vdots}\, \delta(x - \lambda Q - \nu P)\, \stackrel{\vdots}{\vdots} \\
&= \iint_{-\infty}^{\infty} \mathrm{d}p\mathrm{d}q\, \delta(x - \lambda q - \nu p)\Delta(q,p) \\
&= \frac{1}{\pi\lambda} \iint_{-\infty}^{\infty} \mathrm{d}p\mathrm{d}q\, \mathfrak{P}\left[\mathrm{e}^{2\mathrm{i}(P-p)(Q-q)} \delta\left(q + \frac{\nu}{\lambda}p - \frac{x}{\lambda}\right)\right] \\
&= \frac{1}{\pi\lambda}\mathfrak{P}\left[\int_{-\infty}^{\infty} \mathrm{d}p\, \mathrm{e}^{2\mathrm{i}(P-p)(Q-\frac{x}{\lambda}+\frac{\nu}{\lambda}p)}\right] \\
&= \frac{1}{\pi\lambda}\mathfrak{P}\left[\mathrm{e}^{2\mathrm{i}P(Q-\frac{x}{\lambda})}\int_{-\infty}^{\infty} \mathrm{d}p\, \mathrm{e}^{-2\mathrm{i}\frac{\nu}{\lambda}p^2 - 2\mathrm{i}p(Q-\frac{x}{\lambda}-\frac{\nu}{\lambda}P)}\right] \\
&= \sqrt{\frac{1}{2\mathrm{i}\pi\lambda\nu}}\mathfrak{P}\left[\mathrm{e}^{2\mathrm{i}P(Q-\frac{x}{\lambda}) - \frac{\lambda(Q-\frac{x}{\lambda}-\frac{\nu}{\lambda}P)^2}{2\mathrm{i}\nu}}\right] \\
&= \sqrt{\frac{1}{2\mathrm{i}\lambda\nu\pi}}\mathfrak{P}\left[\mathrm{e}^{\frac{1}{2\lambda\nu}(x - \lambda Q - \nu P)^2}\right],
\end{aligned}
\tag{8-100}
$$

此式即为算符 $|x\rangle_{\lambda,\nu\lambda,\nu}\langle x|$ 的 $\mathfrak{P}$-编序表示. 进一步, 利用关系式

$$
|x\rangle_{\lambda,\nu\lambda,\nu}\langle x| = \sqrt{\frac{1}{\mathrm{i}2\pi\lambda\nu}}\mathrm{e}^{\frac{\mathrm{i}x^2}{2\lambda\nu}}\mathrm{e}^{\frac{\mathrm{i}\nu P^2}{2\lambda} - \frac{\mathrm{i}x}{\lambda}P}\mathfrak{P}\left(\mathrm{e}^{\mathrm{i}PQ}\right)\mathrm{e}^{\frac{\mathrm{i}\lambda Q^2}{2\nu} - \frac{\mathrm{i}x}{\nu}Q}, \tag{8-101}
$$

可得到矩阵元

$$
\langle p\, |x\rangle_{\lambda,\nu\lambda,\nu}\langle x|\, q\rangle = \frac{1}{2\pi}\sqrt{\frac{1}{\mathrm{i}\lambda\nu}}\mathrm{e}^{\frac{\mathrm{i}x^2}{2\lambda\nu}}\mathrm{e}^{\frac{\mathrm{i}\nu p^2}{2\lambda} + \frac{\mathrm{i}\lambda q^2}{2\nu} - \frac{\mathrm{i}xp}{\lambda} - \frac{\mathrm{i}x}{\nu}q}, \tag{8-102}
$$

这里利用了内积 $\langle p\, |q\rangle = \mathrm{e}^{-\mathrm{i}pq}/\sqrt{2\pi}$. 这样, 态 $|\psi\rangle$ 的层析图函数为

$$
\begin{aligned}
|\langle \psi\, |x\rangle_{\lambda,\nu}|^2 &= \iint_{-\infty}^{\infty} \mathrm{d}p\mathrm{d}q\, \langle \psi\, |p\rangle\langle p\, |x\rangle_{\lambda,\nu\lambda,\nu}\langle x|\, q\rangle\langle q|\, \psi\rangle \\
&= \frac{1}{2\pi}\sqrt{\frac{1}{\mathrm{i}\lambda\nu}}\iint_{-\infty}^{\infty} \mathrm{d}p\mathrm{d}q\, \psi^*(p)\, \psi(q)\, \mathrm{e}^{\frac{\mathrm{i}x^2}{2\lambda\nu} + \frac{\mathrm{i}\nu p^2}{2\lambda} + \frac{\mathrm{i}\lambda q^2}{2\nu} - \frac{\mathrm{i}xp}{\lambda} - \frac{\mathrm{i}xq}{\nu}},
\end{aligned}
\tag{8-103}
$$

或者它也能被分解成

$$
|\langle \psi\, |x\rangle_{\lambda,\nu}|^2 = \mathfrak{G}\left[\psi^*(p)\right]\mathfrak{F}\left[\psi(q)\right], \tag{8-104}
$$

式中, $\mathfrak{G}\left[\psi^*(p)\right]$ 为波函数 $\psi^*(p)$ 的高斯积分变换, 即

$$
\mathfrak{G}\left[\psi^*(p)\right] = \sqrt{\frac{1}{\lambda}}\int_{-\infty}^{\infty} \mathrm{d}p\, \psi^*(p)\, \mathrm{e}^{\frac{\mathrm{i}\nu p^2}{2\lambda} - \frac{\mathrm{i}xp}{\lambda}}, \tag{8-105}
$$

且 $\mathfrak{F}\left[\psi\left(q\right)\right]$ 为波函数 $\psi\left(q\right)$ 的高斯积分变换, 即

$$\mathfrak{F}\left[\psi\left(q\right)\right] = \frac{1}{2\pi}\sqrt{\frac{1}{\mathrm{i}\nu}}\mathrm{e}^{\frac{\mathrm{i}x^2}{2\lambda\nu}}\int_{-\infty}^{\infty}\mathrm{d}q\psi\left(q\right)\mathrm{e}^{\frac{\mathrm{i}\lambda q^2}{2\nu}-\frac{\mathrm{i}xq}{\nu}}. \tag{8-106}$$

式 (8-103) 代表了量子态的层析图函数与其波函数之间的新关系. 由式 (8-103) 可见, 一旦波函数 $\psi\left(q\right)$ 已知 (当然 $\psi^*\left(p\right)$ 也就已知), 则相应量子态的层析图函数容易给出.

下面利用式 (8-103) 计算粒子数态的层析图函数. 粒子数态 $|n\rangle$ 在坐标表象或动量表象中的波函数为

$$\langle q\,|n\rangle = \pi^{-1/4}\frac{\mathrm{e}^{-q^2/2}}{\sqrt{n!2^n}}\mathrm{H}_n\left(q\right), \tag{8-107}$$

$$\langle p\,|n\rangle = \pi^{-1/4}\frac{\mathrm{e}^{-p^2/2}}{\sqrt{n!2^n}}\left(-\mathrm{i}\right)^n\mathrm{H}_n\left(p\right), \tag{8-108}$$

式中, $\mathrm{H}_n\left(q\right)$ 为埃尔米特多项式. 这样, 由式 (8-104)~(8-106) 可有

$$|\langle n\,|x\rangle_{\lambda,\nu}|^2 = \frac{1}{2\pi}\sqrt{\frac{1}{\mathrm{i}\lambda\nu}}\iint_{-\infty}^{\infty}\mathrm{d}p\mathrm{d}q\,\langle n\,|p\rangle\,\langle q\,|n\rangle\,\mathrm{e}^{\frac{\mathrm{i}x^2}{2\lambda\nu}+\frac{\mathrm{i}\nu p^2}{2\lambda}+\frac{\mathrm{i}\lambda q^2}{2\nu}-\frac{\mathrm{i}xp}{\lambda}-\frac{\mathrm{i}xq}{\nu}}$$

$$= \sqrt{\frac{1}{\pi\left(\lambda^2+\nu^2\right)}}\frac{1}{2^n n!}\mathrm{H}_n\left(\frac{x}{\sqrt{\lambda^2+\nu^2}}\right)\mathrm{H}_n\left(\frac{p}{\sqrt{\lambda^2+\nu^2}}\right), \tag{8-109}$$

这里利用了积分公式

$$\int_{-\infty}^{\infty}\mathrm{d}x\mathrm{H}_n\left(x\right)\mathrm{e}^{-(x-y)^2/(2u)} = \sqrt{2\pi u}\left(1-2u\right)^{n/2}\mathrm{H}_n\left(y/\sqrt{1-2u}\right), \tag{8-110}$$

并考虑到 $|\langle n\,|x\rangle_{\lambda,\nu}|^2$ 为模方表示, 故省略了一些无关紧要的相位因子.

类似于导出维格纳算符 $\Delta\left(q,p\right)$ 的 $\mathfrak{P}$-编序, 现在给出算符 $\Delta\left(q,p\right)$ 的 $\mathfrak{Q}$-编序表示

$$\Delta\left(q,p\right) = \mathfrak{Q}\left[\iint_{-\infty}^{\infty}\frac{\mathrm{d}u\mathrm{d}v}{4\pi^2}\mathrm{e}^{\mathrm{i}(Q-q)u}\mathrm{e}^{\mathrm{i}(P-p)v}\mathrm{e}^{\frac{1}{2}uv}\right]$$

$$= \mathfrak{Q}\left[\int_{-\infty}^{\infty}\frac{\mathrm{d}v}{2\pi}\mathrm{e}^{\mathrm{i}(Q-q)u}\delta\left(P-p-\frac{v}{2}\right)\right]$$

$$= \frac{1}{\pi}\mathfrak{Q}\left[\mathrm{e}^{-\mathrm{i}2(Q-q)(P-p)}\right], \tag{8-111}$$

并得到算符 $|x\rangle_{\lambda,\nu\lambda,\nu}\langle x|$ 的 $\mathfrak{Q}$-编序表示

$$|x\rangle_{\lambda,\nu\lambda,\nu}\langle x| = \sqrt{\frac{\pi}{2\mathrm{i}\lambda\nu}}\mathfrak{Q}\exp\left\{-\frac{\mathrm{i}}{2\lambda\nu}(x-\lambda Q-\nu P)^2\right\}$$

$$= \mathrm{e}^{\frac{-\mathrm{i}x^2}{2\lambda\nu}} \mathrm{e}^{\frac{-\mathrm{i}\lambda Q^2}{2\nu} + \frac{\mathrm{i}x}{\nu}Q} \mathfrak{Q}\left(\mathrm{e}^{-\mathrm{i}PQ}\right) \mathrm{e}^{\frac{-\mathrm{i}\nu P^2}{2\lambda} + \frac{\mathrm{i}x}{\lambda}P} \tag{8-112}$$

和矩阵元

$$\langle q\,|x\rangle_{\lambda,\nu\lambda,\nu}\langle x|\,p\rangle = \frac{1}{2}\sqrt{\frac{\mathrm{i}}{\lambda\nu}}\mathrm{e}^{\frac{-\mathrm{i}x^2}{2\lambda\nu}}\mathrm{e}^{\frac{-\mathrm{i}\nu p^2}{2\lambda} - \frac{\mathrm{i}\lambda q^2}{2\nu} + \frac{\mathrm{i}xp}{\lambda} + \frac{\mathrm{i}x}{\nu}q}. \tag{8-113}$$

8.3.3 算符 $\delta(p-P)\delta(q-Q)$ 和 $\delta(q-Q)\delta(p-P)$ 的拉东变换

现在来分析 $\mathfrak{P}\delta(x-\lambda Q-\nu P)$. 考虑到 $\mathfrak{P}$-编序内算符 P 和 Q 的对易性, 可有

$$
\begin{aligned}
\mathfrak{P}\delta(x-\lambda Q-\nu P) &= \frac{1}{\lambda}\iint_{-\infty}^{\infty}\mathrm{d}p\mathrm{d}q\delta\left(\frac{x}{\lambda} - \frac{\nu}{\lambda}p - q\right)\delta(p-P)\delta(q-Q) \\
&= \frac{1}{\lambda}\int_{-\infty}^{\infty}\mathrm{d}p\delta(p-P)\delta\left(\frac{x}{\lambda} - \frac{\nu}{\lambda}p - Q\right) \\
&= \frac{1}{\lambda}\int_{-\infty}^{\infty}\mathrm{d}p\delta(p-P)\int_{-\infty}^{\infty}\frac{\mathrm{d}t}{2\pi}\mathrm{e}^{\frac{\mathrm{i}t}{\lambda}(x-\nu p)}\mathrm{e}^{-\mathrm{i}tQ} \\
&= \frac{1}{2\pi\lambda}\int_{-\infty}^{\infty}\mathrm{d}t\mathrm{e}^{\frac{\mathrm{i}t}{\lambda}(x-\nu P)}\mathrm{e}^{-\mathrm{i}tQ} \\
&= \frac{1}{2\pi\lambda}\int_{-\infty}^{\infty}\mathrm{d}t\mathrm{e}^{-\frac{\mathrm{i}\nu}{2\lambda}t^2 + \frac{\mathrm{i}t}{\lambda}(x-\lambda Q-\nu P)} \\
&= \frac{1}{2\pi\lambda}\,\vdots\,\int_{-\infty}^{\infty}\mathrm{d}t\mathrm{e}^{-\frac{\mathrm{i}\nu}{2\lambda}t^2 + \frac{\mathrm{i}t}{\lambda}(x-\lambda Q-\nu P)}\,\vdots \\
&= \sqrt{\frac{1}{2\pi\nu\lambda}}\,\vdots\,\exp\left[\frac{\mathrm{i}}{2\nu\lambda}(x-\lambda Q-\nu P)^2\right]\,\vdots.
\end{aligned}
\tag{8-114}
$$

另一方面, 由于

$$
\begin{aligned}
\delta\left(q-Q\right)\delta\left(p-P\right) &= \frac{1}{4\pi^2}\iint_{-\infty}^{\infty}\mathrm{d}\lambda\mathrm{d}\sigma\mathrm{e}^{\mathrm{i}\lambda(q-Q)}\mathrm{e}^{\mathrm{i}\sigma(p-P)} \\
&= \frac{1}{4\pi^2}\iint_{-\infty}^{\infty}\mathrm{d}\lambda\mathrm{d}\sigma\,\vdots\,\mathrm{e}^{\mathrm{i}\lambda(q-Q)+\mathrm{i}\sigma(p-P)-\mathrm{i}\lambda\sigma/2}\,\vdots \\
&= \frac{1}{2\pi}\int_{-\infty}^{\infty}\mathrm{d}\sigma\,\vdots\,\delta\left(q-Q-\frac{\sigma}{2}\right)\mathrm{e}^{\mathrm{i}\sigma(p-P)}\,\vdots \\
&= \frac{1}{\pi}\,\vdots\,\mathrm{e}^{2\mathrm{i}(q-Q)(p-P)}\,\vdots.
\end{aligned}
\tag{8-115}
$$

这样有

$$
\begin{aligned}
&\iint_{-\infty}^{\infty}\mathrm{d}p\mathrm{d}q\delta(x-\lambda q-\nu p)\delta(p-P)\delta(q-Q) \\
&= \frac{1}{\pi}\iint_{-\infty}^{\infty}\mathrm{d}p\mathrm{d}q\delta(x-\lambda q-\nu p)\,\vdots\,\mathrm{e}^{2\mathrm{i}(q-Q)(p-P)}\,\vdots.
\end{aligned}
\tag{8-116}
$$

此式为算符 $\delta(p-P)\delta(q-Q)$ 的拉东变换. 通过比较式 (8-114) 和 (8-116), 可得到

$$
\iint_{-\infty}^{\infty} \frac{\mathrm{d}p\mathrm{d}q}{\pi} \delta(x-\lambda q-\nu p) \vdots\, \mathrm{e}^{-2\mathrm{i}(q-Q)(p-P)} \vdots
$$
$$
= \sqrt{\frac{1}{2\pi\nu\lambda}} \vdots\, \exp\left[\frac{\mathrm{i}}{2\nu\lambda}(x-\lambda Q-\nu P)^2\right] \vdots ,
\tag{8-117}
$$

这能给出一个新的积分公式

$$
\iint_{-\infty}^{\infty} \frac{\mathrm{d}q'\mathrm{d}p'}{\pi} \mathrm{e}^{-2\mathrm{i}(p'-p)(q'-q)} \delta(x-\lambda q'-\nu p')
$$
$$
= \sqrt{\frac{1}{2\pi\nu\lambda}} \exp\left[\frac{\mathrm{i}}{2\nu\lambda}(x-\lambda q-\nu p)^2\right]
\tag{8-118}
$$

及其逆变换

$$
\sqrt{\frac{1}{2\pi\nu\lambda}} \iint_{-\infty}^{\infty} \mathrm{d}q'\mathrm{d}p' \mathrm{e}^{2\mathrm{i}(p'-p)(q'-q)} \exp\left[\frac{\mathrm{i}}{2\nu\lambda}(x-\lambda q-\nu p)^2\right]
$$
$$
= \delta(x-\lambda q-\nu p).
\tag{8-119}
$$

式 (8-118) 和 (8-119) 属于文献 [17] 中提出的新积分变换. 为了更清楚地了解此变换, 下面列出了文献 [17] 中的新积分变换表达式. 经典函数 $h(p',q')$ 的新变换定义为

$$
G(p,q) \equiv \frac{1}{\pi} \iint_{-\infty}^{\infty} \mathrm{d}q'\mathrm{d}p' h(p',q') \mathrm{e}^{2\mathrm{i}(p-p')(q-q')},
\tag{8-120}
$$

其逆变换为

$$
\iint_{-\infty}^{\infty} \frac{\mathrm{d}p\mathrm{d}q}{\pi} \mathrm{e}^{-2\mathrm{i}(p-p')(q-q')} G(p,q) = h(p',q').
\tag{8-121}
$$

实际上, 把式 (8-121) 代入式 (8-120) 的左端, 可得到

$$
\iint_{-\infty}^{\infty} \frac{\mathrm{d}p\mathrm{d}q}{\pi} \iint_{-\infty}^{\infty} \frac{\mathrm{d}q''\mathrm{d}p''}{\pi} h(p'',q'') \mathrm{e}^{2\mathrm{i}[(p-p'')(q-q'')-(p-p')(q-q')]}
$$
$$
= \iint_{-\infty}^{\infty} \mathrm{d}q''\mathrm{d}p'' h(p'',q'') \mathrm{e}^{2\mathrm{i}(p''q''-p'q')} \delta(p''-p') \delta(q''-q')
$$
$$
= h(p',q').
\tag{8-122}
$$

这个变换的类 Parsval 定理为

$$
\iint_{-\infty}^{\infty} \frac{\mathrm{d}p\mathrm{d}q}{\pi} |h(p,q)|^2
$$

$$= \iint_{-\infty}^{\infty} \frac{\mathrm{d}q'\mathrm{d}p'}{\pi} |G(p',q')|^2 \iint_{-\infty}^{\infty} \frac{\mathrm{d}q''\mathrm{d}p''}{\pi} \mathrm{e}^{2\mathrm{i}(p''q''-p'q')}$$

$$\times \iint_{-\infty}^{\infty} \frac{\mathrm{d}p\mathrm{d}q}{\pi} \mathrm{e}^{2\mathrm{i}[(-p''p-q''q)+(pp'+q'q)]}$$

$$= \iint_{-\infty}^{\infty} \frac{\mathrm{d}q'\mathrm{d}p'}{\pi} |G(p',q')|^2 \iint_{-\infty}^{\infty} \mathrm{d}q''\mathrm{d}p''$$

$$\times \mathrm{e}^{2\mathrm{i}(p''q''-p'q')} \delta(q'-q'') \delta(p'-p'')$$

$$= \iint_{-\infty}^{\infty} \frac{\mathrm{d}q'\mathrm{d}p'}{\pi} |G(p',q')|^2. \tag{8-123}$$

类似地, 通过分析 $\mathfrak{Q}\delta(x-\lambda Q-\nu P)$, 可有

$$\mathfrak{Q}\delta(x-\lambda Q-\nu P)$$

$$= \iint_{-\infty}^{\infty} \mathrm{d}p\mathrm{d}q\delta(x-\lambda q-\nu p)\delta(q-Q)\delta(p-P)$$

$$= \mathfrak{Q}\left[\iint_{-\infty}^{\infty} \mathrm{d}p\mathrm{d}q\delta(x-\lambda q-\nu p)\delta(q-Q)\delta(p-P)\right], \tag{8-124}$$

则算符 $\delta(q-Q)\delta(p-P)$ 的拉东变换为

$$\iint_{-\infty}^{\infty} \mathrm{d}p\mathrm{d}q\delta(x-\lambda q-\nu p)\delta(q-Q)\delta(p-P)$$

$$= \int_{-\infty}^{\infty} \frac{\mathrm{d}q}{\nu} \delta(q-Q)\delta(\frac{x}{\nu}-\frac{\lambda}{\nu}q-P)$$

$$= \int_{-\infty}^{\infty} \frac{\mathrm{d}q}{\nu} \delta(q-Q) \int_{-\infty}^{\infty} \frac{\mathrm{d}t}{2\pi} \mathrm{e}^{\mathrm{i}\frac{t}{\nu}(x-\lambda q)} \mathrm{e}^{-\mathrm{i}tP}$$

$$= \int_{-\infty}^{\infty} \frac{\mathrm{d}t}{2\pi\nu} \mathrm{e}^{\mathrm{i}\frac{t}{\nu}(x-\lambda Q)} \mathrm{e}^{-\mathrm{i}tP}$$

$$= \int_{-\infty}^{\infty} \frac{\mathrm{d}t}{2\pi\nu} \mathrm{e}^{\mathrm{i}\frac{\lambda}{2\nu}t^2+\frac{\mathrm{i}t}{\nu}(x-\lambda Q-\nu P)}$$

$$= \; \vdots \; \int_{-\infty}^{\infty} \frac{\mathrm{d}t}{2\pi\nu} \mathrm{e}^{\mathrm{i}\frac{\lambda}{2\nu}t^2+\frac{\mathrm{i}t}{\nu}(x-\lambda Q-\nu P)} \; \vdots$$

$$= \sqrt{\frac{1}{2\pi\nu\lambda}} \; \vdots \; \exp\left[-\frac{\mathrm{i}}{2\nu\lambda}(x-\lambda Q-\nu P)^2\right] \; \vdots \; . \tag{8-125}$$

由上可见, 式 (8-114) 和 (8-116) 完全不同于式 (8-124) 和 (8-125).

8.4 量子力学纯态表象与混合态表象间的积分变换

由狄拉克提出的表象变换理论在量子力学中是一个基本课题 [18]. 通常来说, 它指的是两个不同的量子力学纯态表象之间的变换. 例如, 由坐标表象变换到动量表象

$$|p\rangle = \int_{-\infty}^{\infty} \mathrm{d}q \, |q\rangle \langle q | p \rangle = \frac{1}{2\pi} \int_{-\infty}^{\infty} \mathrm{d}q \, |q\rangle \, \mathrm{e}^{\mathrm{i}pq}, \qquad (8\text{-}126)$$

或者反之也成立. 实际上, 它是一种积分核为 $\mathrm{e}^{\mathrm{i}pq}/(2\pi)$ 的傅里叶积分. 基于坐标–动量相位空间中的维格纳算符 $\Delta(q,p)$, 并考虑到它在整个空间中满足的完备性关系

$$\iint_{-\infty}^{\infty} \mathrm{d}p\mathrm{d}q\Delta(q,p) = 1, \qquad (8\text{-}127)$$

以及它的物理意义 (实际上是维格纳算符 $\Delta(q,p)$ 的两个边缘分布)[19]

$$\int_{-\infty}^{\infty} \mathrm{d}p\Delta(q,p) = |q\rangle \langle q| = \delta(q-Q),$$

$$\int_{-\infty}^{\infty} \mathrm{d}q\Delta(q,p) = |p\rangle \langle p| = \delta(p-P), \qquad (8\text{-}128)$$

这里在纯态表象 (坐标表象 $|q\rangle$ 和动量表象 $|p\rangle$)) 和混合态表象 (外尔–维格纳表象) 之间建立一种新型积分变换, 并讨论它的具体应用. 利用有序算符内积分法, 坐标表象和动量表象的完备性关系可表示为 [20]

$$\int_{-\infty}^{\infty} \mathrm{d}q \, |q\rangle \langle q| = \int_{-\infty}^{\infty} \frac{\mathrm{d}q}{\sqrt{\pi}} : \mathrm{e}^{-(q-Q)^2} : = 1,$$

$$\int_{-\infty}^{\infty} \mathrm{d}p \, |p\rangle \langle p| = \int_{-\infty}^{\infty} \frac{\mathrm{d}p}{\sqrt{\pi}} : \mathrm{e}^{-(p-P)^2} : = 1. \qquad (8\text{-}129)$$

这样, 维格纳算符 $\Delta(q,p)$ 的正规乘积为

$$\Delta(q,p) = \frac{1}{\pi} : \mathrm{e}^{-(q-Q)^2-(p-P)^2} : . \qquad (8\text{-}130)$$

利用关系式

$$a = \frac{Q+\mathrm{i}P}{\sqrt{2}}, \quad \alpha = \frac{q+\mathrm{i}p}{\sqrt{2}}, \qquad (8\text{-}131)$$

并注意到玻色算符 a 和 $a^\dagger$ 在正规乘积符号 : : 内是对易的, 算符 $\Delta(q,p)$ 能被改写成如下形式

$$\Delta(q,p) = \frac{1}{\pi} : \mathrm{e}^{-2(a^\dagger-\alpha^*)(a-\alpha)} : \equiv \Delta(\alpha,\alpha^*). \qquad (8\text{-}132)$$

利用有序算符内的积分法, 可证明算符 $\Delta\,(q,p)$ 满足如下完备性关系

$$\iint_{-\infty}^{\infty}\mathrm{d}p\mathrm{d}q\Delta\,(q,p)=\frac{1}{\pi}\iint_{-\infty}^{\infty}\mathrm{d}p\mathrm{d}q:\mathrm{e}^{-(q-Q)^2-(p-P)^2}:\,=1. \qquad (8\text{-}133)$$

从这个意义上, 说明维格纳算符 $\Delta\,(q,p)$ 类似于混合态的密度算符, 能构成一个混合态表象. 因此, 根据 $\Delta\,(q,p)$ 的完备性关系, 任何算符 $G(Q,P)$ 都能被展开

$$\begin{aligned} G(Q,P)&=\iint_{-\infty}^{\infty}\mathrm{d}p\mathrm{d}q\Delta\,(q,p)\,g\,(q,p)\\ &=\frac{1}{\pi}\iint_{-\infty}^{\infty}\mathrm{d}p\mathrm{d}q:\mathrm{e}^{-(q-Q)^2-(p-P)^2}:g\,(q,p)\,, \end{aligned} \qquad (8\text{-}134)$$

或者利用式 (8-131), 算符 $G(a^\dagger,a)$ 也可以表示为

$$\begin{aligned} G(a^\dagger,a)&=2\int\mathrm{d}^2\alpha\Delta\,(\alpha,\alpha^*)\,g\,(\alpha^*,\alpha)\\ &=\frac{2}{\pi}\int\mathrm{d}^2\alpha:\mathrm{e}^{-2(a^\dagger-\alpha^*)(a-\alpha)}:g\,(\alpha^*,\alpha)\,. \end{aligned} \qquad (8\text{-}135)$$

式中, $g\,(q,p)$(或 $g(\alpha^*,\alpha)$) 为任何算符 $G(Q,P)$(或 $G(a^\dagger,a)$) 的经典外尔对应函数.

8.4.1 算符 $|q\rangle\,\langle q|\,p\rangle\,\langle p|$ 和 $\Delta\,(q,p)$ 间的积分变换

当把经典函数 $\mathrm{e}^{\lambda q+\sigma p}$ 量化为一个算符时, 可采取如下三种方法

$$\begin{aligned} \mathrm{e}^{\lambda q+\sigma p}&=\mathrm{e}^{\lambda q}\mathrm{e}^{\sigma p}\to\mathrm{e}^{\lambda Q}\mathrm{e}^{\sigma P} \quad &(\mathfrak{Q}\text{-编序})\,,\\ \mathrm{e}^{\lambda q+\sigma p}&=\mathrm{e}^{\sigma p}\mathrm{e}^{\lambda q}\to\mathrm{e}^{\sigma P}\mathrm{e}^{\lambda Q} \quad &(\mathfrak{P}\text{-编序})\,,\\ \mathrm{e}^{\lambda q+\sigma p}&\to\mathrm{e}^{\lambda Q+\sigma P} \quad &(\text{外尔编序})\,, \end{aligned} \qquad (8\text{-}136)$$

式中, $[Q,P]=\mathrm{i}\,(\hbar=1)$. 这样, 相应的三种量子化方案分别表示为

$$\begin{aligned} \iint_{-\infty}^{\infty}\mathrm{d}p\mathrm{d}q\mathrm{e}^{\lambda q+\sigma p}\delta\,(q-Q)\,\delta\,(p-P)&=\mathrm{e}^{\lambda Q}\mathrm{e}^{\sigma P}=\mathfrak{Q}\mathrm{e}^{\lambda Q+\sigma P}\,,\\ \iint_{-\infty}^{\infty}\mathrm{d}p\mathrm{d}q\mathrm{e}^{\lambda q+\sigma p}\delta\,(p-P)\,\delta\,(q-Q)&=\mathrm{e}^{\sigma P}\mathrm{e}^{\lambda Q}=\mathfrak{P}\mathrm{e}^{\lambda Q+\sigma P}\,, \end{aligned} \qquad (8\text{-}137)$$

以及

$$\iint_{-\infty}^{\infty}\mathrm{d}p\mathrm{d}q\mathrm{e}^{\lambda q+\sigma p}\Delta\,(q,p)=\mathrm{e}^{\lambda Q+\sigma P}\,, \qquad (8\text{-}138)$$

则算符 $\mathrm{e}^{\lambda Q+\sigma P}$ 的外尔编序可表示为

$$\mathrm{e}^{\lambda Q+\sigma P}=\begin{array}{c}\vdots\\\vdots\end{array}\mathrm{e}^{\lambda Q+\sigma P}\begin{array}{c}\vdots\\\vdots\end{array}. \qquad (8\text{-}139)$$

把式 (8-139) 代入式 (8-138) 并利用有序算符内的积分法, 可得到维格纳算符 $\Delta\,(q,p)$ 的外尔编序, 即

$$\Delta\,(q,p) = \;\vdots\; \delta\,(p-P)\,\delta\,(q-Q) \;\vdots$$

$$= \;\vdots\; \delta\,(q-Q)\,\delta\,(p-P) \;\vdots\;. \tag{8-140}$$

值得指出的是, 算符 Q 和 P 在以上三种编序中都是对易的. 进一步, 利用式 (8-140) 及其傅里叶变换, 可导出维格纳算符的原始定义式, 即

$$\vdots\; \delta\,(p-P)\,\delta\,(q-Q) \;\vdots\; = \iint_{-\infty}^{\infty}\frac{\mathrm{d}u\mathrm{d}v}{4\pi^2}\;\vdots\; \mathrm{e}^{\mathrm{i}(q-Q)u+\mathrm{i}(p-P)v}\;\vdots$$

$$= \iint_{-\infty}^{\infty}\frac{\mathrm{d}u\mathrm{d}v}{4\pi^2}\mathrm{e}^{\mathrm{i}(q-Q)u+\mathrm{i}(p-P)v}$$

$$= \Delta\,(q,p)\,. \tag{8-141}$$

这样, 利用外尔编序内的积分法, 可有

$$|q\rangle\,\langle q|\,p\rangle\,\langle p| = \delta\,(q-Q)\,\delta\,(p-P)$$

$$= \frac{1}{4\pi^2}\iint_{-\infty}^{\infty}\mathrm{d}\lambda\mathrm{d}\sigma\mathrm{e}^{\mathrm{i}\lambda(q-Q)}\mathrm{e}^{\mathrm{i}\sigma(p-P)}$$

$$= \frac{1}{4\pi^2}\iint_{-\infty}^{\infty}\mathrm{d}\lambda\mathrm{d}\sigma\;\vdots\; \mathrm{e}^{\mathrm{i}\lambda(q-Q)+\mathrm{i}\sigma(p-P)-\mathrm{i}\lambda\sigma/2}\;\vdots$$

$$= \frac{1}{2\pi}\int_{-\infty}^{\infty}\mathrm{d}\sigma\;\vdots\; \delta\,(q-Q-\sigma/2)\,\mathrm{e}^{\mathrm{i}\sigma(p-P)}\;\vdots$$

$$= \frac{1}{\pi}\;\vdots\; \mathrm{e}^{\mathrm{i}2(q-Q)(p-P)}\;\vdots\;. \tag{8-142}$$

再利用式 (8-140), 可得到

$$|q\rangle\,\langle q|\,p\rangle\,\langle p| = \frac{1}{\pi}\iint_{-\infty}^{\infty}\mathrm{d}p'\mathrm{d}q'\;\vdots\; \delta\,(p-P)\,\delta\,(q-Q) \;\vdots\; \mathrm{e}^{\mathrm{i}2\left(p-p'\right)\left(q-q'\right)}$$

$$= \frac{1}{\pi}\iint_{-\infty}^{\infty}\mathrm{d}p'\mathrm{d}q'\Delta\,(q',p')\,\mathrm{e}^{\mathrm{i}2\left(p-p'\right)\left(q-q'\right)}\,. \tag{8-143}$$

类似地, 可有

$$|q\rangle\,\langle q|\,p\rangle\,\langle p| = \delta\,(p-P)\,\delta\,(q-Q)$$

$$= \frac{1}{\pi} \; \vdots \; e^{-i2(p-P)(q-Q)} \; \vdots$$

$$= \frac{1}{\pi} \iint_{-\infty}^{\infty} dp' dq' \Delta(q', p') e^{-i2(p-p')(q-q')}. \tag{8-144}$$

由式 (8-143) 和 (8-144) 可见, 坐标和动量表象与维格纳表象之间满足新的积分变换, 其积分核为 $e^{\pm i2(p-p')(q-q')}$. 因此, 式 (8-143) 和 (8-144) 给出的积分变换的逆变换分别为

$$\frac{1}{\pi} \iint_{-\infty}^{\infty} dp dq \, |q\rangle \langle q|p\rangle \langle p| \, e^{-i2(p-p')(q-q')} = \Delta(q', p'),$$

$$\frac{1}{\pi} \iint_{-\infty}^{\infty} dp dq \, |p\rangle \langle p|q\rangle \langle q| \, e^{i2(p-p')(q-q')} = \Delta(q', p'). \tag{8-145}$$

8.4.2 算符 ρ 的外尔对应函数与 $\mathrm{tr}(\rho |q\rangle \langle p|) / \mathrm{tr}(|q\rangle \langle p|)$ 的新关系

利用积分变换 (8-143)、(8-144) 及其逆变换 (8-145), 可建立任意算符 ρ 的外尔对应函数与 $\mathrm{tr}(\rho |q\rangle \langle p|) / \mathrm{tr}(|q\rangle \langle p|)$ 之间满足的新关系. 实际上, 利用式 (8-142) 以及内积 $\langle q|p\rangle = e^{ipq/\sqrt{2\pi}}$, 可得到

$$\frac{\mathrm{tr}(\rho |q\rangle \langle p|)}{\mathrm{tr}(|q\rangle \langle p|)} = \sqrt{2\pi} \langle p| \rho |q\rangle e^{ipq}$$

$$= 2\pi \mathrm{tr}(\rho |q\rangle \langle q| p\rangle \langle p|)$$

$$= 2\mathrm{tr}\left[\rho \; \vdots \; e^{i2(p-P)(q-Q)} \; \vdots \; \right]$$

$$= 2\mathrm{tr}\left[\iint_{-\infty}^{\infty} dp' dq' e^{i2(p-p')(q-q')} \; \vdots \; \delta(q'-Q) \delta(p'-P) \; \vdots \; \rho \right]. \tag{8-146}$$

由于

$$2\pi \mathrm{tr}\left[\; \vdots \; \delta(q'-Q) \delta(p'-P) \; \vdots \; \rho \right]$$

$$= 2\pi \mathrm{tr}[\Delta(q', p') \rho] = w(q', p') \tag{8-147}$$

恰好为算符 ρ 的外尔对应函数, 则式 (8-147) 变成

$$\frac{\mathrm{tr}(\rho |q\rangle \langle p|)}{\mathrm{tr}(|q\rangle \langle p|)} = \frac{1}{\pi} \iint_{-\infty}^{\infty} dp' dq' e^{i2(p-p')(q-q')} w(q', p'). \tag{8-148}$$

相应地, 其逆变换为

$$w\left(q',p'\right) = \frac{1}{\pi}\iint_{-\infty}^{\infty}\mathrm{d}p\mathrm{d}q\mathrm{e}^{-\mathrm{i}2(q-q')(p-p')}\frac{\mathrm{tr}\left(\rho\left|q\right\rangle\left\langle p\right|\right)}{\mathrm{tr}\left(\left|q\right\rangle\left\langle p\right|\right)}, \tag{8-149}$$

这个积分表达式为计算算符 ρ 的外尔对应函数提供了一种新的方法. 例如, 对一个压缩参量为 λ 的单模压缩算符

$$\rho_\lambda = \exp\left[\frac{\lambda}{2}\left(a^{\dagger 2}-a^2\right)\right], \tag{8-150}$$

它的坐标本征态表示为

$$\rho_\lambda = \int_{-\infty}^{\infty}\frac{\mathrm{d}q'}{\sqrt{\mu}}\left|\frac{q'}{\mu}\right\rangle\left\langle q'\right|, \quad \mu = \mathrm{e}^\lambda, \tag{8-151}$$

由此式直接推导出

$$\begin{aligned}
\frac{\mathrm{tr}\left(\rho\left|q\right\rangle\left\langle p\right|\right)}{\mathrm{tr}\left(\left|q\right\rangle\left\langle p\right|\right)} &= \sqrt{2\pi}\mathrm{e}^{\mathrm{i}pq}\int_{-\infty}^{\infty}\frac{\mathrm{d}q'}{\sqrt{\mu}}\left\langle p\right|q'/\mu\rangle\langle q'\left|q\right\rangle \\
&= \int_{-\infty}^{\infty}\frac{\mathrm{d}q'}{\sqrt{\mu}}\mathrm{e}^{\mathrm{i}pq-\mathrm{i}pq'}\delta\left(q'-q\right) \\
&= \frac{1}{\sqrt{\mu}}\mathrm{e}^{\mathrm{i}pq(1-1/\mu)}.
\end{aligned} \tag{8-152}$$

把式 (8-152) 代入式 (8-149), 可推导出压缩算符 ρ_λ 的外尔对应函数, 即

$$\begin{aligned}
w\left(q',p'\right) &= \frac{1}{\pi\sqrt{\mu}}\iint_{-\infty}^{\infty}\mathrm{d}p\mathrm{d}q\mathrm{e}^{-\mathrm{i}2(q-q')(p-p')}\mathrm{e}^{\mathrm{i}pq(1-1/\mu)} \\
&= \frac{2\sqrt{\mu}}{1+\mu}\mathrm{e}^{\mathrm{i}2p'q'\frac{\mu-1}{\mu+1}} \\
&= \mathrm{e}^{\mathrm{i}2p'q'\tanh\lambda/2}\operatorname{sech}\frac{\lambda}{2}.
\end{aligned} \tag{8-153}$$

再如, 对于菲涅耳算符 [21]

$$F = \exp\left(\frac{\mathrm{i}B}{2A}P^2\right)\exp\left[\frac{\mathrm{i}}{2}\left(QP+PQ\right)\ln A\right]\exp\left(-\frac{\mathrm{i}C}{2A}Q^2\right), \tag{8-154}$$

其中, $AD-BC=1$, 它对应于经典光学中的菲涅耳光学变换, 利用算符 $\mathrm{e}^{\mathrm{i}\lambda PQ}$ 的 $\mathfrak{P}$-编序表示

$$\mathrm{e}^{\mathrm{i}\lambda PQ} = \mathfrak{P}\left[\exp\left(-\mathrm{i}\left(\mathrm{e}^{-\lambda}-1\right)PQ\right)\right], \tag{8-155}$$

可得到

$$\mathrm{e}^{\mathrm{i}\frac{1}{2}(QP+PQ)\ln A} = \frac{1}{\sqrt{A}}\mathrm{e}^{\mathrm{i}PQ\ln A} = \frac{1}{\sqrt{A}}\mathfrak{P}\mathrm{e}^{\mathrm{i}PQ\left(1-\frac{1}{A}\right)}. \tag{8-156}$$

结合式 (8-154) 和式 (8-156), 可有

$$\operatorname{tr}(F|q\rangle\langle p|)$$

$$= \langle p| \exp\left(\frac{\mathrm{i}B}{2A}P^2\right)\left\{\mathfrak{P}\exp\left[\mathrm{i}PQ\left(1-\frac{1}{A}\right)\right]\right\}\exp\left(-\frac{\mathrm{i}C}{2A}Q^2\right)|q\rangle$$

$$= \frac{1}{\sqrt{2\pi A}}\exp\left(\frac{\mathrm{i}Bp^2}{2A}-\frac{\mathrm{i}pq}{A}-\frac{\mathrm{i}Cq^2}{2A}\right). \tag{8-157}$$

进而把式 (8-157) 代入式 (8-153) 并经过简单的积分运算, 可得到菲涅耳算符 F 的外尔经典对应

$$w_F(q',p') = \frac{1}{\pi\sqrt{A}}\iint_{-\infty}^{\infty}\mathrm{d}p\mathrm{d}q \,\mathrm{e}^{-\mathrm{i}2(q-q')(p-p')}\mathrm{e}^{\frac{\mathrm{i}Bp^2}{2A}}\mathrm{e}^{-\frac{\mathrm{i}pq}{A}}\mathrm{e}^{-\frac{\mathrm{i}Cq^2}{2A}}\mathrm{e}^{\mathrm{i}pq}$$

$$= \frac{2}{\sqrt{A+D+2}}\exp\left[\frac{\mathrm{i}2Bq'^2 - \mathrm{i}2Cp'^2 + \mathrm{i}2(A-D)p'q'}{A+D+2}\right]. \tag{8-158}$$

特殊地, 当 $B=-C=\cosh\theta$, $A=-D=\sinh\theta$ 时, 式 (8-158) 的右边变为

$$\frac{1}{\sqrt{\mathrm{i}2\pi\sinh\theta}}\mathrm{e}^{\mathrm{i}\left(\frac{q'^2+p'^2}{2\tanh\theta}\right)-\mathrm{i}\frac{q'p'}{\sinh\theta}}. \tag{8-159}$$

为了后面计算方便, 式中增加了因子 $1/\sqrt{\mathrm{i}}$, 这样式 (8-159) 恰好是分数阶压缩变换的积分核. 同时, 式 (8-158) 中菲涅耳算符 F 的外尔经典对应变为

$$w_F(q',p') \to \sqrt{\frac{2}{\mathrm{i}}}\mathrm{e}^{\mathrm{i}(q^2+p^2)\cosh\theta+\mathrm{i}2qp\sinh\theta}$$

$$= \sqrt{\frac{2}{\mathrm{i}}}\mathrm{e}^{\mathrm{i}2|\alpha|^2\cosh\theta+(\alpha^2-\alpha^{*2})\sinh\theta}. \tag{8-160}$$

另一方面, 由式 (8-135) 可得到分数阶压缩算符的正规乘积表示

$$\frac{2\sqrt{2}}{\sqrt{\mathrm{i}}}\int\mathrm{d}^2\alpha\mathrm{e}^{\mathrm{i}2|\alpha|^2\cosh\theta+(\alpha^2-\alpha^{*2})\sinh\theta}\Delta(\alpha,\alpha^*)$$

$$= \frac{2\sqrt{2}}{\pi\sqrt{\mathrm{i}}}\int\mathrm{d}^2\alpha\mathrm{e}^{\mathrm{i}2|\alpha|^2\cosh\theta+(\alpha^2-\alpha^{*2})\sinh\theta}:\mathrm{e}^{-2(a^\dagger-\alpha^*)(a-\alpha)}:$$

$$= \frac{2\sqrt{2}}{\pi\sqrt{\mathrm{i}}}\int\mathrm{d}^2\alpha:\mathrm{e}^{-2|\alpha|^2(1-\mathrm{i}\cosh\theta)+(\alpha^2-\alpha^{*2})\sinh\theta+2a^\dagger\alpha+2\alpha^*a-2a^\dagger a}:$$

$$= \sqrt{\operatorname{sech}\theta}\mathrm{e}^{-\frac{\mathrm{i}\tanh\theta}{2}a^{\dagger2}}:\mathrm{e}^{(\mathrm{i}\operatorname{sech}\theta-1)a^\dagger a}:\mathrm{e}^{\frac{\mathrm{i}\tanh\theta}{2}a^2}$$

$$= \sqrt{\operatorname{sech}\theta}\mathrm{e}^{-\frac{\mathrm{i}\tanh\theta}{2}a^{\dagger2}}\mathrm{e}^{a^\dagger a\ln(\mathrm{i}\operatorname{sech}\theta)}\mathrm{e}^{\frac{\mathrm{i}\tanh\theta}{2}a^2}, \tag{8-161}$$

上式中使用了恒等式

$$:\mathrm{e}^{(\mathrm{i}\operatorname{sech}\theta-1)a^\dagger a}: \,= \mathrm{e}^{a^\dagger a\ln(\mathrm{i}\operatorname{sech}\theta)} = \mathrm{e}^{a^\dagger a\ln\operatorname{sech}\theta}\mathrm{e}^{\mathrm{i}\frac{\pi}{2}a^\dagger a}, \tag{8-162}$$

以及数学积分公式 (4-111).

8.5 用不变本征算符的经典对应求出谐波晶体的简正坐标

在量子力学中, 为了得到力学系统的能谱, 人们通常去求解定态的薛定谔方程 [22]. 受薛定谔量子化方案与海森伯运动方程的启发, 文献 [23,24] 提出了求解系统哈密顿量能级的不变本征算符法. 薛定谔把 $\mathrm{i}\dfrac{\mathrm{d}}{\mathrm{d}t}(\hbar=1)$ 和哈密顿算符 $\hat{H}$ 视为等价, 故 $\mathrm{i}\dfrac{\mathrm{d}}{\mathrm{d}t}$ 被称为薛定谔算符. 类似地, 把 $\left(\mathrm{i}\dfrac{\mathrm{d}}{\mathrm{d}t}\right)^n$ 等价于高阶算符 $\hat{H}^n$, 这样就建立了如下关于算符 $\hat{O}_e$ 的方程

$$\left(\mathrm{i}\frac{\mathrm{d}}{\mathrm{d}t}\right)^n \hat{O}_e = \lambda \hat{O}_e. \tag{8-163}$$

当 $n=1$ 时, 其形式类似于薛定谔方程 $\mathrm{i}\dfrac{\mathrm{d}}{\mathrm{d}t}\psi = \hat{H}\psi$. 这样, 方程 (8-163) 被称为 n 阶不变本征算符方程, 其相应本征值为 λ. 利用海森伯方程

$$\mathrm{i}\frac{\mathrm{d}}{\mathrm{d}t}\hat{O}_e = \left[\hat{O}_e, \hat{H}\right], \tag{8-164}$$

可把方程 (8-163) 改写为

$$\left(\mathrm{i}\frac{\mathrm{d}}{\mathrm{d}t}\right)^n \hat{O}_e = \left[\left[\left[\hat{O}_e, \hat{H}\right], \hat{H}\right]\cdots, \hat{H}\right] = \lambda \hat{O}_e. \tag{8-165}$$

若能找到一个算符 $\hat{O}_e$ 满足式 (8-165), 则 $\sqrt[n]{\lambda}$ 为哈密顿算符 $\hat{H}$ 的本征能级间隔. 为了清楚地阐明这一点, 在式 (8-165) 中以 $n=2$ 为例进行说明. 假设态 $|\psi_a\rangle$ 和 $|\psi_b\rangle$ 为哈密顿算符 $\hat{H}$ 的两个相邻的本征态, 且相应的本征值分别为 E_a 和 E_b, 这样有

$$\begin{aligned}\langle\psi_a|\left(\mathrm{i}\frac{\mathrm{d}}{\mathrm{d}t}\right)^2 \hat{O}_e|\psi_b\rangle &= \langle\psi_a|\left[\left[\hat{O}_e, \hat{H}\right], \hat{H}\right]|\psi_b\rangle \\ &= (E_b-E_a)^2\langle\psi_a|\hat{O}_e|\psi_b\rangle \\ &= \lambda\langle\psi_a|\hat{O}_e|\psi_b\rangle,\end{aligned} \tag{8-166}$$

只要 $\langle\psi_a|\hat{O}_e|\psi_b\rangle$ 为非零的矩阵元, 则态 $|\psi_a\rangle$ 和 $|\psi_b\rangle$ 之间的相邻能级间隙为 $|E_a-E_b|=\sqrt{\lambda}$. 由上可见, 不用求解薛定谔方程, 无须涉及系统的具体量子态和波函数, 就可以方便地给出某些量子系统的能量本征值信息 [25]. 下面利用不变本征算符方程 $\left(\mathrm{i}\dfrac{\mathrm{d}}{\mathrm{d}t}\right)^2 \hat{O}_e = \left[\left[\hat{O}_e, \hat{H}\right], \hat{H}\right] = \lambda \hat{O}_e$ 的经典对应去找到谐波晶体的简正坐标.

8.5.1　不变本征方程的经典对应

通过考虑方程 (8-163) 的经典对应 $(n = 2)$, 很自然地得到了以下由泊松括号组成的方程

$$\frac{\mathrm{d}^2 \mathfrak{O}}{\mathrm{d}t^2} = \{\mathfrak{H}, \{\mathfrak{H}, \mathfrak{O}\}\} = \lambda \mathfrak{O}, \tag{8-167}$$

式中, $\mathfrak{O}$ 为经典力学变量, $\mathfrak{H}$ 为经典哈密顿量. 关于式 (8-167) 的具体推导如下. 经典力学变量 $\mathfrak{O}$ 随时间的演化可表示为

$$\frac{\mathrm{d}\mathfrak{O}}{\mathrm{d}t} = \sum_i \left(\frac{\partial \mathfrak{O}}{\partial p_i} \dot{p}_i + \dot{q}_i \frac{\partial \mathfrak{O}}{\partial q_i} \right). \tag{8-168}$$

利用哈密顿方程

$$\dot{q}_i = \frac{\partial \mathfrak{H}}{\partial p_i}, \qquad \dot{p}_i = -\frac{\partial \mathfrak{H}}{\partial q_i} \tag{8-169}$$

和泊松括号的定义

$$\{f, g\} = \sum_i \left(\frac{\partial f}{\partial p_i} \frac{\partial g}{\partial q_i} - \frac{\partial f}{\partial p_i} \frac{\partial g}{\partial q_i} \right), \tag{8-170}$$

可把式 (8-168) 改写为如下已知的形式

$$\frac{\mathrm{d}\mathfrak{O}}{\mathrm{d}t} = \sum_i \left(\frac{\partial \mathfrak{H}}{\partial p_i} \frac{\partial \mathfrak{O}}{\partial q_i} - \frac{\partial \mathfrak{O}}{\partial p_i} \frac{\partial \mathfrak{H}}{\partial q_i} \right) = \{\mathfrak{H}, \mathfrak{O}\}, \tag{8-171}$$

这样有

$$\begin{aligned}
\frac{\mathrm{d}^2 \mathfrak{O}}{\mathrm{d}t^2} = \sum_i &\left[\frac{\partial \mathfrak{H}}{\partial p_i} \frac{\partial}{\partial q_i} \left(\frac{\partial \mathfrak{H}}{\partial p_i} \frac{\partial \mathfrak{O}}{\partial q_i} - \frac{\partial \mathfrak{O}}{\partial p_i} \frac{\partial \mathfrak{H}}{\partial q_i} \right) \right. \\
&\left. - \frac{\partial \mathfrak{H}}{\partial q_i} \frac{\partial}{\partial p_i} \left(\frac{\partial \mathfrak{H}}{\partial p_i} \frac{\partial \mathfrak{O}}{\partial q_i} - \frac{\partial \mathfrak{O}}{\partial p_i} \frac{\partial \mathfrak{H}}{\partial q_i} \right) \right] \\
= &\{\mathfrak{H}, \{\mathfrak{H}, \mathfrak{O}\}\}, \tag{8-172}
\end{aligned}$$

式中, $\{\mathfrak{H}, \{\mathfrak{H}, \mathfrak{O}\}\}$ 为双重泊松括号. 在这里, 关注双重泊松括号的原因在于式 (8-172) 为不变本征算符方程 (8-163) 在 $n = 2$ 时的经典对应.

若能找到一些经典力学变量 $\mathfrak{O}$ 遵从如下关系

$$\{\mathfrak{H}, \{\mathfrak{H}, \mathfrak{O}\}\} = \lambda \mathfrak{O}, \tag{8-173}$$

则可称变量 $\mathfrak{O}$ 为简正坐标. 下面对这一点做出解释. 对于具有经典拉格朗日函数为

$$\mathcal{L} = \frac{1}{2} \left(\sum_{i=1}^l m_i x_i^2 - \sum_{i,j=1}^l k_{ij} x_i x_j \right) \tag{8-174}$$

的多模耦合谐振子, 一个重要的任务就是去找到它的简正振动模式. 简正振动模式指的是 l 个粒子分别固定在位置 $x_i(i = 1, 2, \cdots, l)$, 并以相同的频率 $\omega_\alpha(\alpha = 1, 2, \cdots, l)$ 振动, 这就形成了 l 个简正振动模式, 而实际的振动是这 l 个简正振动模式的线性叠加形式. 这样, 人们引入了简正坐标 $Q^{(\alpha)}$, 并发现拉格朗日函数 $\mathcal{L}$ 包含 l 个独立的振动模式

$$\mathcal{L} = \frac{1}{2} \left(\sum_{\alpha=1}^{l} \dot{Q}^{(\alpha)2} - \sum_{\alpha=1}^{l} \omega_\alpha^2 Q^{(\alpha)2} \right), \tag{8-175}$$

故得到拉格朗日方程

$$\frac{\mathrm{d}}{\mathrm{d}t} \frac{\partial \mathcal{L}}{\partial \dot{Q}^{(\alpha)}} - \frac{\partial \mathcal{L}}{\partial Q^{(\alpha)}} = 0, \tag{8-176}$$

它给出如下牛顿方程

$$\frac{\mathrm{d}^2}{\mathrm{d}t^2} Q^{(\alpha)} = \omega_\alpha^2 Q^{(\alpha)}. \tag{8-177}$$

比较式 (8-177) 和式 (8-167) 可见, 参数 λ 与 ω_α^2 相对应, 故 $\mathfrak{O}$ 为与哈密顿量 $\mathfrak{H}$ 相对应的简正坐标. 由上可见, 由于 $\mathfrak{O}$ 为不变本征算符法理论框架内的算符 $\hat{O}_e$ 的经典对应, 故借助不变本征算符法可能找到力学系统的简正坐标.

8.5.2　双原子线性链晶格的简正坐标

考虑一个双原子线性链, 其中 N 个离子可以交换, 但某一个离子只能与其相邻最近的离子存在交换, 其位置分别位于 x_n 和 x_n', 且质量分别为 m 和 m', 则其哈密顿量为

$$H = \sum_{n=1}^{N} \left[\frac{P_n^2}{2m} + \frac{P_n'^2}{2m'} + \frac{\beta}{2} (x_n - x_n')^2 + \frac{\beta}{2} (x_n' - x_{n+1})^2 \right]. \tag{8-178}$$

为了获得它的简正坐标, 提出如下量子化条件

$$[P_n, x_j] = [P_n', x_j'] = -\mathrm{i}\delta_{j,n}, \tag{8-179}$$

而其他对易关系都为零, 即

$$[P_n, P_j'] = [x_n, x_j'] = [P_n, x_j'] = [P_n', x_j]$$
$$= [P_n, P_j] = [x_n, x_j] = 0, \tag{8-180}$$

故 H 变成了一个量子力学哈密顿算符, 则下面去寻找相对应的不变本征算符 O. 假设不变本征算符 O 为如下形式

$$O = \sum_{n=1}^{N} (f_n P_n + f_n' P_n'), \tag{8-181}$$

式中, 系数 f_n 和 f'_n 由算符 O 满足的恒等式

$$[[O,H],H] = \varpi^2 O \tag{8-182}$$

来决定. 利用

$$[P_n, H] = \left[P_n, \frac{\beta}{2}(x_n - x'_n)^2 + \frac{\beta}{2}(x_n - x'_{n-1})^2\right]$$
$$= \mathrm{i}\beta\left(x'_n + x'_{n-1} - 2x_n\right) \tag{8-183}$$

和

$$[x_n, H] = \left[x_n, \frac{P_n^2}{2m}\right] = \frac{\mathrm{i}}{m}P_n, \quad [x'_n, H] = \frac{\mathrm{i}}{m'}P'_n, \tag{8-184}$$

以及

$$[P'_n, H] = \mathrm{i}\beta\left(x_n + x_{n+1} - 2x'_n\right), \tag{8-185}$$

可得到

$$[O, H] = \sum_{n=1}^{N} \mathrm{i}\beta\left[\left(f'_n + f'_{n-1} - 2f_n\right)x_n + \left(f_n + f_{n+1} - 2f'_n\right)x'_n\right]. \tag{8-186}$$

这样有

$$[[O,H],H] = \sum_{n=1}^{N}\left[-\frac{\beta}{m}\left(f'_n + f'_{n-1} - 2f_n\right)P_n \right.$$
$$\left. -\frac{\beta}{m'}\left(f_n + f_{n+1} - 2f'_n\right)P'_n\right]. \tag{8-187}$$

通过比较式 (8-187) 和式 (8-182), 可见

$$\bar{\omega}^2 = -\frac{\beta}{mf_n}\left(f'_n + f'_{n-1} - 2f_n\right)$$
$$= -\frac{\beta}{m'f'_n}\left(f_n + f_{n+1} - 2f'_n\right), \tag{8-188}$$

这意味着

$$\frac{1}{m}\left(1 - \frac{f'_n + f'_{n-1}}{2f_n}\right) = \frac{1}{m'}\left(1 - \frac{f_n + f_{n+1}}{2f'_n}\right), \quad n = 1, 2, \cdots, N. \tag{8-189}$$

通过分析式 (8-189), 发现 f_n 和 f'_n 分别为

$$f_n = \xi\cos 2n\theta_l, \qquad f'_n = \xi'\cos\left(2n+1\right)\theta_l, \tag{8-190}$$

式中

$$\theta_l = \frac{l}{N}\pi, \quad l = 1, 2, \cdots, 2N. \tag{8-191}$$

把式 (8-190) 代入式 (8-188), 可有

$$\bar{\omega}^2 = \frac{2\beta}{m}\left(1 - \frac{\xi'}{\xi}\cos\theta_l\right) = \frac{2\beta}{m'}\left(1 - \frac{\xi}{\xi'}\cos\theta_l\right). \tag{8-192}$$

这样有

$$\frac{\xi'}{\xi} = \frac{2\beta\cos\theta_l}{2\beta - m'\bar{\omega}^2} = \frac{2\beta - m\bar{\omega}^2}{2\beta\cos\theta_l}. \tag{8-193}$$

由上式进一步得到关于本征频率的方程

$$m'\bar{\omega}^4 - 2\beta\left(m + m'\right)\bar{\omega}^2 + 4\beta^2\sin^2\theta_l = 0, \tag{8-194}$$

其解为

$$\bar{\omega}_\pm = \left\{\beta\left(\frac{1}{m} + \frac{1}{m'}\right) \pm \beta\left[\left(\frac{1}{m} + \frac{1}{m'}\right)^2 - \frac{4\sin^2\theta}{mm'}\right]^{1/2}\right\}^{1/2}. \tag{8-195}$$

实际上, 由式 (8-190) 和式 (8-192) 可知, 不变本征算符为

$$O = \sum_{n=1}^{N}\left[\xi P_n\cos 2n\theta_l + \xi' P_n'\cos\left(2n+1\right)\theta_l\right]. \tag{8-196}$$

相应地, 令 P_n 和 P_n' 为经典变量, 可得到双原子线性链晶格的简正坐标

$$\mathfrak{O} = \sum_{n=1}^{N}\left[\xi P_n\cos 2n\theta_l + \xi' P_n'\cos\left(2n+1\right)\theta_l\right], \tag{8-197}$$

由上可见, 这种求解简正坐标的方法看起来简便且有效. 如果没有这个不变本征算符法, 经典哈密顿量 (8-178) 的简正坐标很难求出, 这是因为需要给出试探解 (某种晶格波解) 并对式 (8-172) 中的二阶微分方程进行求解 (唯一一种导出简正坐标的方法). 然而, 对于复杂的晶格结构, 人们不知道什么是正确的试探解.

参 考 文 献

[1]　Wigner E. On the quantum correction for thermodynamic equilibrium[J]. Physical Review, 1932, 40(5): 749-759.

[2]　Schleich W P. Quantum Optics in Phase Space[M]. Berlin: Wiley-VCH, 2001.

[3] Weyl H. Quantenmechanik und gruppentheorie[J]. Zeitschrift für Physik, 1927, 46(1-2): 1-46.

[4] Wang J S, Meng X G, Fan H Y. *s*-parameterized Weyl transformation and the corresponding quantization scheme[J]. Chinese Physics B, 2015, 24(1): 014203.

[5] Wang J S, Meng X G, Fan H Y. A family of generalized wigner operators and their physical meaning as bivariate normal distribution[J]. Chinese Physics Letters, 2011, 28(10): 104209.

[6] Wang J S, Fan H Y, Meng X G. A generalized Weyl Wigner quantization scheme unifying *P-Q* and *Q-P* ordering and Weyl ordering of operators[J]. Chinese Physics B, 2012, 21(6): 064204.

[7] Wang J S, Meng X G, Fan H Y. New relationship between quantum state's tomogram and its wave function[J]. Journal of Modern Optics, 2017, 64(14): 1398-1403.

[8] 孟祥国. 量子力学纯态表象与混合态表象间的积分变换 [J]. 聊城大学学报 (自然科学版), 2020, 33(5): 27-31.

[9] Meng X G, Fan H Y, Wang J S. Normal coordinate in harmonic crystal obtained by virtue of the classical correspondence of the invariant eigen-operator[J]. Chinese Physics B, 2010, 19(7): 070303.

[10] Sudarshan E C G. Equivalence of semiclassical and quantum mechanical descriptions of statistical light beams[J]. Physical Review Letters, 1963, 10(7): 277-279.

[11] Cahill K E, Glauber R J. Ordered expansions in Boson amplitude operators[J]. Physical Review, 1969, 177(5): 1857-1881.

[12] Vogel K, Risken H. Determination of quasiprobability distributions in terms of probability distributions for the rotated quadrature phase[J]. Physical Review A, 1989, 40(5): 2847-2849.

[13] Lvovsky A I, Raymer M G. Continuous-variable optical quantum-state tomography[J]. Reviews of Modern Physics, 2009, 81(1): 299-332.

[14] Cole J H. Hamiltonian tomography: the quantum (system) measurement problem[J]. New Journal of Physics, 2015, 1(7): 093017.

[15] Fan H Y, Hu L Y. Optical Fresnel transformation and quantum tomography[J]. Optics Communications, 2009, 282(18): 3734-3736.

[16] Fan H Y. Weyl ordering quantum mechanical operators by virtue of the IWWP technique[J]. Journal of Physics A: Mathematical and General, 1992, 25(11): 3443-3447.

[17] Fan H Y. A new kind of two-fold integration transformation in phase space and its uses in Weyl ordering of operators[J]. Communications in Theoretical Physics, 2008, 50(4): 935-937.

[18] Dirac P A M. The Principles of Quantum Mechanics[M]. Oxford: Clarendon Press, 1930.

[19] O'Conneil R F. The Wigner distribution function—50th birthday[J]. Foundations of Physics, 1983, 13(1): 83-92.

[20]　Fan H Y, Lu H L, Fan Y. Newton-Leibniz integration for ket-bra operators in quantum mechanics and derivation of entangled state representations[J]. Annals of Physics, 2006, 321(2): 480-494.

[21]　Xu X L, Li H Q, Fan H Y. Multiplication rule for the Collins diffraction formula obtained by virtue of the Fresnel operator in quantum optics theory[J]. Journal of Modern Optics, 2012, 59(2): 157-160.

[22]　Schrödinger E. Four Lectures on Wave Mechanics[M]. London: Blackie & Son, 1928.

[23]　Fan H Y, Hu H P, Tang X B. Invariant eigenoperators and energy gap for some Hamiltonians describing photonic nonlinear interaction[J]. Journal of Physics A: Mathematical and General, 2005, 38(20): 4391-4398.

[24]　Jing S C, Fan H Y. Invariant eigen-operator method of deriving energy-level gap for noncommutative quantum mechanics[J]. Modern Physics Letters A, 2009, 20(9): 691-698.

[25]　Zhan Z M, Li W B, Yang W X. Eigenstates and eigenergies of seven bosonic modes mixing models[J]. Chinese Physics, 2005, 14(1): 149-153.

《现代物理基础丛书》已出版书目

(按出版时间排序)